本书是国家自然科学基金项目《多导心理生理测试技术的认知
综合测试法应用研究》(项目编号：31560281)的最终成果

心理测试技术研究与应用
认知综合测试法的理论及实践

范　刚——著

中国法制出版社
CHINA LEGAL PUBLISHING HOUSE

谨将此书献给

我国犯罪心理学、法律心理学的开创者——罗大华教授；

我国心理测试技术的引进者、倡导者、奠基人——刘文局长

序　一

测谎技术从引进到开发研究技术方法和设备，经过了几十年。

在这个过程中，从搞测谎技术的第一人王补，到武伯欣、杨承勋、董松樵、张祖丰等专家，在测谎技术方法和设备开发的研究方面均取得了重大成果。后来，我提议将测谎改称“心理测试技术”，将之列为刑事科学技术协会的专项技术，并成立心理测试技术专业委员会。这项技术在各级公安机关、人民检察院、人民法院办案过程中被广泛应用，在侦查办案、预审案件中发挥了很好的作用，但在推广试用中还有些许短板。甘肃政法大学范刚教授带领的团队对其测试、评估及实践均取得了很大的提升。他们现在应用推广的犯罪心理测试技术的认知综合测试法，协助全国公安机关、检察、法院、纪检、监察、军队保卫、国家安全机关成功办案数百起，得到大家的充分肯定和赞誉，也得到社会各界的广泛好评。

范刚教授编写的该书是本好书，该方法值得广泛应用与宣传。

老刑警　刘　文

2019年7月29日

序　二

范刚兄吩咐，让我为他的大作写序，确有诚惶诚恐之焦虑。原因之一是我对犯罪心理测试技术并不擅长，只能说是略知皮毛，害怕话不在行；原因之二是该作品是其20年理论钻研与实践检验的结晶，可以说是学术生涯之集大成，由我作序难免狗尾续貂。决定让我下笔的动力，应该是我们对中国犯罪心理学事业所共同承担的使命与责任，以及让我无法推辞的30余年的情谊。

我与范刚兄生平第一次眼见为实地接触测谎仪是在1984年9月。当时，为满足全国政法类院校急需犯罪心理学师资的紧迫局面，由我们共同敬仰的罗大华老师领衔的中国心理学会法制心理专业委员会与中国政法大学联合举办了全国首届犯罪心理学师资进修班。我们108位来自全国各地的学员用了半年时间孜孜不倦、如饥似渴地从罗大华、林崇德、何为民、孟昭兰、邵道生、孟庆茂、马谋超、骆正、沈政、马晶淼、王补等前辈和当时还是新秀的董奇等老师的智慧库中汲取了心理学和犯罪心理学知识的养分，奠定了我们人生事业的学术基础。在培训班上，讲授测谎课程的是来自北京市公安局的王补工程师。王老师用的实务教具在当时也属“国宝”——改革开放后中国第一台由公安部刑侦局刘文局长用珍贵外汇购买的美国产MARK-II型语音分析仪。说实话，当时我们的脑中还没有建构起心理学的知识体系，对测谎技术的好奇远远大于兴趣，当时由我负责保管的珍贵测谎仪经常成为同学们相互“探询隐私”的玩具。在当时的政法系统，测谎技术也就是今天我们所说的心理测试技术，不仅有着唯心主义的标签，而且也缺少使用与推广的土壤。

可以说是建设法治社会的历史必然为中国的法律心理学、犯罪心理学带来了曙光，也为犯罪心理测试技术的研究与应用创造了机会。20世纪90年代，中国人民公安大学率先成立了心理测试中心并开设了犯罪心理测试技术的课程。武伯欣教授率领的团队以勇于创新、敢于尝试的勇气和智慧，一边学习、实验，一边传授、办案，建立起了国内第一个系统性犯罪心理测试技术的教学科研基地，同时也是该项技术在今天得以普及的主要孵化器。1996年，当时在甘肃警校任犯罪心理学教师的范刚兄找我商议，希望我帮忙引荐武伯欣教授，并且能将在当时发展势头良好的犯罪心理测试技术移植到甘肃。为此，范刚兄专门来北京拜访武伯欣教授并于2002年调入甘肃政法学院（今甘肃政法大学）。感谢武伯欣教授，也赞赏范刚兄和学院领导们求贤若渴的精神，武伯欣教授负剑西行，为当时的甘肃政法学院送去了犯罪心理测试技术的星星之火。

星星之火，可以燎原！十几年来，有关范刚兄的消息大都是从命案现场传来的，他带领的团队本着“实践是检验真理的唯一标准”的宗旨，用一个个成功的案例践行着自己作为一个学者的使命。除了不断帮助政法机关侦破案件、评估证据，在他的努力申请下，甘肃政法学院犯罪心理测试技术研究中心成立，犯罪心理测试技术硕士研究生专业设立，并获得了国家自然科学基金项目，举办了16期全国犯罪心理测试技术培训班，参与主办了多次全国性犯罪心理测试技术专题研讨会……他们在将犯罪心理测试技术发扬光大，特别是在实战应用与推广方面成绩斐然。

自1985年第一届犯罪心理学师资培训班结业以来，已有35年，范刚兄全力倾注于犯罪心理测试技术的理论与实践工作也已经近20年。回首已往，春华秋实，他有责任回顾与总结他的学术思想，有资格实现他的奉献与传承。本书所介绍的认知综合测试法是他在接受前人技术与成果的基础上通过实验室研究、文献研究，特别是大量的实案检验而成就的心血之作，其中蕴藏着他对犯罪心理测试技术实战性最为真切的体会；本书也是一本理论专著，寻根究底地介绍了犯罪心理测试技术中的认知综合测试法的理论基础和科学原理，诠释了犯罪心理学作为实证科学的真实内涵；本书还是一本操作手册，环环相扣地推送了使用方式和步骤，定义了犯罪心理学作为经验科学的运用效果，是当代中国犯罪心理学领域不可或缺的理论与实践紧密结合的著作。

当然，随着科学技术的发展，特别是心理学与犯罪心理学理论研究的深入，犯罪心理测试技术已经呈现出百花齐放的繁荣局面。在各种理论方法都有用武之地的态势下，博采众长、取长补短、实战检验应该是最有前途之路，这也正是范刚教授得以成功的经验。

30余年过去，虽然大家都已经是两鬓斑白，但范刚兄酒量未减、烟量未减、斗志未减，在我辈人中堪称奇幻。我在学习本书的同时，也诚挚地希望他能够协助公安机关破获更多的大案、积案，为提高办案效率奉献犯罪心理学的真知；希望他能够运用犯罪心理测试技术减少更多的冤案、错案，为维护法律的公平、公正体现犯罪心理学的灼见；希望他能够培养更多的接班人，让中国的犯罪心理学事业生生不息，让以认知综合测试法为基底的犯罪心理测试技术薪火相传。

马　皑

2019年10月6日

前　言

无论是心理测试技术的测试指标还是测试理论和方法，都经历了一个不断研究、探索、发展的过程。目前，心理测试技术不同理论和方法的应用效果存在很大的差异，不同理论和方法的科学性无论在国内还是在国外都存在不同的认识和争议，而依据人身心活动的规律发现并揭示心理测试技术的科学规律与方法，是心理测试技术科学应用与发展要解决的根本问题。

30多年来，心理测试技术在我国的研究与应用取得了较快的发展，为司法实践做出了积极的贡献。但是，目前其理论、方法和应用仍处于混乱状态，影响了该技术的科学应用与健康发展。因此，如何对心理测试技术进行科学的研究与应用，是我国心理测试技术领域亟待解决的问题。

10多年来，我们在大量实案测试和实验室研究的基础上，根据心理活动的规律，总结创新形成的认知综合测试法，经过近千起各类重特大疑难案件实案测试的检验和实验室研究的验证，比已有其他测试方法具有更高的准确性和可靠性。该方法不仅能准确地甄别被测人与案/事件的关系，而且能为案/事件的调查审理提供更多的信息和帮助，已在各类疑难案件的调查审理中发挥了显著的作用。

本书就我们多年来研究、应用心理测试技术的认识和体会予以总结。为了方便同行参阅，我们还结合国内外该技术的研究、应用情况，对心理测试技术及其认知综合测试法予以系统介绍、讨论和总结，以期推动我国心理测试技术的科学应用和健康发展。

缩略语表

GKT	guilt knowledge test	犯罪情节测试法
CIT	concealed information test	隐藏信息测试法
CCT	cognitive comprehensive test	认知综合测试法
CQT	control question test	准绳问题测试法
ERP	event–related potential	事件相关电位
fMRI	functional magnetic resonance imaging	功能性磁共振成像
EEG	electroencephalogram	脑电图
AI	artificial intelligence	人工智能
TI	thermal imager	热成像
PET	positron emission computed tomography	正电子发射型计算机断层显像
POT	peak of tension test	紧张峰问题测试法
R/IT	relevant-irrelevant test	相关 / 不相关问题测试法
SKY	suspect knowledge you	怀疑、知情、参与测试法
MGQT	modified general question test	改良的一般问题测试法
RMGQT	Raskin modified general question test	拉斯金多目标问题测试法
SPEI	systemic polygraph examination for investigation	系统测试法
CT	comprehensive test	综合测试法
PPT	preliminary process theory	初级过程理论

目录

Contents

Chapter one

第一章

心理测试技术概述

尽管心理测试技术正式应用于案/事件调查已有近百年的历史，但心理测试技术的科学性如何？它的科学原理何在？心理测试测的到底是什么心理内容、能测什么心理内容、如何测有关心理内容？心理测试技术领域都有哪些不同的理论、观点和方法？心理测试技术在案/事件调查和人员审查中到底能发挥什么样的作用？这些问题不仅是领域外人们对此项技术怀有的好奇或产生的疑惑，也是心理测试技术领域需要正确认识的。

第一节　心理测试技术与测谎

一、心理测试技术的概念

心理测试技术一词较早出现于美国，原用英文polygraph指代。该词直译是“多导记录器”，意译即检查人心理生理指标的仪器。由于原用于案件调查审理中对嫌疑人口供真假的判断，故俗称测谎（lie detect）。

该技术通过采集人的皮肤电、呼吸、脉搏、血压等多项生理指标进行，故全称为多导（通道）心理生理测试技术，简称心理测试技术。事实上，随着心理测试技术的发展，用“心理检测技术”称谓该技术，更能反映当今心理测试技术的本质和功用，同时，也有利于该技术与“心理测验”等相区别。但是，由于“心理测试”的称谓已为人们所习惯和通用，故本书仍称心理测试技术。其是依据人心理活动与生理活动之间关系的原理，通过设计一定的问题向被测人提问，以引发被测人的心理生理反应，经由专用心理生理测试系统对其心理生理反应进行检测，从而评判和推断被测人与案/事件关系及案/事件情况的心理检测技术。该技术除可应用于各类案/事件的调查审理，还可应用于人员审查与评估等方面。

二、测谎称谓的由来及其发展

由于心理测试技术原用于案件调查审理中对嫌疑人口供真假的判断，故俗称测谎。这是测谎称谓的缘由之一。测谎称谓的缘由之二，是心理测试技术在发展过程中，以检测被测人是否说谎的测试，即检测欺骗的测试CQT在很长时期内是该技术应用的主流方法。这也是测谎称谓形成的客观原因。

然而，甄别被测人是否说谎，仅仅是心理测试技术功用的一个方面和准绳问题测试法的目标。事实上，美国明尼苏达州医学院心理学教授莱克肯（Lykken，1959）提出的一种完全不同于CQT的测试法GKT，以及近些年来人们致力于研究应用的CIT和CCT——一种检测被测人是否有相关案/事件认知经历及其心理痕迹的“测真”的方法，才是当今该技术的科学代表，是该技术功用的重要方面和该技术发展与应用的方向。其实质是通过对心理活动的探查，在认知层面上实现对与案/事件相关心理信息有无的检测，从而甄别和证实其相应行为的有无，进而为案/事件调查和人员审查提供科学参考和依据。

上述是心理测试技术领域，源于不同理论、不同方法的两种具有不同功用的测试技术与方法。两者之间有着本质的不同。概言之，前者名为测谎，实质亦为测谎；而后者，实质是在测真。这是正确认识和评价心理测试技术必须了解的方面。

第二节　心理测试技术的构成

心理测试技术是由相关的理论、方法、技巧和软硬件测试系统构成的系统科学体系。其具体应用过程由三大技术环节和六大阶段技术构成。

一、心理测试技术的三大技术环节

该技术过程可以概括为以下三大技术环节。

（一）诱导心理反应环节

诱导心理反应环节即通过科学的设计编题、测前谈话、测试提问，唤起和引发涉案人（涉事人）相应的心理活动并引起生理指标变化的过程。

（二）记录生理反应环节

记录生理反应环节即通过传感器采集被测人生理反应活动变化情况，将其以电子信号的形式传入测试仪主机，主机将其电子信号经过处理放大后再经过计算机予以处理、记录并以图谱和数据的形式显示的过程。该环节也包括主测人对图谱和数据进行记录的活动。

（三）分析测试结果环节

分析测试结果环节即主测人同步及测后对其图谱和数据进行解读、评判的过程。

因此，刺激诱导技术、反应记录技术、结果评判技术，是构成心理测试技术的三大核心技术。

二、犯罪心理测试技术的六大阶段技术

犯罪心理测试技术是心理测试技术在犯罪案件调查审理中的应用，又称刑事司法心理测试技术。其是依据人心理活动与生理活动之间关系的原理，通过设计一定的问题，利用心理测试系统，对嫌疑人进行心理生理反应测试，以帮助甄别和判断嫌疑人与案件关系及案件有关情况的犯罪心理检测技术。

犯罪心理测试技术与用于其他领域事件调查的心理测试技术的原理、操作过程等基本相同。不同的是，由于犯罪案件的复杂性、特殊性，犯罪心理测试的编题通常比用于其他领域事件调查心理测试的编题更为复杂，有着更高的要求。犯罪心理测试技术尤其强调测试编题前对案情的充分认识与把握和对犯罪心理的动态分析，测试人员不仅要具备心理测试技术的一般专业知识和技能，还要具备犯罪心理分析及相关侦查专业的知识与素养。因此，犯罪心理测试技术是心理测试技术应用最为复杂的一个领域。

我国在大量实案测试和理论研究及实验室研究的基础上总结创新形成的以犯罪心理动态分析和认知综合测试法编题为特征的犯罪心理测试技术，不同于其他已有的测试技术，它由六大阶段技术构成。

（一）犯罪心理动态分析技术

犯罪心理动态分析技术，即在对案情进行全面了解认知和深入研究把握的基础上，运用犯罪心理分析技术对案犯犯罪心理及其行为活动进行动态分析，进而对案犯犯罪心理及其行为活动进行还原重建，从而为编制测试题提供依据的心理学技术。

犯罪心理动态分析技术，是犯罪心理测试技术科学应用并取得准确测试结果的重要基础。

（二）认知综合测试法编题技术

编题技术是取得测试效果并实现测试目的的关键技术。不同的测试理论采用不同的测试方法和编题技术。

认知综合测试法编题技术，即注重问题的客观性、认知性、多面性和心理活动的规律性，以作案人的有关特征、属性和案件有关要素、情节、特点及案犯心理活动问题为主，采用多种编题方法，依据心理活动的规律，对与案件有关的多个目标问题进行设计编题，以全面检测被测人对案件认知状况的一种编题技术。

认知综合测试法编题技术，综合了各种编题方法的优点，经过了大量实案测试和实验室研究的检验，是一种具有很强科学性和准确性的犯罪心理测试的编题技术。

（三）测前访谈技术

测前访谈技术，即运用心理学原理和方法、技巧，与被测人进行测试前谈话，从而为测试创造必要的心理状态和条件的谈话技术。

测前访谈，是进行心理测试的重要环节。正确有效的测前访谈，是了解和把握被测人心理特点和有关情况的途径与过程，是形成符合测试要求的被测人心理状态的重要保障，是有效进行测试的前提。

（四）实测操作、观察和同步评图技术

实测操作、观察和同步评图技术，即就心理测试系统（包括测试仪、传感器、计算机、测试软件）进行安装、连接、调试、佩戴和操作，以及向被测人进行提问，对图谱及被测人进行观察记录并同时对图谱进行解读和评判的具体操作技术。

实测操作、观察和同步评图技术，是心理测试技术的具体实施，是心理测试技术的核心技术和关键环节，是心理测试技术这一人—机—环境系统技术的具体应用。正确熟练地操作并把握它，是保证测试结果有效性和可靠性的重要技术过程。

（五）图谱综合评判技术

图谱综合评判技术，即对测试获得的图谱、数据等进行综合解读评判，从而得出测试结论的技术。

图谱综合评判技术是取得测试结果、得出测试结论的最后阶段技术环节，是心理测试技术的科学体现和直接目的。科学、正确的图谱综合评判结论，

是协助案件侦查审理的重要依据。

（六）测后谈话与讯问技术

测后谈话与讯问技术，即在测试结束后，根据测试结果，利用“测试后效”，运用相关心理学理论和方法，对涉案嫌疑人施加心理影响，从而为突破案件创造条件的谈话和讯问技术。

测后谈话与讯问技术，是在相关心理学理论和方法指导下的谈话和讯问，具有很强的针对性、艺术性和技巧性，它可以抓住有利时机，利用“测试后效”，动摇、瓦解和一举突破犯罪嫌疑人的心理防线，说服知情人提供有关案件情况，从而为下一步的侦查审理工作创造条件。

三、多导心理生理测试系统构成

多导心理生理测试系统是由主机、传感器、计算机及其测试软件等构成的（图1-1、图1-2）。

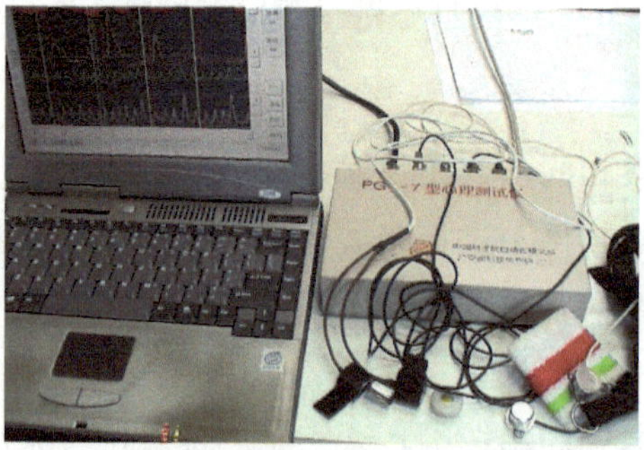

图1-1　PG-7型多导心理生理测试系统

图1-2　PGA-99型多导心理生理测试系统

（一）测试仪主机及其工作原理

测试仪主机（图1–3、图1–4）是测试仪系统的主要构成部分，其将传感器所采集的模拟信号经过处理、放大并转换成数字信号后输入计算机，再由计算机进行存储、处理，并以图谱和数据的形式予以显示。

图1–3 PGA–99型心理生理测试仪主机

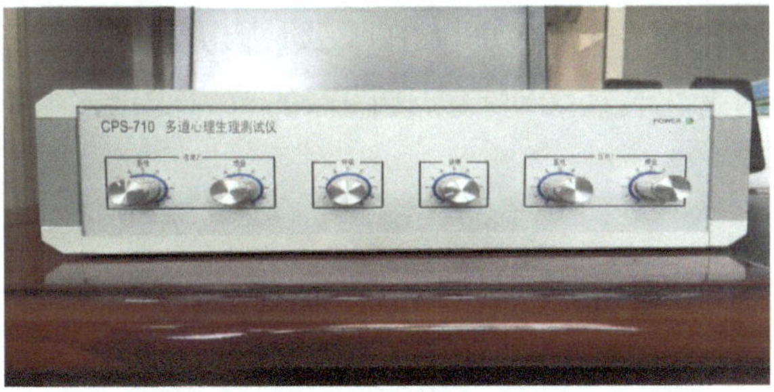

图1–4 CPS–710型心理生理测试仪主机

（二）传感器及其工作原理

传感器的作用为感应采集被测人的心理生理反应，并将其转化为电信号传入主机，经过电子线路放大，然后由计算机进行记录、处理和显示。目前多导心理生理测试仪主要有皮肤电、呼吸、脉搏/血压以及动作等传感器。

1. 皮肤电传感器

皮肤电传感器有两个电极分别贴在两个手指（指腹）上（图1–5、图1–6）。电极之间有一个电压。人的神经兴奋和情绪活动会使得皮肤表面的导电度改变（原因可能包括汗液分泌量、体表电解质、血液循环速度、皮肤温度等改变），有关刺激越大，神经兴奋和情绪活动越强烈，皮肤电变化量也就越大（导电度增加），且人不能自主地控制此种变化的发生。

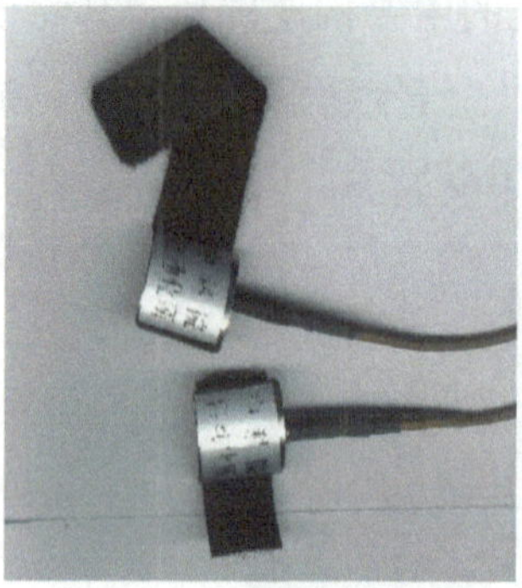

图1-5 皮肤电传感器

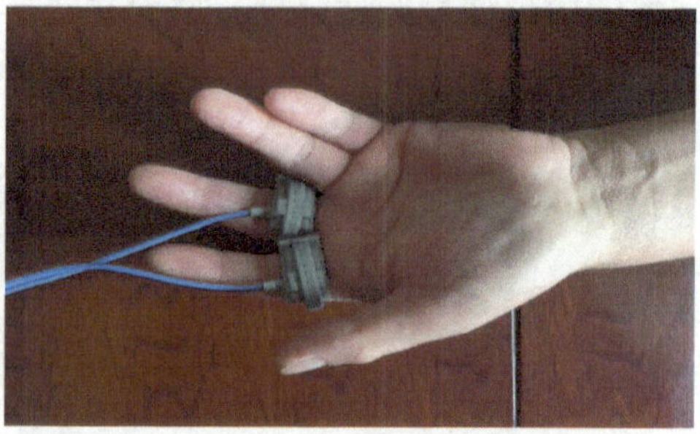

图1-6 皮肤电传感器的佩戴

2. 呼吸传感器

呼吸传感器的核心是一个拉力传感器，戴于胸部（女）或腹部（男），测量呼吸频率及深浅程度（图1-7）。人在呼吸时胸围和腹围会变化，拉力传感器将胸（腹）围的变化转换为对拉力传感器的拉力变化，再将拉力线性（成正比）地转换为电信号。

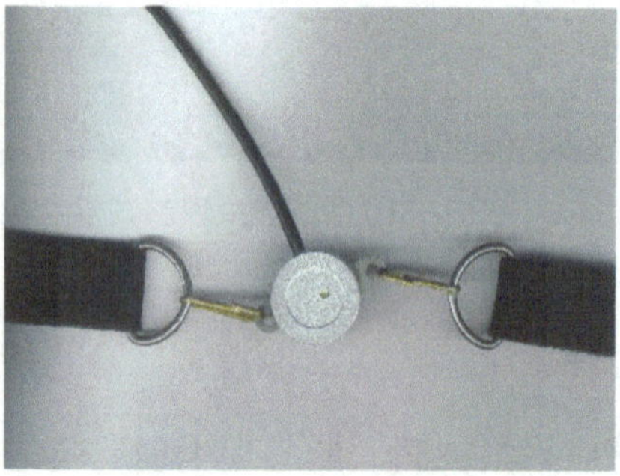

图1-7 呼吸传感器

3. 脉搏/血压传感器

脉搏/血压传感器通常是将脉搏和血压两项生理参数合并在一起，简称脉压传感器。脉压传感器有三种：一种戴于手腕桡动脉血管上方，一种戴于食指指尖，一种戴于大臂，用于测量心跳频率和平均血压，如图1-8所示。

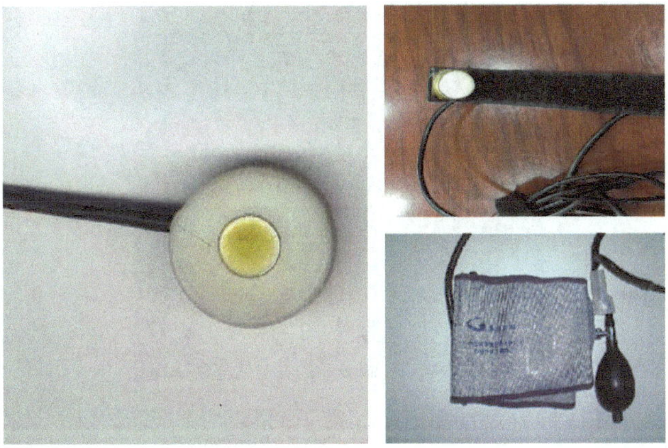

图1–8　脉搏/血压传感器

4. 动作传感器

动作传感器（图1–9）用于监视身体动作，与测试椅的位置如图1–10所示。

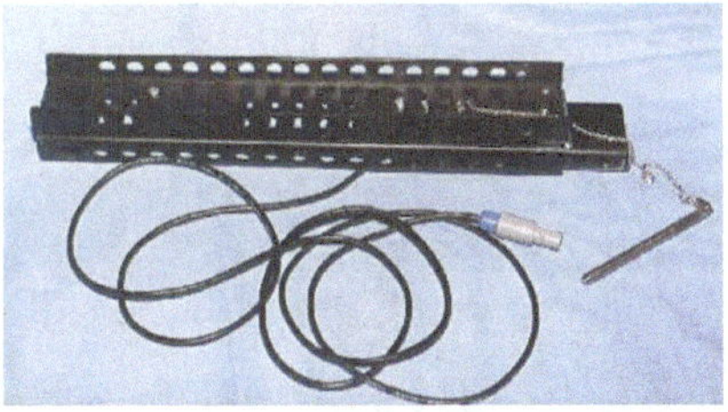

图1–9　动作传感器

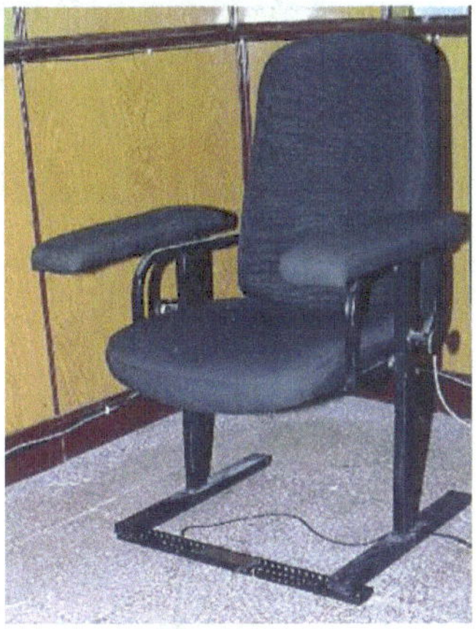

图1–10　测试椅及动作传感器

（三）测试软件

测试软件通常具有三个主要的功能：①测试资料信息和测试题编辑；②测试及图谱显示（图1–11、图1–12）；③图谱分析。测试情境如图1–13所示。

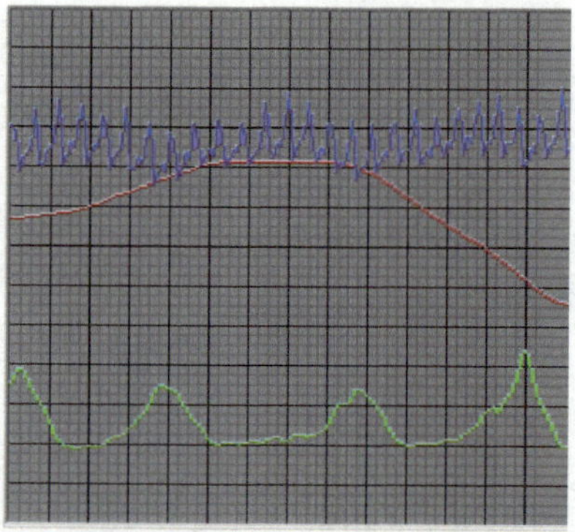

图1-11　测试图谱（PGA-99型心理生理测试仪）

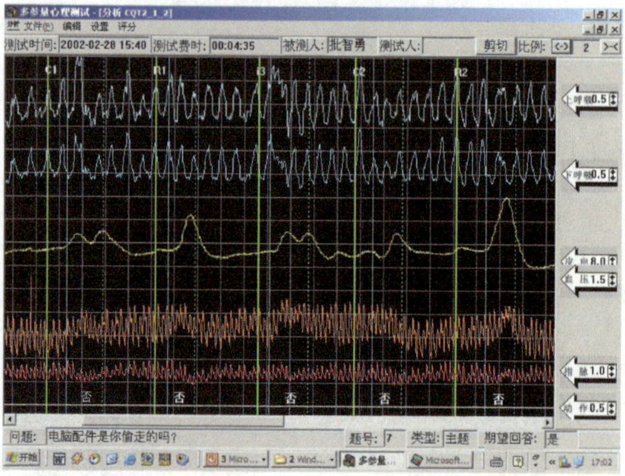

图1-12　测试图谱（PG系列心理生理测试仪）

图1-13　实案测试情境

第三节 心理测试技术的特点

心理测试技术是心理学技术和方法在案/事件调查审理中的应用，它的心理学性质决定了它与其他刑事科学技术不同，其具有以下特点。

一、特殊性

1.心理测试技术检测的是人内隐的心理活动及其痕迹，而其他刑事科学技术检测的是人外显的有形的行为和生理痕迹。

2.心理测试技术是通过揭示人心理从而证实其行为的科学手段，而其他刑事科学技术是通过揭示人人身及其生理和物理等痕迹从而证实其行为的科学手段。

因此，心理测试技术不同于传统的物证技术，是一项新型而特殊的刑事科学技术。

二、系统性

1.心理测试技术是由多阶段技术组成的系统技术。各阶段技术环环相扣，紧密联系，前一阶段技术是后一阶段技术不可缺少的基础和前提。

2.心理测试技术是人—机—环境相互结合、协调，高度协同工作的技术系统，任何一方面不协调，都会影响测试的效果。

三、多因素性

心理测试技术的应用过程中存在多方面因素的影响，而任何方面因素的影响，都可能影响测试效果。主要存在以下几个方面因素的影响：

1.存在测试题编制水平（刺激变量）的影响

心理测试技术是通过主试言语问题的刺激，从而引发被测人的心理生理反应，进而评判被测人与案/事件关系及案/事件有关情况的一项心理鉴定技术。在此项技术的应用中，主试言语问题的设计编题（刺激变量），与被测人的反应活动关系密切，直接影响到被测人的心理生理反应状况（反应变量）及其图谱评判和测试结论。而主试言语问题的设计编题能否遵循人心理活动的规律，它的科学性水平及其效度，又是决定被测人反应活动及其状况的关键。因为心理活动的规律及其编题的科学性水平与效度，直接影响着被测人对问题刺激的反应。因此，测试题编制水平是影响测试效果的首要因素，决定着测试的效果和成败。

2. 存在生理心理多种因素（主体变量）的影响

心理测试中的问题刺激须通过中间环节——被测人的身心活动而引发反应。而被测人的生理心理状况及其特点（主体变量），直接影响着对问题刺激的反应状况及其特点。测试中，被测人的体能等生理状况，直接影响着皮肤电反应及有关生理指标的状况和特点；被测人的个性特点、人格特质、心理状态等多种心理因素和特点，同样影响着图谱反映的状况和特点。

3. 存在测试环境条件（额外变量）的影响

心理测试实质上是一项心理实验，需要严格的实验控制。其测试的环境条件须符合相应的条件要求，须对影响和干扰测试的有关因素，如噪声、视觉刺激等除测试问题以外的其他影响因素（额外变量）进行消除和控制，否则会影响测试的结果。

4. 存在测试实施过程与评判水平的影响

心理测试过程中的仪器安装、连接、佩戴、调试，与被测人的测前及测中谈话，对测试局面的把控和读题，对图谱及相关信息的解读和综合评判等，都必须做到规范、正确、科学，需要主测人员对相关技术、技巧和方法熟练操作与运用，同时具备较为全面的综合素质和一定的测试经验，否则会影响测试的效果和结论。所以，测试实施过程与评判水平是影响测试效果和结论的又一方面的重要因素。

5. 存在测试仪器性能的影响和制约

心理测试技术是借助多导心理生理测试系统进行的一项技术，测试仪器性能直接影响和制约着测试的结果。测试仪的灵敏性、稳定性、可靠性是测试技术科学性和准确性的基本保障。测试仪研制水平的限制和可能出现的仪器故障，都会影响测试的结果。因此，测试仪器性能、可能存在的问题和故障，也是影响测试结果的又一重要因素。

由于心理测试存在上述多方面诸多因素的影响，因此，必须予以合理设计、正确实施、严格控制和综合评判。所以，坚持科学的心理学理论和方法，遵循心理活动的规律，以及科学严格的设计编题、测试实施、测试控制和整体、动态的多因素综合参考的评判及其结论，是其正确和有效应用的前提和保障。否则就会由于各种原因造成测试和评判误差，导致出现错误的结论。

第四节 心理测试技术在案件调查审理中的功用

心理测试技术是一项新型而特殊的刑事科学技术。不同于传统的物证技术，它是通过检测人内隐的心理活动及其痕迹进而揭示人心理并证实其行为的科学手段。因此，心理测试技术在案/事件调查审理中具有多方面的作用，尤其是对于各类疑难案件的调查审理具有独特的价值和功用。大量实案测试实践证明，心理测试技术的科学正确应用，不仅对各类疑难案件的调查审理具有重要的辅助作用，而且具有事半功倍的效果。其主要作用如下。

一、有助于及时、准确地排除无辜者

及时、准确地排除无辜者，不仅是保护无辜者合法权益的需要，更是缩小侦查范围，正确确定侦查方向和重点嫌疑人，集中时间和警力尽快侦破案件的需要。实践中，侦查排摸过程中经常会出现多个嫌疑对象，形成难以认定也不能否定的两难局面，对各个嫌疑对象都得花大量的时间和警力进行工作，尤其是有时无辜者会成为重点嫌疑对象，大量时间和警力花费在了错误的侦查方向上，既延误了破案时机，又使无辜者不能及时得到解脱，有时甚至导致冤案、错案的发生。而心理测试技术实案应用的大量实践证明，及时、准确地排除无辜者，是它的首要功用。所以，对无辜者来讲，心理测试技术是证明自己清白的有效手段之一，而实践中也确有一些无辜者，在自己主动要求进行心理测试后，被及时排除了涉案嫌疑。因此，心理测试技术的首要功用就是及时排除和保护无辜者，而及时排除无辜者又是正确确定侦查方向的前提。

【案例一】

2004年2月19日晚，某机关办公室内一台存有多份密级材料的笔记本电脑丢失。现场门窗完好，笔记本电脑的附件、放在抽屉内的电脑硬盘以及手机等未被拿走。由于此案涉密，故引起了有关部门的高度重视。通过调查，该机关赵×反映当晚去该办公室开门时，猛然发现该机关其他办公室人员张×躲在门后。另外，当晚值班人员也提供了对张×不利的证言。因此，张×成为此案重要的嫌疑人。办案单位后对张×采取了强制措施进行调查讯问。然而3个月过去了，经对张×及其他人大量的调查讯问工作后，此案仍没有任何进展。张×始终不承认自己作案，并主动提出要请全国最好的专家来，对自己进行心理测试，并说只要心理测试认定自己，自己也就认了。办案单位在没有证据和其他办法的情况下，决定邀请武伯欣教授前去运用心理测试技术协助侦办此案。笔者协同武伯欣教授前往，参与了此案的侦破工作。

我们在对案情进行深入分析研究的基础上进行编题，并对有涉案可能的9人先后进行了测试。测试结果排除了张×及其他人的作案嫌疑，认定前述指控张×有作案嫌疑的赵×为此案作案人。后经对赵×的审讯等工作，证实了测试结果。至此，张×在经历了长达3个月的强制措施和审讯后，最终洗清了嫌疑，其他人员也得到了解脱。

【案例二】

2002年8月29日，某地村民宋×及其妻子蔺×在自己家中做好晚饭，吃饭过程中相继发生中毒症状，后经村民送医院抢救，宋×妻子蔺×获救，宋×死亡。法医尸检宋×为中毒死亡，并将宋×胃内溶物及蔺×呕吐物、宋家锅内剩饭、面粉等提取检样，送上级公安机关检验。后在宋×胃内溶物和锅内剩饭中检出“毒鼠强”成分，而蔺×呕吐物中却检出农药“3911”成分。

经调查，未发现宋×与本村其他人有明显矛盾等因素。另外，案发前除死者的连襟李×来过宋家外，再无其他人来过。而死者妻子蔺×在抢救过程中及之后的表现有所反常。同时，调查得知，死者宋×由于平时爱喝酒，不大干农活，其妻蔺×对此意见较大，两口子平时爱吵架。由于死者宋×为“毒鼠强”致死，而其妻蔺×呕吐物中却检出有农药“3911”成分，加之蔺×的表现反常，以及对死者有所不满、意见较大，两口子平时爱吵架等原因，蔺×的作案嫌疑自然上升。同时，死者宋×的亲属也明确反映蔺×同他人有奸情嫌疑等，认为宋×为蔺×所害。这样便将嫌疑重点放在了蔺×身上，同时，死者宋×的连襟李×也作为嫌疑人接受了有关的调查讯问。然而，二人均否认作案。由于缺乏有关证据，同时又无其他线索，此案的侦破陷入困境，被搁置了下来，成为积案。

2004年10月11日，笔者应当地公安机关邀请前往案发地，运用心理测试技术协助侦破此案。笔者在熟悉案情并与办案人员共同对案情进行研究讨论的基础上，运用犯罪心理动态分析技术和认知综合测试法编题技术，编制测试题，先后对嫌疑人蔺×和李×进行了测试。测试结果排除了蔺×的作案嫌疑。而经对李×的几遍测试，李×在作案因素、作案动机、作案时间、投毒位置、投毒方式、毒药种类、毒鼠药的包装物等目标题上均对应显著，并在现时心理状态的问题上反映出明显的后悔及愿意争取从轻处理的愿望，从而认定李×系此案的作案人，我们当即对李×进行了测后谈话。谈话中李×差点哭了起来，几次欲言又止，后因时间关系将其上铐后带下。后经办案人员根据测后指导意见进行审讯，李×当晚便在痛哭过后彻底交代了作案的原因及过程。此案最终成功告破，死者之妻蔺×在被众人怀疑长达两年多时间后，洗清了冤屈，得到了解脱。

另外，我们通过此案也发现和反映了一些化验鉴定部门工作中存在的问题。

二、有助于犯罪嫌疑人的确定

心理测试技术对无辜者进行准确、及时的排除，不仅为缩小侦查范围，及时调整侦查方向，从而使真正的犯罪嫌疑人浮出水面提供了工作基础，而且，通过心理测试，涉案人特异的心理生理反应图谱及其心理信息，为及时、准确地确定犯罪嫌疑人提供了重要的心理学依据，从而使真正的涉案人很快被锁定，使案件的侦查取得突破性进展。所以，心理测试技术有助于配合侦查排摸，尽快凸显、确定犯罪嫌疑人，能够为明确侦查方向和重点提供重要帮助。这是彰显心理测试技术价值的又一显著功用。

【案例三】

2013年9月15日，某地一KTV歌厅包厢内数十人因故发生群殴，二人被锐器戳刺后当场死亡。该案参与人数多，情节严重，影响恶劣，当地公安机关高度重视，深入调查，多措并举，全力攻坚，排摸出了18名涉案人员。但由于群殴案件涉案人员众多，加之现场光线昏暗，场面十分混乱，侦破难度大，持续工作20多天后仍难以确定重点嫌疑人，侦破工作陷入困境。

在上述案件的侦查审理工作陷入困境后，当地公安机关与我们取得联系，邀请我们前往应用心理测试技术协助侦破案件。我们到达案发地后，在对上述案件进行全面了解和深入研究把握并对犯罪心理进行动态分析的基础上，运用认知综合测试法进行了编题和测试。通过测试，我们发现嫌疑人之一华×在行为人的籍贯（家庭所在地）、年龄、因素动机等自我认知题，作案过程、作案工具、作案方式、作案工具的去向等相关违法犯罪认知题，以及有关即时心态认知题上，均表现出显著相关的心理生理反应，而其他人均无相关心理生理反应。据此，我们排除了其他人的作案嫌疑，认定华×系犯罪行为人，并在测试后根据测试获得的案情信息及掌握的犯罪嫌疑人心理特点，对案情予以分析介绍并对测后审讯工作给予指导。后根据测试指导意见，办案人员经审讯很快突破了犯罪嫌疑人华×的心理防线，华×于测后的当晚便彻底交代了犯罪过程，该案件在测试后得以迅速告破。

三、有助于揭露犯罪因素、动机、时间、空间、人数、工具、手段、方式、过程等有关要素

心理测试技术不仅能协助公安机关及时、准确地认定犯罪嫌疑人，而且，它的信息探查功能，能帮助我们对犯罪因素、动机、时间、空间、人数、工具、手段、方式、过程以及作案工具的来源和去向、赃款赃物的数量及其来源和去向、被害人尸体的处理方式和去向及其案犯作案前、中、后的心理和行为活动的真相等，予以探查和掌握，从而对揭露案件真相、发现新线索、扩大战果发挥重要作用。例如，测试中，在先期侦查和对案犯犯罪心理进行动态分析的基础上，把各种可能和假设作为测试内容，看哪种假设更能触发对方的特异心理生理反应，从而帮助我们了解、掌握、印证案件有关信息和

发现案件新的线索。这是心理测试技术的又一重要功用。

【案例四】

2009年5月25日晨，某地一居民楼住户发现其邻居402室门前和下面的楼梯上有多处血迹遂报案。经勘查，402室内有大量血迹，但暂住者杨××（男，38岁）不知去向，后经有关检验和分析，推断杨××应已被害。此案经过侦查，初步确定与杨××已订婚的402室房主何×及其在某市共同做生意的另一情人王××（男，39岁）具有重大作案嫌疑，但经讯问两人均否认与此案有关。由于证据等条件限制，此案的侦查工作陷入僵局。

在上述案件的侦查审理工作陷入僵局处于悬疑后，办案单位很快与我们取得联系，邀请我们前往，应用心理测试技术协助侦破案件。我们到达发案地后，在对上述案件进行全面了解和深入研究把握的基础上，进行了分析、编题和测试。通过测试，我们不仅及时排除了402室房主何×的涉案嫌疑，准确认定了王××为犯罪行为人，同时获得了案犯作案的动机、时间、人数、工具、手段、作案时与被害人的互动情况、处理现场和被害人尸体的过程与方式、被害人尸体的去向以及案犯作案前、中、后的心理及行为活动的有关情况等大量的案件信息。测试表明：暂住者杨××已被害死亡；此案为一人所为；作案因素动机系为女人；作案人作案前有准备；作案人于5月24日晚11点前后作的案；作案人进入现场时是被害人给开的门；作案人当时与被害人说过话；是突然动的手；杀人工具是刀；作案人杀人后处理过现场；作案人杀人后处理现场和被害人尸体时害怕被人看到放下了现场的窗帘；作案人用现场的沙发巾、床单等包裹了被害人尸体；作案人将被害人尸体用车运至发案地西北面较远的戈壁滩上抛尸，并用被害人手机给被害人未婚妻发短信以掩盖案件和迷惑侦查；杀人时作案人自己也受了伤；作案人作案后换了衣服并洗了车；作案人现时的心理状态是不想主动交代，也不考虑争取从轻处理。据此，公安机关坚定了信心并马上展开审讯等工作，从而使上述案件的犯罪嫌疑人王××于测后的第五天，彻底交代了犯罪过程，办案人员在其指引下从案发地西北面几十公里外的戈壁滩上找到了被焚烧的被害人尸体，上述案件成功告破。

四、有助于涉案人案件角色的确定

心理测试技术不仅能协助公安机关及时、准确地认定犯罪嫌疑人，而且，在共同犯罪案件的侦查审理中，涉案人对相关目标题的不同反应，能帮助我们对涉案人在案件中的角色予以确定，从而为揭露案件真相、开展审讯等侦查工作提供有利条件。

【案例五】

2008年7月6日，甘肃省酒泉市肃州区先后发生两起杀人案。经当地警方侦查，此二案系当地农民张×有（男）因感情纠葛，于2008年7月5日当天先后所为。2009年1月6日，张×有被酒泉市中级人民法院一审判处死刑。（此案当时已在中央电视台《天网》栏目以“一个老实人的连环案”予以报道）在看守所羁押等待二审判决期间，该犯于2009年2月20日主动向警方检举交代：十年前，他的情人张×荣（系“7·6”案件被害人崔××的妻子）在一天夜间将正在睡觉的其前夫杜×太兄弟俩用棒打死，叫他去帮忙，并经过转移、藏匿最终将两人尸体抛埋于废弃的砖瓦窑中。后警方对张×荣进行审讯并对埋尸现场进行挖掘，找到了两被害人的尸骨。但张×有、张×荣二人经多次审讯拒不承认是自己动手杀的人，坚称是对方杀死被害人的，自己仅协助藏匿抛埋了两人的尸体。此案缺乏相关证据，致使审理工作陷入僵局。

在此案的侦查审理工作陷入僵局后，办案单位邀请我们前往应用心理测试技术协助侦破案件。我们到达案发地后，在对上述案件进行全面了解和深入研究把握的基础上，进行了分析、编题和测试。通过测试，我们发现犯罪嫌疑人张×荣在作案因素、动机、过程、移尸等部分涉案目标题上有显著相关特异心理生理反应，在具体实施杀人行为的涉案目标题上无显著相关特异心理生理反应。据此，我们认定其参与了杜×太兄弟俩被害案件，进行了作案的准备、移尸等行为，并一定程度地协助了杀人行为。而发现犯罪嫌疑人张×有对全部涉案目标题有显著相关特异心理生理反应。据此，我们认定张×有系杜×太兄弟俩被害案件的主要犯罪嫌疑人，是杀人行为的主要实施者和动机发起者。而且，我们通过测试掌握了该案的因素、动机、案件过程及张×有检举该案及张×荣的动机等，从而根据测试获得的案件情况、张×有检举该案及张×荣的动机，研究制订了审讯方案，于当晚展开审讯。张×有彻底坦白了十年前杀两人的案件真相，从而使该案顺利告破。

【案例六】

2012年，某市纪律检查委员会接群众举报，该市某处某实业有限责任公司所属的五栋居民楼的产权、建筑年代及建筑过程存在问题，同时该市房地产交易中心工作人员在该五栋居民楼的产权、建筑年代等问题上存在渎职、造假等情形。后该市纪委调查发现，该五栋居民楼的建筑档案确实存在建筑年代及面积堪丈造假，相关人员偷、逃巨额税款和躲避罚款等问题。于是，该市纪委对此事予以立案并展开了调查审理工作。然而，该案由于时间较久、涉及人员多、案情复杂、相关档案材料的笔迹鉴定困难等原因，经调查审理大量工作后仍难以厘清有关人员的涉案嫌疑和有无其他人涉嫌该案。在此情况下，该市纪委与我们取得联系，请求应用心理测试技术协助调查审理该案。

我们应邀后，在对上述案件予以全面了解和深入研究把握的基础上，进行了分析、编题，同时，与纪委专案组重新对可能涉案的其他人员进行了分析和圈定，并对涉嫌和其他可能涉案的该市房地产交易中心的6名工作人员进行了测试。通过测试，未发现其中原嫌疑重大的两人在目标问题上有相关特异心理生理反应。据此，排除了此两人的涉案嫌疑。同时，发现其中两人在部分目标问题上有相关特异心理生理反应。据此，认定其为上述案件的局部知情人。而发现另外两人（其中一女性之前未被纳入嫌疑人范围）在主要目标问题上有显著相关特异心理生理反应。据此，认定此两人系上述案件的作案人。通过心理测试技术的鉴定甄别后，纪委专案组根据测试获得的案情信息和上述人员的涉案情况，展开工作后很快使测试认定的作案人坦白交代了伙同、协助某实业有限责任公司对五栋居民楼的建筑档案造假的事实和过程，并查清了上述有关人员在此案中的有关问题和责任，从而使该案得以顺利查清并移送检察机关。

事后，纪委办案人员专门打来电话，欣喜地告诉我们："测试结论完全正确，咱们以后要加强联系，继续合作……"

此案的顺利查清表明：心理测试技术的科学正确应用，对案情复杂，牵扯人员较多，有关人员在案件中涉案情况、程度不同的疑难案件，同样具有很好的应用效果，对及时、正确地厘清案件情况及有关人员的涉案情况，具有显著的作用。

五、有助于揭露案犯作案前、中、后的心理事实真相，发现新线索

心理测试技术是通过检测人内隐的心理活动及其痕迹进而揭示其心理并证实其行为的科学手段。因此，它的科学有效应用，不仅能准确认定涉案人并搞清案件的有关情况，而且，它的信息探测功能，能就作案人作案的因素、动机及其产生的时间、作案的预谋准备过程、作案时的心理状态、作案后逃避打击及反侦查的有关想法和行为等作案前、中、后的心理活动及事实真相予以揭露，从而为疑难案件的侦查审理提供其他技术手段难以获得的信息和线索。

【案例七】

2015年3月21日，内蒙古×旗公安局接当地一能源实业有限责任公司报案称：2014年12月，甘肃省×煤业公司给付其公司一张50万元的银行承兑汇票，而后其公司将该承兑汇票用于支付燃料款又给付了一个体户仲×，仲×在与其有业务往来的白×处兑现了该张承兑汇票，之后，白×去银行兑现时发现该承兑汇票是伪造的，故报案请求查处。当地公安局经侦部门接报案后，发现该汇票系山西省×县的农民韩×支付给甘肃省×煤业公司的货款。就在此案报案后不久，办案单位又接到当地另一公司报案，称也收到了甘肃省上述煤业公司的一张82万元的假承兑汇票。经查，也是山西省×县的韩×支付给甘肃省×煤业公司的。办案单位赴山西省×县调查时得知，韩×于此两张假承兑汇票支付前，已给当地一个体经营户胡×支付过一张30万元的假承兑汇票，而且，也是转了好几手后才被发现。于是，韩×因涉嫌诈骗罪被拘留。然而，韩×被拘留后，拒不承认自己犯罪，并称三张承兑汇票是自己于2014年10月的一天，在×县东高速路口遇到的驾驶两辆车牌为“苏”字打头的高档小轿车的两男两女抵押给自己的。对方称他们的车队出事了，急着用钱，要找个银行或当铺兑一些现金。

后来，因为有利可图，韩×使用自己准备去存银行的20万元现金抵押换来了对方的三张承兑汇票，当时，对方说好几天后就还回他的20万元和5万元好处费。韩×最初几天还能与对方联系上，其间，对方还曾同意他用这些承兑汇票先支付有关生意，后来对方手机就打不通了。因韩×之前没有用过承兑汇票，不知道还有假，故一直没有去银行验过。韩×称如果该承兑汇票是假的，那么他也属受害人，希望公安机关能帮助他追回给对方抵押的20万元现金。

后经办案单位20多天的侦查审讯，韩×拒不承认自己犯罪，坚称自己也是受害人。由于缺乏能够证明韩×故意诈骗的有关证据，致使此案的审理陷入困境，同时，检察机关认为该案涉嫌诈骗的证据不足，准备放人。在此情况下，办案单位与我们取得联系，请求应用心理测试技术协助审理该案。

我们到达当地后，在对上述案件进行全面了解和深入研究把握的基础上，完成了分析、编题和测试。通过测试，我们发现韩×在全部目标题上有显著相关特异心理生理反应，据此，认定韩×事先准备了（买来的）三张伪造的承兑汇票，并用其先后分别对山西省×县胡×和甘肃省×煤业公司实施了诈骗行为。其之前供述的承兑汇票来源纯属编造，同时，还获得了案发后其删去手机相关信息和更换手机的事实真相及其原因等有关信息，从而为该案的侦查审理提供了重要而及时的支撑。测试后，检察机关采信了心理测试鉴定结论，于拘留期限马上到期时批准延长拘留期限，从而为该案的进一步侦查审理争得了时间。后经办案单位对犯罪嫌疑人韩×强而有力的审讯，其终于彻底交代了购买假承兑汇票进行诈骗的犯罪事实。

六、有助于深究余罪和掌握犯罪嫌疑人有无其他犯罪经历

心理测试技术的科学、正确应用，不仅能准确认定当前案件的犯罪嫌疑人及案件有关情况，而且，还能就犯罪嫌疑人有无其他犯罪经历予以揭露。

【案例八】

2014年4月5日晚11时许，某地发生一起强奸伤害案件，案犯在一广场的僻静处将一名二十几岁的女子强奸时，又将前来寻找该女子的一男子用刀

捅伤胸部。同时，在此案案发前后较长一段时间内，当地还发生过数起抢劫、入室盗窃等案件。当地公安机关在进行了大量的侦查摸排、检验等工作后，于当年12月15日抓获了“2014.4.5强奸伤害案件”的犯罪嫌疑人，但是，该犯罪嫌疑人经过多次审讯拒不承认自己作案，使该案的审讯工作陷入僵局。当地公安机关遂邀请我们前往并应用心理测试技术协助侦破案件。

我们到达案发地后，在对上述案件予以全面了解和深入研究把握的基础上，进行了分析、编题和测试。通过测试，不仅明确认定“2014.4.5强奸伤害案件”系该犯罪嫌疑人所为，同时，还认定了其他数起案件系该犯罪嫌疑人所为。后经审讯，该犯罪嫌疑人于测试后的当晚便交代了强奸、伤害、入室盗窃等数起案件的犯罪事实。

七、有助于瓦解犯罪嫌疑人的抗拒心理

在心理测试技术的应用过程中，通过测试人员对嫌疑人说明心理测试技术的科学性、客观性、公正性和有效性，尤其是在前期侦查工作和对案犯犯罪心理进行动态分析的基础上，科学、准确、有效地编题及进行步步深入逼近的提问和测后的谈话，涉案人会产生极大的心理压力和良性的心理效应。其“测试后效”往往成为涉案人交代供述的重要心理原因。实案测试中，确有不少犯罪嫌疑人，在测试后便很快交代了有关犯罪事实。

【案例九】

2013年6月4日凌晨1时许，某地山区一村民李×正在熟睡时，一蒙面人进入房间并用手电筒照明，用斧头将其砍了14下致重伤，导致终身残疾。此案案发后，公安机关经过大量工作摸排出一重点犯罪嫌疑人，但该嫌疑人拒不承认自己作案，并在长达数月与公安机关的对峙周旋后，转守为攻，不断到办案单位缠闹，说“你们影响了我的生意”“还我清白”，要求公安机关拿出证据。由于缺乏相关证据，此案的侦查审理工作陷入僵局。

在此案的侦查审理工作陷入僵局后，当地公安机关与我们取得联系，请求应用心理测试技术协助侦破此案。我们应邀到达案发地后，在对上述案件进行全面了解和深入研究把握的基础上，完成了分析、编题和测试。通过测试，明确认定该案系该犯罪嫌疑人所为，并且当场进行了测后谈话，

希望其能够争取从轻处理。我们随后根据测试获得的情况及该嫌疑人的心理特点，对审讯工作给予了指导并研究制订了审讯方案。当晚展开审讯后仅十多分钟，该嫌疑人便承认该案是其所为，并彻底交代了作案原因和作案过程等，从而使在当地造成重大影响、侦查时间长达数月并陷入僵局的该案顺利告破。

八、有助于对证人证言、被害人陈述以及有关证据等的判别

在案件侦查审理过程中，证人证言和被害人、报案人的陈述以及有关证据，是开展侦查审理工作的基础。然而，有关当事人的证言、陈述以及有关证据的真实可靠性如何，往往难以把握，有时虚假的证言、陈述和证据会使侦查审理工作误入歧途。因此，对当事人证言、陈述及其证据的判别，便成为侦查审理工作的关键和前提。而心理测试技术能够帮助我们对其予以甄别，从而提高侦查审理工作的效率和保证侦查审理工作的正确性。即使在民事案件中，在原、被告各执一词，相关证据缺乏或有关证据的真实性难以判别的情况下，通过测试也可以甄别当事人陈述及有关证据的真伪，有助于审判人员确定案件事实，揭露伪证造假者，甚至使伪证造假者不敢接受测试而主动放弃诉讼。

【案例十】

2012年4月，甘肃省某地发生一起借款纠纷案，先是出借人程×拿着徐×写的一张24万元的借条到法院起诉徐×借款不还，称自己于2010年12月20日和2011年5月先后两次分别给徐×借款10万元和14万元，而徐×只还了7万元就赖账不还了，故请求法院予以审理判决。法院受理此案后，根据原告程×提供的借款书证，将被告徐×的一辆价值16万元的轿车予以扣押，准备赔付原告。而后，徐×又到公安局以程×敲诈勒索和放高利贷为由报案，称自己于2010年12月20日借了程×10万元，当时约定只借一个月，加利息2万元，并当时给程×写了12万元的借条，共欠对方12万元。而后自己在四个月内分三次陆续给程×还了5.5万元，后因还款困难无法继续还款。2011年11月，程×逼自己写了一张24万元的借条，但不让自己在借条上写日期。后程×拿着24万元的借条到自己家逼父母还款，父母在无奈之下分

两次还了他7万元，实际已还款12.5万元，借款本息已还，程×系敲诈勒索和放高利贷。但是，徐×拿不出已还款的证据。而程×坚称其对法院的陈述及24万元的借条完全是事实，除徐×父母给自己还了7万元外再无其他还款，而且，绝无放高利贷一事。于是，公安机关邀请我们前去应用心理测试技术协助审理此案。

2012年5月，我们应邀到达当地后，在对上述案件进行全面了解和深入研究把握的基础上，完成了分析、编题和测试。通过对徐×的测试，我们发现其对借款数额、还款数额、24万元借条的形成等目标问题的心理生理反应与其陈述基本一致，据此，心理测试可认定徐×向公安机关的陈述基本属实。而原告程×在测前谈话后，言行慌乱紧张，坚决拒绝接受测试，并当场表示“算了，我不告了”要撤诉。随后，这起使法院和公安机关都感到颇为棘手的案子就这样平息了。

九、有助于克服主观臆断和经验教条，防止确证偏见，推进疑难案件的侦破

心理测试技术由于能够客观地检测被测人在案件相关问题上心理生理反应的情况，从而帮助我们正确地分析、掌握和甄别嫌疑人与案件的关系及案件有关情况，因此，其不仅有助于对证人证言、被害人陈述以及有关证据等的判别，而且是核实、验证侦查推论及前期侦查工作的有效手段。所以，正确地使用和把握它，对克服主观臆断和经验教条，防止确证偏见，推进疑难案件的侦破，具有重要的作用。实践中，许多案件的侦查审理就是在经过心理测试技术的应用后，侦查人员改变了原来对案情及有关嫌疑人的错误认识，从而及时调整侦查方向，使侦查工作发生重大转机。

【案例十一】

2009年12月11日，青海省西宁市一出租车在西宁市火车站被人租用后，司机和车辆失踪。2010年1月13日，甘、青、川三省交界处一公路涵洞内发现一男性尸体，后经当地公安机关通报协查，死者系前述失踪的出租车司机，但其车辆不知去向。当地公安机关立案侦查数月后，青海省某公安机关传来消息称抓获了一抢车杀人作案数起的犯罪团伙。于是，办案单位马上与青海

省有关公安机关联系，意图落实此案与上述案件的犯罪团伙有无关系。当办案单位前往青海省某公安机关，拿着2009年12月11日傍晚在当地县城一监控探头抓拍的失踪出租车副驾驶座坐着的一嫌疑人照片（图像不太清楚），让上述案件的犯罪嫌疑人辨认时，其供称照片的人是和他们一起的一个叫才×的人。于是，办案单位马上组织抓捕，后在青海省玉树地区抓到了嫌疑人才×，并又专门从青海省西宁市请来当时目击租用失踪出租车嫌疑人的一证人对其进行了辨认。辨认时，目击证人一会儿说是，一会儿又说不像，犹豫不定，反反复复，但总体倾向认定。然而，经对嫌疑人才×一个多月的审讯等工作，其拒不承认自己作案，此案陷入僵局。

在此案陷入僵局后，省公安厅刑警总队与我们取得联系，邀请我们前往并应用心理测试技术对嫌疑人才×进行测试，以甄别其与案件的关系，协助侦破案件。2010年12月，我们应邀到达当地后，在对上述案件进行全面了解和深入研究把握的基础上，坚持入流不陷入的原则，完成了分析、编题和测试。测试结果显示，才×在相关目标题上均无特异心理生理反应，据此，排除了才×的作案嫌疑。在测后召开的案情研究会上明确宣布排除才×的作案嫌疑后，已对此案形成认知定式和确证偏见的办案人员感到很意外，难以接受，但这一结果也迫使人们不得不重新考虑调整侦查思路并尽快释放嫌疑人才×，从而使侦查工作发生了重大转机。后经调整侦查思路，重新组织侦查摸排等大量工作，办案人员终于在2011年4月于四川省阿坝地区抓获了两名真凶并找到了已被卖掉的失踪车辆，从而使该案得以侦破。

【案例十二】

2011年2月3日（大年初一），某地山区乡村一名12岁的女孩在天黑后仍未回家，后家人组织寻找，于当晚11时许在离家不远处山坡下的树林里找到了已被残忍杀害的女孩尸体。案发后，当地公安机关投入大量警力全力侦破此案。在侦查摸排过程中，有5个20岁左右的小伙子，因于发案时间段在现场附近的山坡上喝啤酒等原因，被列为重点嫌疑人。后经审讯，其中一小伙供认是他们中间的两人作的案，但该两人拒不承认作案。由于缺乏相关证据和其他线索，此案的侦破陷入僵局。

当年5月，当地公安机关与我们取得联系，邀请我们前往并应用心理测试技术协助侦破案件。我们应邀到达当地后，在对上述案件进行全面了解和深入研究把握的基础上，坚持入流不陷入的原则，完成了分析、编题，并首先对之前被列为重点嫌疑人的几名小伙子进行了测试。测试结果显示几人在相关目标题上均无特异心理生理反应，据此排除了前述5人的作案嫌疑。后我们又对办案单位和被害人家属提供的其他几名具有作案嫌疑的人员进行了测试。（其中一人，被害人家属坚定地确认是其作的案。当听说请来专家破案时，被害人父母专程前来当面提供情况，被害人母亲告诉笔者：其邻居尚×，见到他们时言谈举止、表情等各方面都非常反常，是典型的做贼心虚，绝对是其作的案，甚至女儿给她托梦说是其害的她，就连算命先生也算的是其作的案）结果，同样排除了他们的作案嫌疑。这样，该案只好回到原点重新进行分析研究。在重新对该案进行梳理研究时，在案发次日调查走访中发现的一名18岁男子洗过外衣搭在院中晾晒的情况引起了笔者的注意，当问明该男子家的方位等情况后，笔者感到此人嫌疑重大，应该马上传唤进行测试。然而，此人已于案发后去外地打工无法联系。于是，我们与办案单位商定，待外出打工的人们春节回家过年时再去测试排查。可是，办案单位后来再未与我们联系，此案至此再没了消息，但小女孩被残害的案件一直浮在笔者的心头。

时光荏苒，两年多过去了，2013年11月，当地公安机关再次邀请我们前去协助侦破一起深夜蒙面入室伤害案件。到达当地后，笔者又提起了上述案件，并提出如果当年案发后洗了衣服的嫌疑人李×回到本地的话，办完这次的伤害案件后再对其进行测试。办案单位马上与当地派出所联系，没想到对方很快回复说，李×案发后出外打工一直没有回过家，前几天刚回来。笔者当即心头一热，感到此案有了希望。于是，在顺利认定深夜蒙面入室伤害案件的嫌疑人后，我们立即对李×进行了传唤测试。测试结果显示，其在作案人的居住地、年龄、作案的因素动机、过程、方式、工具、洗衣服的原因等目标题上心理生理反应显著。办案人员在根据测试获得的案件情况研究审讯方案后对其进行了审讯。在强大、有力的审讯压力下，李×3天后彻底交代了杀害小女孩的因素、动机、过程、方式、工具等犯罪事实，从而使这一在当地影响重大，侦办人员一直挂在心头，深感愧疚不能释怀的疑难案件，在悬疑近三年后得以成功告破。

对于上述两起案件，分析其前期未能及时侦破的原因，总结经验教训，其中虽然存在侦破条件的限制等因素，但是，侦查初期有关人员的错误指认和由于很快就有了案发时段在现场附近活动的几个重点嫌疑人从而导致聚合思维而放弃了发散思维的思维方式及其形成的确证偏见，是造成侦查前期走弯路，错将无辜者认定为作案人，不再存疑考虑其他人作案的可能性，致使案件未能及时侦破的重要原因。事实上，在上述小女孩被害案件的摸排过程中，当时18岁洗了衣服的李×就被怀疑和询问过，但在其似乎合乎情理的说辞下，尤其是其他几个重点嫌疑人的出现，使得他轻易逃过了调查，从而影响了该案的及时侦破。

在案件侦破过程中，类似由于侦破条件限制或证人证言的误导、侦查思维的局限等原因导致案件久侦不破的情况经常存在。而心理测试技术的及时、正确应用，是核实、验证侦查推论和前期侦查工作的有效手段。因此，正确地使用和把握该技术，对克服主观臆断和经验教条，防止确证偏见，推进疑难案件的侦破，具有显著的作用。

十、有助于甄别案件性质

在刑事案件侦破过程中，时常会遇到当前所面临的是案件还是事件，是他杀还是自杀，是谋杀还是意外死亡的问题。因此，甄别案件性质，及时认定其为“案件”还是“事件”，便成了侦查工作首先要解决的问题。在传统的侦查方法无法甄别案件性质，陷入疑难的情况下，运用犯罪心理测试技术甄别案件性质，是其又一方面的功用。

【案例十三】

2016年9月24日，某县公安局接到当地县医院报案称：“我院收治一颈部有伤口的人员，家属自称是自杀，现已死亡，请查处。”在接到报警之后，刑侦人员迅速赶赴现场，进行现场勘查和调查访问。据死者妻子李×燕及其家人陈述：2016年9月23日下午7时许，死者王×平在下班回家后神情紧张，焦躁不安，并多次反复对妻子说：“我说错了话，被别人录下音，要往临夏跑呢。”之后他驾驶摩托车带上李×燕回娘家。到达李×燕娘家后，王×平陆续表现出了情绪、言语、行为等各种不正常的状态，一直持续到凌晨4时许，才在其妻的哄劝下上炕睡觉。但只过了一会儿，王×平突然跳下炕，顺手拿起放在写字台案板上的菜刀，右手握刀把，左手握刀背，用力朝自己左颈部割了两下，其妻看见后迅速从炕上跳下并从其手中夺下菜刀，王×平头朝写字台倒下。李×燕及家人随即进行抢救并迅速将其送往医院，但王×平因失血过多抢救无效死亡。

该案中心现场血泊周围写字台、柜子、墙面等较大范围内分布有喷溅状及甩状的死者血迹。李×燕及其父亲、兄弟衣服上也有大量死者血迹。

尸检情况如下：死者身上的衣服被大量血迹浸染，头面部大量血迹黏附，左颈部有一巨大创口，前创角至下颌骨左侧颏孔下2.5厘米处，后创角至后颈部正中偏右侧，创伤多处形成皮瓣，创缘周围皮肤有多处擦伤，其余尸表未见损伤。尸体解剖发现创腔内组织、肌肉断裂，创腔深达颈椎，寰枢关节椎间盘处断裂，延髓暴露，第二颈椎上沿有一游离骨瓣，左侧椎动脉于第二颈椎左侧横突孔上缘处断裂。州局法医检验后分析认为，死者颈部大创口系切创，自杀和他杀均能形成，而省厅法医专家复检后分析认为，该创口系砍创，只有他杀才能形成。由于死者的死因出现了两种不同的检验意见，同时，从现场血迹分布的情况和死者的创伤情况看，他杀的可能性极大，而死者妻子及其家人又坚称王×平系自杀。于是，王×平的死亡真相成了一个“谜”，致使侦查工作陷入疑难。

在对上述案件进行了大量的侦查审理工作但仍然难以搞清真相的情况下，省公安厅与我们取得联系，邀请我们应用犯罪心理测试技术协助侦破案件。我们到达案发地后，在对前期侦查工作及案发现场进行全面了解把握的基础上，进行了案情分析及测试编题等工作。后经过对死者整个行为过程有全面认知和陈述的死者妻子李×燕的心理测试，排除其及其家人的作案嫌疑，认定王×平死亡系自杀，从而使困惑人们多时的王×平死亡一案真相大白。后公安部法医专家进行进一步勘验，支持我们所做的心理测试鉴定结论。

有关该自杀事件，后经进一步了解，死者王×平曾患精神分裂症，其自杀行为应系精神异常所导致。

诸如上述难以甄别性质的案件，在司法实践中经常会遇到。心理测试技术的科学正确应用，能够有效地对其予以甄别。例如，我们曾应用心理测试技术，对多起疑似谋杀的交通肇事案件、人员死亡案件进行测试鉴定，都取得了良好的测试效果，并为最终的侦查结论所验证，从而为相关的侦查审理工作提供了及时而准确的技术支持。

因此，有助于案件性质的甄别，是心理测试技术的又一大功用。此外，由于心理测试技术的上述功用及其延伸，它对"无头"案件，对无具体案发时间、无现场、无嫌疑对象、无原因（原因不明）的"四无"案件的侦查审理，同样具有独特的价值和功用。

十一、有助于支持、加固原有的证据体系，坚定审断案件的信心

心理测试技术的测试结果目前在我国虽然不具有证据效力，但是，它的科学正确应用，对各类疑难案件的调查审理具有的显著作用与效果，已为大量实案测试和司法实践所证明。所以，在案件调查审理过程中，无论是侦查、起诉还是审判阶段，在因痕迹物证欠缺等条件限制，导致证据不足或某些实事难以搞清的情况下，应用心理测试技术以获取、甄别有关案件情况，不失为一种行之有效的方法和途径。它对支持、加固原有的证据体系，坚定侦查人员审讯的信心，排除检察官审断证据的疑虑，加强法官断案的决心，具有重要的作用。事实上，在许多国家，心理测试技术已经是各类案件调查审理的常规手段，它的测试结论也被作为重要的呈堂证据。而在我国的司法实践中，心理测试技术也已经越来越多地为各级公安、检察机关及法院调查审理各类疑难案件时所重视和采用。

十二、有助于杜绝刑讯逼供，推进文明办案

心理测试技术是科学技术服务于司法实践的重大成果。正是心理测试技术的科学应用，为侦查工作提供了一种新的行之有效的途径和科学技术手段，从而减少和防止了刑讯逼供的发生；也正是心理测试技术的科学应用，使警界在案件的调查审理中，改变了以往动辄采取各种强制措施及其调查方式的状况，换之以温和、文明、科学的调查方式，从而推进了文明办案。正如一些案件中的嫌疑人在测后所说："你们不打不骂，方式文明，测试准确，

我心服口服。”就连经历过实案测试过程的办案人员也说：“这种方法，的确文明。”

十三、有助于节省时间、人力、财力和物力，提高调查审理案件的效率

科学技术是生产力。心理测试技术由于具备上述功能，因此，它的科学正确应用，对于节省时间、人力、财力和物力，提高调查审理案件的效率等，无疑具有显著的作用。这是心理测试技术本身的科学性质和功能所决定的，已为大量实案测试实践所证明。

综上所述，心理测试技术在案件调查审理中具有多方面的作用，尤其是对于各类疑难案件的调查审理具有独特的价值和功用，已为大量实案测试和司法实践所证明。科学地研究和正确地应用，以及保证其科学、健康地发展，必然会使该技术发挥越来越大的作用，并最终进入证据领域。

这些年来，我们（甘肃政法大学犯罪心理测试技术研究中心）应用心理测试技术协助有关部门成功侦破了大批各类重特大疑难案件，该技术在实案侦破中的应用效果，得到了办案单位的充分肯定和赞誉。

以下是应用该技术协助侦破疑难案件后，有关部门给我们送来的锦旗、牌匾等（图1-14至图1-23）。

图1-14　协助甘肃省岷县公安局连续侦破投毒杀人案、信用社重大盗窃案

图1-15　协助甘肃省武威市公安机关侦破特大杀人案

图1-16　协助甘肃省酒泉市公安机关侦破杀人抛尸案

图1-17　协助兰州市公安机关侦破某高校女教工失踪被害案

图1-18　协助内蒙古通辽市公安机关侦破数起疑难案件

图1-19　2009年8月，协助甘肃省阿克塞县公安局连续侦破杀人案和特大交通肇事案

图1-20　2013年11月，协助甘肃省甘南州公安机关连续侦破三起疑难案件（1）

图1-21　2013年11月，协助甘肃省甘南州公安机关连续侦破三起疑难案件（2）

图1-22　有关公安机关送来锦旗

图1-23　全国心理测试技术培训班全体学员赠送锦旗

第五节　心理测试技术的产生、发展和研究应用概况

说谎与识别谎言及涉案或涉事人，是人类社会生活中会普遍面临的问题。所以，如何识别谎言及涉案或涉事人，一直是古今中外专业人士力图解决并不断研究探讨的问题。

一、早期的思想萌芽

运用各种方法对嫌疑人进行心理测试，以识别谎言及涉案人并获取有关信息，从而帮助分析和甄别案情，区分涉案人与无辜者，是世界各国案件侦查审理活动中古已有之的做法。在古代漫长的探索及实践过程中，人们应用和发明过多种识别谎言及涉案人的方法，虽然其中不少具有迷信色彩，但也有许多不乏科学道理。

在我国，成书于2000多年前的《周礼·秋官·小司寇》中就记载了当时审断案件的“五听”之法，即审断案件的官吏观察当事人心理活动以甄别、判断其与案件关系的五种方法，即以五声听狱讼，求民情：一曰辞听，二曰色听，三曰气听，四曰耳听，五曰目听。就是根据被审对象的言语、表情、呼吸、听觉的反应状况、眼神等的变化及特征，来探测其内心活动，进而判断其供词真伪。在浩如烟海的历史书籍中，我们可以找到大量的运用察言观色、逻辑推理、设置心理圈套等方法检测谎言、判断真伪的案例故事，其中包含了古人对犯罪心理及识别谎言和涉案人的许多经验性把握，表现了对人心理活动规律掌握和利用的重视及高度智慧的审判艺术，如各种“神判法”、“二女争子”的裁决法等。

另外，在世界各国，也有诸多利用人的心理特点，要求当事人通过宣誓、决斗以及“水试法”“火试法”“干米测试法”[①]等检测谎言、判断真伪的方法。

---

①“干米测试法”：让被告口嚼一把干米，如果米被吐出来后还是干的，就证明被告有罪；如果米是湿的，就证明被告无罪。现代心理学研究证实，人在恐惧的紧张状态下，唾液分泌少或停止，吐出的米中唾液少，就说明嚼米人的心理紧张。因此，干米测试法具有一定的科学道理。然而，心理紧张不见得其人一定有罪。所以，“干米测试法”虽有一定道理，却可能不准确。

二、在西方的产生、发展和应用情况

通过观测客观的生理变化来鉴别谎言和判断事件真相的方法，较早的记载有“脉诊法”“计数脉搏法”（大致出现在西方中世纪）等，即通过观测脉搏速度的变化，判断被观测者是否说谎及其与具体事件的关系以及事件真相。

以仪器测试为主要特征的现代心理生理测试技术起源于19世纪末的欧洲大陆，盛行于美国。

1895年意大利犯罪学家龙勃罗梭（Cesare Lombroso）首先使用水力脉搏记录仪（hydrosphygmograph）对被讯问的犯罪嫌疑人进行测试①，被学界公认为使用科学仪器测谎从事犯罪侦查的开始以及近代心理生理测试技术产生的标志性事件。作为著名犯罪学家的龙勃罗梭，其主要贡献是在犯罪学领域，其在犯罪心理测试技术领域的实践仅仅是其研究工作的一个自然延伸而已。但是，就是这样一个延伸，标志着犯罪调查领域通过心理生理测试对人进行科学辨识的开始。

1921年，供职于美国伯克利警局的生理学博士拉森（John Augusts Larson）制造出了专门用于办案的心理测试仪（包括测量血压、脉搏、呼吸），并创立了一套侦查测谎的系统方法，成为美国早期的测谎权威（图1-24）。1931年，拉森的助手基勒（Leonarde Keeler）对仪器进行了多方面的

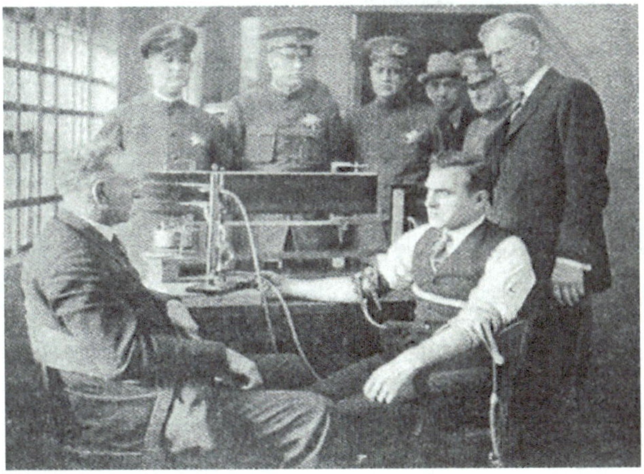

图1-24　1921年拉森的工作照

① 水力脉搏记录仪，通过测量被测者的脉搏和血管容积的变化，判断嫌疑人是否与案件有关。

改进，加入了皮肤电指标，最终设计出可以同时记录被测人回答问题时的脉搏、血压、呼吸、皮肤电等生理指标的“基勒式多导生理描记器”，后改进为真正的多导心理生理测试仪（图1–25、图1–26）。

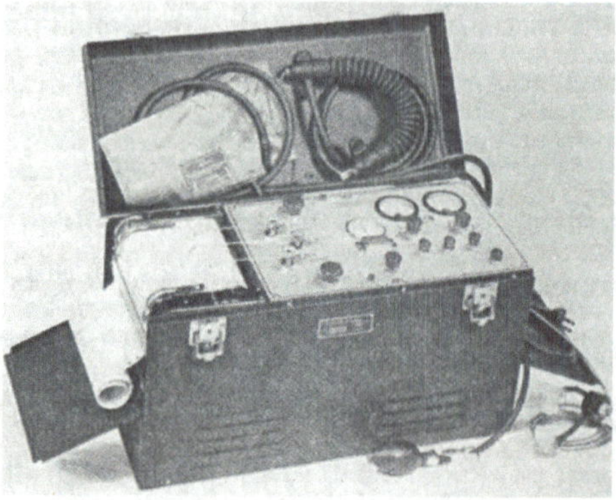

图1–25　基勒式多导生理描记器

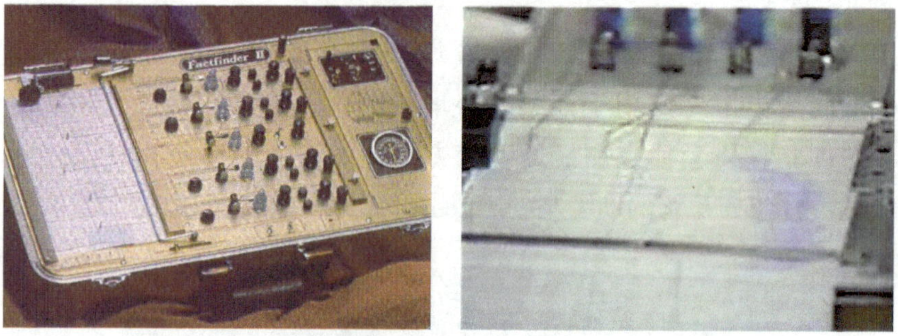

图1–26　美国早期机械式心理生理测试仪

据记载，当时基勒和同事使用这种仪器为警方测试了数千个案件，测试准确率为70%左右。拉森的前期工作及“基勒式多导生理描记器”的开发，开创了美国使用多导心理生理测试仪进行测谎的历史。这是心理测试技术正式用于现代犯罪侦查的标志。心理测试技术由此进入专业化阶段，并从传统医学生理学和实验心理学的领域中独立出来，而测试仪的研制工作也在不断更新（图1–27）。

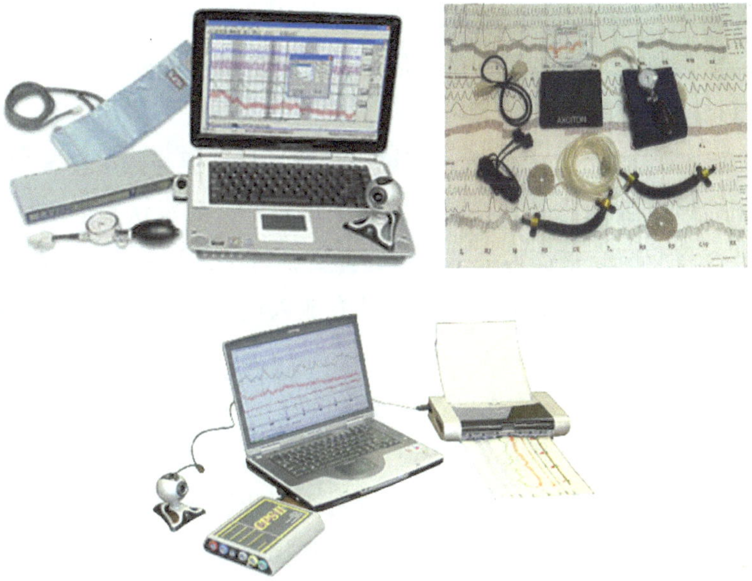

图1–27 美国现代使用的测试仪

尽管近百年来，测试仪经过了不断更新，并且得到了长足的发展，特别是在计算机被引进心理测试后，这项技术发生了质的飞跃，但是其基本原理并没有发生质的变化。原理的稳定保证了心理测试技术作为一项通用科技已被世界上50多个国家和地区，除犯罪调查外广泛地应用于国防、司法、保险、商贸以及重要岗位人员审查乃至企业招聘雇员等各个领域。

在美国，心理测试技术首先在军警机关、保安部门、私人侦探所得到广泛使用，后来逐步扩展到对联邦政府雇员和军队内部人员的忠诚度测试。1970年以后，心理测试更加社会化，侦破内盗案件应用它，机关、企业招收雇员、定期考核雇员也用它。社会上还成立了专业的心理测试公司、心理测试事务所等。不但警察机关广泛使用这项技术，美国陆、海、空军，联邦调查局，中央情报局，航空航天局，国防部，能源部，保密局，海关等十几个政府部门也应用心理测试技术，进行案/事件调查和人员审查工作。

由于这个时期心理测试技术在美国出现了滥用的趋势，结果造成了一些冤假错案。因此，该技术引起了美国劳工联合会（工会）的强烈抗议。1986年美国成立了国防部心理测试学院（Department of Defense Polygraph Institute，DoDPI），对心理测试技术标准和测试人员进行了标准规范管理。1988年美国制定的《雇员心理测试保护条例》（*Employee Polygraph Protection Act of 1988*，EPPA），更是将心理测试技术纳入规范化管理范围。所以说1986年后，美国心理测试技术发展进入规范化阶段。

EPPA规定：禁止在私人公司使用心理测试仪，但与国家签署过承担重要国防机密合同的公司除外。在美国，其法律界一方面承认心理测试技术的科学性，准许将测试结果作为证据向法庭提交；另一方面又严格限制它的应用，规定只有受过高等教育又经专门训练的专业人员才有资格从事心理测试技术工作。

现在，心理测试仪已是外国警察机关的常用设备，美国、加拿大、日本、以色列、罗马尼亚、土耳其、韩国、俄罗斯、波兰等国应用心理测试技术较多。同时，还有许多国家和地区正在研究心理测试技术。目前，一些国家已将心理测试技术列入警察机关犯罪调查的常规程序。美国出版的《法庭心理手册》《刑事与民事调查手册》《犯罪证据调查手册》等均列有心理测试技术一节。美国有35个州不同程度地允许将心理测试结果作为法庭的呈堂证据。对美国政府而言心理测试技术一直是一种对付犯罪和预防犯罪的有效工具，为美国联邦政府服务的大约350万人，都有可能在需要调查时强制性接受心理测试。“9·11”事件以后，美国政府在打击恐怖主义的背景下，更加广泛地使用心理测试技术来进行有关保护国家安全的调查，并加强了如ERP、fMRI、EEG等脑活动指标的开发以及基于AI的情绪紧张检测技术和TI等新的心理测试技术及其指标的研究与应用。

通过上述回顾可以看到，无论是所谓测谎术还是心理测试技术的出现，都与社会司法等活动的需求相关，它是始终伴随着人类社会的历史进程而发展变化着的，并同其他许多科学技术的发展历程一样，经历了自然发展和科学发展两个阶段。例如，众所周知的炼丹术为近代化学的建立和发展奠定了基础，天文学的出现则与占星术密切相关，而测谎也最终摆脱了迷信荒诞的樊笼，并由凭借外显观察到深入身心活动的检测，步入了现代科学技术的领域。

三、我国的研究应用及发展情况

从严格意义上讲，我国最早使用心理测试技术，是在1943年，当时美国中央情报局和中华民国政府联合成立“中美技术合作所”，随即开始使用此技术。

中华人民共和国成立后，一些发达国家一直将心理测试仪作为尖端技术设备而禁止向中国出口，加之极左思想的干扰，心理学在我国几次被定位为伪科学，是唯心主义的东西，是不科学的，[①]因此，心理测试技术一直被否定，没有得到应有的重视和研究。

到了20世纪60年代，美国政府拨出巨款，用于测谎仪的研制，培养测谎专门人才。显然，精明的美国人绝不会花那么大的财力去“装神弄鬼”。这一举动对中国心理测试仪的研制有很大的推动作用，加之来自各方面的信息表明，心理测试技术在侦查破案中具有重要的作用。然而美国技术封锁得很厉害，故我国随后就开展了这方面的自主研制工作。1963年下半年，刚留苏回国，师从苏联心理测试技术研究的主要人物著名心理学家鲁利亚学习的中国科学院心理研究所的曹平同志，接到有关方面提出的课题：研制心理测试仪。曹平同志在接受任务后，便开始了对各项生理指标的采集等测试仪研制的前期工作，完成了皮肤电、呼吸、心电等多个指标的建立。然而，“文化大革命”的冲击使此项课题的研究中途夭折。这是新中国心理测试技术研究的第一次尝试，曹平先生也因此成为中国心理测试技术研究的第一人。

“文化大革命”结束后，这项技术再次引起了有关方面的关注。1980年10月，时任公安部刑侦局局长的刘文率“公安部刑事科学技术考察团”赴日本考察。日本警方刑侦部门的心理研究室及其测谎仪引起了刘文局长的兴趣和重视，并当即亲自进行了测试体验。回国后，刘文局长在向公安部领导提交的考察报告中明确提出，测谎是有科学根据的，我们过去持全盘否定的态度是错误的，应该进行有计划的研究。这才为心理测试技术进入我国创造了条件。1982年，香港销售刑事技术器材的商人到内地展示仪器，带了一台1972年美国制造的MARK–II型语音分析仪，经刘文局长做工作它被买了下来，这是我国引进的第一台心理测试仪。后经公安部批准，该技术开始由时在北京市公安局治安处工作的王补工程师主持研究试用。笔者就是于1984年

① 事实上，苏联从20世纪50、60年代起就对“测谎”仪器和“反测谎方略”进行了积极而隐蔽的研究，主要用于克格勃对外派人员的反测试训练。

12月，在由罗大华教授主持的中国政法大学和中国心理学会法制心理专业委员会联合举办的全国首届犯罪心理学师资进修班学习时，聆听了王补先生有关测谎技术的专题讲座并见到了由美国引进的那台言语声波分析仪。

当时的中国，社会生活和科学技术知识领域，已处于非常活跃的时期。一方面，各类刑事犯罪数量迅速增长；另一方面，一批有志于从事揭露和打击犯罪具体技术、方法研究的人们，也已经通过各方面的知识储备，积极投入有关课题的研究。随着王补先生等对测谎技术的研究及其作用和效能的逐步发挥，尤其是在刘文局长的积极支持和多方面进行工作的情况下，心理测试渐渐为大家所接受，并在心理测试技术仪器的研制开发方面，很快涌现了董松樵、杨承勋、张祖丰等一批骨干力量。1991年4月，中国科学院和公安部联合研制的PG–I型心理测试系统正式研制成功并经由曹平为首席专家的专家组评审通过后投入使用，使中国很快有了自己的心理测试仪器和技术力量，并逐步开展了此项技术的实际应用和推广工作。而后，有关厂家也仿制和照搬美国的仪器进行生产。而各种仪器在使用过程中，照搬美国测谎理论和技术暴露出的问题（如假阳性高，易将无辜者误判为作案人，照搬的准绳问题不符合我国实际等）也引起了有识之士的重视。如何根据中国人的心理生理特点、语言习惯、文化背景、价值标准以及司法实际，建立符合中国国情的测试方法及测试技术标准和规范，以提高测试的科学性和准确性，成为促进该技术进一步发展的重要课题。为此，东北师范大学心理学专业研究生毕业、多年从事犯罪心理及其测试技术教学研究的中国人民公安大学教授武伯欣，在大量实案测试的实践中，发现并针对美国测谎理论的不足和缺陷，提出：心理测试不是测谎而是测真，心理测试并不是像美国测谎教材所说的检测口供的真假，而是检测与案件相关心理痕迹的有无。武教授经过深入研究和实践探索，在各类疑难案件实案测试的基础上，坚持科学的心理学理论和方法，与有关专家共同研究总结并创立形成了符合中国国情的“犯罪心理测试技术”及其理论、原则、方法、技巧等系统科学体系——综合测试法，且经过了大量各类疑难案件实案测试的充分检验。该技术以犯罪心理动态分析技术，综合测试法编题技术，测前访谈技术，实测操作、观察和同步评图技术，图谱综合评判技术，测后谈话与讯问技术六大阶段技术为基本内容，科学全面地揭示、总结并明确提出了犯罪心理测试的实质及其理论、原则、方法等问题，从而科学地发展了犯罪心理测试技术及其理论和方法，推动了心理测试技术在我国司法领域的科学应用。1995年，美国测谎学会主席富兰克·豪沃斯（Frank Horvath）博士来华与中国人民公安大学心理测试中心进行技术交流时，认为中国犯罪心理测试技术已达到国际水平，特别是在实际应用测试各类刑事案件上，确实成效显著。

随着心理测试技术在我国的逐步开展，相关的讲座和培训也在一些地方陆续举办。

1984年，在由罗大华教授主持的中国政法大学和中国心理学会法制心理专业委员会联合举办的全国首届犯罪心理学师资进修班上，罗大华教授专门安排并邀请王补先生为该班学员进行了测谎技术的课程讲授。

1985年5月，在中国人民公安大学举办的全国预审干部培训班上，王补先生为该班学员进行了测谎技术的专题讲座。

1990年8月，在天津召开的中国心理学会法制心理专业委员会第五届全国学术研讨会上，王补先生到会为全体与会代表进行了测谎技术及其应用情况的专题报告。

1991年9月，在北京举办了第一届全国“测谎技术培训班”，有来自全国各地的40多名人员参加了培训，培训历时半个月。

随后，关于心理测试技术的各类短期的讲习班、研修班等培训班在全国相继举办。同时，有机构选派人员出国进行学习培训。

心理测试技术专业的正规课程教育，是在20世纪90年代中期从中国人民公安大学开始的。1995年，武伯欣教授在从事了多年的犯罪心理学研究和广泛收集国内外心理测试技术资料并在实践中研究测试多起各类疑难案件办案经验的基础上，首次在中国人民公安大学研究生部为刑事侦查、物证技术等专业的研究生开设了“犯罪心理测试技术理论与实践”课程，并在此后的十余年间，一直为中国人民公安大学、甘肃政法学院[①]及中国政法大学等院校相关专业的硕士研究生开设这门课程或进行专题讲座。

1998年，国务院学位委员会正式批准在中国人民公安大学设立“犯罪心理测试技术”硕士研究生点。这是我国首个犯罪心理测试技术的硕士研究生

① 甘肃政法学院于2019年更名为甘肃政法大学。下略。

点，武伯欣为导师组组长，并且其首次制订了中国范围内的犯罪心理测试技术专业硕士研究生的培养方案和重点学习课程。

2006年，继中国人民公安大学后，国务院学位委员会批准在甘肃政法学院开设“犯罪心理测试技术”硕士研究生点，培养高级专门人才。目前，甘肃政法大学犯罪心理测试技术研究中心是我国唯一专门培养犯罪心理测试技术硕士研究生的教学科研单位[①]。

我国心理测试技术于20世纪80年代后的快速发展及其在司法实践中取得的成绩，与刘文局长对心理测试技术的重视及其所做的大量工作是分不开的。正是刘文局长当时在我国思想禁锢多年，社会尚处于改革开放初期，各项事业百废待兴，尤其是测谎被视为唯心主义的东西列为禁区的条件下，解放思想，敢为人先，大胆提倡，从而为我国心理测试技术的引进及其而后的研究、应用和推广，发挥了关键的作用。因此，刘文局长是我国心理测试技术的引进者、倡导者和奠基人，对我国心理测试技术的研究、应用和发展，做出了不可磨灭的贡献。

2012年，已离休数年，年逾八十高龄的刘文局长，依然对我国心理测试技术的研究、应用和健康发展十分关注，并欣然应邀出任甘肃政法学院犯罪心理测试技术研究中心名誉顾问，继续为我国“创造世界级的心理测试技术”[②]发光发热。

附刘文局长回忆稿原文：

推进测谎（心理测试）技术纳入刑事科学技术领域

（20世纪）50年代，测谎在欧美国家已用于揭露犯罪多年，我国当时对测谎不甚了解。1955年，中国人民大学聘请的苏联犯罪对策学教授柯尔金对测谎全盘否定，明确指出社会主义国家不能用，苏联法律界一致认为测谎是唯心主义。后来司法部上海法医研究所聘请的格勒马柯夫教授和公安部聘请的苏联内务部治安专家格尔捷耶夫、雷布尼科夫和鲍罗索夫等犯罪对策专家

① 2004年，中国人民公安大学将犯罪心理测试技术与犯罪心理学两个方向硕士研究生教育合并为犯罪心理与测试方向。

② 引自刘文局长2005年在中国刑事科学技术协会心理测试技术专业委员会第二次学术研究会上的讲话。

的观点与柯尔金完全一致，对测谎一棍子打死。我们在对测谎半信半疑的状态下接受了苏联专家们的观点，没有人再敢提引进和使用测谎技术问题。

1980年10月，我带中国刑事科学技术考察团赴日本东京考察日本警察机关的鉴识技术（即我国的刑事技术）。在考察日本警察厅科学警察研究所测谎技术室时，日本专家介绍他们使用的测谎技术从理论、技术方法到测试仪器都是美国的，在日本多年应用测谎技术很成功，为（在）刑事警察部门的破案（过程）中肯定或否定嫌疑人发挥了很好的作用。我亲自上机体验了测试过程，我的结论是和做心电图差不多，应该是有科学根据的，不能全盘否定，我们也应该进行研究和引进。考察报告中明确提出："测谎是有科学根据的，过去持全盘否定的态度是错误的，应该有计划地研究。"公安部领导对此意见也持支持态度，我的胆子也就大了。当时没有测谎设备和测谎技术人员，美国的技术又对我国禁运，不允许向中国出口。1982年，香港销售刑事技术器材的商人到内地展示仪器，带一台1972年美国制造的MARK–II型语音分析仪，我决定用刑事技术建设经费把这台仪器买下来。北京市公安局治安处技术科王补同志对测谎技术很感兴趣，做了一些研究，他找我要这台仪器，当时王是我国学习和研究测谎的第一人，我就决定将这台设备借给北京市局试用，并要求（他）将试用情况每过一段时间向我汇报。截至1985年，王补等同志在北京、沈阳、南昌等地办案16起，否定的多，肯定的少，试用结果认为，由于中西方语言文化差异，和我引进的是单导测试仪，准确率低，不宜推广应用，但可以验证测谎是科学的，是有使用价值的。北京和一些省、市提出要引进美国的多导测谎仪，但由于美国对我国禁运（因此无法实现）。这时，走中国自己研制设备（的道路）便提到日程上来。1990年，公安部科技情报所杨承勋，提出研制测谎仪的设想，所里很支持，与中国科学院自动化研究所合作组成了由董松樵、杨承勋、王补、张祖丰等为成员的研制测谎仪的课题组，组织攻关。1991年4月，第一台多导测谎仪研制成功，定型为PG–I型心理测试仪，5月在中国人民公安大学预审干训班进行模拟实验，6月公安部科技司组织专家进行检测、评审。检测、评审结果认为这台设备达到了设计要求，效果良好，评语为"填补了国内空白，接近和达到国外同类产品的水平"，建议小批量生产，首先在预审系统推广使用。在这之后张祖丰等一批年轻专家经过十多年的不懈努力，在PG–I型心理测试仪的基础上升级完成了PGA（91–99）、PGA2000型智能化多媒体心理测试系统，与此同时以董松樵、杨承勋为代表的技术专家经过十多年的潜心研究，在心理测试技术和心理测试理论方面积累了丰富经验，开发研制出PG-7.10.12型多导心理测试仪。

1995年，以黄兰友博士为代表的一批国内外专家致力于Lafayette、Stolting等美国原装测谎仪和美国测试方法在中国（的）应用，以后与清华同方合作开发了LY型测谎仪。十多年来，测谎技术从器材到人才培养都取得了很大进展，在刑事案件的侦破、审判中发挥了其特有的功能和效益。1995年，美国测谎学会主席富兰克·豪沃斯（Frank Horvath）博士来华与中国人民公安大学心理测试中心进行技术交流时，他认为中国犯罪心理测试技术已达到了国际水平，特别是在实际应用测评各类刑事案件上，确实达到领先水平。

我国的心理测试，在各级公安机关和人民检察院、人民法院办案中已广泛使用。在侦破案件、审理案件中发挥了良好的作用。在我国广泛使用测谎技术（的）过程中，大多数是成功的，但也有少数发生失误，对这项技术的认识上产生偏差：一种是认为“万能”，因而使用范围不准，或者说是乱用；另一种认为“无用”，不主张使用。我认为这是在发展应用过程中出现的问题，究其原因：（1）应用范围不准确。使用测谎手段应该是有特定的范围和特定（的）条件（的），并不是什么条件（下）都能使用，不讲条件的使用而造成乱用和不用的问题。（2）测试仪器没有标准。特别是市场化后多头生产推销测试仪器，造成选型上失误。（3）技术人员没有正规的培训和考核标准。有些上岗测试技术人员的水平、经验不够，造成差错。这些问题的出现与存在，都是测谎技术发展的大好形势下产生的，其中一个重要的原因就是缺乏行业管理。我感到测谎技术的应用与发展，必须加强行业管理。我本已多年没有介入这方面的工作，当看到这个领域中出现的一些问题后，又勾起了我再介入的想法。我是从两个方面介入的：（1）积极建议刑事科学技术主管部门，将这项技术列入业务项目范围，进行正规的行政业务管理。（2）推进在中国刑事科学技术协会内设测试技术专业委员会，加强对心理测试技术行业管理。公安部刑侦局刑事技术处葛百川处长非常重视立项问题，经多方争取，公安部将心理测试技术列入刑事科学技术项目，并且出台了一些相关规定，解决了长期以来主管部门没有正式列管的问题，这件事做得好，对中国心理测试技术专业的发展壮大，进入国际领先地位将会发挥很大的作用。中国刑事科学技术协会设“心理测试技术专业委员会”，正式报告公安部领导，批准后于2004年7月13日正式成立，挂靠在北京市公安局刑侦总队。在专业委员会筹建和成立以及成立后，我都是全力关注的，我做的第一件事是为专业委员会定名。2004年3月16日，在筹备会上建议使用“中国刑事科学技术协会心理测试技术专业委员会”名称，不再使用“测谎”名称，我当时提出的理由是：测谎是目的，不能体现它是使用的手段，界外人一听测谎，第一感觉是不相信能测出谎言，有些学者也提出测谎是由于翻译有误造成的，我认为能真正反映测谎的应该是心理信息，它的实质，叫心理测试技术，是名副其实，此建议得到与会领导和专家的肯定。同年4月，陈云林、孙力斌、谢凯、唐帅、崔燕平合著《犯罪心路探微——心理测试技术的理论、研究与实践》一书，他们约我为该书题词，我的题词是“心理测试技术在我国还是处在开发和应用阶段的新兴技术，要精心培育，正确应用，应重视理论和实践的探究，提高测试、析判的准确性，更好地为侦查破案，打击违法犯罪服务”。他们认为我说的符合中国心理测试的实际，指明了应该努力的方向。

我在中国刑事科学技术协会心理测试专业委员会成立大会上作了一个致辞性的讲话，这篇讲话比较全面地反映了我对心理测试技术的看法和期待。会后收集反映，大家都很赞成和拥护，下面我想将这篇讲话的手稿全文复印出来，作为历史的记录。

各位领导、同志们：

刑事科学技术协会心理测试专业委员会经过几个月的紧张筹备，今天召开成立大会，宣告中国刑事科学技术协会心理测试技术专业委员会成立。心理测试专业委员会的成立标志着：第一，改变了以往测谎的称谓，正式将“心理测试技术”列为刑事科学技术的一项专业，今后将以“心理测试技术”称谓代替测谎。第二，为我国的心理测试技术发展提供了重要的契机。我国的心理测试技术将会沿着科学、健康的途径快速发展，我相信过不了多久，正规的、科学的、人们完全可以信赖的中国式心理测试技术体系会在中华大地上形成。

心理测试技术的科学性是毋庸置疑的，国外和我国的实践已充分证明了。追溯历史，心理测试从其诞生至今已有近百年的历史，其技术定型之后仍然在不断地改进和发展，特别是计算机引进心理测试之后，这项技术发生了质的飞跃，这项技术目前在一些国家的法制和社会部门广泛应用。我国的心理测试技术起步较晚，80年代开始试探性地研究和应用，但是由于对测谎的科学性发生了怀疑，发生争论，因此这项技术在我国处在半信半疑的状况下缓慢发展，真正地在一定范围应用、研究、开发是在90年代以后近十几年。

心理测试技术在我国是还处在开发和应用阶段的新兴技术，要精心地培育，正确地应用，应重视理论和实践的进一步探索，不断总结经验，努力提高测试、判断的准确性，形成具有中国特色的专业技术。

我想就心理测试专业委员会成立后的工作提出几点要求：

第一，对心理测试技术要科学地定位。心理测试技术在刑事诉讼中使用已成为现实，但是在我国法律上还没有对这项技术测试结论的证据价值作出规定。从我国的应用看，目前在公安机关用到侦办案件还是处在辅助手段的位置，不可能只凭测试结论定罪，但是它可以为侦查提供方向，缩小侦查范围，查找其他证据提供线索。

第二，促进心理测试技术规范化建设。抓紧组织专家、学者对“心理测试应用规程”“测试技术人员评定标准”“心理测试技术仪器设备标准”三项规范化文件的调研起草，形成试行文件稿后提供决策部门审定。

第三，重视宣传工作。通过媒体和内部刊物，大力宣传心理测试技术的科学性及其应用价值与范围，使社会人士和政法干警对心理测试技术有正确的了解和切实的评估。

第四，开展心理测试技术的学术研究。有计划、有组织地通过国外引进和自主开发科研，把这项专业技术提高一步，对基本原理和测试方法开展科研工作，特别要总结具有中国人心理特色的测试方法，形成中国心理测试体系。（2014年7月13日）

中国刑事科学技术协会心理测试技术专业委员会成立后工作成绩显著，专业委员会的秘书长陈云林，工作很主动努力，有几项在我（的）指导下开展的工作，做得很好：（1）通过召开学术研讨会，评选优秀学术论文及出版论文集等促进学术交流，对提高心理测试技术专业人员的水平和专业人员的资格评定、职称晋升创造条件。（2）在组织业务调研的基础上起草了《多通道心理测试系统技术标准》《公安机关心理测试技术应用规程》《心理测试技术人员资质要求》。(3)主持完成了《公安机关刑事科学技术资格考试大纲(修订本)》第九篇“心理测试技术”的编写。(4)2005年2月，在公安部刑侦局主持下，在北京成功举办“心理测试技术培训班”，培训了300名心理测试技术人员，在理论和技术上得到了极大的提高。

专业委员会成立后通过调研也发现了一些问题。2005年专业委员会召开第二次学术研究会时，我在会上有针对性地讲了几个问题：

1.强化管理。心理测试工作在我国开展的时间对于刑事科学其他技术业务来说还是新兴技术，管理、应用都还有待进一步探索和总结，要使这项业务正常健康地发展，为维护社会治安、社会稳定服务，强化管理主要应体现在三个方面：(1)使用范围要尽快出台规范，该用就放心大胆地去用，不该用就不要乱用，要保证应用这项技术的严肃性。(2)心理测试人员要进行资格认证。每个心理测试技术人员必须经过公安部指定的专业训练班培训，考试合格经过资格认证持证上岗。(3)心理测试仪器标准要统一。投入市场的仪器必须通过权威检测部门认证，没有通过认证的不能采用。当然这些事情专业委员会就是协会也无权决定，但可以积极向行政批准机构提出建议，请刑侦局和有关业务局抓紧解决。

2.心理测试技术业务工作的建设与发展要强调以人为本。人才是一切事业发展的本质因素，心理测试技术的应用、技术水平的提升要靠人才，要树立“人才资源是第一资源”的观念，要重视人才、尊重人才、爱护人才，在选拔、培养、使用人才上下功夫。我认为做心理测试专业技术的人不在多而在精，要培养一批领军人物。

3.心理测试要立足于应用，要为刑事侦查工作的中心服务。如何用，怎么用，要以需求为导向，落脚点应该是为打击犯罪的中心工作服务，必须紧跟。如全国正在贯彻公安部“命案必破”的部署，心理测试要努力在探索突破命案上下点功夫，只有这样才能将心理测试转化为现实的战斗力，使这项业务更好地为侦查、审讯工作服务。

4.学术研究上要提倡百家争鸣。心理测试专业技术在我国还处于新兴技术阶段，学术理论、技术方法上更应该提倡博采众长，应该允许各种观点和方法的介入，不能搞独家门户，不能排斥外国的理论、观点、方法，关键是怎么引进，怎么结合中国实际为我所用。许多新的发明、新的创造都是在前人和外人工作基础上创新发展的，我们要创造世界级的心理测试技术这一点是非常重要的。

我的讲话与会代表都很赞成和拥护，认为有一定的指导作用。

我国心理测试技术工作已具有相当的规模，从理论到方法、设备都有所创新，基本上形成了具有中国特色的心理测试技术，几乎所有省、市、区的刑事技术部门都设立了这项专业，并已培养了大批的专业人员，在侦破刑事犯罪中发挥了很好的作用。应用的前景广阔，不仅在公安、政法系统中应用，在社会很多领域中已开始探索和应用。（完）

实践—认识—再实践—再认识，是科学技术发展的必经之路。2004年后，在综合测试法的应用过程中，武伯欣教授和笔者等人，在大量实案测试经验总结和实验室研究及心理学理论研究的基础上，进一步开发提出了犯罪心理测试的认知综合测试法。认知综合测试法在理论与方法上更加注重对涉案人客观行为经历和相应认知活动的检测，强调编题的客观性、认知性、多面性和心理活动的规律性，采用多种编题方法，依据心理活动的规律，对与案件有关的多个目标问题进行设计编题，是一种全面检测被测人对案件认知情况的测试方法及编题技术。其在发挥综合测试法诸多优势的基础上，更加强调对多方面心理内容的检测和遵循心理活动的规律，从而显著改善了测试的内容和方法，更加体现了测试技术的科学性，在对各类疑难案件的测试中展现出良好的测试效度，取得了良好的实测效果，得到了有关部门的充分肯定，产生了积极的社会效应。2015年，由笔者主持申报的“多导心理生理测试技术的认知综合测试法应用研究”项目，获国家自然科学基金立项资助。

20多年来，武伯欣教授应用综合测试法及认知综合测试法，主持测试的1500多起各类疑难案件，以及应用该理论和方法，笔者及其他同行主测的大量疑难案件的测试实践都证明，武伯欣教授等人研究创立的“中国的犯罪心理测试技术”，无论在理论和方法的科学性方面，还是在测试的准确性方面，或是在测试的实用性和可操作性方面，都超过了美国所谓的测谎技术CQT。但是，目前在我国心理测试领域，许多人依然照搬在国外已过时的测谎理论及其方法。尤其是一些生产厂家以营利为目的，简单仿照生产美国的设备，在缺乏科学研究和大量实案测试检验的情况下，利用一些翻译过来的简单、现成的材料，举办一些仅为期数天的速成“测谎培训班”培训测试人员。这样的状况，必然影响实案测试的科学性、可靠性和准确性，影响心理测试技术在我国的健康发展。因此，我国的心理测试技术领域，亟须理论上的正本清源、拨乱反正，以及标准、使用和人员培训的规范化管理，以保障此项技术科学健康地发展。

四、心理测试技术的发展趋势与存在的问题

“用测谎仪来推断谎言的这种方式，多年来受到了学术研究者的批评。实际上，美国国家研究委员会2003年的一项报告里指出：该领域在过去的几十年里并未取得实质性的进展。”（Anders，Vrij，Verschuere，2014）以谎言测试为目标的准绳问题测试法，无论从研究者对其理论依据的质疑还是实案应用和实验室研究的效果看，都存在明显的问题和缺陷，尤其是其存在假阳性高的问题，遭到越来越多的批评和否定，其已逐渐被心理测试领域所放弃，进而转向了检测有无相应认知，即以“测真”为目标的犯罪情节测试法，即CIT的研究和应用。

目前，国外的研究表现出了如下一些趋势：（1）日益重视CIT的研究和开发，并重点探讨相关因素对测试效度的影响（Nahari，Ben-Shakhar，2011）。（2）在对CIT进行实验室研究的基础上，力图通过实案测试证明其外部效度。（3）在实案应用的评判方法上，寻找更为科学的统计方法，以提高CIT的可靠性和准确性。（4）探讨多种测试指标的综合应用及新指标的开发与应用，如反应时、ERP、fMRI、EEG、眼动、微表情以及基于AI的情绪紧张检测技术和TI等。

但是，国外对CIT的研究依然存在的问题有：（1）在编题内容上，仅选择犯罪情节问题作为研究变量，尚缺乏对与案件有关的其他信息检测的研究。该方法只注意了被测人对与案件有关的具体事物和情节的认知，忽略了被测人对行为人的因素动机、年龄、人数、性别、与案件的关系等有关属性，即自我认知和即时心理状态认知的考察。（2）国外已有的研究主要是在实验室条件下进行的，除日本外，尚缺乏实案测试的应用与研究。

心理测试技术在我国的起步虽然较晚，但30多年来发展较快。与国外一

样，我国的心理测试技术，也经历了由测谎到“测真”的转变。一方面，我国在完全照搬CQT应用于实案测试的过程中很快发现，CQT存在明显的问题和缺陷。由此，武伯欣教授等人在借鉴犯罪情节测试法的基础上和在大量实案测试过程中总结创新，提出了综合测试法及改良版认知综合测试法（CCT）。另一方面，我国心理测试领域一些人虽然仍在坚持CQT，但也发现了CQT存在的问题和缺陷，转而应用CQT加几组紧张峰问题的所谓的“系统测试法”，也表现出了认识和方法的转变。

但是，由于习惯、认识等原因，国内外一些人仍热衷于使用CQT，而对CIT等“测真”的方法持疑惑、漠视、不愿完全接受，甚至抵制的态度。正如沙哈尔（Ben-Shakhar）（2002）和泉（Izumi）等（2012）所提出的：虽然大量研究支持了CIT的有效性，许多实验室研究已经证实CIT具有良好的科学效度，并已将其成功应用于刑事调查，然而，除日本在实案测试中运用CIT外，其很少被用于实际的案件调查和被广泛应用于现场情境。CIT不受欢迎的原因有二：第一，一些主测者似乎更喜欢CQT的方法，即使CQT的有效性受到质疑。第二，CIT被认为难以在非实验室现场环境中应用。

上述对国外心理测试技术领域状况的介绍，同样反映了我国心理测试技术领域的现状。事实上，除习惯和认识因素外，缺乏对心理测试技术的科学态度和研究，稍有成绩便故步自封、不愿学习和接受新方法，甚至自以为是，在缺乏心理学基本知识的情况下，简单移植某种“理论”便对心理测试原理进行“独创”解释的态度和做法，都是影响我国心理测试技术科学应用和健康发展，影响隐藏信息测试法等“测真”方法研究和应用的原因。而上述现象之所以存在，应该归结于心理测试技术领域一直存在的重应用、轻理论以及科学研究力量不足，缺乏心理科学理论和方法指导的缺陷和弊端。所以，如何加强科学理论和方法的指导，提高该技术领域研究与应用的心理科学水平及相关专业知识水平，是心理测试技术领域需要解决的根本问题。

五、心理学界的介入将推动我国心理测试技术的科学应用与发展

科学技术的研究、应用和发展，需要科学理论与方法的指导。作为典型的心理学技术，心理测试技术离不开心理科学的指导。

为集中总结心理测试技术研究与应用成果及在实践应用中的经验和教

训，归纳具有中国特色的心理测试技术方法，科学推广心理测试技术，推动心理测试技术在我国公安、检察、法院、纪检监察、国家安全等系统的良性发展，提升其理论研究与实际应用水平，搭建学术研究与实践相结合的平台，保证其在我国的科学应用和健康发展，2017年8月18日至20日，由中国心理学会法律心理学专业委员会牵头组织，与中国政法大学犯罪心理学研究中心、中国人民公安大学侦查学院与反恐怖学院（今为国家安全与恐怖学院）和犯罪学学院、甘肃政法学院犯罪心理测试技术研究中心、西北师范大学心理学院联合主办，深圳市康彩文化有限公司协办，在贵州省遵义市隆重举行了首次心理测试技术研究与应用专题研讨会。参加本次会议的代表有来自全国公安、检察、国家安全、高校系统的专家学者共计94人。中国心理学会候任理事长、中国科学院心理研究所所长傅小兰教授及6家主办单位的代表出席了会议。大会围绕“心理测试技术的科学应用及我国心理测试技术应用中的问题”“心理测试技术从业人员的培训及资质”“如何加强心理测试技术的统一管理”以及今后的发展等问题，进行了充分的酝酿讨论。本次大会达成如下共识：一是在中国心理学会的指导下，就心理测试技术的科学理论与方法进行讨论和完善，并力争取得认识上的统一；二是中国心理学会法律心理学专业委员会将定期进行科学正规的分级培训，并将甘肃政法学院犯罪心理测试技术研究中心作为中国心理学会法律心理学专业委员会指定的合作培训基地；三是力争在两年内完成心理测试技术标准化的建设；四是积极与有关方面协商，制定心理测试技术从业人员的资质标准。

本次会议的成功举办，实现了理论研究与实案应用之间，高校与实务部门之间，年轻学者、实务工作者与国内一流学者之间，以及不同测试方法之间的交流，并对我国心理测试技术的科学应用与发展进行了筹划布局。对于推进我国心理测试技术的科学应用和健康发展，具有里程碑式的意义。

附：中国心理学会法律心理学专业委员会主任马皑教授在大会开幕式上的致辞

尊敬的各位代表：

大家上午好，感谢各位不辞辛劳，积极参与由我们6家单位联合主办的“心理测试技术研究与应用专题研讨会”。

这次会议对我们中国心理学会法律心理学专业委员会、中国政法大学、中国人民公安大学和甘肃政法学院而言有着特殊的意义。

1978年，话剧《枫叶红了的时候》，以唯心主义和小丑形象，让中国人听说了测谎这个名词。1984年9月，在我们专业委员会与中国政法大学联合主办的全国第一届犯罪心理学师资培训班上，我们大家共同的老师罗大华教授，力排众议，前瞻性地设置了当时对我们110个学员而言属于天书传说般的测谎课程。王补老师拿着刘文局长用珍贵外汇购得的美国产声纹测谎仪为我们讲课。我负责保管这台仪器，不少学员怀着极大的兴趣晚上经常来我宿舍研究该仪器。1988年，皮艺军、武伯欣与我三人经常在中国人民公安大学策划出版一本探讨越轨的杂志，屡战屡败后，武老师毅然决策，主攻测谎。2002年，在范刚教授的努力下，甘肃政法学院犯罪心理测试技术研究中心开始运作。武伯欣教授、范刚教授正道而行，不辱使命。在罗大华老师和专业委员会的倾力支持下，建立了在全国具有影响的心理测试技术高端人才培训和实战基地。

时至今日，心理测试技术已在司法领域广泛普及，成果卓著。抱着总结与发展的愿望，我们专业委员会力主召开本次会议。对此，我们有三点希望：首先，完成一项使命，一如既往地关注、扶持心理测试技术，并以学术团体的身份向决策部门谏言，努力提高心理测试鉴定结论在证据链中的地位，实现让每一位测试员具备专家证人资格的目标；其次，创造一次机会，通过大家的相识、相知，互通经验，资源共享，在学习与促进的基础上，共同完善心理测试技术；最后，建立一个平台，通过微信群等形式，讨论案例、交流信息、研讨理论，推广产品，拓展阵地，增进感情。

我们专业委员会长期致力于服务实践，去年在南京召开的“全国侦查中的心理学应用研讨会”，今年的本次会议和12月1号将在广州召开的“服刑、戒毒及社区矫正人员危险评估及矫正项目学术研讨会”，都是以专门研讨的方式探讨和解决实战问题。实现问题解决，永远是我们法律心理学学科生存与发展的根本，由此我建议，从事理论研究的各位专家应更多地研发出能与基层需求相契合的俄罗斯方块，真正能够帮助实战部门提高工作效率；同时，在实际部门操作心理测试技术的同仁，也应不断在实战中总结经验，发现规律，针对性地调整技术与方法，并为理论研究提供更多的素材。通过我们大家的共同努力最大限度地体现心理学在司法中的价值。

谢谢大家！

此次会议后，为了落实会议精神，中国心理学会法律心理学专业委员会与甘肃政法学院犯罪心理测试技术研究中心于2017年11月6日至18日，在甘肃政法学院犯罪心理测试技术研究中心共同举办了又一期“全国心理测试技术与案件侦审培训班”，并在开班仪式上举行了中国心理学会法律心理学专业委员会与甘肃政法学院犯罪心理测试技术研究中心“心理测试技术合作培训基地”的挂牌仪式。

出于我国心理测试技术研究应用和人员培养情况及推广新技术、新指标的需要，2018年9月15日至17日，由中国心理学会法律心理学专业委员会再次组织牵头，与甘肃政法学院犯罪心理测试技术研究中心、中国政法大学犯罪心理学研究中心、中国人民公安大学犯罪学学院、西北师范大学心理学院联合主办，深圳市科思创动科技有限公司、新疆天丛安全技术有限公司、深圳市康彩区块链科技有限公司协办，在深圳市隆重举行了又一次“全国心理测试技术研究、应用及专业人员培养研讨会”。参加本次会议的代表有来自全国公安、检察、国家安全、有关高校及企业的专家学者共计80余人。笔者作为中国心理学会法律心理学专业委员会副主任、甘肃政法学院犯罪心理测试技术研究中心主任主持了大会开幕式，中国心理学会法律心理学专业委员会主任、中国政法大学犯罪心理学研究中心主任马皑教授及几家联办单位的代表为大会先后致辞。

大会先后由笔者，江苏警官学院副院长、公安部预审专家薛宏伟教授，西北师范大学心理学院蒋慧博士，深圳市科思创动科技有限公司曾光博士，西南大学陈通教授，湖南省公安厅张军宏工程师，甘肃政法学院犯罪心理测试技术研究中心特聘研究员、兰州市公安局一级警官李岩，河南省新乡市人民检察院牛卫军处长，江西中医药大学副教授申寻兵博士等，分别做了题为“我国心理测试技术的发展之路”“心理测试与审讯突破初探”“自我与心理测试”“基于深度学习的非接触式情绪检测技术及其应用”“非接触式情感识别”“心理测试技术在案件侦查审理中的定位思考”“心理测试技术在科技强警中的展望”“心理测试的证据调查作用”“基于微表情的欺骗检测”的主题报告。同时，会议展示了深圳市科思创动科技有限公司研发的基于AI的非接触式情绪紧张仪等新技术、新设备。

本次大会，代表们畅所欲言，不仅围绕“心理测试技术的科学应用”，还围绕“心理测试技术从业人员的培训及资质”“如何加强心理测试技术的统一管理”等我国心理测试技术应用及今后发展的问题，进行了积极的酝酿讨论。大会在笔者以“坚持科学态度和心理科学理论指导，推进我国心理测试技术的科学应用与健康发展”为题的总结后，圆满闭幕。

本次大会达成如下共识：（1）在中国心理学会的指导下，进一步研究和完善心理测试技术的科学理论与方法，并尽早取得技术标准上的统一；（2）中国心理学会法律心理学专业委员会将建立我国心理测试技术专业人员正规的课程培训体系，并组织进行系统的培训；（3）积极与有关方面协商，制定心理测试技术从业人员的资质标准。

本次会议的成功举办，进一步实现了理论研究与实案应用之间，高校与实务部门之间，新老心理测试技术工作者之间，以及传统技术与新技术、新设备、新指标之间的交流融合，对我国心理测试技术的科学应用与健康发展，再一次发挥了重要的推动作用。

六、心理测试技术在我国案件侦查审理中的地位

2004年，公安部将心理测试技术正式列入刑事科学技术项目。

2004年7月，中国刑事科学技术协会正式成立“心理测试技术专业委员会”。

同年，公安部的公安机关刑事科学技术专业技术资格考试大纲将心理测试技术同其他物证技术一道正式作为考试内容之一，并于2005年2月在公安部刑侦局主持下，在北京警察学院组织了全国范围的培训和考试。

2006年，最高人民检察院在相关鉴定管理办法中，将心理测试技术作为了一个鉴定门类。

但是，1999年9月10日，最高人民检察院对四川省人民检察院《关于CPS多道心理测试鉴定结论能否作为诉讼证据使用问题的批复》指出：CPS多道心理测试（俗称测谎）鉴定结论与刑事诉讼法规定的鉴定结论不同，不属于刑事诉讼法规定的证据种类。人民检察院办理案件，可以使用CPS多道心理测试鉴定结论帮助审查、判断证据，但不能将CPS多道心理测试鉴定结论作为证据使用。这仍然是我国关于心理测试技术司法适用的唯一法律文件。

因此，目前在我国，心理测试技术仍是辅助疑难案件侦查审理的新型技术手段，为疑难案件的侦查审理提供参考意见，尚不属于证据范畴，但可以为审查、判断证据提供参考。

大量实案测试实践表明：心理测试技术的科学正确应用，对各类疑难案件的侦查审理具有重要的辅助作用，而科学的心理学理论和方法及其心理活动的规律，是该技术科学研究和正确应用的基础和依据。因此，要保证其在疑难案件的侦查审理中发挥作用，就必须坚持科学态度，以心理科学理论为指导，遵循心理活动的规律。同时，要充分认识影响测试因素的复杂性和多样性，并承认心理测试技术发展的阶段性及其存在的问题，从而对心理测试技术予以科学的研究，并对其进行准确的把握和慎重的应用。这是心理测试能否取得准确结论，对疑难案件的侦查审理发挥作用的关键，也是目前我国该技术领域必须重视的问题。

中国的心理测试技术，经过30多年的研究探索和大量疑难案件的实案测试检验，已在前人的基础上去伪存真、推陈出新，创立形成了符合心理科学原理和心理活动规律，具有更强科学性和更高准确性的系统科学体系——认知综合测试法，并在我国公安、检察、法院、部队保卫和国家安全、纪检监察等部门各类重特大疑难案件的侦查审理中发挥了重要的辅助作用，为我国司法实践做出了重要贡献，日益为司法实践领域和社会各界所肯定。相信随着实践的不断检验和研究的不断深入，尤其是在有关方面应有的重视及其科学管理、正规培训下，我国的心理测试技术会逐步走上科学化、规范化的道路，并将最终进入证据体系。它必将在我国的司法实践中发挥日益重要的作用。

Chapter two

第二章

心理测试技术的科学基础

心理测试技术是建立在人心理与生理及其心理活动规律的基础上，借助生物电子技术和计算机技术进行的一项心理生物检测技术，是上述规律和技术的应用，具有牢固的科学基础。

第一节 心理测试技术的原理与依据

任何技术的根本都是其赖以进行的科学原理，而科学原理反映的是事物间的因果关系及规律，只有依据事物间的因果关系及规律，技术才能得到科学的应用和发展。心理测试技术同样是建立在特定关系及规律的基础上进行的一项技术。

一、心理测试技术的原理

生理是心理的基础，反过来心理活动又影响着生理活动。多导心理生理测试技术的原理是，通过问题刺激引发被测人的心理活动，进而对心理活动引起的相关生理指标的变化进行检测和分析，再对引起生理指标变化的相关心理活动进行推断，从而达到对被测人与案/事件的关系及案/事件情况的认知与评判。

相关研究表明：有关生理指标的变化是由神经系统及其植物性神经系统中交感神经的兴奋引起的。交感神经受情绪状态的强烈影响，是对威胁做出反应的应激系统。实验表明，兴奋、惊异、愤怒、恐惧、紧张、应激等情绪均能唤醒交感神经的兴奋，从而引起生理指标的异常变化。同时，知、情、意等方面的心理活动是紧密联系、相互影响的。因此，心理测试不仅和情绪有关，更与人的认知心理过程有密切关系。测试时，主试所提问题会唤醒有过特定认知经历并留下心理痕迹的被测人相应的认知活动，并引发情绪等心理活动，进而会引起生理活动的改变及有关生理指标的变化，通过多导心理生理测试系统对被测人的心理生理反应予以采集、记录和显示，便能够以之评判和推断被测人与案/事件的关系及案/事件的有关情况。心理测试原理与过程如图2-1、图2-2所示。

心理测试技术是依据人心理活动与生理活动之间这种相互关系的原理进行的。

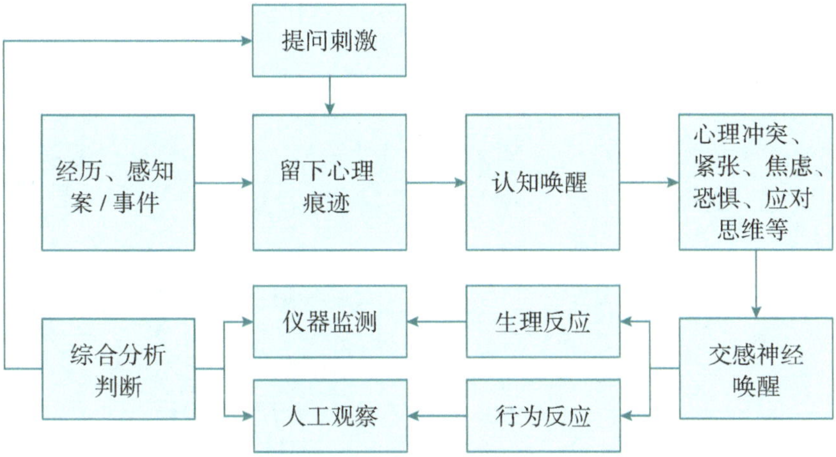

图2-1 心理测试原理与过程（1）

二、心理测试技术的依据

心理测试技术是心理学理论、方法和技术的具体应用。心理科学理论及心理活动规律是其科学应用的基础和依据。其理论依据和客观依据如下。

（一）理论依据

1. 人的客观经历与认知状况之间的联系

人的认知状况及心理内容受客观经历的决定和制约，客观经历是形成相应认知及心理内容的前提条件。涉案或涉事人的客观经历会使其形成相应的认知及心理内容（心理痕迹）。

2. 人的行为经历及认知活动与情绪体验之间的联系

人的行为经历及认知活动会伴随一定的情绪活动并产生相应的情绪体验。涉案或涉事人一定的行为经历及认知活动必然会产生相应的情绪体验并在记忆系统中保留下来。

3. 被测人对主试所提问题的认知活动与其神经兴奋和情绪活动之间的联系

特定的认知活动会引起神经过程的兴奋和相应的情绪活动。测试时，主试所提问题会引起有过相应行为经历及心理痕迹的被测人相应的回忆、联想、应对、内心冲突、紧张、焦虑、恐惧、应激等认知及情绪活动，从而引起神经过程的兴奋和相应的机体变化以及有关生理指标的改变。

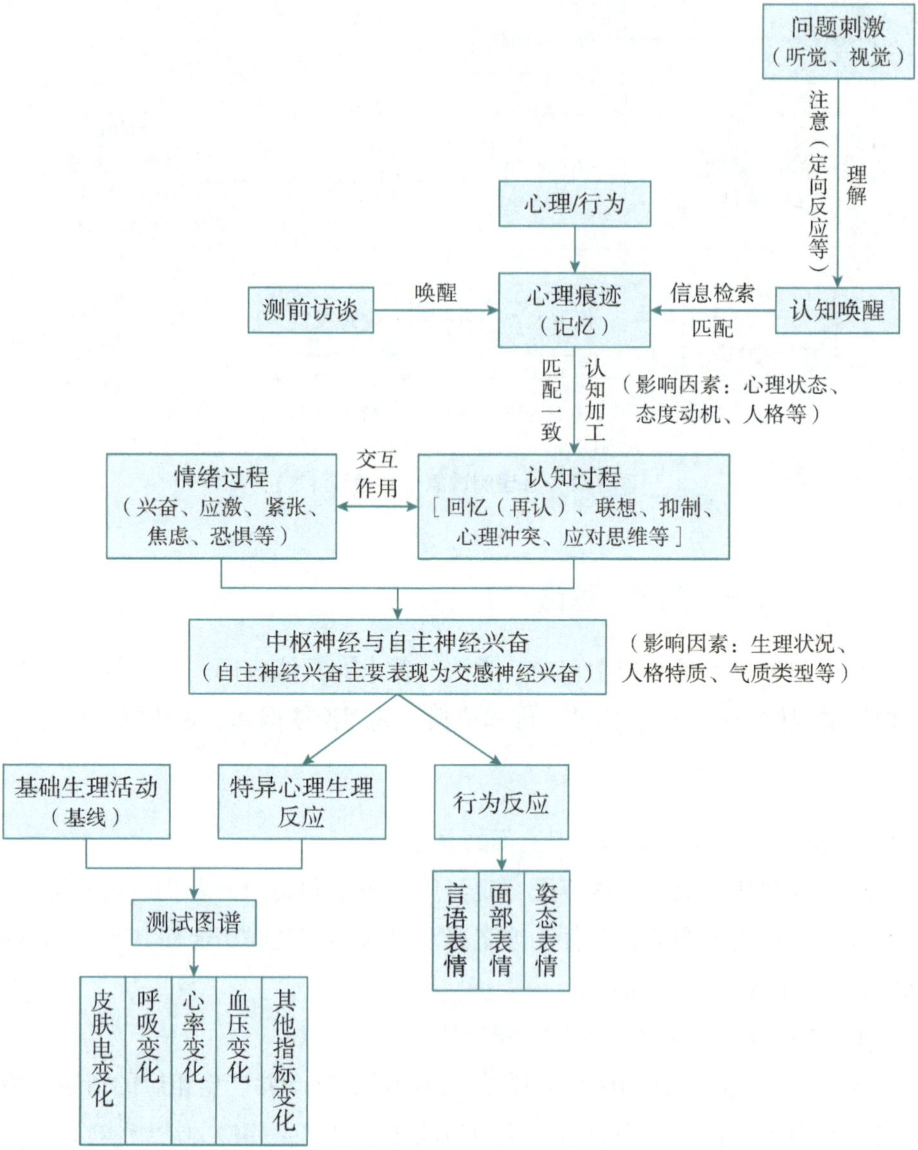

图2–2　心理测试原理与过程（2）

4. 知、情、意等心理因素相互之间的联系

人心理过程的知、情、意三方面是紧密联系、相互影响的。被测人相应的认知活动与其情绪体验、态度、动机等意志活动的相互联系和影响，必然会引起神经过程的兴奋和有关生理指标的变化。

5. 刺激变量（S）—主体变量（O）—反应变量（R）之间的联系

根据S—O—R公式的原理，刺激通过主体引起反应，而主体有无相应的心理痕迹，是特定刺激能否引起相应反应的前提条件。测试时，主试所提问题刺激会引发有着相应心理痕迹的被测人特殊的心理活动并引起有关生理指标的变化。因此，在科学、准确、有效的问题刺激下，有过相应行为经历并留有心理痕迹的被测人会出现特异的心理生理反应，并通过图谱和外显行为反映出来。

6. 心理活动与生理活动之间的联系

基于心理与生理的相互关系，测试时，主试所提问题引发的被测人的心理活动会引起生理活动的变化及有关生理指标的改变，这些变化通过多导心理生理测试系统予以采集、记录和显示，并以图谱和数据的形式表现出来，从而可判断被测人与案/事件的关系及案/事件的有关情况。

所以，心理测试技术是建立在人的认知经历及其心理活动与生理活动之间相互关系的基础上，对人相关心理内容（心理痕迹）及心理生理反应的检测。因此，科学的心理学理论和方法及心理活动的规律，是进行科学研究和正确应用的基础和依据。

（二）客观依据

1. 案/事件事实及特定经历

案/事件事实及特定经历，是涉案或涉事人相应心理痕迹形成的客观基础。没有对案/事件事实的经历及认知，就不会有相应的心理痕迹。

2. 特殊而深刻的心理痕迹

特殊而深刻的心理痕迹是引发涉案或涉事人相应心理活动并引起生理指标变化的内在因素。没有特定的心理痕迹，就不会引发涉案或涉事人的相应心理活动并引起生理指标的变化。

3. 准确、有效的语言刺激

反映涉案或涉事人独知的案/事件客观事实真相的语言刺激，是触发涉案或涉事人心理活动并引起生理指标变化的条件。

因此，依据案/事件事实和涉案或涉事人的心理活动，客观、科学、准确、有效地编题及提问，能够触发涉案或涉事人相应的心理活动并引起生理指标的变化，从而获取与案/事件事实相关的心理生理反应图谱，进而评判被测人与案/事件的关系并认知案/事件有关情况。

第二节　心理测试技术的科学基础

一、人的心身关系及其规律

人的心理与生理之间是紧密联系、相互影响的。心理既是人脑及神经系统活动的产物，又是相关神经兴奋和器官活动的刺激物，会引起相关生理活动的改变。这种固有的心身关系及其规律，决定了内部心理活动可以通过有关生理活动表现出来。生理心理学和心理生理学的大量研究表明：人受到刺激后，会引发神经系统（图2–3）及有关器官的相应变化，其中包括交感神经的兴奋反应和副交感神经的抑制反应（表2–1）。研究证实，这些反应与人的认知和情绪相联系，人的认知活动及情绪活动会引起中枢神经及交感神经的兴奋，也会引起某些生理参量的变化，使有关生理指标发生波动。因此，认知、情绪、意志等活动可以通过相关生理指标的变化反映出来。生理参量的变化有：呼吸系统——呼吸速率及呼吸容量异常；循环系统——脉搏加快、心跳加速、血压升高、血容量增加及成分发生变化；皮肤——体温升高、汗液分泌增多引起皮肤电变化；眼睛——瞳孔扩大；等等。这些有规律的指标变化及

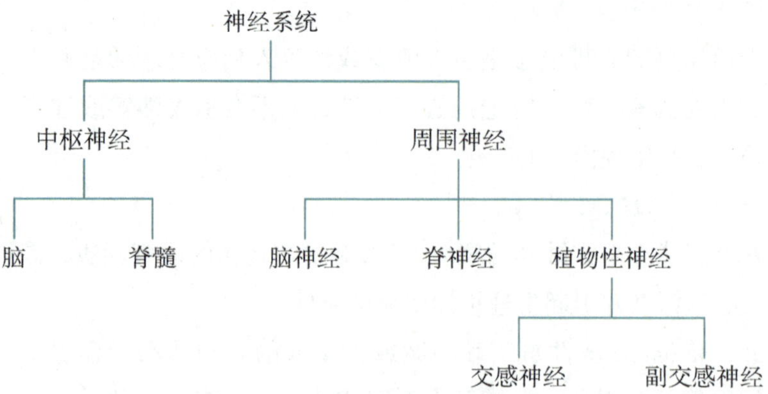

图2–3　神经系统示意

采集技术，正是心理测试技术得以进行的科学基础。这些年，研究者将与中枢神经系统活动相关的神经影像学指标也引入研究，如PET、fMRI和ERPs等技术。这些都对深入揭示心理测试的生理机制和发现新的生理指标有着积极的作用。

表2-1 交感神经与副交感神经的功能

器官	交感神经兴奋：紧张	副交感神经兴奋：放松
眼睛	调到远视状态	调到近视状态
瞳孔	扩张，允许更多光线进入	缩小
肺	支气管扩张，摄入更多的氧气	支气管收缩
心脏	收缩力增强，为身体提供更多营养，通常心律瞬间减慢，随即加快作为血压升高的补偿	恢复到正常心律
汗腺	活动，增强活动能力和触觉分辨力	可能发生重吸收作用
肝	分泌糖原增加血糖水平，增加能量	
血管	收缩，降低体温，增强血压	扩张
肾上腺	激活，分泌肾上腺素，增强交感神经系统	无反应
消化器官	活动抑制，血管收缩，把血液转送到骨骼肌肉	消化作用促进
生殖器官	血管收缩，把血液转送到骨骼肌肉	血管扩张

二、心理活动的规律

人体神经系统及其活动机制是心理活动的基础。神经系统及其活动机制的精密性、复杂性和整体性，奠定了人心理活动的多样性、复杂性和整体性，从而使人的心理活动既纷繁复杂又协调统一，并且具有明显的规律性。神经系统与心理活动之间的这种关系，决定了人心理活动的整体性，而此整体性是心理活动的重要特征，决定了无论是心理过程的知、情、意之间还是心理过程与个性心理之间，都是紧密联系、相互影响的。心理活动的这种整体性及相互关系的规律，使得心理测试有了实施的基础和可能。这正是心理测试技术得以进行并取得测试效果和实现测试目的的科学基础和理论依据。

但是，心理活动的整体性和复杂多样性，使得心理测试会受到多种心理因素的影响、制约和干扰，使刺激—反应之间的关系较为复杂，造成生理反应及其图谱变化的或然性较大，规律众多。因此，必须深入研究，综合考察，绝不能简单化。这就需要大量的实验研究和实际应用的检验，以不断加深对其规律的认识和把握。

关于心理测试理论基础的讨论，是心理测试技术领域研究的重要内容，其中情绪反应或者说认知激活是心理测试技术相关研究观察的核心内容。对此，人们先后提出过多种假设和学说。近些年来，心理测试技术的很多研究发现，对被测人而言，意义刺激与欺骗会引起大脑出现定向反应或抑制反应，许多研究者认为定向反应（oriented response，OR）可以作为心理测试和欺骗研究的理论基础。巴里（Barry）（1996，2006，2009）提出的初级过程理论（preliminary process theory，PPT）是对40年来专注于心理测试定向反应研究成果的深入讨论而总结形成的理论成果，是基于工具性心理测试对不同测试方法引起的相似的、整体性的生理反应模型的讨论，实质是对心理测试OR理论的进一步讨论、总结与发展。

除了用OR理论、PPT理论来解释心理测试的机制外，杰弗里（Jeffrey）等（2014）还针对高风险欺骗提出了社会认知理论框架，即激活—决策—建构—行动理论（activation–decision–construction–action theory，ADCAT），以期对重大谎言进行解释。ADCAT理论阐述了执行过程、思维、情绪、动机等在谎言及心理测试中的作用与机制。

总之，针对心理测试的机制，人们有过不同角度的多种解释。但研究者普遍认为：认知唤醒是心理测试技术的重要基础。心理测试技术是建立在认知与情绪、心理与生理、刺激与反应之间关系的基础之上的。心身关系和心理活动规律是其赖以进行的科学基础和理论依据。

然而，由于人心理活动的复杂多样性，也由于心理测试技术领域一直存在的简单化①及重应用、轻理论的倾向，心理测试技术领域目前尚缺乏对理论基础的深入研究与总结，尚未对理论及方法达成科学共识，从而影响着该技术的科学应用与发展。而揭示心理测试技术的科学原理并明确它的理论基础，是科学应用心理测试技术的根本，是保障测试方法科学性与准确性的重要前提。因此，依据人身心活动的规律，研究揭示心理测试技术的科学原理与规

① 即将受诸多因素影响、制约的问题刺激与图谱反应之间的复杂关系，认为是简单的一因一果的关系。

律，并总结形成科学理论，是心理测试技术科学应用与发展要解决的根本问题。相信随着研究与应用的不断深入以及心理科学的不断发展，心理测试技术的科学基础会不断得到揭示和加强。

第三节 心理测试技术的相关基础学科及心理学知识概要

一、心理测试技术的相关基础学科

心理测试技术是心理学理论、知识、技术、方法在案/事件调查审理及人员审查中的应用。因此，心理学有关学科是心理测试技术的基础理论学科，是心理测试技术研究和应用的基石；而侦查学、物证技术、法医学及电子信息技术是心理测试技术在犯罪案件调查审理应用中不可或缺的知识体系；另外，生物电子技术、计算机应用等也是心理测试技术的重要组成部分。上述学科共同构成了心理测试技术的学科基础，其中与心理测试技术关系较为密切的学科如下。

（一）普通心理学

普通心理学是研究人基本的心理现象及其一般规律的学科，是整个心理学的基础学科和学习心理学的入门课程。它同样是心理测试技术的基础学科，是学习心理测试技术入门的第一门专业课程。

（二）实验心理学

实验心理学是用实验的方法研究心理学问题的学科。它是心理学研究的科学基础。心理测试技术的实质是一项心理实验，它的基本原理、方法和条件，都是实验心理学原理、方法和条件的具体应用。因此，实验心理学同样是心理测试技术最为重要的基础学科。

（三）生理心理学

生理心理学研究心理现象和行为产生的生理机制，探讨心理活动的生理基础和脑的机制，包括脑与行为的演化，脑的解剖与发展及其和行为的关系，认知、运动控制，动机行为、情绪和精神障碍等心理现象和行为的神经过程和神经机制。生理心理学是心理学的基础学科，同样是心理测试技术的基础学科之一。

（四）心理生理学

心理生理学研究心理或行为如何与生理的变化相互作用，研究心理刺激条件下人体生理功能的变化过程。心理生理学的研究成果不仅为心理测试技术的身心中介机制提供了基本理论依据，而且为进一步发现和利用新的更为有效的心身指标提供了可能。因此，它同样是心理测试技术重要的基础学科之一。

（五）犯罪与司法心理学

犯罪与司法心理学是研究与犯罪和司法有关的心理活动以及揭露、打击、矫治和预防犯罪的心理学方法与技术的科学。犯罪与司法心理学关于犯罪心理构成因素及其相互关系，犯罪心理产生形成的原因，犯罪心理形成及其发展变化的规律和特点，犯罪动机的相关问题，犯罪心理与犯罪行为的关系及其外化规律，犯罪人在犯罪的不同阶段、不同情境条件下以及犯罪嫌疑人在诉讼活动的不同阶段的心理活动特点与规律，不同类型犯罪人的心理及行为特点，变态心理与犯罪，犯罪心理分析的理论与方法，侦查、审讯中的心理学问题及其理论与方法，证人证言及辨认中的心理学问题等，都是犯罪心理测试技术实案应用必然会涉及的问题，是犯罪心理测试技术主测人员必备的知识。因此，它是犯罪心理测试技术实践应用的重要学科基础。

（六）认知心理学

认知心理学是研究人的认知过程，如注意、感/知觉、表象、记忆、思维和语言等的内部机制和过程的学科。它的研究对科学揭示心理活动的认知过程及其特点具有重要的作用。认知心理学在具体问题的研究方面，在扩大心理学研究方法方面都有所贡献。它的研究将影响整个心理学的研究，是心理学研究的趋势和方向，对心理测试技术的研究应用和发展具有重要价值和意义。

（七）情绪心理学

情绪心理学是研究情绪现象的产生、过程、表现、特征、功能及其特点和规律的学科。其中情绪与生理的关系，情绪与认知的关系，情绪与态度、动机的关系，情绪与人格的关系，情绪的功能等问题，是情绪心理学研究的重要内容，而它们都是心理测试技术科学研究和应用所必须认识与解决的根本问题。所以，情绪心理学是心理测试技术的又一门重要基础学科。

（八）人格心理学

人格心理学是研究人格形成及人格特点的学科。它对科学认识和把握被测人的人格特点及其身心差异，从而正确地研究和应用心理测试技术具有重要的作用。

（九）变态心理学

变态心理学是以心理与行为异常表现为研究对象的心理学分支。变态心理与犯罪和社会侵害行为关系密切。同时，一些变态心理又影响心理测试的效果。因此，对犯罪心理测试技术的研究与应用，必须研究和掌握变态心理学的相关知识。

（十）社会心理学

社会心理学是研究个体和群体的社会心理现象的心理学分支。个体社会心理现象是指受他人和群体制约的个人的思想、感情和行为，如人际知觉、人际吸引、社会促进和社会抑制、顺从等。群体社会心理现象是指群体本身特有的心理特征，如群体凝聚力、社会心理气氛、群体决策等。社会心理学不仅对犯罪心理学的学习和研究具有重要的意义，而且对犯罪心理测试技术的实际应用具有重要的作用。

（十一）刑事侦查、物证技术、法医学及电子信息技术

刑事侦查是对各类刑事案件进行侦查活动所采用的各种侦查技术、措施和方法的总称。物证技术是对案件中可能成为物证的物品、物质、文书和痕迹进行发现、识别、记录、提取和鉴定的各种科学方法的总称。法医学是物证技术的一个重要方面，是对伤情、死亡原因、死亡时间等进行科学鉴定的学科。电子信息技术是当今日益重要的侦查技术。它们是犯罪案件侦查审理中不可或缺的知识体系，同样是犯罪心理测试技术实践应用中的重要学科知识。

（十二）生物电子技术、计算机应用等

心理测试技术是生物电子技术、计算机技术等的应用，因此，生物电子技术、计算机应用等知识技能，也是心理测试技术应用需要了解和掌握的方面。

上述学科，是心理测试技术及犯罪心理测试技术的基础学科，是学习、研究和应用心理测试技术所必须了解和掌握的学科知识。

二、心理测试技术的相关心理学知识概要

上述有关心理学科，是心理测试技术的基础学科，心理测试技术的学习、研究与应用，应该对以上学科予以系统的学习和掌握。为了便于对心理测试技术原理及其重要问题进行理解和掌握，本书就心理测试技术的重要心理学知识概要如下。

（一）心理、心理学和基本的心理现象

1. 心理：客观事物及之间的联系在头脑中的主观的能动的反映，其表现形式众多，统称为心理现象。

2. 心理学：研究心理现象及其发生和发展规律的科学。

按研究领域，可分为众多的心理学分支学科。

3. 基本的心理现象：如图2–4所示。

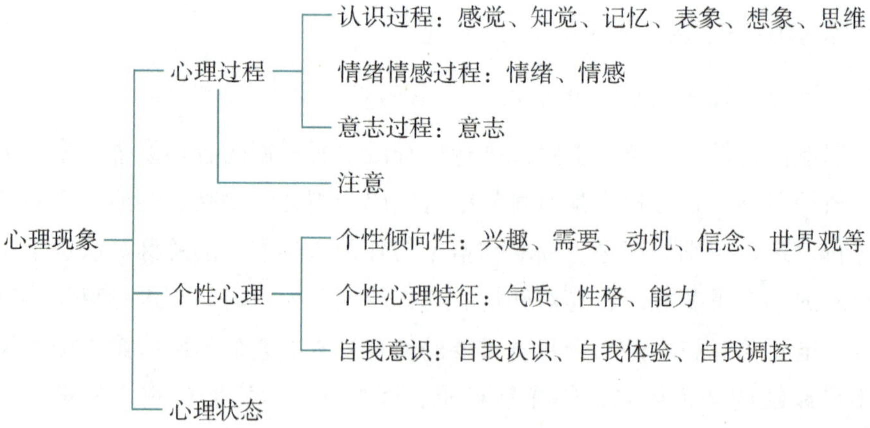

图2–4 基本的心理现象

（二）知、情、意三者的关系

心理过程的知、情、意，是统一的心理活动的不同方面，彼此间既有区别又有紧密联系，相互影响，相互作用，相互转化，共同影响和支配着人的心理及行为活动。

三者的区别是：认识过程是人对客观事物本身的反映，情感则不反映客观事物本身，而仅反映客观事物与人主观需要之间的关系。认识过程是外界刺激向主观意识的转化，而意志则是内部意识向外部行为的转化。

三者的联系是：认识过程是情绪情感活动的基础，是它的材料来源，情绪情感是伴随着认识过程而产生的；而人在认识客观事物的过程中又不会无动于衷，必然以已有的态度体验来评价对待客观事物，从而影响认识活动，因此，情绪情感又影响和推动着人的认识活动；情绪情感可以鼓舞人的意志，而意志也可以控制人的情绪情感；意志是在人的认识活动中形成的，反过来，意志又制约和支配着人的认识活动。

因此，对心理学及心理测试技术的学习、研究和应用必须强调心理活动的整体统一性。这样，才能深入理解心理测试技术的原理，科学认识相关生理指标与图谱变化的原因，从而做出正确的评判。此是心理测试技术研究与应用必须重视的方面。

（三）个性心理及其与知、情、意的关系

个性是在人先天素质的基础上，经过后天生活实践形成的个人具有一定倾向性的比较稳固的心理特征的总和。个性心理反映个人心理特点；个性是通过知、情、意表现出来的；人与人之间存在个性差异，在知、情、意方面具有不同特点。

在心理测试中，被测人存在个性差异，会对同一问题刺激产生不尽相同的反应，有关生理指标和图谱也会表现出各自的特点。因此，心理测试技术的应用必须注意个体差异，尤其在图谱评判时须坚持评判的个别化。

（四）影响刺激—反应的主体因素

S—O—R是心理学的基本公式，包含着丰富的心理学内容。刺激—反应活动不仅受刺激的性质和特点所决定，还受主体状况及其特点的制约和影响：

①受主体感受性的影响；②受个性特点的影响；③受心理状态的影响；④受认知状况的影响；⑤受生理状况的影响。所以，刺激—反应活动，即S—O—R受中间环节O（主体状况）的制约和影响。

心理测试技术通过观察被测人在特定问题刺激下的反应情况来评判其与案/事件的关系，而被测人有无对相关案/事件的认知及相应的心理痕迹，是决定其反应的关键。然而，由于影响刺激—反应的主体因素较多，有时一些主体因素（如个性特点及其感受性、心理状态、生理状况）可能会影响对问题刺激的反应，因此，研究影响刺激—反应的有关主体因素，总结把握其规律，对心理测试技术具有特别重要的意义。

（五）影响感知的因素

综合已有研究，影响感知的客观因素有：刺激的特点和性质、刺激的程度、感知的时间、光线、天气、地形和位置、遮蔽、背景等。

影响感知的心理因素有：心理活动的兴奋性程度、情绪状况、注意的状况、认知特点、知觉补充性、错觉和幻觉、适应、偏见、感知能力和经验等。

（六）影响记忆的因素

综合已有研究，影响记忆的因素有：感知的状况、时间间隔、记忆对象与其他事物的联系、情绪体验的程度、识记对象的差异程度（辨认难易）、记忆的态度（有意或无意）、记忆的内容、记忆能力和特点。

了解和掌握影响感知和记忆的因素，对正确分析和把握涉案或涉事人对案/事件相关情况的认知状况，从而科学准确地选择和编制目标题，具有重要的作用。

（七）心理测试技术的情绪心理学知识概要

1. 情绪是神经系统多级神经活动的结果

情绪的产生在神经生理上是多水平整合活动的结果，它涉及广泛的神经生理生化活动，包括中枢神经系统、躯体神经系统、自主神经系统和内分泌系统。

生理心理学研究表明，大脑皮层调节控制着皮层下各个部位的活动。但是，情绪发生的核心部位主要在皮层下部。在情绪刺激的作用下，整个丘脑系统、边缘系统、网状结构、皮下神经节等部位的活动都被卷入，从而形成极为复杂的情绪的中枢机制。

除了中枢神经系统从低级到高级部位参与情绪的整合外，整个外周神经系统也均参与其中。其中，躯体神经系统，在与大脑高级中枢的联系中，介入各种表情的发生或抑制；自主神经系统在情绪过程中由于被脑的低级部位所激活，对情绪活动起着加强和延续的作用；内分泌系统的活动与情绪唤醒的关系更为密切，多种激素除影响有机体一般生理过程从而影响情绪外，某些激素作为神经化学可直接激活情绪。因此，每一次情绪的发生，都是中枢神经系统各级水平、躯体神经系统、自主神经系统和内分泌系统整合活动的结果。

自主神经系统是由中枢神经系统低级部位支配的一个特殊系统，它专门控制与调节有机体各器官和组织的活动。在情绪刺激的作用下，自主神经系统的活动可以广泛激活有机体各器官和组织，产生明显的、超出常态生理节律的生理反应。但是，自主神经系统的活动并非情绪产生的中枢机制，它的活动对情绪起着支持和延续的作用。

自主神经系统由交感神经与副交感神经两个分支系统构成。交感神经系统与副交感神经系统共同控制与调节内脏器官——心脏、血管、胃、肠等，外部腺体——唾液腺、泪腺、汗腺等以及内分泌腺——肾上腺、甲状腺等的活动。

交感神经系统与副交感神经系统的机能作用是对立的，二者互相起拮抗的作用。这种作用使由交感系统激活的有机体恢复平静，以限制和保存机体的能量消耗。

自主神经系统的活动是不随意的，它与情绪过程有密切的联系。它们之间的关系是：当人受到情绪性刺激、所引发情绪的激动度和紧张度增长时，生理唤醒水平和器官激活的程度也会提高。但是，对于各种不同情绪是否具有生理激活的特异化模式的问题，尚没有得到确切的解释和明确的验证。迄今为止只能做到对某些情绪发生时生理变化的描述。例如，焦虑引起消化道蠕动减弱，消化液分泌被抑制；愤怒引起肾上腺激素分泌增加，心血管活动加速，血压、血糖升高，皮温升高；恐惧则导致外周血管收缩，面色苍白，咽、口部发干，皮温下降，出冷汗等。

2. 情绪的生理测量

鉴于有机体在情绪状态下会出现许多生理反应，因此可以运用各种生理记录仪器把这些变化记录下来，作为情绪活动的客观指标。例如，心率、血压、血糖、呼吸、脉搏容积、皮肤电阻和导电度、肌肉紧张度以及脑电变化、脑神经化学物质变化等，均可被测量。

（1）呼吸

呼吸的变化可通过呼吸描记器记录下来，根据记录曲线，可以分析情绪状态下呼吸频率和深度的变化。高兴时呼吸深度不大，频率略快于平常，整个呼吸曲线基本上较有规律；悲伤时呼吸频率很慢，每次呼吸之间的间歇时间较长；处在兴趣、积极思考状态时，呼吸频率稍慢、均匀，反映了集中思考时的特点；恐惧状态中，呼吸频率变得非常快，但有间歇、停顿的迹象，振幅变化没有规律，反映出恐惧时的战栗状态；而处在愤怒情绪状态时，呼吸频率也大大增加，呼吸深度异乎寻常地增大。另一个呼吸记录指标为呼气与吸气的比率，一般正性情绪下呼气与吸气之比小于1，表明呼气时间短，吸气时间长；而在多数负性情绪下，呼吸比率大于1，表明呼气时间长，吸气时间短。情绪状态下呼吸的变化一般只标定激活水平而不标示情绪特异性。

（2）循环

情绪状态下循环系统的活动一方面表现为心跳速度和强度的改变，另一方面表现为外周血管的舒张与收缩的变化。例如，满意、愉快时，心跳节律正常；恐惧或暴怒时，心跳加速，血压升高。用心动电流描记器和心电图仪可以把心脏活动的变化曲线记录下来，用血管容积描记器可以把外周血管容积的变化记录下来。

（3）皮肤电反应

在一般情况下，皮肤电流运动具有一定的电阻参数。情绪状态下皮肤内血管收缩的变化和汗腺分泌的变化，能引起皮肤电阻的变化。当人处在紧张的情绪状态时，皮肤导电电流增加，皮肤电阻下降。

（4）多导生理记录

使用多导生理记录仪可以同步记录各项生理指标，包括心率、脉搏容积、呼吸与皮肤电反应等多项指标，可同步取得多项数据，用以进行综合分析。鉴于生理变化受自主神经系统和内分泌系统支配，不受人的主观控制，因此测量结果是比较客观的。

多导心理生理测试与一般生理测量一样，在测定基础水平后，向被试提出一系列要求回答的问题，这些问题包括中性问题或参照问题和有关键意义的鉴定性问题，问题之间有足够的时间间隔以使生理指标恢复常态。若被试在回答鉴定性问题时产生紧张情绪反应，各指标则会出现同步变化，即可作为有相应心理活动——认知及情绪反应的一种参考指标。

（5）声音紧张分析

声音紧张分析器可以用来测量人耳所不能觉察的语音的某些变化。所有的肌肉（包括声带）在活动时都会发生轻微的振动。当说话的人情绪紧张时，发音器官的正常颤动便被自主神经系统的活动所抑制。由于人在说话时声带的振动不能被随意地控制，因此使用声音紧张分析器对人的语声进行记录，声音图像便显示出来，可进行相应的心理分析。

3. 情绪反应的表现

（1）主观体验（认知变量）

（2）生理变化（生理变量）

（3）行为表现（行为变量）

1）面部表情；

2）身段表情；

3）语调表情。

4. 关于情绪发生机制的学说

（1）詹姆士－兰格：情绪的外周理论

该理论认为，“情绪是对身体变化的知觉”，是植物性神经活动的产物。这一理论主张“当身体产生（生理）变化时，我们感受到这些变化，这就是情绪”，强调情绪的产生是植物神经系统活动的产物。后人称该理论为情绪的外周理论。

（2）坎农－巴德：丘脑整合理论

该理论认为，情绪并非外周变化的必然结果，情绪产生的机制不在外周神经系统，而在中枢神经系统的丘脑。坎农认为，当刺激引起的感觉信息传到皮层时，激活了经常处于抑制状态的丘脑中心，唤醒丘脑活动，导致特定模式的情绪产生。丘脑同时向大脑皮层和身体的其他部分输送冲动，神经冲动向上传至大脑产生情绪的主观体验，向下传至交感神经引起机体的生理变化，所以身体变化和情绪体验同时发生。

坎农的丘脑学说强调被唤醒的丘脑过程是情绪产生的机制，提出了情绪的特定脑中枢，因此比詹姆士-兰格理论前进了一步。但是，丘脑学说忽略了外周变化的意义以及大脑皮层对情绪发生的作用。

（3）阿诺德：认知评价理论

美国心理学家阿诺德（M. Arnold）于20世纪50年代提出了情绪的评定—兴奋学说，该学说强调情绪来源于对情境的评估，而这种评估是在大脑皮层产生的；认为情境、认知评价、经验、个性等都对情绪的产生有影响。

阿诺德举例说：人在森林里看到熊会产生恐惧，而在动物园里看到关在笼子里的熊却不产生恐惧。情绪的产生取决于人对情境的认知和估价，通过评价来确定刺激情境对人的意义。因此，阿诺德给情绪下的定义为：情绪是对趋向知觉为有益的、离开知觉为有害的东西的一种体验的倾向，这种体验倾向被一种相应的接近或退避的生理变化模式所伴随。

依照阿诺德的学说，情绪是这样产生的：情绪刺激作用于感觉器官产生的神经冲动上传至丘脑，在丘脑更换神经元后再传到大脑皮层，在大脑皮层上产生人对情境的评估。这时情境被评估为对有机体有足够重要的意义，皮层兴奋即下行激活丘脑系统，并影响自主神经系统而使器官发生变化。这时外周变化的反馈信息又通过丘脑传到大脑皮层，并与大脑皮层最初的估价相结合，纯粹的认识经验即转化为情绪体验。

由此可见，阿诺德的学说接受了詹姆士-兰格学说的外周反馈观点，而不同意坎农关于丘脑抑制的观点。她认为整个情绪过程均为大脑皮层兴奋的结果。她与詹姆士的不同可从如下模式中表明：

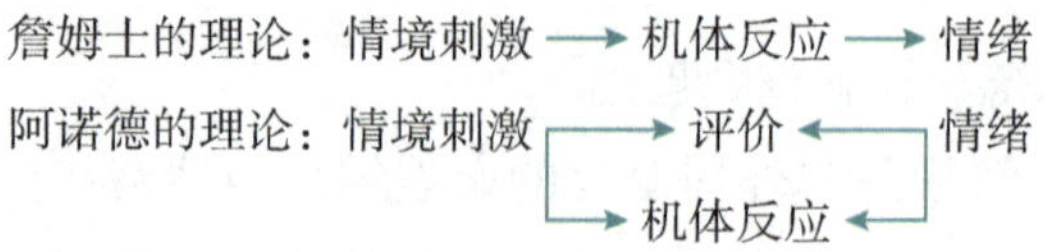

（4）伊扎德：动机—分化理论

该理论以情绪为核心，以人格结构为基础，论述情绪的性质与功能；认为情绪具有动机的性质。

伊扎德认为，情绪是人格系统的组成部分，是人格系统的动力核心。情绪系统与认知、行为等人格子系统建立联系，实现情绪与其他系统的相互作用。

汤姆金斯和伊扎德都认为情绪具有重要的动机性和适应性的功能。汤姆金斯认为，情绪就是动机，他否定了把动机归结为内驱力的看法，着重指出内驱力信号需要一种放大的媒介才能激发有机体去行动，起这种放大作用的正是情绪过程；而且情绪是比内驱力更加灵活和强有力的驱动因素，它本身可以离开内驱力信号而起到动机作用。

伊扎德的动机论则容纳了更复杂的内涵，他提出，情绪是一种基本的动机系统，他从整个人格系统出发建立了情绪—动机体系，提出人格具有6个子系统——内稳态、内驱力、情绪、知觉、认知、动作。人格子系统组合成4种类型的动机结构——内驱力、情绪、情绪—认知相互作用、情绪—认知结构。在这庞大的动机系统中，情绪是核心，无论是与内驱力相联系的情绪，还是同知觉、认知相联系的情绪，抑或蕴含在人格结构中的情绪特质，都起重要的动机作用。伊扎德进一步指出，情绪的主观成分——体验正是其动机作用的心理机制，各种情绪体验是驱策有机体采取行动的动机力量。

伊扎德的情绪理论还包含着更完整的内容，他从进化的观点出发，提出大脑新皮质体积的增长和功能的分化与面部骨骼肌肉系统的分化以及情绪的分化是平行的、同步的。多种情绪的分化是进化过程的产物，因此情绪才具有灵活多样的适应功能，从而使得其在有机体的适应和生存方面起着核心的作用。每种具体的情绪都有其产生的渊源，都有特定的意识品性和适应功能。

汤姆金斯和伊扎德继承和发展了达尔文关于表情的学说。从情绪的分化观出发，十分强调面部表情的重要性。他们指出，人类基本情绪的面部表情是先天程序化的模式，而且先天的面部表情参与情绪发生的整个机制，面部运动的感觉反馈激活情绪体验。伊扎德详细阐述了这一过程，描述了外界刺激事件引起感觉皮层和边缘系统的兴奋，激活在下丘脑或杏仁核内贮存的先天情绪模式，从而在面孔上显露为一种反映具体情绪的表情。这一表情活动向脑内的感觉反馈引起皮层的整合活动，从而使人产生情绪体验。这就是表情的“面部反馈”功能。

在对情绪性质的阐述方面，动机—分化理论既说明了情绪的产生根源，又说明了情绪的功能，为情绪在心理现象中确立了相对独立的地位。

（八）心理测试技术的实验心理学知识概要

1. 变量

变量是在数量和质量上可变的事物的属性，即S—O—R的变化及现象。

根据S—O—R公式，心理实验的基本变量有：

（1）自变量（刺激变量），即由实验者操纵的对被试的反应产生影响的变量。

（2）机体变量（被试者变量），即被试者的特性因素，如性别、年龄、生理状况、智力、教育水平、人格特征、动机、态度等。

（3）因变量（反应变量），即由自变量引起的反应。

（4）额外变量（控制变量），即除自变量以外的刺激和干扰因素。

2. 各变量间的相互关系

自变量通过机体变量（中介变量）引起因变量的变化；因变量取决于自变量，并受机体变量的制约和影响；额外变量会干扰自变量，并影响因变量。

3. 实验设计及心理测试中的变量问题

（1）科学准确地确定自变量；

（2）有效地控制额外变量；

（3）正确认识和评判因变量。

4. 实验及测试的信度与效度

（1）信度，是指测量结果的可靠性、一致性和稳定性，即测验结果是否反映了被测者的稳定的、一贯性的真实特征。信度是效度的前提条件。

（2）效度，即有效性。它是指测量工具或手段能够准确测出所需测量的事物的程度。

5. 实验及测试中主试与被试的关系问题

（1）二者相互影响和作用。主试者效应对被试有着重要影响。

（2）要注意避免影响测试的不良因素。

6. 实验及测试的仪器

（1）仪器的设计。多导心理生理测试仪的设计应符合以下要求：

实用。有关生理指标只选取有效的指标，意义不大和效果不显著的指标无须设置。

直观。应便于主测人对各项指标变化进行观察。

便携。但体积不能过小，应保证对被测人应有的心理压力。

（2）仪器的性能：灵敏，有效，稳定，可靠。

（3）仪器的安装、连接、佩戴和操作。须按相关要求正确进行。

Chapter three

第三章

心理测试的有关理论及其编题方法

心理测试测的到底是什么心理内容，能测什么心理内容，如何测有关心理内容，一直是该技术领域探讨、争论的焦点，并由此产生了“恐惧说”“冲突说”“条件反射说”“动机说”“应激说”“认知唤醒说”等解释测试原理的假设和学说，以及测试的不同编题方法。其中准绳问题测试法（CQT）、犯罪情节测试法（GKT）和认知综合测试法（CCT）是目前具有代表性的几种测试编题方法。

大量实案测试实践和实验室研究表明：上述几种测试编题方法的信度、效度，具有较大的差别，其检测内容、测试效果和准确性是不一样的，从而出现了同是心理测试，应用的效果却不同，人们对其作用的认识以及社会效应均不同。而究其原因，除主测人员的综合素质和水平外，还在于上述测试理论和方法的科学性不同。而科学的测试理论和方法，是保证该技术科学、有效应用的前提。

因此，正确认识心理测试技术的科学原理和相关方法的科学性，以及影响测试的因素和目前存在的问题等，是正确应用该技术必须要清楚的方面。

第一节 心理测试的有关理论

早期从事测谎研究的人们认为测谎的理论基础十分简单。因为人有说谎的本能，当被测人故意或明知说了谎时，心理压力和恐惧情绪会使其身体对此有生理反应，从而把自己暴露出来。但是，在随后的研究和实践中，人们发现仅仅用“说谎”是不能完全解释所有心身反应现象的，进而不断提出了各种解释测试原理的理论和假说。其影响较大的除恐惧说外，还有冲突说、条件反射说、动机说、应激说、认知唤醒说等。

一、恐惧说

恐惧说认为，当有罪者接受测谎时，会意识到自己有可能面临谎言被揭穿从而带来不利后果的危险，因此会产生恐惧情绪，这种恐惧情绪会影响植物神经系统的活动，从而引起被测人相应生理指标出现异常，而这些异常可以被认为是被测人有罪的象征。

二、冲突说

冲突说认为，在道德观念的作用下，每个人都会倾向于讲真话。然而，当他觉得说谎能避免某些麻烦或灾难时，便会通过说谎来摆脱困境。而这种讲真话的内心冲动与说谎行为本身会产生心理冲突和压力，从而导致交感神经的相应活动，并引起有关生理指标的异常变化，这些异常变化便可以被认为是被测人有罪的象征。

三、条件反射说

条件反射说认为，作案人在犯罪过程中，在经历其中一些情境、进行某些行为时，会同时产生强烈的情绪体验，这种体验的特殊性、深刻性会使其形成条件反射。测试时，当被问及这些特殊的相关问题时，作案人会由于条件反射而产生定向反应，进而引起相应生理指标的异常变化，这些异常可以被认为是被测人有罪的表现。

四、动机说

动机说认为，动机的强度会对测试效果产生影响。有罪被测人较之无辜者会具有更强的应对测试的动机和压力。对于有着强烈动机力图躲避和通过测试的有罪被测人而言，他们会产生显著的相关生理指标的异常变化。这些异常即可被认为是被测人有罪的表现。

五、应激说

应激说认为，当有罪者接受测试时，由于面临危险，其产生的紧张、焦虑等情绪会使其处于应激状态。同时，个体在说谎时会感受到一定的威胁，其自我保护机制也会产生应激反应，而应激反应会引起相应生理指标的异常变化，这些异常可被认为是被测人有罪的表现。

六、认知唤醒说

认知唤醒说认为，心理测试检测的是被测人是否有对相关案/事件认知的心理痕迹（心理内容），而不仅是测试被测人是否说谎。只有对相关案/事件有过认知的被测人才会形成相应的心理痕迹，而无辜者则没有。测试时，相关问题会使有过相应认知并形成心理痕迹的被测人发生自主的唤醒反应（arousal），唤起其对相关案/事件心理痕迹的反应活动，从而引起生理活动的变化和相关生理指标的异常。这些异常则表明被测人有过相关案/事件的经历，从而证明其有过相应的行为。

以上6种理论和学说代表了不同时期心理测试专家的观点，而且这些理论和学说都能够不同程度地解释测试过程中的有关现象。

但是，测试实践和相应研究也发现，上述学说都难以单独统括和完全、充分地解释测试反应的所有现象。

拿恐惧说来说。已有的情绪研究表明，说谎者出现的特异生物反应和恐惧情绪伴随的生物反应是比较一致的，这是该理论成立的依据之一。但是，该理论不能很好地解释那些“类似游戏”的测试。在这些“类似游戏”的测试中，如在“猜数字游戏”中，被试很清楚地知道如果他测前记忆的数字被测出来，自己并不会受到任何惩罚，所以，他在接受测试时是没有恐惧情绪的，但是，该情绪依然能被测试出来。因此，如果仅仅用恐惧说来解释这项技术，显然是存在缺陷的。而实验室研究和实案测试表明，即使被测人不回答问题，亦即在未说谎的情况下，依然会对目标问题有所反应。因此，如果仅仅用“恐惧”“冲突”假设来解释这项技术，显然是存在明显缺陷的。同样，其他有关学说也难以单独完全解释和说明测试反应的所有现象。

关于心理测试测的到底是什么心理内容以及解释测试原理的假设和学说，哪种具有科学性或更具科学性的问题，心理科学虽对其尚缺乏专门研究，但心理测试技术的实验室研究和实案应用研究表明：测试时，被测人对问题刺激的反应状况，与问题的性质、问题的新异性、被测人有无心理压力、被测人对问题的认知情况、被测人有无相应的行为及其认知经历和认知的状况、有无情绪体验、情绪体验的强烈程度、应对测试的态度动机、回答方式以及人格特质等，都有着密切的关系。而在具有较为深刻的认知经历、较强情绪体验和较大心理压力的问题上，其反应最为强烈。

可以看出，恐惧说、冲突说、条件反射说、动机说、应激说、认知唤醒说等解释测试原理的假设和学说，都具有一定的道理和理论基础；同时也说明了人心理活动的复杂多样性：心理测试中的同一问题刺激，引发的常常是被测人的多种心理活动及其生理反应，而不同性质、内容和特点的问题刺激，能引发被测人不同方面为主的心理活动。

因此，在科学、有效、正确地设计编题以及测前谈话、测试控制和施测下，心理测试所测试和引发的应该是被测人有无与案/事件相关的行为活动及其认知经历，以及相应的情绪体验、应对测试的态度动机、思维活动、即时心理状态等心理内容。而心理测试技术的关键问题，是如何通过科学编题有效地引发被测人相应的心理生理反应，并正确区分与评判被测人心理生理反应所表征的心理内容。

所以，心理测试的编题，应该借鉴和吸收各种理论与方法的合理之处，综合各种理论与方法的优点，实行综合法的编题。

第二节　国内外有关编题方法及其研究

对心理测试的不同认识及其理论，产生了不同的测试编题方法。在对心理测试技术的研究应用过程中，先后出现的测试编题方法如下。

一、相关/不相关问题测试法（relevant-irrelevant test，R/IT）

相关/不相关问题测试法，是最早的一种测试编题方法，由美国的拉森（Larson）和基勒于20世纪23、30年代提出并应用。

其由一系列的相关（R）和不相关（IR）问题交替组成。将R与IR的反应进行比较：

R＞IR	对该R问题回答说谎
R≤IR	对该R问题回答诚实

准确率：对有罪者认定的准确率近乎100%，而无辜者却容易有很高的假阳性的发生率。

R/IT编题格式：

1.I1	你是××（姓名）吗?
2. I2	你是在××（地点）吗?
3. Sc	关于××案件，你愿意如实回答我的所有问题吗?
4. R1	关于××案件，你知道是谁干的吗?
5. I3	今天是××（天气或日期）吗?
6. R2	关于××案件，是你干的吗?
7. I4	你是××岁吗?
8. R3	关于（赃物/作案工具），现在是在你那里吗?
9. I5	你是××（地域）人吗?
10. R4	×月×日晚上，你是去过××（被害人）的家吗?
11. I6	你是属×（属相）的吗?
12. R5	你是偷东西不成才杀害人的吗?
13. Sy	你相信我不会问你任何新的问题吗?
14. I7	你是住在×××吗?

二、紧张峰问题测试法（peak of tension test，POT）

紧张峰问题测试法是根据被测人对与案情有关的目标问题和多个与案情无关的陪衬问题的心理反应的比较，从而判断被测人对与案件相关的问题是否知情，进而判断其与案件关系的一种测试编题方法。

紧张峰问题测试法是20世纪30年代由美国的基勒首创的。其编题方法是将与案情相关的某一情节（称作目标问题）混杂在一组内容、形式都相似但与案情无关的问题（称作陪衬问题）中，向被测人提问。一组POT题目通常由五六个问题组成，其中只有一个问题是和案件真正有关的，其余问题都与案件无关。所有问题表面都十分相似，在无辜者看来没有明显区别，而在知情者看来却有显著差异。

测试时，随着提问越接近目标问题，被测人越紧张，到目标问题上会出现一个显著的紧张反应高峰，而过了目标问题，紧张情绪随之松弛，反应下降。故而该方法被命名为“紧张峰问题测试法”。

POT有两种类型：一种是已知POT，另一种是未知POT。已知POT即侦查员和心理测试员知道结果，测试被测人是否知道该结果；未知POT即侦查员和心理测试员不知道结果，只知道是在某一范围内，但涉案人应该知道，因此可用以探测侦查中未知的情节。

通常习惯上把已知POT测试也称作GKT测试，而把未知POT测试称为POT测试或探索测试。

POT测试可用于对犯罪因素、动机、年龄、人数、时间、方式、工具、地点、方位、数量等的探测。

POT测试有以下注意事项：

（1）选择项应尽量包含各种可能性，如果所列出的问题不能穷尽，则应当有一项包括一切其他可能的问题。

（2）把分析认为可能性最大的项放在中间。

（3）在测试过程中可调整问题顺序。

（4）同一方面的问题应由大到小，由粗到细，分组分步探索测试。

POT测试编题：

例一：

1. 你知道你妻子的尸体现在埋在哪里吗？
2. 你妻子的尸体是埋在河里吗？
3. 你妻子的尸体是埋在铁道边吗？
4. 你妻子的尸体是埋在西红柿地里吗？
5. 你妻子的尸体是埋在农场建筑物附近吗？
6. 你妻子的尸体是埋在房子附近吗？
7. 你妻子的尸体是埋在其他地方吗？

（第5个问题估计最有可能）

例二：数字测试

1. 你写的是不是1？
2. 你写的是不是2？
3. 你写的是不是3？
4. 你写的是不是4？
5. 你写的是不是5？

例三：实际案件中的应用

1. 康××被人弄死，知道是什么原因吗？
2. 弄死康××的人，是因为和他有矛盾吗？
3. 弄死康××的人，是为了出口气吗？
4. 弄死康××的人，是因为男女关系的事情吗？
5. 弄死康××的人，是因为钱财的事情吗？
6. 弄死康××的人，是因为其他的事情吗？

7. 弄死康××这个事，知道是多大岁数的人干的吗？
8. 这个事，是十几岁的人干的吗？
9. 这个事，是20多岁的人干的吗？

10.这个事，是30多岁的人干的吗？
11.这个事，是40多岁的人干的吗？
12.这个事，是50多岁的人干的吗？

13.弄死康××这个事，是不认识的人干的吗？
14.弄死康××这个事，是认识的人干的吗？
15.弄死康××这个事，是家里的人干的吗？
16.弄死康××这个事，是其他的人干的吗？
17.弄死康××这个事，是本村的人干的吗？
18.弄死康××这个事，是其他地方来的人干的吗？

19.弄死康××这个事，是男的干的吗？
20.弄死康××这个事，是女的干的吗？
21.弄死康××这个事，是男女合伙干的吗？

22.弄死康××这个事，知道是几个人干的吗？
23.弄死康××这个事，是一个人干的吗？
24.弄死康××这个事，是两个人干的吗？
25.弄死康××这个事，是三个人干的吗？
26.弄死康××这个事，是四个人干的吗？
27.弄死康××这个事，是好几个人合伙干的吗？

例四：实际案件中的应用

1.贪污公款的事情，还记得清楚吗？
2.贪污公款，清楚一共贪污了多少吗？
3.是贪污了100多万吗？
4.是贪污了200多万吗？
5.是贪污了300多万吗？
6.是贪污过更多吗？

POT测试是一套测试题中就相关问题测试的一种编题方法，是对R/IT的补充和发展。

三、怀疑、知情、参与测试法（suspect knowledge you，SKY）

怀疑、知情、参与测试法是一种“探索性”的测试，其目的是弄清被测人与案件有无牵连及牵连程度。通过测试以弄清被测人的以下问题：

（1）是否怀疑案件是谁干的？

（2）是否知道案件是谁干的？

（3）是否主使或参与了案件？

（4）是不是他一个人作的案？

（5）是否知道一些情况？

（6）是不是无辜？

SKY编题格式：

1. S——××案是不是怀疑是谁（或某人）干的？

2. K——××案是不是知道是谁（或某人）干的？

3. Y——××案是不是你（或你参与）干的？

在实际应用中，SKY编题可根据情况设题。一般将K作为首题，并可加入更为具体的一些问题。例如：

（1）杨××被人伤害失踪，是知道是什么人干的吗？

（2）杨××被人伤害失踪，是怀疑是什么人干的吗？

（3）杨××被人伤害失踪，是听说了是什么人干的吗？

（4）杨××被人伤害失踪，是看见了是什么人干的吗？

（5）杨××被人伤害失踪，是自己参与干的吗？

（6）杨××被人伤害失踪，是自己干的吗？

（7）杨××被人伤害失踪，是别人让干的吗？

SKY测试法，是一套测试题中的一组编题方法，同样是对R/IT的补充和发展。

四、准绳问题测试法（control question test，CQT）

针对R/IT假阳性[①]高的问题，美国测谎专家里德（Reid）于20世纪40年

① 假阳性，即将无辜错判为有罪。

代提出了CQT。

CQT通过准绳问题与相关问题反应的比较，测试被测人在相关问题上是否说谎。其理论假设是恐惧说和冲突说，即人在说谎时的恐惧、内心冲突等产生的心理压力会导致紧张慌乱的心理状态，从而引发相应的生理反应，根据生理指标的变化，便可推测其在相关问题上是否说了谎话，并以此判断被测人与案件的关系。

该方法主要以被测人对准绳问题的反应与对相关问题（主题问题）的反应的比较，评判被测人对相关问题的回答是否说谎，并作为被测人是否涉案的依据。例如，“你曾经干过××（事）吗”（准绳问题，一定会谎答）与“是你杀死了××（人）吗”（相关问题）进行比较。其一套测试题大体由十多道不同性质的问题组成。

1. 中性问题（I）

与案情无关，没有负担，不会引起心理压力和情绪反应。可以反映被测人在测试过程中的正常反应水平。

2. 相关问题（R）

明确涉及案情的问题，也就是测试所要甄别的问题。

3. 准绳问题（C）

隐私问题，回答一定是谎言。用准绳问题触发一个应激反应，以便和相关问题进行比较。

4. 题外问题（Sy）

与本次测试主题无关，但也属违法犯罪问题，用来测试被测人是否有其他问题。

CQT的理论依据：被测人的心理焦点在当时他认为对自己威胁最大的方面，从而对其他问题的反应会被抑制。因此，对涉案者：相关问题反应大于准绳问题；对无辜者：准绳问题反应大于相关问题。

在CQT中，根据相关问题涉及的测试目标（主题）的多少，可以分为单目标测试和多目标测试两种。

例一：CQT编题

序号	题目类型	题目
1	中性（I1）	你是叫张三吗？
2	中性（I2）	你是广东人吗？
3	相关（R1）	财务室保险柜里3万块钱被盗的事，你知道是谁干的吗？
4	中性（I3）	你是1976年3月出生的吗？
5	相关（R2）	是你从财务室保险柜里拿走了那3万块钱吗？
6	准绳（C1）	从小到大，你偷拿过什么东西吗？
7	中性（I4）	今天是星期三吗？
8	相关（R3）	偷财务室钱的事，是你和别人合伙干的吗？
9	相关（R4）	当那3万块钱被偷的时候，你是在财务室吗？
10	准绳（C2）	为了掩盖自己见不得人的事，你撒过谎吗？
11	相关（R5）	你以什么方式参与了偷盗财务室钱的事吗？

例二：“唯你”测试法（you phase）编题

1. I1　你是××吗？
2. I2　你是××市人吗？
3. Sc　关于××案件，你愿意老实回答我的所有问题吗？
4. C1　你以前想过用不正当的方法弄钱吗？
5. R1　今年3月1日××信用社10万元被盗是你干的吗？
6. C2　以前你说过什么谎话吗？
7. R2　你说这个案子不是你干的是实话吗？
8. C3　以前你拿过不属于你的东西吗？
9. R3　今年3月1日是你偷走了××信用社10万元钱吗？
10. Sy　除了刚才问的外，你是否害怕我再问你别的问题？
11. I3　你是住在××县吗？

例三：SKY编题

1. I1　　你是××吗?
2. I2　　你今年××岁吗?
3. Sc　　关于××案件，你愿意如实回答我所有的问题吗?
4. S　　××案件，你怀疑是谁干的吗?
5. K　　××案件，你知道是谁干的吗?
6. C　　以前你在回答别人问题时说过谎话吗?
7. Y　　××案件是你干的吗?
8. Sy　　除了刚才问的外，你担心我还会问你别的问题吗?
9. I3　　你是××吗?

例四：改良的一般问题测试法（modified general question test，MGQT）编题

1. I1　　你是××吗?
2. I2　　你是属马的吗?
3. R1　　你确切知道是谁杀死×××的吗?
4. I3　　你是××吗?
5. R2　　×××被杀时你在现场吗?
6. C1　　以前你说过什么谎话吗?
7. R3　　1998年10月是你把×××杀死的吗?
8. R4　　是你叫别人去杀死×××的吗?
9. C2　　以前你想过为了达到个人目的而去伤害别人吗?
10. R5　　1998年10月是你把×××的尸体扔到河里的吗?
11. Sy　　除了刚才问的问题外，你害怕我再问你别的问题吗?
12. I4　　今天是晴天吗?

例五：拉斯金多目标问题测试法（Raskin modified general question test，RMGQT）

1. I1　　你是叫张三吗?

2. I2　　你是28岁吗?

3. Sc　　关于××案件你愿意如实回答我的所有问题吗?

4. C1　　你以前说过什么谎话吗?

5. R1　　你知道是谁杀害了××吗?

6. R2　　是你杀害了××吗?

7. C2　　你以前做过什么怕人知道的事吗?

8. R3　　是你让别人去杀害××的吗?

9. R4　　你以什么方式参与了杀害××吗?

10. C3　　你以前做过什么违法违纪的事吗?

11. Sy　　除了刚才问的你怕再问你别的问题吗?

12. I3　　你是中国公民吗?

CQT要求一套测试题至少提问三遍，第二、第三遍问题的顺序要变化。

CQT与R/IT相比，由于准绳问题的应用，降低了由于相关问题的敏感和刺激而使无辜被测人产生强反应进而发生误判的可能性，因而其很快取代了R/IT，并在以美国为首的诸多国家的执法部门中被广泛使用，成为迄今为止心理测试领域仍占主流地位的测试方法。但CQT在学界饱受批评，大多数研究者认为其缺乏科学依据。研究者认为直接检测谎言存在许多困难，主要在于并没有一种具体的特定的反应与说谎相关。同时在实案测试中，说谎和说实话的嫌疑人均会在一些关键问题上（如“是你干的吗？”）出现较高的情绪唤醒，从而导致两者在这类题目上表现出相似的生理反应，进而造成假阳性的发生，容易将无辜者判定为涉案人。

尤其是CQT评判的关键是准绳问题与相关（主题）问题的比较，如果准绳问题不准确、不到位，CQT则会同R/IT一样，出现假阳性发生的问题，容易将无辜者判定为涉案人。而实践中，准绳问题的开发往往存在较多的困难，成为制约准绳问题测试法的一大因素。

另外，由于CQT的编题，基本是采用一套机械刻板的标准化的编题模式，以准绳问题和笼统而口供式的相关（主题）问题为主，陪衬以中性问题及题外问题，每套题由十多道问题组成，不采用或基本不采用客观的情节等问题。所以，其编题的客观性、认知性、全面性和有效性是极低的。由此带来的问题是不仅缺乏相关问题测试概率的支撑，导致评判的参照性和可靠性低，而且限制了它对案件相关情况的检测，只能在测试效果好的情况下通过测试被测人是否说谎从而达到推断其是否涉案的效果。

由于CQT存在上述问题和缺陷，所以在使用过程中也会在测试结束后，再进行一组或几组紧张峰问题的测试。目前在我国，有人将其称为系统测试法。

五、系统测试法（systemic polygraph examination for investigation，SPEI）

系统测试法即在CQT的基础上，再编制几组与案件有关的紧张峰问题进行测试。其测试结构分为基本测试和精细测试。其中基本测试即应用CQT进行测试。精细测试一般设置几组与案件有关的紧张峰问题，具体内容可根据测试人员掌握的案件信息进行拟定，主要涉及案发时间、地点、作案人数、作案方式等内容，同时也参考测试的进展情况来确定使用测试主题的种类及数量。测试时，被测人通过基本测试后便不再进行精细测试。

系统测试法在CQT的基础上，加入了被测人对案件有关具体问题的认知测试，以加强对被测人与案件关系的判断。其理论基础仍然以测谎理论为主，我国有关人员又移植增加了“黑箱理论”及“信息耦合理论”为其测试理论（陈云林，孙力斌，2015）。这是我国心理测试技术领域目前应用较多的一种方法。

六、犯罪情节测试法（guilt knowledge test，GKT）

犯罪情节测试法，是由美国明尼苏达州医学院心理学教授莱克肯在继承并发展了基勒的POT测试的基础上，于1959年提出的一种新的测试方法。

该测试法是POT的延伸和扩展，两者在原理和方法上是完全一致的。不同的是，POT不是一种单独的测试方法，而仅是一种编题形式，是当时对R/IT的一种补充和发展。而GKT是一种自成体系的新的测试方法。其编题不仅以案件情节问题为主，而且评判完全是以情节问题的反映为参照和依据的。由于POT与GKT两者在原理上是完全一致的，因此有人也把POT法称为GKT法。近期研究者把两种方法统称为隐藏信息测试法，即CIT。

该方法检测被测人是否具有对相关问题的认知，即是否知道有关犯罪情节（即隐藏信息），并作为被测人是否涉案的依据。该测试包含一系列多选项的情节问题，每组问题包括一个关键项目（目标问题，即被调查案件的特征）及多个陪衬项目。关键项目的选择及设置应当做到：无辜的嫌疑人无法将其从陪衬项目中区别出来，只有具有情节（犯罪）记忆的个体才会对关键项目有显著反应。

基于定向反应的心理生理研究证实，意义刺激将引发较强的定向反应。因此，GKT的评判方法是将目标问题和陪衬问题进行比较。如果被测人对关键项目的生理反应始终高于对陪衬（无关）项目的反应，就可以推测被测人拥有对该事件（犯罪）的情节记忆，进而可认定其涉案。

GKT问题结构：

N0–N1–N2–R–N3–N4

在编排问题时，将目标问题混杂在陪衬问题中，并且，首题用一句提示该组问题内容的问句开头，如“你知道……吗”以引起被测人的注意。一组问题中，一般只应有一个目标问题。

GKT题例

序号	题目类型	题目
1	中性问题	你的名字是叫张三吗?
2	中性问题	你今年是30岁吗?
3	导入问题	你知道财务室保险柜钱被盗的事吗?
4	导入问题	是知道偷钱的人是怎么进入财务室的吗?
5	陪衬项目	是撬开财务室的门进入的吗?
6	关键项目	是用钥匙打开财务室的门进入的吗?
7	陪衬项目	是从窗户进入财务室的吗?
序号	题目类型	题目
8	导入问题	是知道偷钱的人是怎么打开保险柜的吗?
9	陪衬项目	是用工具撬开保险柜的吗?
10	关键项目	是用钥匙打开保险柜的吗?
11	陪衬项目	是用其他方法弄开保险柜的吗?
12	导入问题	知道财务室保险柜被偷走了多少钱吗?

续表

13	陪衬项目	是偷走了 1 万块钱吗?
14	陪衬项目	是偷走了 2 万块钱吗?
15	关键项目	是偷走了 3 万块钱吗?
16	陪衬项目	是偷走了 4 万块钱吗?
17	陪衬项目	是偷走了 5 万块钱吗?

比如说一个人被人用刀捅死了，这一点外界不知道，就可以编这样一组问题来问嫌疑人：

1. 这个事，是清楚 ×× 是被怎么弄死的吗?
2. ×× 是被毒死的吗?
3. ×× 是被勒死的吗?
4. ×× 是被刀捅死的吗?
5. ×× 是被石头砸死的吗?
6. ×× 是被淹死的吗?

如果用刀杀人这一点已经泄露出去了，那么可以换一个角度，以具体的刀具来问：

1. ×× 是被水果刀捅死的吗?
2. ×× 是被菜刀砍死的吗?
3. ×× 是被三棱刮刀捅死的吗?
4. ×× 是被匕首捅死的吗?
5. ×× 是被其他的刀具弄死的吗?

上述是原犯罪情节测试法的基本编题格式。严格来讲，犯罪情节测试法所编制和测试的问题，应该是犯罪行为的过程和情节，是案件的动态过程，而不是静态的事物。

典型的犯罪情节测试法实案测试编题（部分）：

1. 康 ×× 被害这个事，是清楚当时的情况吗?
2. 当时，康 ×× 是醒着的吗?
3. 当时，康 ×× 是睡着了吗?
4. 当时，屋里是黑着的吗?

5. 当时，屋里是开着灯吗？

6. 当时，是清楚谁动的手吗？

7. 当时，是一个人动的手吗？

8. 当时，是还有别的人也动手了吗？

9. 当时，自己是动手了吗？

10. 当时，康××是叫唤了吗？

11. 当时，康××是挣扎了吗？

12. 当时，清楚是用什么弄死康××的吗？

13. 当时，是用东西打他了吗？

14. 当时，是用刀戳他了吗？

15. 清楚是用什么东西打的他吗？

16. 那天把韩××绑在柱子上，清楚是谁干的吗？

17. 干这事的人后来是马上走了吗？

18. 干这事的人后来是没有走吗？

19. 清楚干这事的人后来去什么地方了吗？

GKT（包括POT）的评判方法是将目标问题和陪衬问题的反应进行比较。若被测人对目标问题的反应明显高于对陪衬问题的反应，即在目标问题上出现“紧张峰”，则认为被测人的反应与目标问题“对应”。“对应”表明被测人对该情节“知情”。

对应项目数与所有测试的有效项目数（目标问题）之百分比叫作“对应率”。

如果有5个以上的有效项目，对应率达60%以上，则可认定涉案；若低于20%，可认定为无辜；20%到60%之间为不确定或知情。有效项目越多，认定和排除的准确率越高。

GKT以客观真实的有无相应认知经历为检测目标和评判依据的理论思路，符合行为经历—认知过程—记忆等心理活动—生理反应之间的客观联系，拥有坚实的科学基础，许多实验室研究已证明了其有效性，该方法是目前国际心理测试技术领域研究发展的方向。

但一些研究者认为，GKT（CIT）仍然存在案情外泄、可编制的测试题数量少、作案人对案情关键项目的记忆程度不同等因素的影响，从而会使无辜知情者由于知晓案件有关情况，增加了对知情者鉴别的难度，实测中往往难以对涉案者和无辜知情者做到有效的区分，导致CIT假阳性错误发生；或由于受记忆因素的影响，涉案者未能对目标题产生反应，造成假阴性结果；或难以编制足够数量的情节题等，从而影响CIT的应用。同时，由于执法环境条件的限制和习惯等问题，尽管CIT的内部效度很高，并具有坚实的理论基础，但西方国家在实践中极少应用（Verschuere，Ben-Shakhar，2011），只有日本和以色列以及国际刑警在实案测试中会予以应用，日本（Osugi，2011）将其作为例行的标准心理生理测试方法①。

但是，从国外目前的研究来看，对方法的使用表现出了如下一些趋势：

其一，在研究内容上，日益重视CIT的开发和研究，并重点探讨案情泄露、认知程度和方式、记忆状况、动机态度、心理压力等相关因素对测试效度的影响。

其二，在研究方法上，在对CIT进行实验室研究的基础上，力图通过实案测试证明其外部效度。

然而，国外目前关于CIT的研究，依然存在的问题有：

第一，在研究内容上，仅仅选择了犯罪情节测试题作为研究变量，并没有考虑其他也能为涉案人认知的问题作为研究变量。该研究只考察了被测人对与案件有关的具体事物和情节的认知，尚未就被测人对行为人的因素动机、年龄、人数、性别及其有关特征和属性，以及即时心理状态等与案件相关方面问题的认知进行全面的考察。

第二，在研究方法上，国外已有的研究主要是在实验室条件下进行的，缺乏实案测试的应用研究。而在实际案件的测试中，测试过程往往不如实验室的模拟测试那么完美，整个测试经常会受到各种情况的干扰。那么，在这些条件下，在实验室研究中得出的诸多结论是否能够直接适用于实际案件的

① 日本已经正式且系统地使用CIT 50余年，CQT已不再使用。自20世纪60年代以来，CIT的结果已被法院作为证据。尽管CIT在日本实案的成功应用吸引了外国研究人员和主测者的注意，但是日本关于实案中使用CIT的潜在问题并没有解决多少。

测试？其外部效度如何？两者具有什么样的不同？对实案测试的效度会产生什么样的影响？国外现有的研究尚未能很好地回答这些问题。

七、综合测试法（comprehensive test，CT）

综合测试法即综合上述各种方法的优点，以犯罪情节问题、案件相关要素问题等客观具体的问题为主，辅以相关或不相关问题、准绳问题、紧张峰问题、怀疑知情参与问题等进行编题测试的方法。

综合测试法在以检测被测人是否有与案件相关经历心理痕迹的理论基础上，注重对案情及案犯心理活动的动态分析研究，尤其注重现场勘查、尸体检验等获得的案件客观材料的应用和支撑，将其作为编题及检测被测人对案件认知状况及有关心理信息的主要依据，并发挥了前述各种编题方法的优势，从而在实际案件的测试中表现出了更好的测试效果。

实测案件题例：

××省×县公安局“2002.8.29宋××中毒死亡案”

心理测试题

2004年10月14日研拟

1. 你的名字是叫×××吗？
2. 你今年是××岁吗？
3. 你记得前年农历七月里宋××家里被人放老鼠药的事吗？
4. 一个人经常说假话，你觉得他是很对吗？

5. 作案人放老鼠药，是因为有矛盾吗？
6. 作案人放老鼠药，是为了钱吗？
7. 作案人放老鼠药，是因为男女关系吗？
8. 作案人放老鼠药，是为了出口气吗？
9. 作案人放老鼠药，是恨宋××吗？
10. 作案人放老鼠药，是恨他们家吗？
11. 作案人放老鼠药，是因为别的原因吗？

12. 这老鼠药，知道是谁放的吗?
13. 这老鼠药，怀疑是谁放的吗?
14. 这老鼠药，看见是谁放的吗?
15. 这老鼠药，是你放的吗?

16. 作案人放老鼠药，是准备好了干的吗?
17. 作案人放老鼠药，是一时生气干的吗?
18. 作案人放老鼠药，是早就放的吗?
19. 作案人放老鼠药，是出事前几天放的吗?
20. 作案人放老鼠药，是出事头一天放的吗?
21. 作案人放老鼠药，是出事那天放的吗?

22. 作案人放老鼠药，是早上放的吗?
23. 作案人放老鼠药，是上午放的吗?
24. 作案人放老鼠药，是中午放的吗?
25. 作案人放老鼠药，是下午放的吗?
26. 作案人放老鼠药，是晚上放的吗?

27. 这件事，是一个人干的吗?
28. 这件事，是和别人商量好了干的吗?
29. 这件事，是还有别的人帮忙了吗?

30. 作案用的老鼠药，知道是从哪里来的吗?
31. 作案用的老鼠药，是别人给的吗?
32. 作案用的老鼠药，是家里放着的吗?
33. 作案用的老鼠药，是自己买来的吗?
34. 作案用的老鼠药，是从别的地方要的吗?

35. 作案用的老鼠药，是用瓶子装着的吗?

36.作案用的老鼠药，是用纸包着的吗?
37.作案用的老鼠药，是用塑料袋包着的吗?
38.作案用的老鼠药，是用别的东西包着的吗?
39.作案用的老鼠药，是用手拿着的吗?

40.放老鼠药时，是放在厨房里了吗?
41.放老鼠药时，是放在水里了吗?
42.放老鼠药时，是放在缸里了吗?
43.放老鼠药时，是放在面柜里了吗?
44.放老鼠药时，是放在锅里了吗?
45.放老鼠药时，是放在碗里了吗?

46.作案人放药时，是分开放的吗?
47.作案人放药时，是一趟放的吗?
48.作案人放药时，是放了一种药吗?
49.作案人放药时，是放了两种药吗?

50.放了药以后，作案人是马上走了吗?
51.放了药以后，作案人是没有走吗?
52.放了药以后，是把装药的东西扔了吗?
53.放了药以后，是把装药的东西藏起来了吗?

54.作案人现在，是很后悔吗?
55.作案人现在，是愿意主动说清楚吗?
56.作案人现在，是想争取从轻处理吗?

综合测试法是认知综合测试法形成的前期阶段。在我国，它是武伯欣教授等人在大量实案测试的基础上，借鉴犯罪情节测试法并综合各种方法的优势，根据心理科学理论和心理活动规律创立形成的。

但是，此方法目前在我国存在着不同的应用情况。

八、认知综合测试法（cognitive comprehensive test，CCT）

该方法注重问题的客观性、认知性、多面性和心理活动的规律性，以作案人的有关特征、属性和案件有关要素、情节、特点及案犯心理活动问题为主，依据心理活动的规律，采用多种编题方法，对与案件有关的多个目标问题进行设计编题，以全面检测被测人对案件认知状况的一种测试方法。

具体体现在编题上，即以自我（作案人）认知、违法犯罪过程认知、即时心理状态认知，以及以案件相关要素问题、犯罪情节问题及其相应心理状态问题为主进行编题。

认知综合测试法认为：心理测试检测的是被测人有无相关事件认知经历的心理痕迹以及由此引起的认知、情绪、应对等心理活动。其理论前提是认知唤醒说及其再认、定向反应、抑制反应①，以及条件反射说、应激说、动机说、恐惧说、冲突说等，即被测人有无相关事件认知经历的心理痕迹及相应的心理活动，以及对待测试的不同态度等，是区分涉案与无辜，进而推断被测人与案件关系及案件有关情况的依据。

CCT与GKT和CT的基本原理相同，但是测试内容及编题方法又有许多不同。虽然几种方法都以检测被测人有无与案件相关的以认知为前提的客观心理内容（心理痕迹）为目标，但是，CCT在检测被测人是否具有与案件相关经历的心理痕迹的理论基础上，编题时不仅注重对案情及案犯心理活动的动态分析研究，注重对涉案人客观行为经历和相应认知活动的检测，而且，加强了对被测人多方面心理活动及心理内容的检测，增加了自我（作案人）认知检测、即时心理状态检测等内容，并强调遵循心理活动的规律，是一种全面检测被测人对案件认知情况，并依据心理学原理进行设计编题的测试方法及编题技术，从而更加体现了测试技术的科学性。

其编题坚持客观性与认知性、顺时性与过渡性、情绪体验性与防止过敏

---

① 加默尔（Gamer，2014）的一项CIT研究证明，大脑激活模式主要反映的是认知机制的参与，它是对相关选择的一种注意定向和抑制反应（保留了初级真实反应）。ANS和P300的检测结果能起到同样的作用，因为ANS和P300的变化幅度也被证明是抑制作用的敏感指标。最近的两项研究对CIT范式中定向和抑制反应的作用进行了解释，研究结果表明，皮肤电反应可以通过定向反应来解释，而反应时、心率、呼吸和fMRI反应则受到抑制反应的影响。

性、唯一性与通俗易懂性、全面性与适宜性等原则和要求（范刚，2010）。

其编题根据犯罪人心理与行为活动及其发展变化的过程、特点以及案件情况和特点，顺时序地进行。一套测试题由多项在犯罪人心理及行为和案情发展上，有着逻辑联系及递进关系的符合人心理活动特点与规律的问题组成，分别分组涉及和涵盖了案件的基本要素以及案犯心理及行为活动的过程和状态。

其编题具有具体而明确的针对性，直指客观的案件事实以及案件经历者的认知经历及其记忆和有关的心理活动，并有着较多数量相关问题的检测和比对。

因此，编题不仅能有效地引发、唤醒涉案人相应的记忆及有关的心理活动，使涉案人在不自觉中进入当时的案件情境及心理状态，而且使其图谱评判能保证有较大概率的支持。这样不仅能有效区分无辜者和涉案人，而且能有效地检测涉案人与案件相关的心理信息，进而达到对其心理及行为真相以及案件事实真相的认知，并以此形成可靠的、具体的、准确的测试结论，从而显著加强和改善测试的内容和方法，增强测试效度。

这些年来，我们应用认知综合测试法协助公、检、法和纪检监察、国家安全机关及军队保卫等部门，成功侦破了大批各类重特大疑难案件。其在实案侦破中的应用效果，得到了办案单位和相关部门的充分肯定和赞誉。而这样的实践基础是国外GKT或CIT研究模式所不具备的。

CCT的提出和实践不仅解决了GKT或CIT中难以编制足够数量的目标项目、难以克服关键信息泄露带来的影响等诸多难题，还总结了丰富的实案测试经验，取得了良好的实测效果，产生了积极的社会效应。

实测案件题例一（杀人案）：

××省××公安局“2008.7.8康××被杀案”

心理测试题

2009年5月16日研拟

1. 你的名字是叫××吗?

2. 你今年是××岁吗?

3. 你记得去年六月初五康××被人弄死的事吗?
4. 康××被人弄死，清楚是怎么回事吗?
5. 你前面说的都是实话吗?
6. 一个人给公安局不说老实话，你是认为他能瞒得过去吗?
7. 你现在是愿意说实话吗?

8. 康××被人弄死，知道是什么原因吗?
9. 弄死康××的人，是因为和他有矛盾吗?
10. 弄死康××的人，是为了出口气吗?
11. 弄死康××的人，是因为男女关系的事情吗?
12. 弄死康××的人，是因为钱财的事情吗?
13. 弄死康××的人，是因为其他的事情吗?

14. 弄死康××这个事，知道是什么人干的吗?
15. 弄死康××这个事，是不认识的人干的吗?
16. 弄死康××这个事，是认识的人干的吗?
17. 弄死康××这个事，是家里的人干的吗?
18. 弄死康××这个事，是其他的人干的吗?
19. 弄死康××这个事，是本村的人干的吗?
20. 弄死康××这个事，是其他地方来的人干的吗?

21. 弄死康××这个事，知道是多大岁数的人干的吗?
22. 弄死康××这个事，是十几岁的人干的吗?
23. 弄死康××这个事，是二三十岁的人干的吗?
24. 弄死康××这个事，是四五十岁的人干的吗?
25. 弄死康××这个事，是几个人合伙干的吗?
26. 弄死康××这个事，是男的干的吗?
27. 弄死康××这个事，是女的干的吗?
28. 弄死康××这个事，是男女合伙干的吗?

29. 弄死康××这个事，是知道几个人干的吗?
30. 弄死康××这个事，是一个人干的吗?
31. 弄死康××这个事，是两个人干的吗?
32. 弄死康××这个事，是三个人干的吗?
33. 弄死康××这个事，是好几个人合伙干的吗?

34. 弄死康××这个事，是知道是什么人干的吗?
35. 弄死康××这个事，是怀疑是什么人干的吗?
36. 弄死康××这个事，是看见了是什么人干的吗?
37. 弄死康××这个事，是自己参与干的吗?
38. 弄死康××这个事，是自己干的吗?

39. 弄死康××这个事，干这事的人是早就想干的吗?
40. 弄死康××这个事，干这事的人是出事前几天想干的吗?
41. 弄死康××这个事，干这事的人是那天才想干的吗?
42. 弄死康××这个事，干这事的人是提前商量过吗?

43. 康××被害这个事，是清楚当时的情况吗?
44. 当时，康××是醒着的吗?
45. 当时，康××是睡着了吗?
46. 当时，屋里是黑着的吗?
47. 当时，屋里是开着灯吗?

48. 当时，是清楚是谁动的手吗?
49. 当时，是一个人动的手吗?
50. 当时，是还有别的人也动手了吗?
51. 当时，自己是动手了吗?
52. 当时，康××是叫唤了吗?
53. 当时，康××是挣扎了吗?

54. 当时，是清楚是用什么弄死康××的吗？
55. 当时，是用东西打他了吗？
56. 当时，是用刀戳他了吗？
57. 是清楚是用什么东西打的他吗？
58. 那天把韩××绑在柱子上，是清楚是谁干的吗？

59. 干这事的人后来是马上走了吗？
60. 干这事的人后来是没有走吗？
61. 干这事的人当时是害怕了吗？
62. 是清楚干这事的人后来去什么地方了吗？

63. 你现在是害怕我问别的问题吗？
64. 那天作案用的东西，是知道从哪儿来的吗？
65. 那天作案用的东西，是知道是怎么处理了吗？
66. 弄死康××这个事，是还有别的人知道吗？
67. 弄死康××这个事，自己的家里人是知道吗？

68. 干这事的人，后来是商量过吗？
69. 干这事的人，是想好怎么对付公安局了吗？
70. 干这事的人，现在是后悔了吗？
71. 干这事的人，现在是愿意主动说清楚吗？
72. 干这事的人，现在是想争取从宽处理吗？

实测案件题例二（职务犯罪案）：

××市×××区检察院“××受贿案”

心理测试题

2015年3月15日研拟

1. 你的名字是叫××吗？
2. 你今年是××岁吗？

3.你是不认识张×林吗?

4.你是认识张×林吗?

5.你在省电力公司物资部任职期间，是有过受贿的行为吗?

6.在省电力公司物资部任职期间，张×林是给你送过钱吗?

7.你前面给检察院说的都是实话吗?

8.一个人给检察院不说老实话，你是认为他能瞒得过去吗?

9.你现在是愿意讲实话吗?

10.在省电力公司物资部任职期间，你是有过受贿的事情吗?

11.在省电力公司物资部任职期间，是有人给你送过钱吗?

12.在省电力公司物资部任职期间，张×林是给你送过钱吗?

13.在省电力公司物资部任职期间，张×林是没有给你送过钱吗?

14.在省电力公司物资部任职期间，是清楚张×林给你送过几次钱吗?

15.在省电力公司物资部任职期间，张×林是给你送过一次钱吗?

16.在省电力公司物资部任职期间，张×林是给你送过两次钱吗?

17.在省电力公司物资部任职期间，张×林是给你送过三次钱吗?

18.在省电力公司物资部任职期间，张×林是给你送过四次钱吗?

19.在省电力公司物资部任职期间，张×林是给你送过五次钱吗?

20.是清楚在省电力公司物资部任职期间，张×林一共给你送了多少钱吗?

21.在省电力公司物资部任职期间，张×林是给你一共送了10多万块钱吗?

22.在省电力公司物资部任职期间，张×林是给你一共送了20多万块钱吗?

23.在省电力公司物资部任职期间，张×林是给你一共送了30多万块钱吗?

24.在省电力公司物资部任职期间，张×林是给你送了更多的钱吗?

25.是清楚张×林都是在什么时间给你送钱的吗?

26.2010年10月，张×林是给过你10万块钱吗?

27.后来半个月后，张 × 林是给过你5万块钱吗？
28.2011年8月、9月，张 × 林是给过你2万块钱吗？
29.2011年11月，张 × 林是给过你20万块钱吗？

30.给钱这个事，是清楚张 × 林都是在什么情况下给的吗？
31.给钱这个事，是清楚张 × 林当时都是在什么地方给的吗？
32.张 × 林是在你的办公室给过你钱吗？
33.张 × 林是在车里给过你钱吗？
34.张 × 林是在百合家园附近的马路边给过你钱吗？
35.张 × 林是在其他地方给过你钱吗？

36.2011年11月，张 × 林是在百合家园附近给你送过钱吗？
37.是清楚这次送了多少钱吗？
38.是送了10万块钱吗？
39.是送了20万块钱吗？
40.这个钱，是清楚当时是怎么给的吗？
41.这个钱，他当时是放在你的车上了吗？
42.这个钱，是清楚用什么东西装着的吗？
43.这个钱，当时是用手提袋装着的吗？
44.这个钱，当时是用其他东西装着的吗？

45.是清楚张 × 林为什么要给你送钱吗？
46.张 × 林给你送钱，是为当时的招标项目给的吗？
47.张 × 林给你送钱，是他给的好处费吗？
48.张 × 林给你送钱，是因为其他原因给的吗？
49.张 × 林给你送钱，当时是他主动给的吗？
50.张 × 林给你送钱，当时是你要的吗？
51.张 × 林给你送钱，是提前就说好了的吗？

52.是清楚后来把这些钱都怎么办了吗？

53.这些钱，是后来把它往银行存过吗？
54.这些钱，是后来在其他方面花过吗？
55.这些钱，是后来买过理财产品吗？
56.这些钱，是后来用它干过别的事吗？
57.张×林前后给的这些钱，是还有别的人知道吗？
58.张×林前后给的这些钱，自己的家里人是知道吗？

59.你现在是害怕我问别的问题吗？
60.除了前面问的问题，你是还有过其他受贿的问题吗？
61.在省电力公司物资部任职期间，你是还有过其他受贿的问题吗？
62.除张×林外，你还收过其他人的贿赂吗？
63.在J市电力公司任职期间，你是有过受贿的问题吗？
64.在T市电力公司任职期间，你是有过受贿的问题吗？

65.受贿的事，是担心过会被检察机关发现吗？
66.这个事，是想好了怎么对付检察院了吗？
67.这个事，是想好了不说实话吗？
68.你现在，是害怕检察院把事情查清楚吗？
69.你现在，是后悔了吗？
70.你现在，是愿意主动把事情说清楚吗？
71.你现在，是愿意争取从轻处理吗？
72.你现在，是愿意把所得钱款退回来吗？

大量实案测试实践表明：认知综合测试法比当前国内外仍在大量应用的准绳问题测试法、所谓的系统测试法以及犯罪情节测试法等，更具科学性和准确性，它不仅能准确地认定涉案人，而且能搞清案件的具体情况，对各类疑难案件的调查审理，尤其对职务犯罪案件的调查审理，能够发挥更好的支撑作用。

Chapter four

第四章

心理测试图谱评判

图谱评判是根据被测人心理生理反应的图谱变化，分析、解读其心理活动及其与案/事件关系的过程，是心理测试技术的又一关键技术环节。科学正确的图谱评判是心理测试技术科学应用的重要保障。

第一节　图谱评判概述

一、图谱评判的概念

心理测试的图谱评判，是就各项心理生理反应指标的变化情况（图谱）所表征的心理活动的内容与意义进行解读和评判，以推断被测人与案/事件关系及案/事件有关情况的过程，包括相关参数的评分和判定两个方面。

此是心理测试技术的关键环节之一。

二、图谱评判的权重

心理测试图谱评判一般以皮肤电反应为主（可占70%左右），呼吸波次之（可占20%左右），脉搏波最少（可占10%左右）。

人的生理反应有所差别，一般情况如下：（1）绝大多数人皮肤电反应最为明显；（2）多数人皮肤电反应明显的同时呼吸和脉搏反应也明显；（3）部分人皮肤电反应明显，但呼吸或脉搏反应不明显；（4）部分人皮肤电反应不很明显（反应较弱或有时没反应），但是呼吸或脉搏反应明显；（5）有百分之几的人皮肤电反应很弱甚至没有，但呼吸或脉搏反应很明显；（6）有个别人在极度紧张慌乱的时刻皮肤电反应反而会减小。因此，对不同的对象，对各项指标参数的侧重程度应有不同，实际测试中应根据被测人的具体情况，对其各项指标参数的权重予以具体对待。

三、图谱评判的评分

在评分标准上，不同方法和派别评分的方法有所不同。

准绳问题测试法的评分标准为：皮肤电7点分制±3，0（+3，+2，+1，0，−1，−2，−3）；呼吸5点分制，±2，0（+2，+1，0，−1，−2）；血压/脉搏5点分制，±2，0（+2，+1，0，−1，−2）。以准绳问题的得分为零分，反应大于准绳问题为负分，低于准绳问题为正分来计分。负分越大，说谎的概率越大。

而GKT一般采用莱克肯的皮肤电5分制或3分制、呼吸3分制、脉压2分制的评分方法，即根据反应强度以正分计算，反应越强，得分越高。

第二节 皮肤电图谱评判

一、有关概念

1. 皮肤电反应：皮肤电曲线的变化。
2. 峰高（H）：一个问题刺激引起的皮肤电反应强度。
3. 峰宽（T）：皮肤电反应持续时间。
4. 幅度：峰高+斜率（含反应速度）。

二、皮肤电图谱

皮肤电图谱有多种表现形式，如图4-1到图4-14所示。

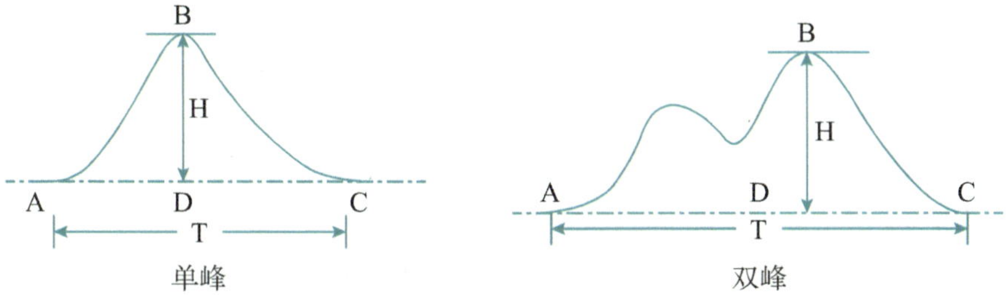

图4-1 皮肤电单峰、双峰波形

注：H代表反应高度，T代表反应持续时间，A、B、C、D连线内为反应的面积。反应高度是皮肤电反应强度的主要指标，持续时间作为参考指标，高度相近参考持续时间，也可用高度加时间算面积。

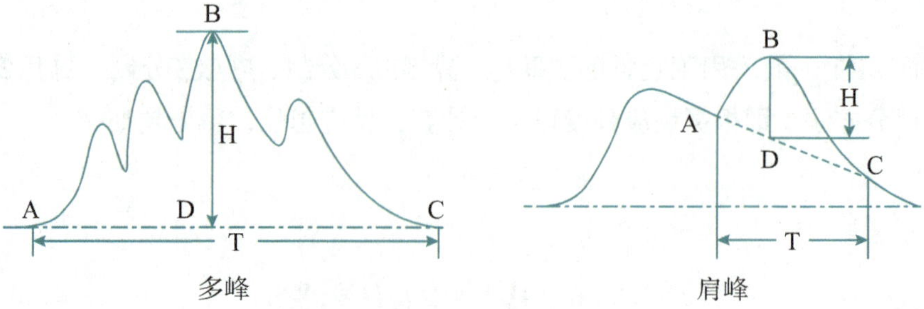

图4-2　皮肤电多峰、肩峰波形

如图4-3所示，反应延时一般为2—4秒，也有例外，取决于被测试人的年龄，一般18岁为2秒，60岁为4秒。反应延时也受被测试人身体状态的影响，疲劳和睡眠不足都会使反应变慢、变弱。

温度过冷或过热也会产生影响，一般以24摄氏度为宜。

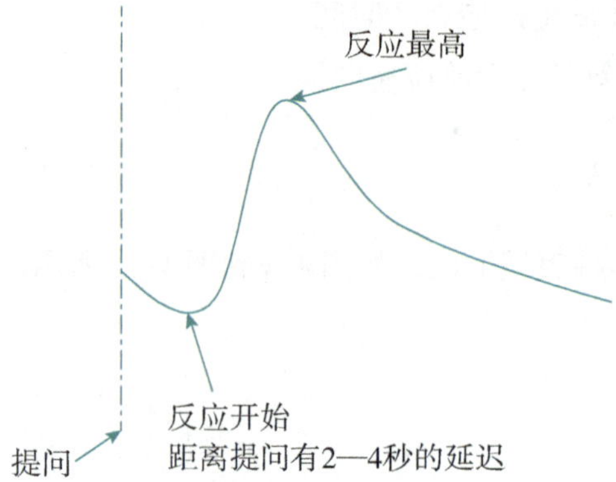

图4-3　皮肤电延迟反应波形

如图4-4所示，正常的皮肤电波形是平缓地起伏波动的。

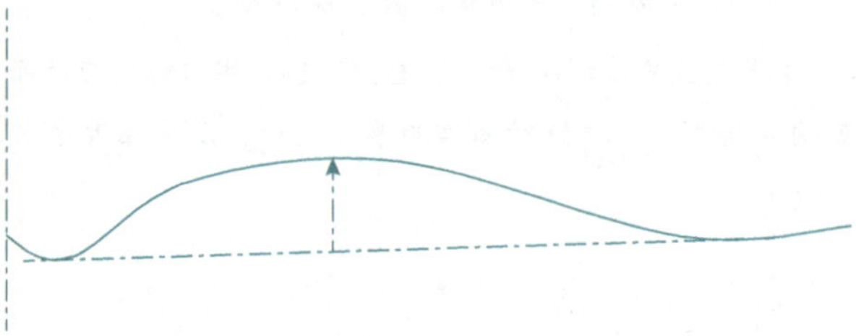

图4-4　正常的皮肤电波形

如图4-5所示，这是由被测人回答完问题后对自己的回答和问题的内容产生压力造成的。

这是涉案人常会出现的波形。

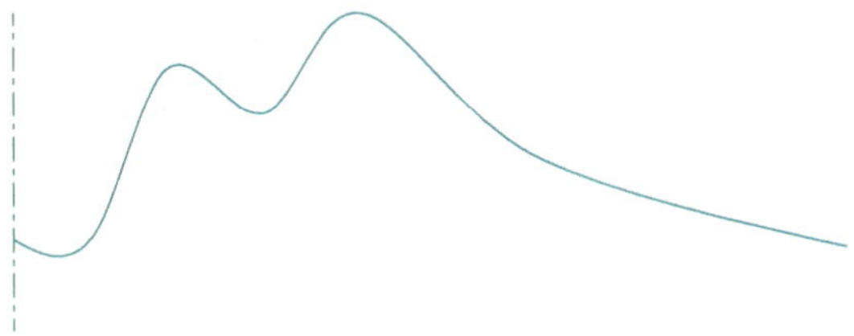

图4-5 皮肤电波形——肩峰反应

如图4-6所示，出现这种波形有以下可能：

（1）问题里有两个刺激源，如“×××被杀的那天晚上10点以后你去过她家吗？”这样的一问中，“×××被杀的那天晚上10点以后”和“你去过她家吗”分别形成了两个刺激，在这样的一组问题中每个问题都会形成两个刺激，出现类似的波形。

（2）由问题本身联想到另一个问题，但这只会在个别问题上出现，一旦在同一问题上出现，证明被测人条件反射似的意识到了一个敏感的问题，如果问题问得比较含糊，或问题问得比较长，被测人突然明白问题所指时会出现这种波形。

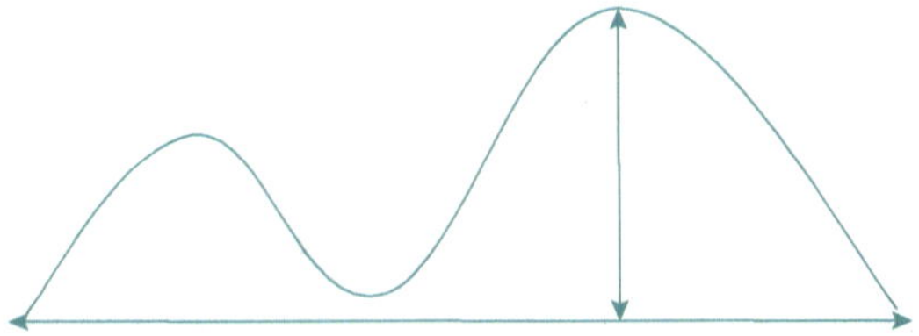

图4-6 皮肤电波形——双峰反应

如图4-7所示，第二反应的出现大于5秒钟，多数是被测人思考其他问题或联想造成的，在评判中一般不予考虑。但，有时也有意义。

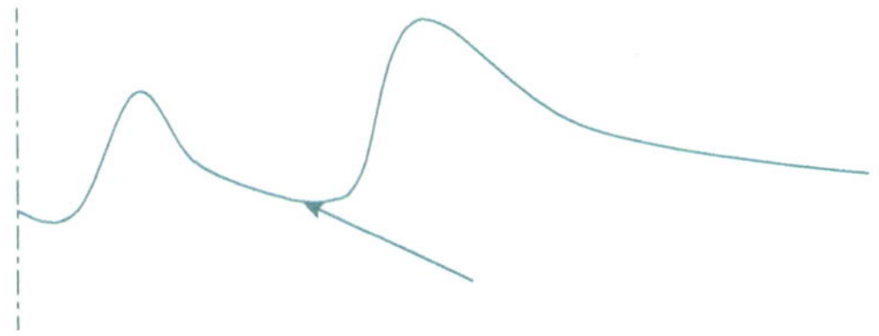

图4-7 皮肤电波形——与问题无关的第二反应

如图4–8所示，个别有问题的被测人在被问到关键问题时，会感到如五雷轰顶，头脑里顿时一片空白，瞬间思维停止，这时皮肤电会出现倒皮肤电波形，这是非常强烈的反应。

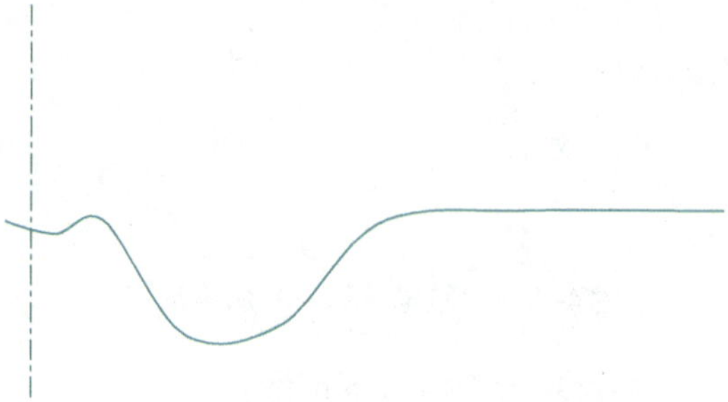

图4–8　皮肤电波形——倒皮肤电反应

如图4–9所示，当被测试人意识到将要问的问题后，会出现超前反应。此是涉案人特有的波形。超前反应一般发生在第一遍测试后。

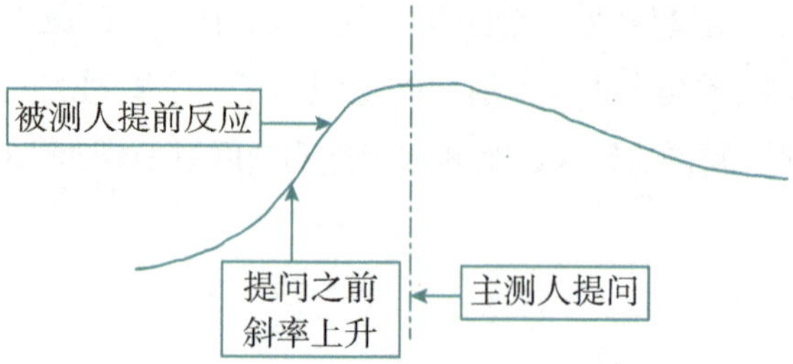

图4–9　皮肤电波形——超前反应

如图4–10所示，在一个较强的反应之后，被测人皮肤电大幅下滑。这通常是紧张后的放松。

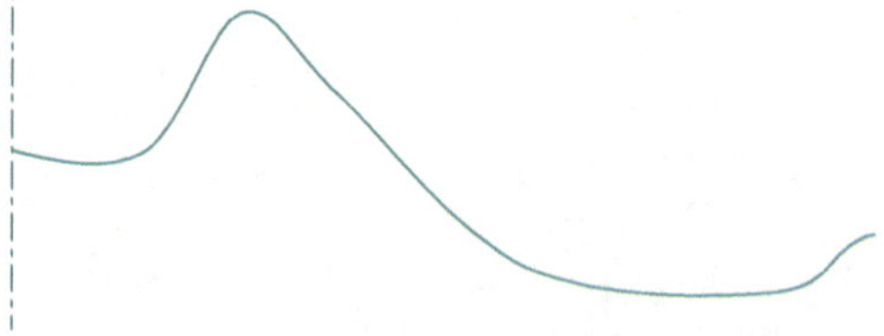

图4–10　皮肤电波形——放松反应一

如图4-11所示，在目标问题过后，被测人皮肤电大幅下滑，反映的是自我控制的结束。此是最常见的涉案人的放松波形。

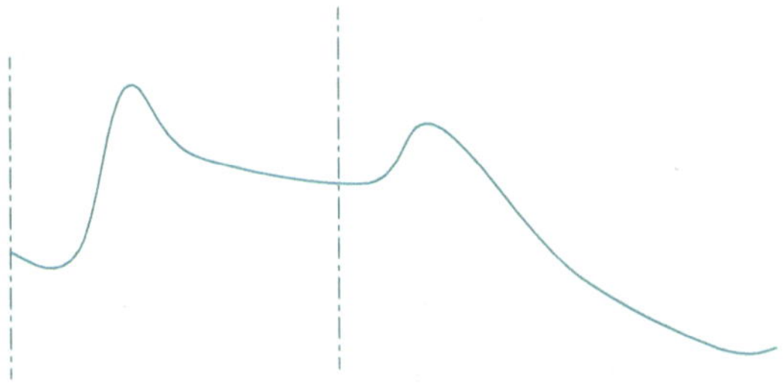

图4-11 皮肤电波形——放松反应二

如图4-12所示，被测人对所有问题的反应都很微弱甚至完全走直线。

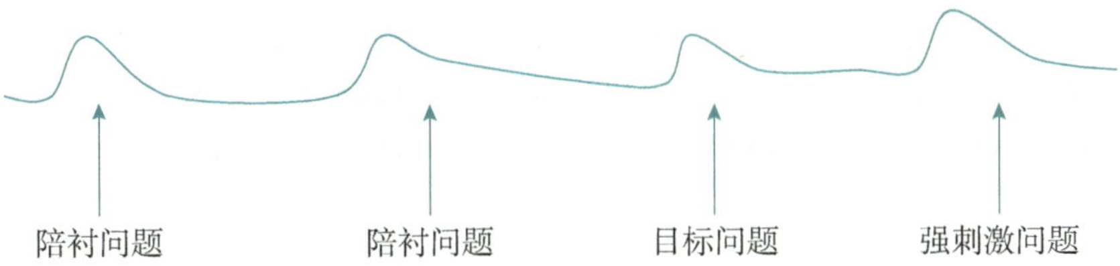

图4-12 皮肤电波形——体能差的表现

无辜者的反应，如图4-13所示。

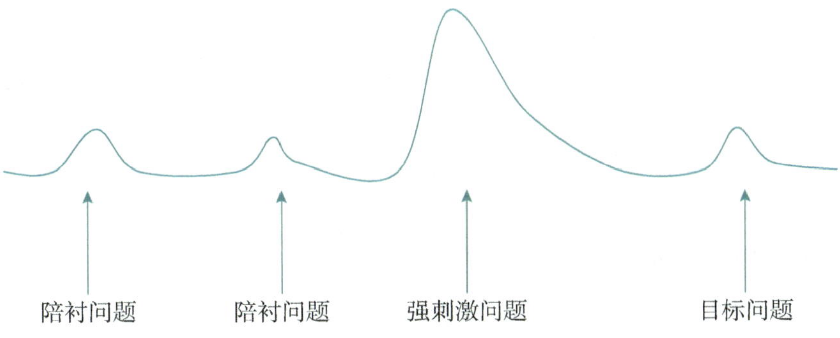

图4-13 皮肤电波形——无辜者的反应

另外，在体能正常的情况下，无辜者的反应值会有下降趋势，情绪逐步有所放松；而涉案人则相反，往往到第三遍时其在目标问题上反应还是比较强的，情绪一般放松不下来。

如图4–14所示，这是涉案人的反应。

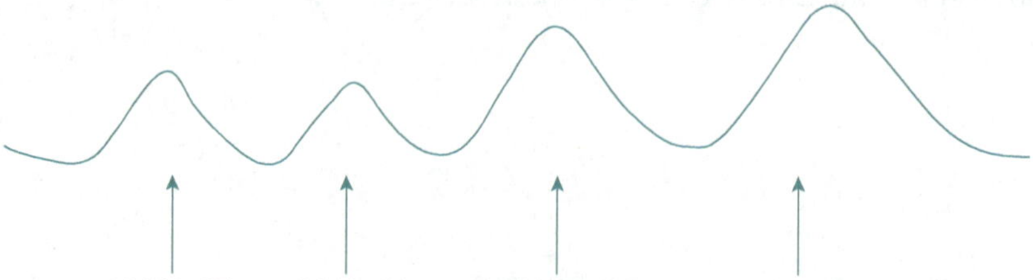

图4–14　皮肤电波形——涉案人的反应

三、皮肤电图谱评判

皮肤电反应强度是神经兴奋程度的主要指标。皮肤电反应主要看幅度（峰高和斜率），同时也参考持续时间（峰宽），最高分如定为5分，则在一组反应峰中，幅度（参看峰宽）为1/5者为1分；同理可打出2分、3分、4分、5分。

一般原则为，在提问开始后0.5秒到提问结束后5秒的时间范围内所起的皮肤电反应都认为是由问题刺激引起的反应。但是，有时滞后的反应仍有意义。

第三节　呼吸波图谱评判

一、有关概念

1.呼吸波：呼吸起伏的曲线，是呼吸反应的指标。

2.呼吸周期（T）：完成一次呼吸所用的时间。

3.呼吸速率（N）：每分钟呼吸的次数。

呼吸周期和呼吸速率互为倒数：T=1/N

4.呼吸幅度（H）：一次呼吸的容量或深度。

5.呼吸比（I/E）：吸气和呼气时间比。

二、正常的呼吸波形

正常的呼吸波形由一系列等幅等腰三角形组成，呼吸周期相同，呼吸幅度相同，吸气时间等于呼气时间（I/E=1），呼吸速率约为17次/分（±），如图4–15和图4–16所示。

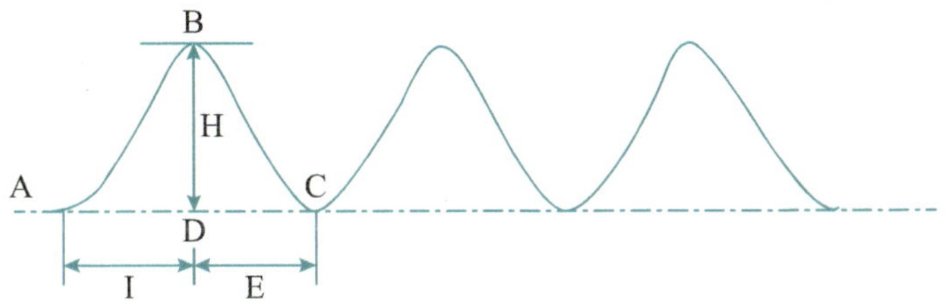

图4–15 正常的呼吸波形（1）

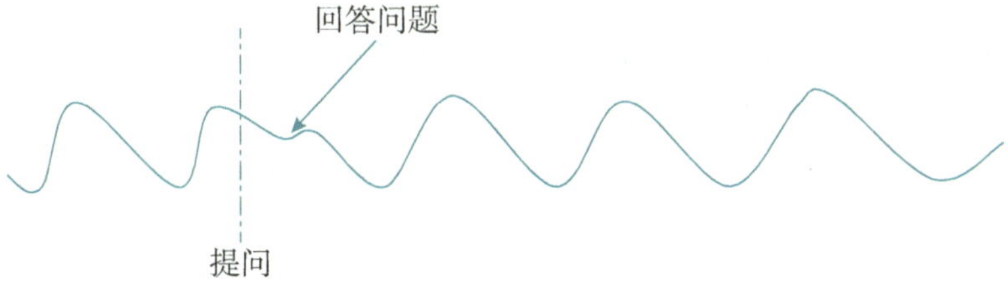

图4–16 正常的呼吸波形（2）

三、异常的呼吸波形

人在紧张时呼吸会有一定的变化，即在提出一个问题以后，在相邻或相隔一个波形后出现一种或多种特殊波形，说明被测人在这个问题上比较紧张。每个人紧张时的呼吸波形不尽相同，归纳起来有以下9种，如图4–17所示。

A、B：屏息；C、D：憋气；E、F：阶梯波；G：呼吸速率变慢；H：呼吸波基线上升；I：呼吸比变化。

其中，屏息、憋气、呼吸速率变慢等呼吸抑制，是紧张的最主要特征。

屏息是最常见的呼吸异常波形（停止呼吸在一个呼吸周期以上为屏息）。

一般屏息两个呼吸周期可得1分，屏息三个呼吸周期可得2分，长时间屏息最多可得3分。

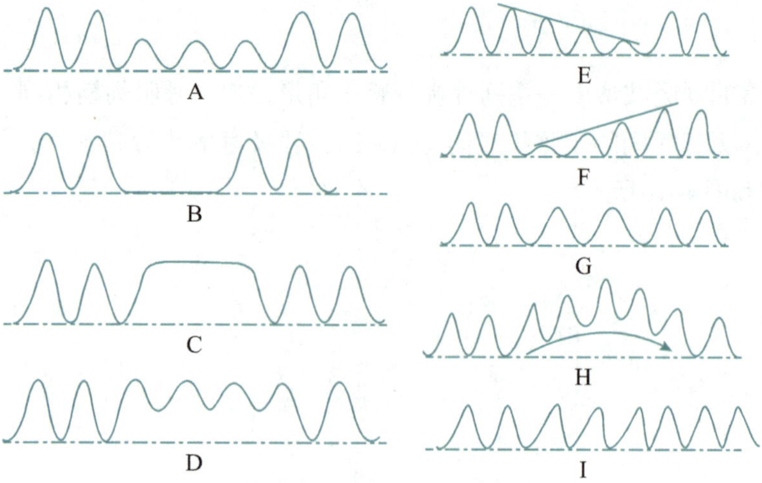

图4–17 异常的呼吸波形

较短时屏息的出现常常是瞬间犹豫造成的；长时间屏息则更多可能由于紧张，也可能是在控制情绪进行反测试。

低位屏息是最常见的一种屏息类型，其特点是被测人把气呼出以后，由于紧张，长时间不吸气。如图4–18所示。

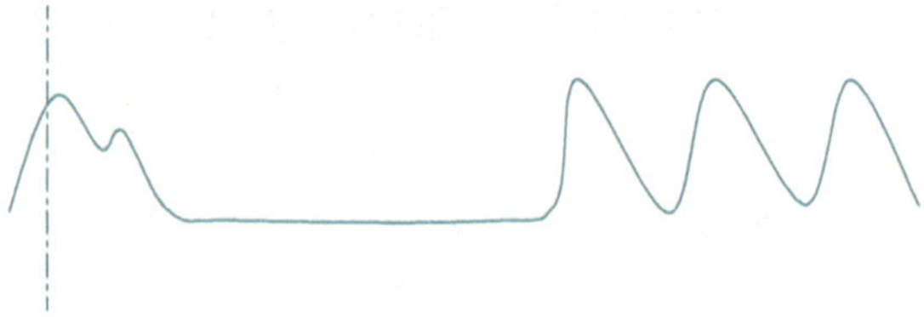

图4–18 呼吸波——低位屏息

高位屏息是被测人为了控制自己的情绪而憋气的表现。如图4–19所示。

人的呼气一般是不自主的，只要一放松，气自然会呼出体外。而很多人为了控制自己的情绪，最常见的方法就是通过调节呼吸来调控自己的心理压力，一般会采用憋气、运气的方法，人为地把气憋在胸腔内，从而形成高位屏息。

高位屏息是被测人反测试的一种表现，说明被测人有问题。因为无辜者不会反测试，如果被测人在目标问题上进行反测试，当然可得到呼吸曲线的最高分3分。

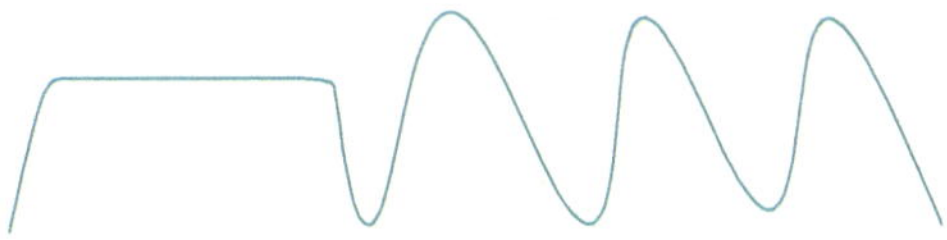

图4-19 呼吸波——高位屏息

连续屏息一般发生在测试开始之前和回答关键问题之前，是被测人通过调整呼吸来稳定情绪的一种表现。如图4-20所示。

有问题的人常常在测试开始时，采用调整呼吸节奏的方式来达到稳定情绪的目的，有些有问题的被测人在第二、第三次被问到关键问题之前，在呼吸曲线上也会出现连续屏息（作为一种超前反应），而无辜者则不会出现这种现象。

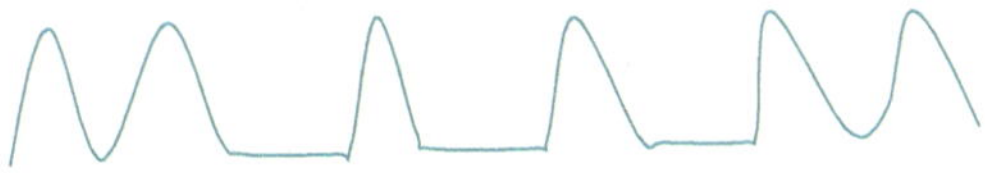

图4-20 呼吸波——连续屏息

阶梯波（staircase suppression）：也叫阶梯状抑制，如图4-21所示。这是一种由心理紧张引起的特异波形，相邻或相隔的呼吸波形出现阶梯状排列，第一个变态呼吸波的呼吸量不足正常状态的50%，而复原的呼吸则恢复或超过原来的呼吸量，一般要求是四个以上的呼吸呈现阶梯状波形。出现阶梯波最多可得2分。

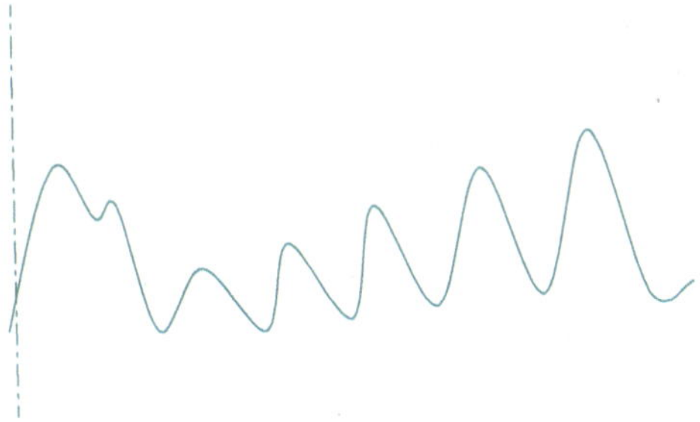

图4-21 呼吸波——阶梯波

呼吸速率增大：如图4-22所示。部分人在心理紧张时呼吸速率会增大。

定义：三个或三个以上的呼吸，其速率大于刺激前的呼吸速率的50%。

也就是说正常呼吸两次的时间中被测人做了三次以上的呼吸。最多可得2分。

图4-22 呼吸波——呼吸速率增大

呼吸速率减小：如图4-23所示。心理紧张使人的呼吸中枢受到抑制造成呼吸速度减慢。

定义：两个或两个以上的呼吸，其速率小于刺激前的呼吸速率的50%。也就是说，两次呼吸占了大于正常呼吸三次的时间。这种情况最多可得2分。

图4-23 呼吸波——呼吸速率减小

呼吸基线上升：如图4-24所示。人的呼吸过程中，吸气是靠肌肉扩张胸廓，造成胸腔内负压，使空气吸入肺部；而呼气一般情况下是不自主的，人只要一放松，体内的气体就会呼出体外。呼吸基线上升，表明吸入的气体没有被全部呼出去。造成这种情况的原因是紧张。

定义：两个或更多的呼吸，其呼气终点回不到刺激前的基线。且幅度高于50%。这种情况最多可得2分。

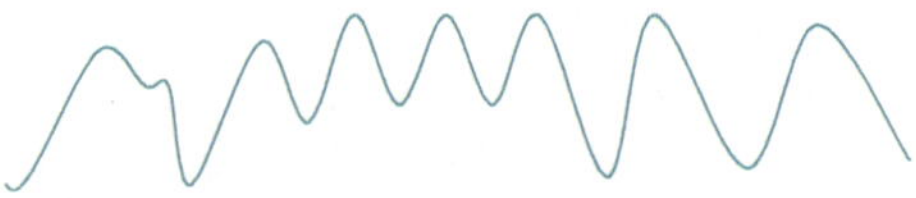

图4-24 呼吸波——呼吸基线上升

呼吸基线下降：如图4-25所示。表明呼吸抑制，只吸了半口气。心理紧张使呼吸中枢受到抑制，呼吸量减少。

定义：两个或更多的呼吸，呼吸量明显减少50%以上。呼吸抑制最多可得2分。

图4-25 呼吸波——呼吸基线下降

深呼吸：指一个或多个呼吸明显大于平均水平，如图4-26所示。多数人偶尔做一次深呼吸是为了补充一下氧气，提提精神，有的人每回答一个问题之前都要做一个深呼吸，这不是异常现象，但是也确有少数人在听到关键问题时，深吸一口气再回答，这要根据当时的情况来做出判断，如果被测人只是在问及目标问题或重要问题时才做深呼吸则是有意义的。

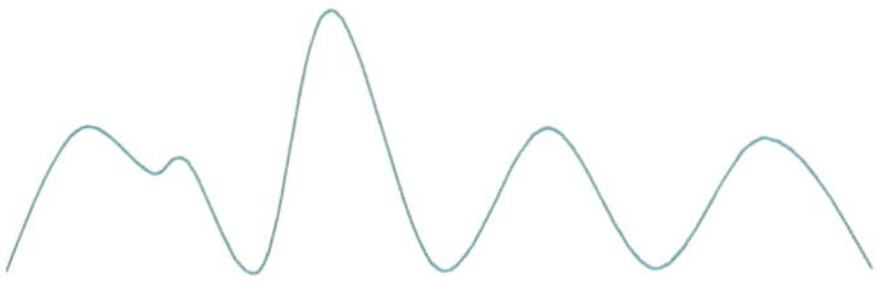

图4-26 呼吸波——深呼吸

需注意的是，深呼吸常常会引起一个皮肤电反应。因此，区分是深呼吸引起的皮肤电反应还是心理紧张使被测人出现深呼吸和皮肤电反应是十分必要的。关键在于先出现的是深呼吸还是皮肤电反应。如果先出现的是深呼吸，则随后出现的皮肤电反应是深呼吸引起的，皮肤电反应可能无意义（图4-27）；如果先出现的是皮肤电反应（图4-28），则不仅皮肤电有意义，随后而来的深呼吸也有意义。出现这种情况可打3分。

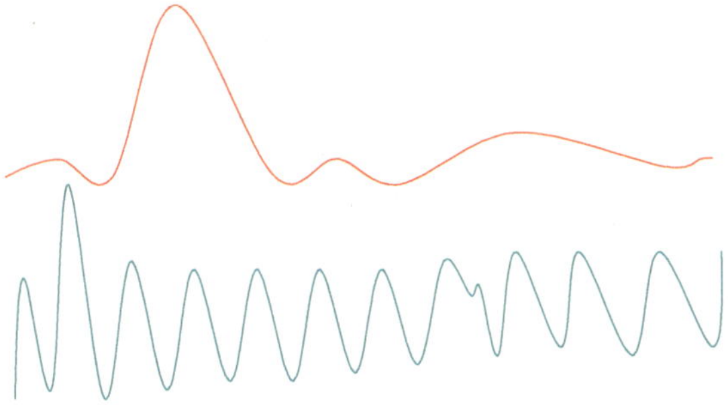

图4-27 呼吸波——深呼吸、皮肤电（由深呼吸引起的皮肤电反应，深呼吸先出现）

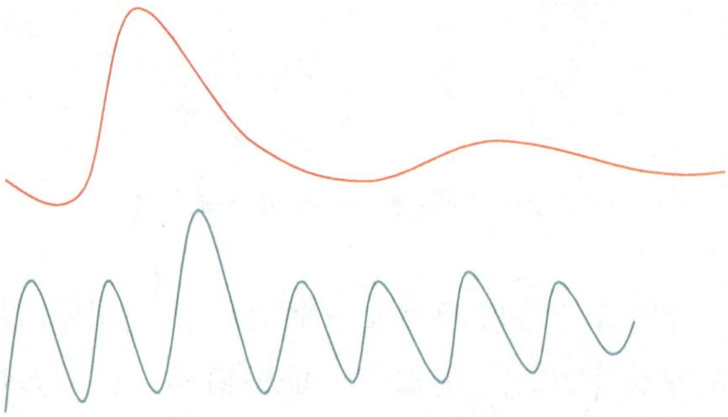

图4–28　呼吸波——皮肤电、深呼吸（由紧张引起的深呼吸，皮肤电反应先出现）

如果出现连续多个深呼吸，如图4–29所示，则是十分重要的现象。出现这种情况，一种可能是被测人心情非常激动；另一种可能是被测人在通过调节呼吸来控制自己的情绪，也就是说被测人在有意识或无意识地进行反测试。出现这种情况最多可打3分。

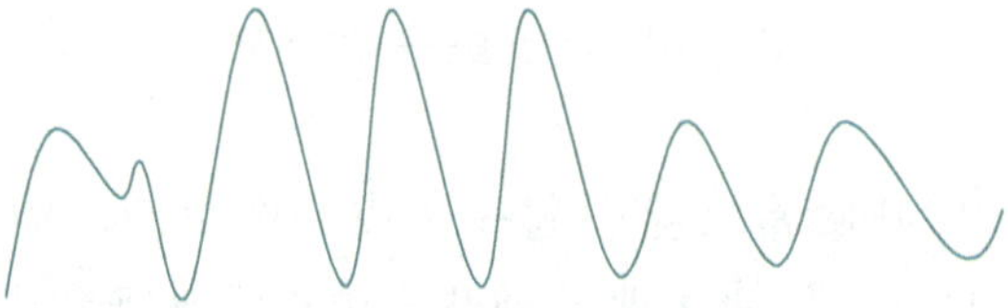

图4–29　呼吸波——连续深呼吸

有时被测人在测试过程中，没有简短回答问题，而是试图解释一些问题，这会给测试带来干扰，对皮肤电也有不确定的影响。如图4–30所示。

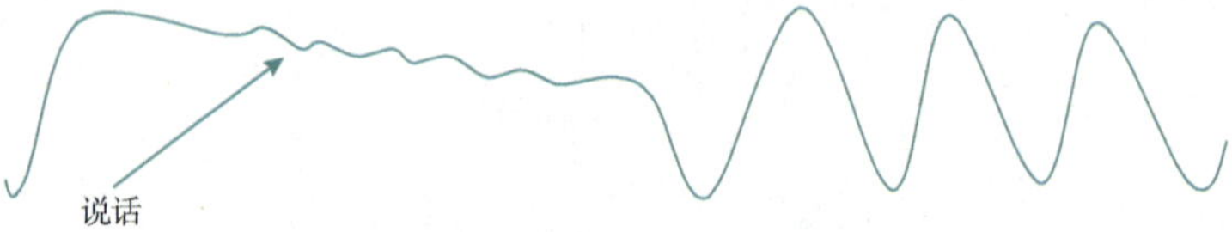

图4–30　呼吸波——说话波形

说话有时可以转移压力，有时本身就是一种干扰。因此，测试中要制止被测人说多余的话。

第四节　脉搏波图谱评判

一、有关概念

1.脉搏波：脉搏/血压反应的指标。

2.脉搏（心率）：每分钟心脏搏动的次数。

3.血压：收缩压（高压）和舒张压（低压）。

4.一次脉搏周期：心脏搏动一次所用时间。

5.一次脉搏幅度：收缩和舒张血压差。

6.脉搏波顶点：高压。

7.脉搏波底点：低压。

相关术语：脉搏升脚；脉搏降脚；重搏切迹；包络线（脉搏波顶点、底点和重搏切迹的连线）。

二、正常的脉搏和血压图谱

正常的脉搏和血压图谱由一系列等幅度、等周期的平稳脉冲波组成。脉搏的幅度相同，脉搏的周期相同，包络线平直或略有起伏，脉搏次数为70次/分（±），如图4–31所示。

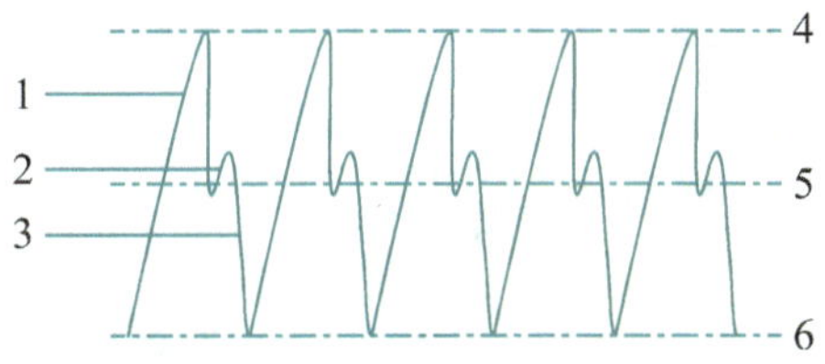

图4–31　正常的脉搏和血压图谱

图4–31标识1为脉搏升脚，代表心脏收缩过程；2为重搏切迹；3为脉搏降脚，代表心脏舒张过程；4为血压的收缩压（高压，HP）；5为血压平均压（AP）；6为血压的舒张压（低压，LP）。另外，脉搏波顶点、底点和重搏切迹的连线为包络线。

三、紧张时的脉搏/血压图谱特征

人在紧张时脉搏、血压会发生相应的变化。紧张时的脉搏/血压反应图谱特征如图4–32所示。

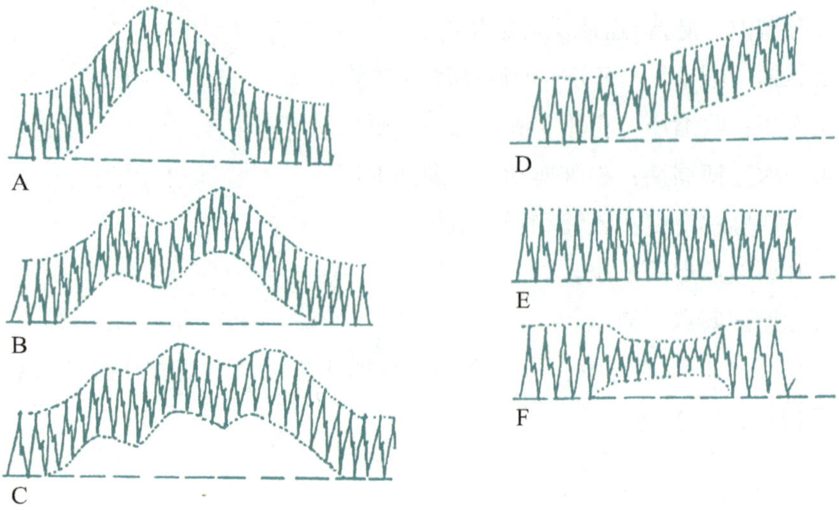

图4–32　紧张时的脉搏/血压反应图谱

图4–32中，A为单峰；B为双峰；C为多峰；D为血压持续上升；E为脉搏次数加快（脉搏＞100次/分）；F为脉搏幅度减小（包络线变窄）。

图4–33反映的是迷走神经效应，不是紧张的特征。

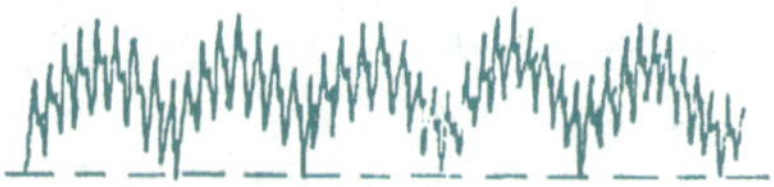

图4–33　迷走神经效应图谱

由于血压/脉搏变化的神经传递速度比较快，因此一般情况下随着提问结束会即刻产生血压/脉搏波的变化。

在提问开始后0.5秒到提问结束后三次脉搏周期的时间范围内所产生的血压/脉搏波变化，都认为是由该问题刺激所引起的血压/脉搏变化波。

脉搏波主要是看包络线的变化。包络线有明显的上升或下降，代表被测人对这个刺激反应较强，尤其包络线变窄，是最典型的异常脉搏波，是紧张的典型特征，如图4-34所示。出现脉搏波异常一般最多可以打2分。

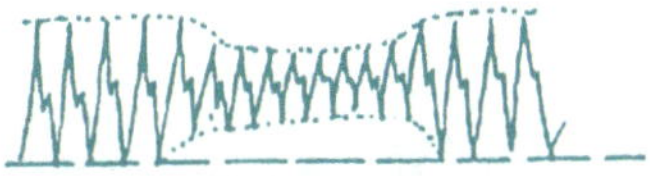

图4-34 脉搏波——脉搏波振幅减小（包络线变窄）

被测人手动会引起脉搏波及皮肤电变化，如图4-35和图4-36所示。在测试中要制止被测人手动并注意手动对图谱的影响。

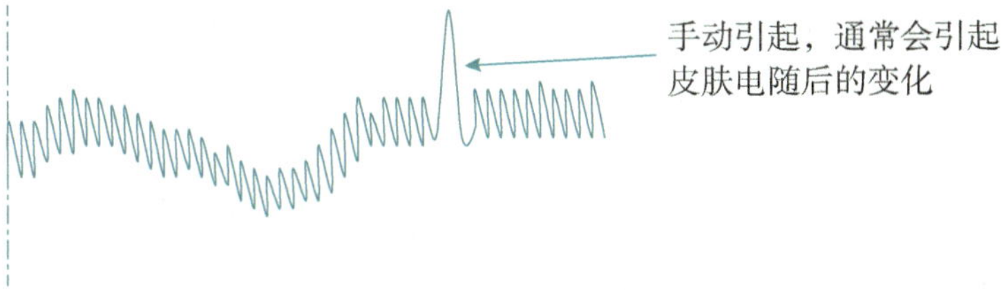

图4-35 脉搏波——手动引起的脉搏波变化

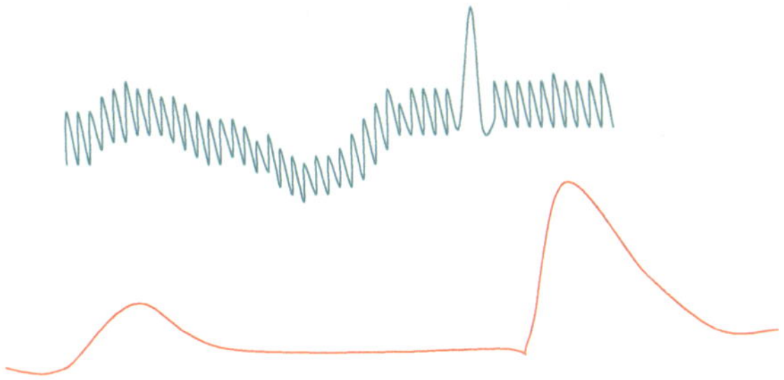

图4-36 脉搏波——手动引起的脉搏波及皮肤电变化

第五节 心理测试图谱评分与评判

一、CQT评分

比较相关问题和准绳问题的反应图谱，给出说谎概率。

规则为将R与C进行比较：

R＞C，说明为说谎反应，用“–”表示；

R＜C，说明为诚实反应，用“+”表示。

1. 单项生理参数的评分

（1）皮肤电：7点分制，±3，0，如图4–37所示。

R/C≈1∶0	C/R≈1∶0
R/C≈2∶–1	C/R≈2∶+1
R/C≈3∶–2	C/R≈3∶+2
R/C≈4（＞4）∶–3	C/R≈4（＞4）∶+3

分别比较峰高H和峰宽T，算出分值，之后相加，但是最高不能超过3分（±）。

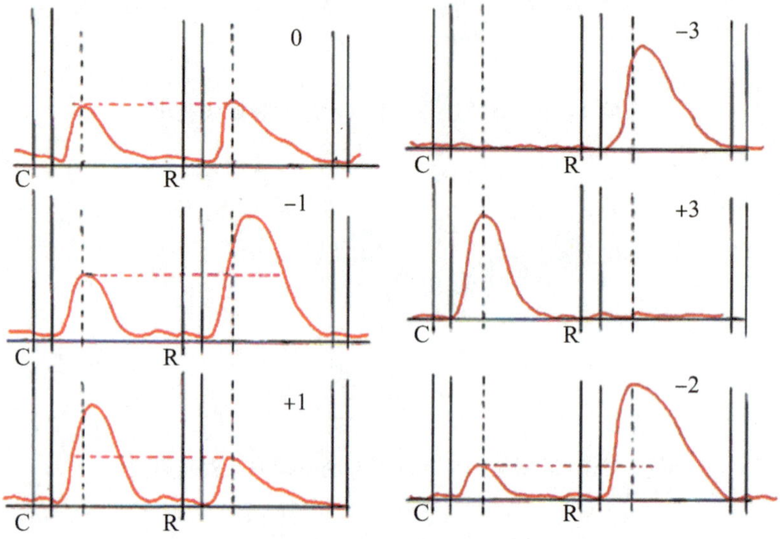

图4–37 皮肤电图谱评分

（2）呼吸：5点分制，±2，0，如图4–38所示。

R与C比较，呼吸波没有变化：0

R与C比较，呼吸波有变化：±1

R与C比较，呼吸波变化大：±2

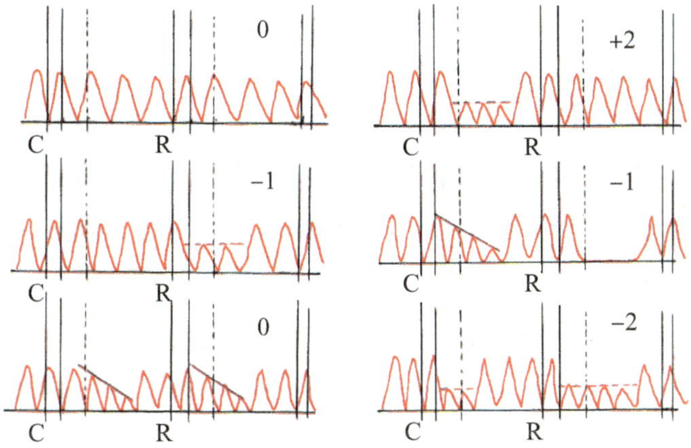

图4–38 呼吸图谱评分

（3）血压/脉搏：5点分制，±2，0，如图4–39所示。

R血压/脉搏波与C比较没有变化：0

R血压/脉搏波与C比较有变化：±1

R血压/脉搏波与C比较变化大：±2

可参照皮肤电的评分规则，按照包络线的变化评分。包络线变化看峰的高度或宽度：

R/C≈1：0

R/C≈2：±1

R/C≈3：±2

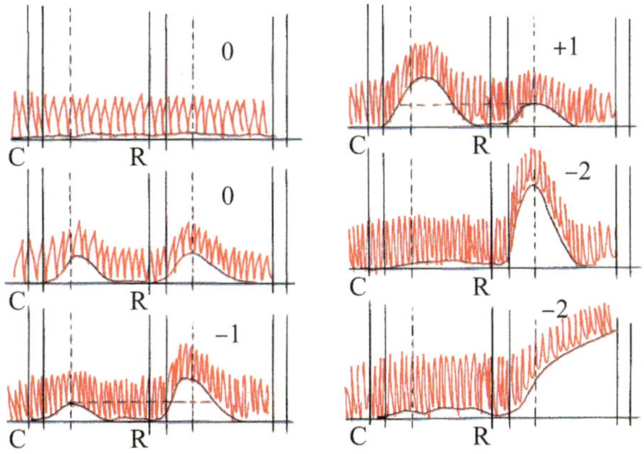

图4–39 血压/脉搏图谱评分

2.综合评分

（1）“唯你”测试法的评分

第一张图谱：按R1/C1、R2/C2和R3/C3分别对R1、R2和R3的每项生理参数评分，之后相加得到R1、R2和R3的分值；第二、第三张图谱：将R1、R2和R3与其前面的C比较，得出R1、R2和R3的分值；将三张图谱的R1、R2和R3的分值相加，得出总分，如图4-40和表4-1所示（第2、第3遍图略）。

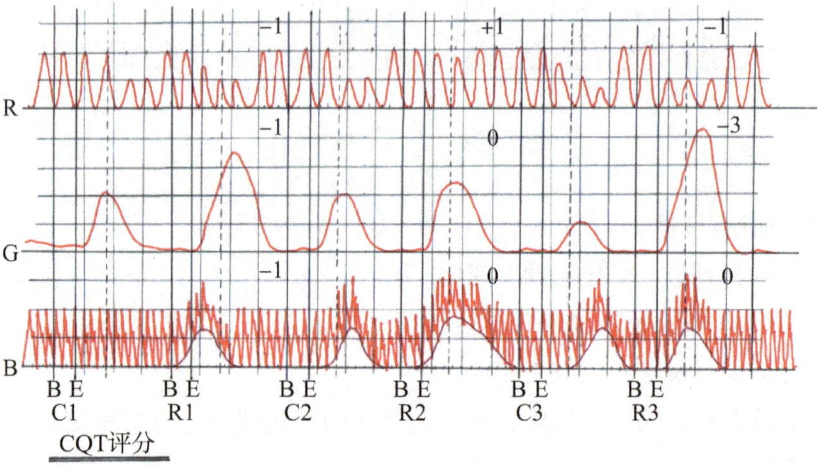

图4-40　皮肤电、呼吸、脉搏图谱概率综合评分

表4-1　皮肤电、呼吸、脉搏图谱概率综合评分（第2、第3遍图略）

测试图谱	R1			R2			R3			总计
	R	G	B	R	G	B	R	G	B	
1遍	–1	–1	–1	+1	0	0	–1	–3	0	
		–3			+1			–4		–6
2遍	0	0	0	–1	0	0	–1	–2	–1	
		0			–1			–4		–5
3遍	0	–1	0	0	–1	+1	–1	–2	0	
		–1			0			–3		–4
总计		–4			0			–11		–15

阈值：±6

总分Z ≥ +6：诚实，对R的回答是诚实；

总分Z ≤ –6：说谎，对R的回答是说谎；

总分–6 < Z < +6：无结论。

总分处于–6和+6之间，是处于“灰色带”；0→–6是趋向说谎；0→+6是趋向诚实。

（2）怀疑、知情、参与测试法的评分

第一张图谱：K/S、Y/C，评出K、Y每项生理参数的分值，分别相加，得出K、Y的分值；第二、第三张图谱：分别评出K、Y的分值；将K、Y三张图谱的分值各自相加，得出K、Y的总分。

阈值：±3，总分Z ≥ +3，说明被测人对K、Y的回答诚实；

Z ≤ –3，说明被测人对K、Y的回答说谎；

–3 < Z < +3，无结论。

如果S > K > Y，说明被测人是无辜的；

如果S < K > Y，说明被测人是知情的；

如果S < K < Y，说明被测人是案犯。

（3）改良的一般问题测试法的评分

第一张图谱按照R1/C1、R2/C1、R3/C1、R4/C2、R5/C2对每项生理参数评分，相加，得出R1、R2、R3、R4、R5的分值；第二、第三张图谱：前面三个R与前一个C比较，后面两个R与后一个C比较，分别得出第二、第三张图谱R1、R2、R3、R4、R5的分值；将三张图谱的R1、R2、R3、R4、R5的分值各自相加，得出R1、R2、R3、R4、R5各自的总分值。

阈值：±3，总分Z ≥ +3：诚实，对R的回答诚实；

Z ≤ –3：说谎，对R的回答说谎；

–3 < Z < +3，无结论。

（4）拉斯金多目标问题测试法的评分

第一张图谱按照R1、R2与其相邻的两个C中反应大者比较；R3、R4与其相邻的两个C中反应大者比较；得出R1、R2、R3、R4的分值；再评出第二、第三张图谱的分值，各自相加，得出R1、R2、R3、R4的总分。

阈值：±3，总分Z ≥ +3，说明被测人对R的回答是诚实；

Z ≤ −3，说明被测人对R的回答是说谎；

−3 < Z < +3，无结论。

二、POT、GKT、CCT评分

对比各问题的反应强度，找出反应最强的问题。

1. 单项生理参数的评分

（1）皮肤电：3分制或5分制

在一组一遍GKT测试图谱中，找出皮肤电反应最强的问题，评3分或5分，其余问题按照与最强问题的皮肤电反应比例，评相应的分值。

5分制评分如图4–41所示：

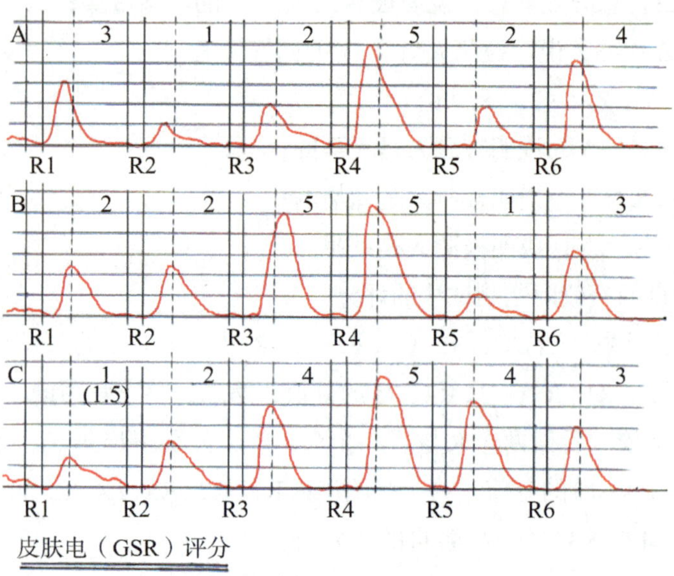

图4–41　皮肤电图谱强度评分

（2）呼吸：3分制

呼吸波没有变化或只有一口气的抑制，评0分；呼吸波只有两口气的抑制，评1分；呼吸波有三口气或三口气以上的抑制，则评2分。

最高评3分，上呼吸波和下呼吸波只取变化最大的一道呼吸波评分，如图4–42所示。

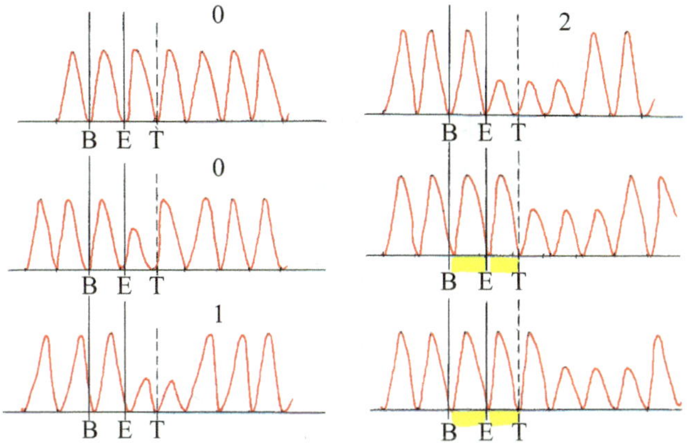

图4-42 呼吸图谱强度评分

（3）血压/脉搏：2分制

血压/脉搏波没有变化或只有两次脉搏变化，评为0分；血压/脉搏波只有三次脉搏变化，评为1分；血压/脉搏波有四次或四次以上脉搏变化，评为2分。最高评2分，如图4-43所示。

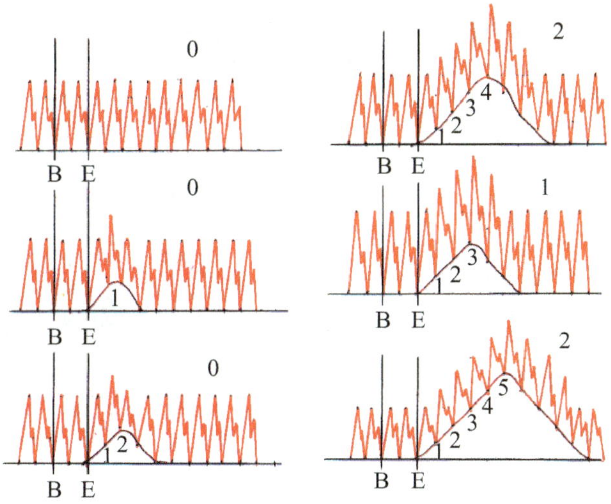

图4-43 血压/脉搏图谱强度评分

2.综合评分

先对第一遍的图谱评分，按照单项生理参数的评分规则，对每个问题的每项生理参数分别评分，然后将每个问题的三项生理参数相加，得到每个问题的综合评分。

再对第二、第三遍的每个问题评分，之后将每个问题三遍的评分相加，则得到每个问题的总分。如果在一组情节问题中总分最大的问题是目标问题，则目标问题有对应；否则是没有对应，如图4-44所示。

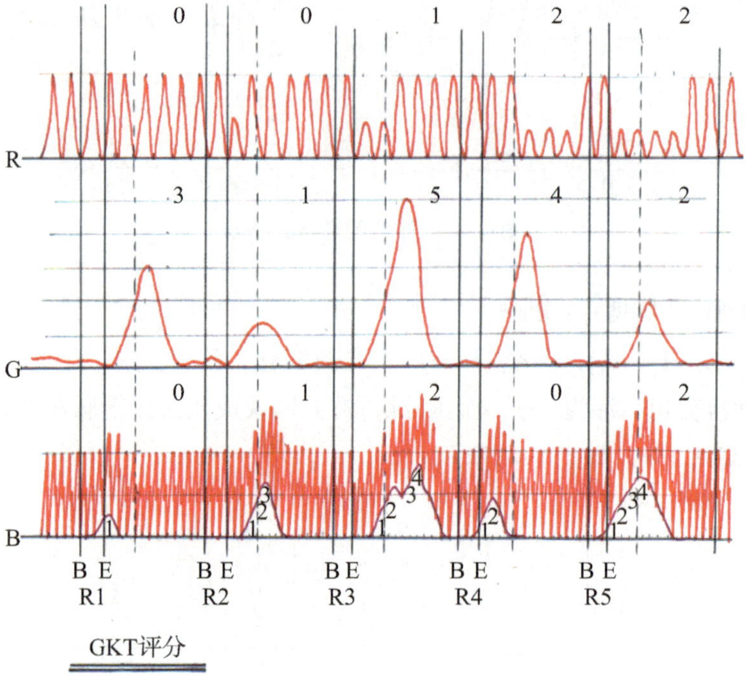

图4-44　皮肤电、呼吸、脉搏图谱强度综合评分

3. 说明

在得出目标问题是否对应或某个问题是不是反应最强的结论时，该问题要符合：①总分最高；②三遍中至少有两遍得分最高。

三、认知综合测试法评判

在认知综合测试法中，如果直接观察图谱就可以达到目的，则可不进行数值评分。首先看目标问题的对应情况。目标问题对应率在60%或70%以上，则为涉案。再根据问题对应的具体情况，分析判断案件的有关情况以及被测人在案件中的角色。分析判断案件的有关情况及其在案件中的角色时，仍然看其在相关问题上的反应强度。

Chapter five

第五章

认知综合测试法的六大阶段技术

心理测试技术是有关阶段技术环环相扣的系统技术，前一阶段技术是后一阶段技术实施的基础和保障。唯有各阶段技术的科学正确应用，才能保障心理测试技术应用的准确有效性。

第一节　犯罪心理动态分析技术

一、犯罪心理动态分析技术的概念

犯罪心理动态分析技术，即在对案情进行全面深入的了解认识和研究把握的基础上，运用犯罪心理分析技术①对案犯犯罪心理及行为活动进行动态分析，进而对案犯犯罪心理及其行为活动进行还原重建，从而为编制测试题提供依据的心理学技术。

犯罪心理动态分析技术强调犯罪心理分析的动态性和对行为人的认知、情绪、即时心理状态等内隐心理活动的分析。

二、犯罪心理动态分析技术的重要性

犯罪心理动态分析技术，是犯罪心理测试科学编题并取得准确测试结果的重要前提。因为，要实现科学、有效地编题，就必须深入认识和全面把握案情。只有对案情有了全面、深入的认识和把握，对案犯作案的因素、动机，动机产生形成的时间、过程，作案的准备情况，作案的时间、人数，案犯的性别、年龄，作案的方式、手段、工具、过程，案犯的进出方位、路线，当时的环境状况、现场情境，案犯当时的心理状态，作案工具的来源、去向、处理方式，赃款、赃物或被害人尸体的去向、处理方式，作案后的行为，反侦查对策，以及案犯的现时心理状态等，做到全面的分析认识，才可能形成清晰、明确的编题思路，才可能做到科学、有效地编题。否则，在对案件缺乏全面了解和深入认识情况下的编题，必然缺乏针对性和准确性，自然无法形成对涉案人有效的心理刺激和心理压力，也就难以触发和唤起涉案人相应的心理活动及生物反应，甚至会因不当的编题，造成被测人与案件无关的心

① 犯罪心理分析技术，是运用心理学的原理与方法，对案犯心理及其行为活动的特点、过程、个性特征及相关因素、条件，进行分析描绘的一种侦查心理技术。

理活动及生物反应，导致做出错误的评判及结论。

所以，深入认识、全面把握案情，是犯罪心理测试科学编题的前提。

要实现对案件情况全面、深入的认识和把握，就必须对前期的侦查工作（包括现场勘查、调查访问、物证鉴定、法医检验等）进行全面的了解和掌握，同时对案犯犯罪心理及其行为活动以及案件发生的整体过程有一个科学合理的认知。这样，才能根据案件发生的过程、特点及案犯心理活动的过程、特点和状态，科学、有效地编题。

犯罪心理动态分析技术是全面、深入认识案情的有效途径。它不仅有利于深化对案情的认识，明确侦查方向，缩小侦查范围，还可弥补现场物质痕迹的不足，并为筛选目标题提供依据，保证测试题编制的科学性、准确性。

三、犯罪心理动态分析技术的原理

根据行为与心理以及影响、制约和决定心理活动有关因素之间关系的心理学原理，行为是心理活动的外化。其实质是行为人的行为动机、个性特点、当时的心理状态、知识经验、技能技巧、习惯、认知特点等因素构成的主体状况，与特定情境、条件相互作用的结果，是心理活动的产物和心理状态的反映。行为与主体状况及当时情境、条件之间存在因果关系，亦即行为人的主体状况和情境、条件，决定其行为及其特点。同时，行为还一定程度地反映着行为人的生活环境、条件、经历等影响个性形成的因素。因此，根据行为活动，可以分析推断影响、支配行为人心理活动的因素及其心理活动的过程、特点与状态，分析推断当时的情境、条件，分析推断行为人所生活的环境及其经历，从而从已知追溯未知，描述刻画出行为人的心理活动及其个性特点以及有关的情境、条件和生活背景。

犯罪心理动态分析技术，正是依据这一基本的心理学原理，并根据犯罪心理及其行为发生、发展的特点与规律，通过对犯罪行为心理痕迹的研究分析，逆向地达到对犯罪行为—犯罪心理—犯罪人及有关因素、条件的分析和认识，从而对案犯作案的因素、动机，心理活动的过程、特点与状态，作案的经验、智能特点，与侵害对象的关系状况，作案的预谋情况及其年龄、性别、行为习惯和个性特点，当时的情境、条件，案犯的行为过程、认知状况，以及影响案犯个性形成的生活环境和经历等因素，进行分析刻画，并将心理分析与调查访问、物证鉴定等相互印证，进而为全面、深入地认识案情与案犯及其心理和行为活动，再现犯罪过程及犯罪现场情境，提供心理科学的支持和帮助。

同时，犯罪心理动态分析技术不仅扩大了案件信息来源，深化了对案情及案犯的认知，而且为发现案件线索、正确确定侦查方向和范围起着积极的作用，还由于它对变态心理及人隐秘、深层心理的研究与认识，从而对怪异、变态案件的分析认识具有独到的作用。

因此，犯罪心理动态分析技术，是全面、深入认识案情的有效途径。它不仅对测试前进一步合理、准确地确定拟测嫌疑人具有重要的作用，而且为科学、有效地编题提供了依据和思路，从而避免了盲目地编题及测试，也就提高了编题及测试的科学性和有效性。

所以，科学的犯罪心理测试，必须运用犯罪心理动态分析技术，在对案情进行深入分析认识和把握的基础上，进行编题。那些无视心理科学及犯罪心理动态分析技术的运用，不对案件进行科学、深入的认识和分析，上来就编题的测试，难以保证编题的科学性及测试结论的可靠性。正因如此，科学的犯罪心理测试技术，才将犯罪心理动态分析作为其必需的第一阶段的技术，作为科学测试及其编题的基础和前提。

四、犯罪心理动态分析的要点

1.动机因素；

2.时间知觉；

3.空间知觉；

4.犯罪情境；

5.犯罪过程；

6.手段方式；

7.心理状态；

8.结果；

9.犯罪人刻画。

五、动态分析优先考虑的20个方面[①]

1. 心理的相关因素（即引发动机的因素是近因还是远因；深层还是浅层；多因还是单一因素；弹性大的还是小的）；

2. 心理指向性；

3. 动机类型；

4. 证人证言的真实性；

5. 时间知觉的情况；

6. 方位知觉的情况；

7. 因素动机的变化；

8. 动机的强度；

9. 变态的可能性；

10. 一人还是多人；

11. 准备性；

12. 心理的稳定性；

13. 负罪感；

14. 互动性；

15. 被害人过错；

16. 被害人的诱惑；

17. 作案人的技能；

18. 心理投射作用；

19. 掩饰性；

20. 动机外化的形式。

六、犯罪心理动态分析的途径与步骤

（一）犯罪心理动态分析的途径

1. 从发案环境发现和研究心理信息；

2. 从进入现场的方式发现和研究心理信息；

---

① 源自武伯欣教授讲课内容。

3. 从损失物发现和研究心理信息；

4. 从作案手段、方式及动作特点发现和研究心理信息；

5. 从攻击的方式和特点发现和研究心理信息；

6. 从作案的时间、地点、工具发现和研究心理信息；

7. 从物证痕迹发现和研究心理信息；

8. 从现场遗留物发现和研究心理信息；

9. 从反侦查行为发现和研究心理信息。

（二）犯罪心理动态分析的步骤

1. 充分发现和收集各种行为心理痕迹；

2. 对各种心理痕迹的行为意义做出客观科学的识别和解释，还原犯罪人、被害人当时的行为活动；

3. 根据犯罪人的行为活动分析推断其当时的心理活动及其状态；

4. 根据心理活动及其状态与影响它的有关因素之间关系的原理，分析案犯的作案动机、目的、作案经验、预谋情况、与侵害对象的关系、案犯的性别、年龄及其个性特点和现场情境等；

5. 根据上述诸因素之间关系的分析推断，刻画案犯，描述案情，确定侦查方向和范围。

七、犯罪心理动态分析过程中的难点、关键问题及解决方法

根据上述犯罪心理动态分析的思路和步骤，在犯罪行为心理痕迹研究利用的操作过程中，犯罪行为心理痕迹往往光怪陆离，一果多因，内隐性、或然性较大，缺乏明显的规律性，因此常常难以识别和把握。

例如：某地发生一起入室持枪杀人案，犯罪人将几个被害人的尸体摆放到一起。其行为是为了寻找弹壳、弹头，还是有别的目的呢？这种现象在侦破实践中经常存在。对其行为意义的正确识别较为困难，但它是进行犯罪心理分析的前提和基础。

所以，犯罪心理痕迹行为意义的科学识别问题，是犯罪心理动态分析过程中的难点和关键问题之一。

此外，在对犯罪心理活动及其状态形成原因的分析中，影响、制约和决

定犯罪心理活动及其状态的因素较多，其相互间的关系错综复杂，也常常是一果多因，或然性较大。在理论上厘清它们找出规律性存在一定的困难，在实践中存在的困难就更大了。而它却是分析案情、刻画案犯的重要条件。

因此，对犯罪心理活动及其状态的形成原因进行分析，是开展犯罪心理动态分析的又一难点和关键问题。那么，如何解决它呢？

首先，关于犯罪心理痕迹行为意义的科学识别问题。根据人的心理及其行为活动的规律和特点，犯罪行为是受制于特定的环境条件和总的主要的行为动机的。犯罪人在作案现场的所有动作行为，一般来讲，是同一动机行为的不同环节和方式，相互之间有着必然的联系，不会孤立产生和存在。毫无意义的与特定环境条件和作案目的不相符的动作行为，一般情况下，不是无意所致，便是犯罪人特殊心理活动或特殊个性的反映。

因此，对犯罪心理痕迹行为意义的识别，首先要依据人心理及其行为活动的一般规律和特点，根据基本案情和基本的行为动机，结合现场环境条件，进行分析判断，提出相应的假设，并通过其他侦查所得验证假设。如果有关假设均不能成立或被否定，则应该考虑犯罪人动作的偶然性和犯罪人心理活动及个性的特殊性。如果犯罪人有心理变态的可能，还要善于运用变态心理学的有关理论知识，对其进行分析假设。

需要指出的是，犯罪人的行为活动是与作案条件、现场环境、总的行为动机、当时的情绪状态、作案经验等密切相关的，是受其影响和制约的。正常犯罪人的特殊行为，常常是因特殊的上述因素的作用而发生的。

例如：有两起入室盗窃案，一起是案犯对事主的财物进行了破坏，另一起是案犯在事主尚在卧室睡觉的情况下，竟荒唐地在客厅排下大便。这些与盗窃活动无关的行为，往往是在犯罪人作案目的不能达到或不能完全达到，同时又有较好的作案条件和环境下，犯罪人不满情绪的一种发泄。排下大便的行为，更是犯罪人多次作案，深知事主一般不敢反抗，故而胆大妄为心理的一种表现。

类似与犯罪目的无关的特殊行为，常见于各类案件之中，表现形式多种多样。因此，在分析犯罪心理痕迹的行为意义时，必须紧密结合和考虑上述因素，将其纳入相互影响、相互作用的有关因素组成的系统之中，并将其置于总的主要的行为动机主导下，同时还可能有派生的辅助的动机存在于行为系统之中。这样，就可以把彼此孤立的行为现象有机地串联在一起，从而对它的行为意义做出正确的识别。

其次，对于犯罪心理活动及其状态形成原因的分析。根据“心理是人对客观现实的主观的能动的反映”这一心理科学的基本原理，人的心理活动及其状态受与其相应的主客观因素的制约和影响，是有关因素共同作用的结果。犯罪心理活动及其状态，同样受到与其相应的多种主客观因素的制约和影响，是有关因素共同作用的结果。

因此，应从影响、制约和决定犯罪心理活动及其状态的有关因素及其相互间的关系入手。在明确影响、制约和决定犯罪心理活动及其状态的有关因素以及相互关系的基础上，分析推断一定的犯罪心理活动及其状态，可能产生、形成于什么样特点的因素和条件下，从而做出相关假设，并在侦查过程中进行验证。而当有关因素和条件被部分地验证后，其他因素和条件便可以得到进一步的明确。这样，就能更加清晰、准确地描述和刻画犯罪人。

譬如：某一入室盗窃案件，案犯对现场多处地方进行了较仔细的翻动搜寻。一般情况下，这说明案犯心理不是很紧张恐惧，其应具有较充足的作案时间，或者具有较多的犯罪经历，胆大沉着。那么，这两种假设哪种可能性更大呢？调查访问的结果是：案犯缺乏充足的作案时间。这样，后者作案的可能性便上升了。

实践中影响犯罪人犯罪心理活动及其状态的因素很多。不同作案条件的不同犯罪人，会产生并表现出不同的行为特点；相同作案条件的不同犯罪人，也会表现出不同的行为特点；同样一种行为活动和现象，可能为不同的因素和条件所导致；同一犯罪人由于作案条件的不同，会表现出不同的特点；即使是同一犯罪人在相同环境条件下作案，也会由于作案动机的迫切程度、当时的情绪状态不同，而表现出不尽相同的行为特点。

所以，影响犯罪心理活动及其状态的因素以及各因素之间的关系，是一个错综复杂的变量系统。

因此，在分析犯罪心理活动及其状态形成的原因时，要注意自变量和因变量以及额外变量的关系问题，既要考虑到与犯罪心理活动及其状态有关的各种因素，又要注意诸种因素的相互关系及其相互作用的影响，把它们纳入一个既共同作用又相互影响的变量系统之中进行分析研究。

然而，众多的因素必然会增加分析判断的困难，这就要求我们在全面考虑有关因素的同时，善于不断地排除被侦查过程或为科学理论和我们的经验所否定的因素，从而深化和突出对犯罪心理活动及其状态产生重要影响的因素，更为清晰地勾画出犯罪人及案情的面貌和特点。这样，才能达到具体、准确地分析案情、刻画犯罪人的目的。

那么，影响、制约和决定犯罪心理活动及其状态的因素有哪些呢?

八、影响、制约和决定犯罪心理活动及其状态的因素

根据心理科学及犯罪心理学理论和侦破实践经验，影响、制约和决定犯罪心理活动及其状态的因素有以下方面:

(一)客观因素

1.犯罪条件

犯罪条件对犯罪活动的成功与否，有着至关重要的影响。不同的犯罪条件自然会对犯罪人犯罪动机的产生、形成以及犯罪活动中的心理状态等产生相应的影响，并表现出相应的特点。例如，针对作案时间充足、环境相对安全，与作案时间紧张仓促、被人发现抓获的危险性较大两种情况，案犯会表现出不同的心理活动及状态。

2.犯罪现场情境

犯罪现场情境是直接作用于犯罪人现场活动时心理活动的客观刺激物，是决定犯罪人心理状态的主要因素之一。例如，现场内外突然出现的情况、被害人的活动等，都会直接作用于犯罪人的心理活动，使其产生相应的心理状态及反应。

因此，犯罪现场情境对犯罪心理活动有着直接的影响作用，是制约和影响犯罪心理活动及其状态的重要因素。

3.案件性质

案件性质不同，犯罪人的心理活动就会不同。例如，同是抢劫犯罪，一般性的抢劫与银行抢劫，会使犯罪人具有明显不同的心理状态；同是杀人犯罪，报复杀人就与盗窃杀人的心理状态有着明显的不同。

案件性质会造成犯罪人不同的认知状况，必然会影响犯罪人的心理活动，

从而使犯罪人在不同性质的案件中具有不同的心理活动及状态。

4. 社会治安环境及治安形势

不仅犯罪活动的具体因素影响、制约着犯罪人的心理活动，社会治安环境及治安形势，同样会对犯罪人的心理活动有一定的影响。例如，公安机关对某类刑事犯罪打击力度较大、侦破力度较强的时候，犯罪人往往较为收敛，即使作案，心理紧张程度也较高。

因此，社会治安环境及治安形势以及犯罪人对其的认知状况，也是影响和制约犯罪心理活动的一方面因素。

（二）主观因素

1. 犯罪动机的恶性程度及其迫切程度

犯罪动机是犯罪心理活动的核心因素，它支配和影响着犯罪活动的其他心理因素，如犯罪人犯罪时的情绪、意志、注意的指向性等。不同恶性程度的动机及不同的迫切程度，都必然影响犯罪人的情绪、意志活动以及注意的指向性等，从而使犯罪人的犯罪心理活动及状态表现出不同的特点。

因此，由于犯罪动机的恶性程度及迫切程度不同，犯罪人会表现出心理活动的不同特点。

2. 犯罪人的个性特点

个性特点是决定心理状态的主要因素之一。在相同的情境条件下，个性特点不同，心理状态就会不同。所以，犯罪人的个性特点必然影响着其犯罪心理活动及状态。例如，心狠手辣者与有恻隐之心者，会对同样一种情况下的被害人采取不同的态度；而遇事胆大沉着者与遇事惊慌失措者，会在同一犯罪条件下，表现出不同的心理状态。

3. 犯罪人的作案经验及相关智能

作案经验及相关智能对所从事的活动有着重要的影响。较多的经验及较高的智能，有助于相应活动的完成，从而增强行为人的自信心，犯罪活动亦同。例如，一个有着丰富犯罪经验和熟练的犯罪技能以及反侦查能力的犯罪人，会比一个缺乏犯罪经验及其相关能力的犯罪人，犯罪活动时的心理状态更加沉着镇定，行为方面更加胆大妄为。

所以，犯罪人的作案经验及其相关智能，是影响犯罪心理活动及其状态的又一重要因素。

4. 作案的准备程度

有备则稳，无备则乱。这是一般情况下人的心理准备性与所从事活动的关系。犯罪活动亦同。

实施犯罪前的准备活动充分，犯罪时自然就较少慌乱，可以较好地实现犯罪目的；反之，犯罪时慌乱程度会较高，难以很好地实现犯罪目的。

所以，对于预谋性的犯罪与临时起意的犯罪，准备较好的犯罪与缺乏准备的犯罪，犯罪人的心理活动及其状态会不同。

5. 犯罪人的认知特点

认知特点会影响和制约人对事物的反应。例如，同样一种事物或现象，不同认知特点的人，对其的注意程度不同，认知的深度不同，从而会产生不同的心理活动。犯罪活动中，犯罪人对同一事物或现象的认知特点不同，自然会产生不同的心理活动和反应。这常常表现在犯罪人犯罪活动的许多方面，是影响犯罪心理活动及其状态不可忽视的又一因素。

6. 对侵犯目标的熟悉程度

对侵犯目标的熟悉程度与作案的准备程度，对犯罪人心理活动的影响，有着一定的相似性。对侵犯的目标熟悉，对犯罪活动的把握性就大，就容易确立犯罪动机，作案时心理活动的稳定性就较强，慌乱程度就较低，犯罪行为就较为准确。

所以，对侵犯目标的熟悉程度，是影响犯罪心理活动及其状态的又一因素。

7. 前情绪状态

前情绪状态是就人的情绪及行为活动的不同阶段而言的。

人的情绪活动具有延续性的特点，即前一阶段的情绪状态会延续到后一阶段的行为活动中，从而对后一阶段的心理及行为活动造成影响。犯罪人犯罪时的心理活动及其状态有时也会出现这样的情况，其受到前情绪状态的影响，并反映在行为活动之中。

所以，根据案件的有关特点，考虑犯罪人的前情绪状态对犯罪心理活动及其状态的影响，是进行犯罪心理分析时，应注意的问题之一。

上述因素，既有犯罪人的主观方面，又有犯罪的环境条件等客观方面，与犯罪心理活动及其状态密切相关。它们不同程度、以不同方式共同影响、制约和决定着犯罪人的心理活动及其状态，并使其表现出相应的行为活动及特点。

上述方面是犯罪心理活动及其状态形成的重要因素。它们对犯罪心理活动及其状态的影响作用以及规律和特点，是进行犯罪心理动态分析时必须考虑的。

九、犯罪心理动态分析的方法

（一）归纳法

1. 归纳式犯罪心理分析的概念

即根据过去案件中反映出来的犯罪人心理与行为及其他方面的特征，刻画当前案件中犯罪人及其案件有关方面情况的方法。

典型的归纳式犯罪心理分析可以表述为：根据过去案件中其他罪犯、现场和被害人所提供的已知行为特征、情绪情感特征及其他人身方面的特征，来刻画现行犯罪中罪犯的行为、犯罪现场和被害人特征。

如同归纳式犯罪心理分析的术语所表明的那样，从本质上来说，这种方法是根据已有的犯罪统计学数据来推论特定罪犯的行为特征和其他人身特征的。

2. 归纳式犯罪心理分析的理论假设

归纳式犯罪心理分析的这种特定思路与它的理论假设密不可分。这些理论假设包括：

实施了同种犯罪的罪犯与正在调查的不明身份的犯罪人，共同具有哪些相似的个人特征；受相似的生存环境的影响，并受同样普通或同样特别的动机的驱动，过去实施罪行的罪犯与现行犯，在文化背景上也极为相似；根据已知罪犯进行的行为特征和人身特征的统计数据分析，也能对未知犯罪人的行为及人身特征进行大体的判断；犯罪行为和动机所具有的稳定性及一致性特征，在犯罪人的犯罪行为中不会发生显著的变化。

以这些理论假设为指导，就可以展开归纳式犯罪心理分析的具体工作。

3. 归纳式犯罪心理分析的理论依据

归纳式犯罪心理分析以行为主义和统计学原理为技术路线，其理论假设和根据统计数据进行归纳推理的分析方法，具有相当的合理性，至少从理论上看，它具有一定的可行性。

归纳式犯罪心理分析重在对以往资料的积累与分析，即注重犯罪资料的基础建设及其对当前案件的参考指导作用。这种通过对犯罪特点、规律的量化认识而服务于现实犯罪侦查的思路，无疑对推进刑事侦查工作的开展具有积极作用。

（二）演绎法

1. 演绎式犯罪心理分析的概念

即根据犯罪行为心理痕迹及其他与案件有关的信息，以及心理与行为之间、心理活动与有关因素之间、个性与其形成有关因素之间相互关系的原理，推断犯罪人以及案件有关方面情况的方法。

2. 演绎式犯罪心理分析的理论依据

演绎式犯罪心理分析理论认为，犯罪重建构成犯罪心理分析的基础。犯罪重建重在解决“发生了什么”以及“它是怎样发生的”等涉及犯罪行为过程的问题。而犯罪心理分析则以此为前提，重在回答隐藏在行为过程及其特征背后的犯罪动机和罪犯的人格特征等，即“犯罪为什么会发生”和“是什么人实施了犯罪行为”等问题。犯罪心理分析只有在对犯罪过程进行准确、全面重建的基础之上才能有效进行。否则，犯罪心理分析的结论会因为缺少客观的事实前提而丧失价值。

演绎式犯罪心理分析运用的理论依据主要是行为心理学、人格心理学、精神分析学派心理学等心理与行为之间、心理活动与有关因素之间、个性与其形成有关因素之间相互关系的心理学理论。

3. 演绎式犯罪心理分析的特点

与归纳式犯罪心理分析比较，演绎式犯罪心理分析具有以下四个基本特点。

一是逻辑思路是从一般到个别。也就是说依据一般的心理科学理论对犯罪现场的个别现象进行分析，而不是依赖于过去案件的统计分析来确定现实案件的特征。

二是注重现实案件的特点。包括犯罪现场的特点和犯罪人的个人特征，这些特点或特征是其他同类案件所不具备的特殊之处。

三是注重对犯罪主观特征，尤其是对犯罪动机和犯罪人个性特点的分析。它以犯罪动机为切入口，分析犯罪人全面的个人特征。

四是可以随着犯罪的重复发生和调查过程的深入而不断进行分析资料的补充，并对犯罪心理分析的结果不断修正、完善，使之更加符合实际并趋于具体化。而实际、具体的犯罪心理分析结论，能有效地缩小嫌疑人的范围，从而为侦查工作提供帮助。

在侦查实践中，应该根据案件的实际情况，灵活运用归纳和演绎两种方法，将二者有机地结合起来，使其相互支持、相得益彰，从而更好地发挥它们在侦查审理案件中的作用。

十、犯罪心理动态分析的原则

（一）客观性原则

在进行犯罪心理动态分析时，要求分析的信息必须是客观真实的。前期侦查已获取的有关犯罪现场的勘查笔录、各种痕迹物证及鉴定结论等材料客观性强，反映案件信息的真实性高，可为分析提供坚实的基础。相对而言，各种访问材料尤其是对嫌疑对象的询问笔录所提供的信息，由于受陈述人的主观因素影响，客观性较低，不可轻信。

（二）入流不陷入原则

犯罪心理测试技术介入案件侦查，需要以前期侦查工作为基础。因此，对前期侦查工作中所获得的材料、人们对案件的认识，都应该十分重视，应认真了解和倾听，并尊重大家的辛勤工作和意见，同大家打成一片，融入其中，共同研究讨论案情。同时，还要注意保持思维的独立性，不受已有认识的影响和干扰，做到入流不陷入，防止被已有的认识和情势所左右，影响对案情客观性的认识。

“入流”，即指对案件进行分析时，分析者要能以应有的综合素质进入案件之中；“不陷入”，即进入案件后不能轻信口供、侦查推理等已有的分析和认识。对于已有的鉴定结论也不能完全相信，仍应该持存疑的态度。因为一般的法庭科学鉴定大概会有错误率的问题，除可能遇到的特例导致结论错误外，还可能由于操作不当等原因造成失误，因受到鉴定之外因素的干扰而失实。所以，从事犯罪心理测试技术这一专业的人员，必须坚守自己的学科阵地，切不可人云亦云，对结论简单轻信。

犯罪心理测试技术介入案件侦查时，办案人员往往通过前期侦查工作已对案件形成了认知定式，会在案情介绍、案情分析、有关人员的情况介绍、嫌疑人范围、重点嫌疑人等方面，带有明显的偏向甚至难以改变的看法，常常希望通过测试证明和认定已有的看法和工作。这一倾向会有意无意地对测试人员造成影响。

因此，测试人员必须保持客观中立的态度，防止受认知定式影响先入为主，陷入已有的侦查认识之中，影响对案件的正确认识及测试工作。

（三）对事不对人原则

对事不对人原则即先刻画行为后刻画人原则。

进行犯罪心理动态分析时，必须依据犯罪行为—犯罪心理—犯罪人的思路，客观地分析刻画行为人，再确定嫌疑人范围。不能简单地用有无作案时间、有无作案动机以及空间的远近等认定或排除嫌疑人。

在侦查过程中，当某人具有某种嫌疑时，常常会越看他越像，从而形成确证偏见；或者简单地认为其没有作案时间或因素、动机等而轻易排除，从而影响侦查工作的正确进行。

因此，在进行犯罪心理分析时必须紧紧围绕案件情况本身，通过对犯罪人行为过程及心理特征的分析，推断什么样的人才能具有这样的特征，最终完成对犯罪人的分析刻画和确定。不能一开始就指向某个嫌疑人，或轻易排除某个可能涉案的人。

（四）顺时序动态分析原则

事物发展的先后次序的时间联系，是事物逻辑联系的重要方面。同时，事件并不是一个个静止的情节总和，而是各情节相互联系而形成的运动过程，同样具有重要的逻辑关系。

因此，在进行犯罪心理分析时，必须按照案件的发生、发展在时间上的先后次序顺时序进行。同时，要将案件的各个情节有机地联系起来进行动态的分析，不仅要对静态事实进行刻画，还要注意对整个过程的描绘，从而达到对作案人心理及行为活动以及案件发生、发展过程的整体认识。

（五）双向验证、推理原则

双向验证即利用心理分析（一个侦查假设）寻找未被找到发现的痕迹物证，或利用痕迹物证，发现（验证假设）心理痕迹，从而交替循环地不断应用痕迹物证与犯罪行为心理痕迹相互印证，使不合案件真实的假设被推翻，最终实现对案情及案犯正确分析和认识的过程。

双向推理即在按照侦查工作由果到因逆向推理的同时，把逆向推理出的单个证据按照正向时间的进程结合起来，再进行由因到果的正向推理，从而实现对案情客观分析和正确认识的过程。

从格式塔心理学的完形理论看，侦查的逆向推理已经给出了一部分弧线，犯罪心理动态分析就是将不完整的弧线按照动机到行为的规律勾勒成圆弧来完成犯罪心理分析。具体是从犯罪人的动机出发推导到犯罪行为。要站在犯罪人的角度推测若要完成此时此刻的犯罪活动，应先做什么、后做什么，以及犯罪人应具备的条件，需克服哪些困难，其当时的心理状态如何，进而进行动态的犯罪心理分析。

因此，在进行犯罪心理动态分析时必须遵循双向验证、推理原则，也就是使行为心理痕迹与痕迹物证相互印证、相互支撑，又使其通过充分、客观的论证，进而解释案件发生、发展的过程，最终实现对案情和案犯的正确分析刻画。

（六）发散思维原则

发散思维是从所给的信息中提出众多假设，即以问题的多种可能方向进行思考，探索问题的多种可能性及多种解决途径的思维形式。

侦查思维存在集束单向性与发散多向性的冲突，即聚合思维与发散思维的冲突。其实质是侦查实际中一果一因与一果多因的冲突、单一性选择与并列性选择的冲突。在侦查实践中，一些侦查员总是容易因工作压力、个人思维方法、习惯、刻板印象、简单依赖经验类推、从众、受人暗示、盲目直觉等，过早转向聚合思维，急功近利地将应该持续并行考察的侦查活动，过早地改为一因一果的"单任务处理思维方式"，从而放弃对多种可能性的考虑，影响侦查工作的正确开展。

因此，侦查工作尤其是在侦查工作初期，必须坚持发散思维，考虑各种可能，并将多种可能并行考察持续进行，直到有确切证据倾向于某种可能，再进行聚合思维，才可初步通过同一认定等证据或线索确立因果关系。

（七）逆向和辩证思维原则

逆向思维即求异思维。

案件常常存在各种可能，侦查中会面临多种情况。而在侦查过程中，正如前面所述，容易当某人具有某种嫌疑时，常常会越看越像，从而形成确证偏见；或者简单地认为某人没有作案时间或因素、动机等，从而轻易排除。

为了避免这些情况的发生，当侦查指向、确定或排除某人时，不仅要考虑指向、确定或排除的理由，还要反过来逆向、辩证地考虑其他疑点和可能性，即进行求异思维并避免简单的形式逻辑思维。这样，才能防止分析的刻板化，避免确证偏见的发生或使侦查方向漏人走偏，保证犯罪心理分析和侦查工作可靠、正确地进行。

（八）先变态后常态原则

因为侦查面临各种情况和可能，所以犯罪心理分析不能陷入正常人犯罪的一般模式。

因此，对有变态迹象的案件进行犯罪心理分析时，要按照先变态后常态原则，优先考虑变态心理者作案的可能，在排除变态心理者作案的可能时，再按照常态心理进行侦查。

十一、犯罪心理动态分析应注意的问题

1. 应根据案件的具体情况进行犯罪心理分析，防止主观臆断

犯罪行为心理痕迹，在不同案件中的遗留表现程度是不同的。犯罪行为心理痕迹往往具有潜在性，不像物证痕迹那样，可以通过直接观察或应用化学或物理等方法发现。犯罪行为心理痕迹的潜在性决定了人们常常不能很快直接地去认识发现它，而要通过思维、心理分析去推理判断，间接地认识和发现。这就决定了这个过程具有较强的主观性和或然性。另外，并非在所有

的犯罪现场都能找到有价值的犯罪行为心理痕迹。

因此，在进行犯罪心理动态分析时，应依据案件条件，坚持客观求实的态度，并考虑到它的或然性。不能为了寻找犯罪行为心理痕迹和进行犯罪心理分析而主观臆测、牵强附会。

2. 注意首因效应和近因效应的影响

首因效应是指最初接触到的信息所形成的印象对而后的行为活动和评价的影响，实际上指的就是"第一印象"的影响，即人们根据最初获得的信息所形成的印象不易改变，甚至会左右对后来获得的信息的解释。

近因效应与首因效应相反。近因效应是指当人们认知一系列事物时对末尾部分项目的认知效果优于对中间部分项目的认知效果的现象。

3. 注意思维的广度

思维的广度是指思维的广阔性、全面性。

案件存在各种可能，案情分析中的思维活动要注意思维的广度，要善于从不同角度开展，要研究分析问题，全面地考虑案件及某种现象发生的可能性，穷尽各种可能的假设。这样才可能从众多的因素及可能性中发现导致案件及某种现象发生的原因。如果思维活动狭窄，则会导致对案情认识的局限，使有关可能存在的情况难以进入思维活动的范围，从而不能将其纳入侦查视野，影响侦查工作的进行。尤其是刑事案件，往往存在各种或然性，存在因果关系的复杂性、多因性。这就更加需要犯罪心理动态分析及案情分析时的思维活动，要注意思维的广阔性、全面性。否则，就难以提出各种可能性的假设，从而影响侦查工作的进行。

4. 注意思维的深度

思维的深度即思维的深刻性，是指善于透过现象发现和揭示事物的本质。

侦查中，许多刑事案件的表面现象往往容易掩盖犯罪人真正的作案动机与目的，以及有关问题间的因果关系。对此缺乏意识，就会影响对案情及案犯的正确分析刻画及侦查方向和范围的正确认定。因此，在案件分析过程中，必须善于透过案件的表面现象，通过对有关问题的层层清理和分析，细致深入地研究分析表面现象下掩盖的真正动机与目的及因果关系之间的本质的深层的联系。这就需要在案情分析中，有意识地注意思维的深度，注意发掘案件深层的原因。

5. 注意思维的灵活性

思维的灵活性是指善于运用不同的思维方法，善于从不同角度进行思维活动，研究解决问题。

思维的灵活性，对正确分析案情和研究解决问题，往往具有重要的作用。因为在案情分析中，常常由于案情扑朔迷离，悬疑重重，因果关系复杂，易使思维进入某个方面的深度活动之中而出现固着状态，从而导致“百思不得其解”的局面。而注意思维的灵活性，就可能提醒我们改变思维角度，转换思维方法，从而使问题得到迅速解决。

因此，在犯罪心理动态分析及案情分析中，当思维出现固着状态时，要注意思维的灵活性，及时改变思维角度和方式，寻求解决问题的其他途径。

6. 注意摆脱一般思维模式的限制，打破思维的因循性

思维的因循性是指由于思维习惯和知识经验的影响，思维活动表现出某种固定的方式或思路的现象。

人们在研究解决问题时，常会由于思维习惯和知识经验的影响而表现出某种习惯了的固定的思维模式，即表现出所谓的思维的因循性。这对正常情况下一般问题的解决，不会造成影响，而对特殊情况下特定问题的解决，就可能造成影响，从而出现问题解决的困难，甚至失去解决问题的可能性。侦查中时常会遇到一些特殊的案件及情况，因此，在案情分析中，在难以解决有关问题的情况下，必须注意打破思维的因循性，改变方式和角度，用不同于一般模式的思维方式开展思维活动。这样才可能找到正确的思维途径，使问题得到解决。

所以，注意摆脱一般思维模式的限制，打破思维的因循性，是特殊问题得以解决的关键，也是案情分析中思维活动应注意的又一重要问题。

7. 换位思考

所谓换位思考，是指将自己置于犯罪人或被害人的位置，想象当时可能会出现的心理及行为活动，以准确分析案犯或被害人心理及行为活动的一种思维方式。即“假如我是犯罪人或被害人，我会怎么办”的思维方式。

换位思考其实是一种想象的过程，将自身设身处地地置于犯罪人或被害人的位置和角度进行思考，有助于贴近犯罪人或被害人的心理及行为活动的实际，因而，它的思考结果更加贴近和符合犯罪人或被害人的实际。

所以，在案情分析中，应该养成一种换位思考的习惯，多从犯罪人或被害人的角度考虑他们可能会出现的心理及行为活动，这样会收到更好的效果。

8.善于存疑，防止确证偏见

所谓确证偏见是指无视其他可能，认定嫌疑人就是犯罪人的一种心理现象。

确证偏见是人性固有的弱点，是常常难以避免和极易发生的一种心理现象。在侦查过程中，人们在过去经验或已有侦查材料等的影响下，往往会自然地产生和形成某种心理倾向或思维定式，进而形成某人就是犯罪人的确证偏见，从而一叶障目，对可能还有的其他疑点不再予以重视和进行深入研究，最终导致冤错案件发生。这是司法实践中冤、假、错案发生的重要原因，也是侦查工作的大忌。古往今来的司法实践中，有过许多深刻的教训。所以，克服并防止确证偏见，应是犯罪心理分析及侦查工作中务必要注意的问题。而要克服和防止确证偏见，就必须善于存疑，不放过任何疑点，既要考虑嫌疑人作案的可能，也要考虑其是无辜者的可能，这是克服和防止确证偏见的前提。而要做到善于存疑，就必须对所有正、反两个方面的材料和信息进行全面综合的考虑，不放过与已有结论相矛盾的任何问题，并敢于在众人一致认定的情况下，以不同于他人的求异思维，提出不同意见和问题。这是在侦查实践中防止确证偏见的关键。

第二节　认知综合测试法编题技术

一、认知综合测试法编题技术的概念

认知综合测试法编题技术，即注重问题的客观性、认知性、多面性和心理活动的规律性，以作案人的有关特征、属性和与案件有关的要素、情节、特点及案犯心理活动问题为主，依据心理活动的规律，采用多种编题方法，对与案件有关的多个目标问题进行设计编题，以全面检测被测人对案件认知状况的一种编题技术。

具体体现在编题上，即采用自我（作案人）认知检测法、违法犯罪认知检测法、即时心理状态检测法，以及以案件相关要素问题、犯罪情节问题及相应心理状态问题为主进行编题。

二、编题的重要性

犯罪心理测试技术是通过主试言语问题的刺激引发被测人的心理生理反应，进而评判被测人与案件关系及案件有关情况的一项犯罪心理鉴定技术。在此项技术的应用中，主试言语问题的设计编题（刺激变量），与被测人的反应活动关系密切，是触发涉案人心理活动并引起生理指标变化的重要条件，直接影响到被测人的心理生物反应状况（反应变量）及图谱评判和测试结论。所以，犯罪心理测试技术的关键问题，首先是如何通过科学编题及提问，有效刺激引发被测人的心理生理反应。而主试言语问题设计编题的科学性水平及效度，是决定被测人反应活动及测试效果的关键。因此，测试题编制水平是影响测试效果的首要因素，决定着测试的效果和成败。

三、心理活动规律是科学编题的重要基础和依据

主试言语问题的设计能否遵循人心理活动的规律，是决定被测人反应活动及其状况的关键。因为心理活动的规律直接影响和制约着人的有关心理活动及其对当前刺激的反应。

譬如，作案人对犯罪过程中有关问题的感知状况，受感知规律及其特点的影响和制约；其对案件有关问题的记忆状况，受记忆规律及其特点的影响和制约；其犯罪心理及行为活动的过程和特点，受犯罪心理活动规律以及主客观因素的影响和制约；其对当前问题刺激的反应，受注意、联想等认知活动规律及其心理状态的影响和制约。

因此，在与案件有关的宏观问题（笼统问题）和微观问题（具体问题）的编制上，在涉及作案的因素、动机、人数、时间、空间、方位、路线、方式、工具等与案件有关要素问题的编制上，在作案人行为活动过程及其心理状态问题的编制上，问题呈现的次序、内容、方式和强度，须符合人的认知及记忆活动的规律和特点，符合人心理活动的过程以及犯罪心理活动的规律和特点，符合人心理现象发生、发展和变化的规律和特点，才能顺势、准确

而有效地刺激唤醒和引发涉案人有关的心理活动及心理生理反应，从而获得应有的图谱变化及心理信息，进而为测试结论提供条件。否则，忽视或违背上述心理活动的规律和特点，就会因问题提出的时间、内容、方式、强度等不当，导致被测人缺乏相应的认知及记忆活动和心理状态，从而难以引起其相应的心理活动以及图谱变化，或由于过敏、唐突等引起被测人不应有的心理活动及图谱变化，最后影响测试的准确性。

所以，检测被测人是否存在与案件相关的心理信息的犯罪心理测试技术，要达到预期的效果，就必须在主试言语提问的编题上，严格遵循人心理活动的规律，遵循感知、记忆、联想、思维等认知活动及情绪活动的规律，遵循人的心理活动过程及心理状态产生形成和发展变化的规律，遵循犯罪心理活动的规律，并且遵循言语心理学以及实验心理学的规律等众多心理学规律。这样，我们才可能在相应条件的保障下，有效地检测、获取被测人的有关心理信息，否则难以保证测试的效度和信度，难以取得有效而可靠的测试结论。

因此，心理活动规律是科学编题的重要基础和依据。要保证编题及测试的科学有效性，就必须遵循心理活动的规律。

四、遵循心理活动规律编题，是保证测试效度和信度的首要条件

犯罪心理测试，其实质是一严格的心理实验过程。

科学的心理实验要求，要使反应变量（因变量）呈现应有的变化，在实验设计上必须考虑刺激变量（自变量）的性质、内容、方式、时间和强度，否则会影响反应变量应有的变化及实验的效度和信度。正如杨治良教授所言，对自变量控制的好坏，直接影响实验的成败；对自变量的控制，首先要对自变量进行严格的规定。说明了没有对刺激变量的规定与控制，反应变量就不可能有正常的呈现，甚至会出现反常的变化，因为反应变量取决于刺激变量的合理性与正确性。

反应变量不仅与刺激变量具有一般的依存关系，而且刺激变量的状况与特点对反应变量具有重要的影响和决定作用，是决定反应变量的首要条件。

根据科学的S—O—R公式的原理，刺激（S）的性质、强度、特点等影响和决定反应（R）的状况。同时，反应又受反应者主体状况（O）的影响和制约。而主体状况除了由其心理、生理特点影响、决定以外，也受其认知经

历及记忆等心理内容影响和决定。认知经历及记忆等心理内容，对主体状况以及对特定刺激的反应，具有重要的影响和决定作用。心理反应活动的选择性，决定了特定认知经历及记忆等心理内容及心理活动的兴奋唤醒，需要相应的刺激。

就犯罪心理测试而言，在被测人存在特定认知经历及记忆等心理内容的条件下，期望引发唤醒相应记忆等心理内容及心理活动的言语问题，能否对相关记忆等有关心理内容及心理活动构成有效的刺激唤醒，是能否引起反应及相应心理活动的关键。

因此，引发、唤醒记忆等心理内容及心理活动的言语问题的设计编题，必须充分考虑问题的客观性和认知经历的存在性。

所以，要使实验取得预期的效果，保证实验的效度和信度，必须对刺激变量进行科学的规定和控制，这是取得可靠实验结果的首要条件。而对刺激变量进行科学的规定和控制，就要遵循有关心理活动的规律，遵循刺激与反应之间关系的规律，使刺激变量的性质、内容、方式、时间和强度，符合能够引起相应反应的条件。

犯罪心理测试的编题，即对刺激变量的确定过程。

要使这一实验取得应有的效度和信度，获得科学、准确的结果，必须首先规定与控制刺激变量，使刺激变量符合实验所规定的要求。也即所编制的问题，符合与被测人可能存在的心理内容和心理活动的匹配。提问的内容、性质、方式、时间、强度等，符合曾经历了案件过程，有着特定的认知经历及记忆、情绪体验等心理内容并对当前的问题刺激产生相应心理活动的涉案人的心理内容与状况，使所提问题与涉案人的认知过程及心理内容、心理过程、心理状态相吻合、相对应。这样，才可能准确而有效地刺激唤醒和引发涉案人相应的心理活动及心理生理反应。

而要取得这样的效果，测试编题及言语刺激，必须遵循有关心理活动的规律，使其符合心理实验设计的科学要求，符合刺激变量与反应变量之间关系的规律。在遵循有关规定与控制的要求下，做好测试题的编制工作。

譬如，在知情问题的编制上，须遵循认知及记忆过程先宏观、笼统，后微观、具体的特点，逐步使问题深入具体化；在作案过程问题的编制上，须符合犯罪心理和行为活动的规律与特点及案件发生发展的过程和特点，顺时序进行编题；在具体情节问题的编制上，须符合注意及感知活动的规律，准确地选择和编制目标问题等，从而保证测试的科学合理性，保证其效度和信度。否则会影响被测人反应活动的效果及心理生理反应图谱的应有变化，从而难以保证测试的效度与信度以及取得预期的测试效果。

所以，遵循心理活动规律编题，是保证犯罪心理测试效度和信度的首要条件。只有根据心理活动的规律，科学地规定和控制对被测人进行提问的问题，才可能取得有效而可靠的心理生理反应图谱及外显情绪行为反应变化，从而为得出正确的测试结论提供条件和保障。

五、编题原则和要求

编题要遵循心理活动规律，符合心理活动规律的要求及心理实验的规定与条件。根据有关心理活动的规律及实案测试经验，犯罪心理测试的编题，须遵循和坚持以下原则和要求。

（一）客观性与认知性

客观性与认知性，即在编题时，目标题的选择和编制应是案件客观存在的，反映案件具体或特殊情况的，为案件经历者有过相应认知经历并能够形成相应记忆和有关心理活动的，能够对具有特定认知经历的被测人形成有效刺激唤醒的内容。它包括问题是案件中存在与发生过的和能为涉案人所认知的两个方面。

因为根据人心理活动的规律，客观存在是感知、记忆等认知活动的前提，是形成特定心理生理反应的条件。如果在编题上缺乏客观性，就无法引起涉案人相应的心理活动及相关的心理生理反应。

而是否具有认知性，是问题能否引起涉案人相应心理活动的又一条件。因为在案件发生过程中，涉案人的涉案情况不同，其当时的注意范围、注意对象、注意程度和感知状况会有所不同，从而导致记忆等认知状况不同，测试时对同一问题的反应也就不同。

所以，测试编题不仅要注意问题的客观性，还要考虑涉案人在特定情境条件下的注意、感知和记忆等认知活动的状况，考虑其认知经历的存在性。因为，即使是在某一问题客观存在的情况下，涉案人受特定情境条件及心理状态的影响，也可能无法形成相应的记忆等认知内容，导致特定问题无法引起有关的心理活动及心理生理反应。

因此，编题的客观性与认知性，是被测人对当前问题能够引起相应反应的两个基本条件，是心理活动规律的客观要求，是保证测试效度和信度的首要条件。

同时，由于案件的客观情况与认知经历，是影响和决定被测人心理活动及其内容和状态的重要因素，因此它在被测人大脑皮层及记忆等认知系统和心理活动中的有与无，是被测人是否有过相应心理与行为活动及认知经历的客观指标。因此，问题的客观性与认知性又是检测并区别被测人是否涉案及涉案情况的重要指标，是犯罪心理测试技术科学性的基础和依据。

所以，客观性与认知性，应是测试编题中基本的原则和要求之一。

（二）顺时性与过渡性

顺时性与过渡性，即编题要根据作案人心理及行为活动以及案件发生、发展的过程，顺时序地提出有关问题。同时，有关问题要根据记忆、联想、思维等认知活动的规律及人心理状态发展变化的规律，待某一心理活动和状态可能出现时，适时地提出。

因为，人的认知等心理活动是一个有规律的过程。根据对记忆、联想等认知活动的研究，记忆、联想等认知活动与事物间的逻辑联系关系密切。事物间的逻辑联系直接影响记忆、联想等认知活动的效果。而事物发展的先后次序的时间联系，是事物逻辑联系的重要方面，是记忆、联想等认知活动的重要线索。

编题的顺时性即根据作案人心理及行为活动以及案件发生、发展的过程，顺时序地提出根据案件的客观存在及人的认知经历而在涉案人心理上留下深刻印象的具有逻辑联系和递进关系的问题，进而在顺应案件发生、发展的过程中以及涉案人心理与行为活动过程的状态下，自然而有效地引发涉案人相应的记忆、联想等认知活动以及情绪活动和心理生理反应，以提高测试的效度。

而编题的过渡性是因为人对当前刺激的反应，受当时心理活动及其状态的影响和制约。

人的心理活动及状态，有一个发展变化的过程，此过程受当前问题情境的明显影响和制约。当问题情境逐步呈现时，心理活动会变化、过渡为相应的心理状态。当心理活动变化过渡到特定的状态时，人对特定的刺激会产生显著的反应，否则会影响对特定刺激的反应效果。

对犯罪心理测试而言，有关问题提出的时机，即被测人是否产生了相应的心理活动及其状态，对测试效果有着明显的影响。而此时机的出现需要一定问题的过渡和诱导。

因此，编题中对有关问题的编制，需要一定问题的过渡和诱导，需要科学地确定问题提出的顺序和时机，不能操之过急而违反心理活动的规律。这是编题的过渡性原则与要求提出的原因，也是心理诱导技术的具体应用。

另外，编题的顺时性与过渡性两者又是相互联系的，顺时性是过渡性的前提条件，只有遵循顺时性，才能保证问题有效地过渡，从而使涉案人产生特定的心理活动及状态，进而为特定问题的提出及反应提供条件。

所以，顺时性与过渡性是犯罪心理测试编题的又一基本原则和要求。

（三）情绪体验性与防止过敏性

被测人对案件相关问题的记忆等认知状况及情绪活动状况，是区别涉案人与无辜者的重要指标。

情绪体验性与防止过敏性，即编题时，一方面，针对涉案人在案件的特定情境中和测试时相关问题的作用下，可能会产生的紧张、恐惧、慌乱、意外、挫折感、罪责感、负担、压力、后悔以及有关的愿望和动机等具有明显情绪体验的心理活动和状态，编制问题，以引发、唤醒其相应的情绪活动；另一方面，又要避免和防止由于问题不当，导致被测人产生过敏反应而引起无关的情绪反应。

心理学研究及测试实践表明：人对所经历、认知与体验过的事件，印象最深刻的是有过深刻情绪体验的。从记忆的内容看，不伴有明显情绪体验的事件及其内容，容易被遗忘，亦即情绪体验的程度与记忆的程度呈正比关系。从刺激—反应的效果看，直指情绪体验等心理活动与状态的刺激内容和方式，更能引发人相关的记忆等认知活动及情绪反应。

譬如在对杀人案件作案人的测试中，作案人在杀人时和杀人后的有关问题上，对具体行为过程问题的反应，没有对当时发生情绪体验等心理状态问题的反应强烈。说明人对情绪的体验及记忆，比对具体行为过程的记忆更为深刻，这是由记忆规律所决定的。而涉案人对案件有关问题的情绪体验及记忆是特殊而独有的。

因此，测试中在选择编制目标题时，应注意选择那些可能使涉案人产生过深刻情绪体验的问题，以有效地刺激唤醒其相关的记忆及情绪活动，从而获得更为显著的心理生理反应活动变化及有关信息。

同时，心理学研究和测试实践表明：在许多情况下，由于问题存在不明确性、暗示性或刺激性，故被测人对当前问题的认知及反应会受到影响，会因过敏等原因产生不同认知选择的反应及情绪等心理活动，从而导致心理生理反应变化产生不特定性。

因此，测试编题中，在注意情绪体验性的同时，还要注意避免和防止被测人的过敏反应及情绪活动，以避免异常的图谱变化对评判的干扰和影响。

这就要求测试编题中，在有可能导致被测人产生过敏反应的问题上，必须使问题具体明确，并不会使无辜者因问题的刺激性而产生过敏、惊恐等反应，更不能使无辜者因此而产生愤怒、对立等情绪，从而保证测试的准确可靠性。

所以，加强编题的情绪体验性，并防止问题的过敏性，是提高编题质量又一方面的原则与要求。

（四）唯一性与通俗易懂性

编题的质量好坏与成败，最终在于能否使被测人正确地认知并产生有效的反应。

唯一性与通俗易懂性，即在编题中，使每一问题都仅具有特定而单一的含义（纯净的），不会使被测人产生歧义和误解。同时，问题作为口头语言提出时，能使被测人很容易地认知和理解。

人对言语问题的认知理解及反应，与言语的内容、方式、语境、复杂程度、语言习惯等关系密切。语句结构复杂、内容含混、语义较多等都会影响人对言语的认知理解。同时，特定的语境和语言习惯，也会影响人对问题的认知和理解。

因此，在测试编题中，应遵循言语心理学的规律，力求使所编制的问题语句简短、类型简单，语义明确、纯净而单一，并尽可能符合当地的语言习惯，做到通俗易懂。同时，要注意先前问题形成的特定语境对后续问题认知理解的影响，从而防止和避免被测人因对问题认知理解的困难，造成测试的障碍，影响测试的效果。

（五）全面性与适宜性

全面性即编题应涵盖案件的基本要素和案件经历者相应的认知以及主要的、特殊的、可能的心理与行为活动等多方面问题，以便尽可能全面地检测被测人对案件的认知情况及其心理痕迹和案件事实真相，并保证有较多的心理信息进行比对，以更为可靠地甄别被测人与案件的关系和更多地获得案件有关信息，从而提高测试的效度和信度以及测试结论的科学性、可靠性和全面性。否则，过少问题的编题，难以达到对被测人有关心理信息及案件事实真相的检测，不仅造成没有足够的心理信息进行比对，降低了对被测人与案件关系的认知程度，使测试的效度和信度降低，给测试结论造成困难，也降低了测试技术发现和获取案件有关信息的作用与效果，不利于而后对案件的进一步侦查审理工作。

适宜性即编题要符合案件类型及特点，符合测试目的与任务，符合当地及被测人的文化习俗和心理特点等。在有关问题的编制上，要考虑问题的编排位置与时机、问题类型与方式、问题的笼统与具体、可能的心理效应、题项的数量等，根据上述情况进行编题。

总之，心理测试并非检测口供的真假，而是检测与案件相关心理痕迹的有无，即“测真”。而上述原则与要求即实现“测真”的必要条件，是保证测试科学性及其效度和信度的基本保障，应是编题必须注意的方面。

六、认知综合测试法编题方法

（一）认知综合测试法编题结构模式

认知综合测试法编题，应是在全面了解和掌握案情，分析并把握犯罪人心理及行为活动的前提下，按照心理活动的规律和案件发生、发展的过程及犯罪心理与行为的特点和规律顺时序进行的。一套测试题应是一个动态的整体结构，涵盖案件基本的和主要的问题。各部分问题之间要前后呼应，相互印证。

由于采用多种方法对多方面问题进行检测，所以，认知综合测试法编题的题项较多，通常由十组左右六七十道问题组成，并且问题可以根据测试的具体情况作相应的变动和调整，若涉及情节和问题较多，则可以适当增加题目数量。

所编问题主要包括以下三个方面的内容：

一是自我（作案人）认知检测——检测被测人对作案人的某些自然地理的、生理的、社会的、人际关系的特征以及作案因素、动机、与被侵害对象的关系和涉案人数是否有认知。

二是违法犯罪认知检测——检测被测人对案件的相关情况是否有认知。包括作案的准备情况、作案的时间、作案的地点、作案的方式、作案的工具、作案的手段、作案的角色、作案的过程，以及作案工具、被害人尸体的处理方式和去向、赃款赃物的去向、作案后的行为等。

三是即时心理状态认知检测——主要检测作案人在作案前、中、后及接受测试时具有深刻情绪体验的一些心理活动和心理状态。

其问题具体编排顺序为：

第一部分为导入题（一组），即对被测人的姓名、年龄、是否知道案件情况、之前说的是否是真话以及是否愿意讲真话等，进行简单提问，从而导入案件。

第二部分为自我（作案人）认知题，即对作案人的某些自然地理的、生理的、社会的、人际关系的特征以及作案因素、动机、与被侵害对象的关系和涉案人数等进行同类项的分组提问（可根据情况设数组问题）。

第三部分为违法犯罪认知题，即对被测人对案件相关情况的认知状况进行提问，包括作案的准备情况、作案的时间、作案的地点、作案的方式、作案的工具、作案的手段、作案的角色、作案的过程，以及对被害人尸体的处理方式和尸体去向、赃款赃物的去向、作案后的行为，作案前、中、后的心理活动（包括作案前是否有愤怒、仇恨等情绪状态，作案时及作案后是否有紧张、害怕等情绪活动）以及是否还有人知道情况、是否与人商量过、是否有人给出过主意等（可根据情况设数组问题）。

第四部分为结束题和良性诱导题，主要测试涉案被测人的现时心理状态，即是否有后悔、愿意讲真话、希望争取宽大处理等心理活动。

在整套题目中，一般应在自我（作案人）认知题后和违法犯罪认知题前，出一组SKY题目，以初步测试和判断被测人与案件的关联程度。同时，在整套题目中可酌情夹杂一定的准绳问题或类准绳的问题（刺激较强的问题），以检测被测人的反应是否正常并与相关问题进行比较。

案件有关情节问题等不便在前面的问题后马上提出，可在案件基本过程及其问题后，用“你现在是害怕我问别的问题吗？”进行转折，然后提出相关问题。实案测试表明：在案件基本过程及其问题后，用“你现在是害怕我问别的问题吗？”进行转折，不仅起到了问题的转折作用，而且能有效地检测被测人的体能及其反应是否正常，并起到了与后续相关问题的比对作用，对后续相关问题的评判具有很好的效果。

另外，编题中有时需要根据案件及被测人的不同情况，在部分问题上对不同被测人提出不同问题，可将问题事先列出并予以注明。

在实案测试中，对于对前面的目标问题没有特异反应的被测人，第四部分的问题则无须提出。而对于对前面的目标问题有特异反应的被测人，第四部分的问题一般在第二遍或第三遍测试结束并能够认定涉案时，才予提问。

在确保反应正常的情况下，当被测人对前面的问题没有特异反应时，对第三部分违法犯罪认知题的具体问题可不再继续提问，或只挑选个别问题予以提问，若被测人仍无反应，即可结束测试。

（二）目标题与参照题（陪衬问题）的筛选和编制

正确地选择和编制目标题，对实现测试目的、取得测试效果具有重要作用，是测试编题的关键环节。而参照题又是保证目标题测试效果的重要条件。要使有过相应案件经历的被测人对目标题产生应有的特异反应，不仅要正确地选择和编制目标题，还要正确合理地搭配编制参照题。

编题中，目标题的选择和编制如前所述，应符合客观性和认知性的要求。

目标题的选择及设置应当做到，无辜的被测人无法将其从陪衬项目（参照题）中区别出来，只有具有相应认知经历的被测人才会对其有显著反应。

而在参照题的编制上，要求其与目标题内容、形式都相似，具有同一水平，但与案情无关。

在一组题中要合理搭配数个参照题，并将目标题放在一组题中间靠后的位置。要使该组所有问题表面都十分相似，无辜者看来没有明显区别，而知情者看来却有显著差异。

问题结构：

N0—N1—N2—R—N3—N4

在编排问题时，首题用一句提示该组问题内容的问句开头，如“你知道……吗？”以引起被测人的注意。一组问题中，一般只应有一个目标问题。

（三）编题中应注意的问题

编题除须坚持和遵循有关编题原则及要求外，还应注意以下问题：

关于人称代词的使用。在以案找人的刑事案件等的编题中，在使用人称代词时，除第一组导入题外，尽量不使用“你”字，而用“干这事的人”或“作案人”代之。在“你”字必须使用的情况下，应尽量将其置于语句的中间位置，以避免引起被测人的过敏、对立、愤怒等情绪反应，从而影响测试和图谱反应。

注意动词的使用。动词的形象合理使用，对增强语言效果具有重要的作用。在编题中，要注意动词的使用效果，尽量选择那些通俗形象的动词进行动作表述。同时须注意，在不能确定作案人使用何种工具、采用何种方式的情况下，动词的选择使用应笼统概括。譬如，不用“打”“捅”“砍”，而用“弄”。

在涉案人数、年龄、赃款数、时间等同一组问题的排列上，一般应由小到大、由先到后，按照自然顺序排列，不要跳跃，以避免给被测人造成额外刺激或暗示。但在年龄问题上，如被测人年龄较小，只有十几岁，则可由大到小排列和读题。

在涉及时间、范围等问题的编制上，应先宏观后微观。

在同一问题的否定与肯定题上，一般应先问否定题，后问肯定题。譬如，“当时，是没有动手吗？”与“当时，是动手了吗？”

在一个问题有两种可能的情况下，应先问可能性小的，后问可能性大的。

对涉案人已明确，需要确定案件性质或案件具体情况的案件，编题时可省略相关的自我（作案人）认知题。

总之，编题要在坚持和遵循有关编题原则及要求的前提下，既参照基本的编题结构和模式，又根据案件和被测人的具体情况进行，不能机械教条。

测试人员应在实践中不断地总结经验，提高编题水平。

（四）不同类型和特点案件的编题

认知综合测试法的编题强调针对性和灵活性，需根据案件情况、类型和特点以及测试目标和任务进行。

下面是不同类型案件实案测试编题。

实测案件例一（入室杀人抛尸案）

基本案情：

详见本书第一章第四节“案例四”。

实测编题：

××市××区公安分局“2009.5.25杨××被害失踪案”

心理测试题

2009年6月9日研拟

1. 你是叫××吗？
2. 你今年是××岁吗？
3. 你知道5月24号晚杨××被人伤害失踪的事情吗？
4. 杨××被人伤害失踪，清楚是怎么回事吗？
5. 你前面给公安局说的都是实话吗？
6. 一个人给公安局不说老实话，你是认为他能瞒得过去吗？
7. 你现在是愿意说实话吗？

8. 杨××被人伤害失踪，是知道是什么人干的吗？
9. 杨××被人伤害失踪，是不认识的人干的吗？
10. 杨××被人伤害失踪，是认识的人干的吗？
11. 杨××被人伤害失踪，是本地的人干的吗？
12. 杨××被人伤害失踪，是外边来的人干的吗？

13. 杨××被人伤害失踪，是清楚是为什么事吗？

14. 杨××被人伤害失踪，是因为和谁有矛盾吗？
15. 干这事的人，是因为恨他吗？
16. 干这事的人，是因为钱财的事吗？
17. 干这事的人，是因为女人的事吗？
18. 干这事的人，是因为当时生气了干的吗？
19. 干这事的人，是因为其他的事情吗？
20. 发生这个事，杨××是也有过错吗？

21. 杨××被人伤害失踪这个事，是知道是多大岁数的人干的吗？
22. 这个事，是20多岁的人干的吗？
23. 这个事，是30多岁的人干的吗？
24. 这个事，是40多岁的人干的吗？
25. 这个事，是女的干的吗？
26. 这个事，是男的干的吗？

27. 这个事，知道是几个人干的吗？
28. 这个事，是一个人干的吗？
29. 这个事，是两个人干的吗？
30. 这个事，是还有别的人参与了吗？

31. 杨××被人伤害失踪，是知道是什么人干的吗？
32. 杨××被人伤害失踪，是看见什么人干的吗？
33. 杨××被人伤害失踪，是怀疑什么人干的吗？
34. 杨××被人伤害失踪，是自己参与干的吗？
35. 杨××被人伤害失踪，是自己干的吗？
36. 杨××被人伤害失踪，是别人让干的吗？

37. 杨××被害失踪，干这事的人是准备好了干的吗？
38. 杨××被害失踪，干这事的人是临时起意干的吗？
39. 杨××被害失踪，是失手造成的吗？

40. 杨××被人伤害，是清楚是那天什么时间发生的吗？
41. 杨××被人伤害，是那天晚上11点前发生的吗？
42. 杨××被人伤害，是那天晚上11点后发生的吗？

43. 这个事，是清楚当时的情况吗？
44. 干这事的人，那天是用钥匙开门进去的吗？
45. 干这事的人，那天是敲门进去的吗？
46. 干这事的人，那天是把门骗开进去的吗？
47. 当时，是杨××给开的门吗？

48. 干这事的人进去后，是和杨××说话了吗？
49. 干这事的人进去后，是和杨××吵架了吗？
50. 干这事的人进去后，是过了一会儿才动的手吗？
51. 干这事的人进去后，是一进门就动的手吗？
52. 干这事的人进去后，是突然动的手吗？
53. 是清楚在房间里哪个地方动的手吗？

54. 当时干这事的人，是用东西打他了吗？
55. 当时干这事的人，是用刀捅他了吗？
56. 当时干这事的人，是用别的东西弄他了吗？
57. 当时，杨××是躲了吗？
58. 当时，杨××是反抗了吗？
59. 干这事的人当时，自己是也受伤了吗？
60. 杨××是当时就被弄死了吗？

61. 干这事的人当时，是害怕被别人发现吗？
62. 干这事的人当时，是把窗帘拉下来了吗？
63. 干这事的人当时，是挪动他的尸体了吗？
64. 干这事的人当时，是用刀割了吗？

65.干这事的人当时，是清理房间了吗？
66.后来干这事的人，是用东西包杨××的尸体了吗？
67.是清楚用什么东西包的吗？

68.后来，是清楚怎么把杨××的尸体弄走的吗？
69.后来干这事的人，是把他从楼上抬下去的吗？
70.后来干这事的人，是把他从楼上拖下去的吗？
71.后来干这事的人，是用车把他拉走的吗？
72.当时，是有人看见了吗？

73.这个事，是清楚把杨××的尸体弄到哪儿去了吗？
74.当时，是把他弄到酒泉的东南面了吗？
75.当时，是把他弄到酒泉的西北面了吗？
76.是清楚离酒泉城有多远吗？
77.是弄到过了嘉峪关的地方了吗？
78.是弄到黑山湖了吗？
79.是弄到酒泉和嘉峪关之间的石滩上了吗？
80.是弄到别的地方了吗？
81.干这事的人，是把他埋了吗？
82.干这事的人，是把他扔到那儿了吗？
83.现在是还能找到吗？

84.你现在是害怕我问别的问题吗？
85.干这事的人后来，是用杨××的手机发短信了吗？
86.干这事的人这样做，是为了迷惑人吗？
87.是清楚杨××手机的下落吗？

88.后来干这事的人，是换衣服了吗？
89.衣服上是沾上血了吗？
90.是清楚把衣服怎么处理了吗？

91. 干这事的人，后来是把车洗了吗？

92. 这个事，是还有人知道吗？
93. 干这事的人，是想好怎么对付公安局了吗？
94. 干这事的人，现在是后悔了吗？
95. 干这事的人，现在是愿意主动说清楚吗？
96. 干这事的人，现在是想争取从宽处理吗？

实测案件例二（12岁女孩被害案）

基本案情：

详见第一章第四节“案例十二”。

实测编题：

××省××县公安局“2011.2.3杀人案”

心理测试题

2013年11月18日研拟

1. 你的名字是叫××吗？
2. 你今年是××岁吗？
3. 你知道前年大年初一晚上×××村尚××被人弄死的事吗？
4. 尚××被人弄死这个事，清楚是怎么回事吗？
5. 你前面给公安局说的都是实话吗？
6. 一个人给公安局不说老实话，你是认为他能瞒得过去吗？
7. 你现在是愿意说实话吗？

8. 伤害那个女孩的事，是知道哪儿的人干的吗？
9. 伤害那个女孩的事，是和她不认识的人干的吗？
10. 伤害那个女孩的事，是和她认识的人干的吗？
11. 伤害那个女孩的事，是××村的人干的吗？
12. 伤害那个女孩的事，是××庄的人干的吗？

13. 伤害那个女孩的事，是××××村的人干的吗？
14. 伤害那个女孩的事，是××××村的人干的吗？
15. 伤害那个女孩的事，是别的村的人干的吗？

16. 伤害那个女孩，是清楚为什么事吗？
17. 伤害那个女孩，是恨她家里人吗？
18. 伤害那个女孩，是因为和她有矛盾吗？
19. 伤害那个女孩，是想和她发生关系吗？
20. 伤害那个女孩，是因为她不同意吗？
21. 伤害那个女孩，是害怕她把有些事情说出去吗？
22. 伤害那个女孩，是害怕给自己带来麻烦吗？
23. 伤害那个女孩，是一时冲动干的吗？
24. 伤害那个女孩，是因为别的原因吗？

25. 这个事，是知道是多大岁数的人干的吗？
26. 这个事，是四五十岁的人干的吗？
27. 这个事，是三十几岁的人干的吗？
28. 这个事，是二十几岁的人干的吗？
29. 这个事，是十几岁的人干的吗？

30. 伤害那个女孩的事，是知道是几个人干的吗？
31. 伤害那个女孩的事，是一个人干的吗？
32. 伤害那个女孩的事，是两个人一起干的吗？
33. 伤害那个女孩的事，是三个人一起干的吗？
34. 伤害那个女孩的事，是好几个人一起干的吗？

35. 伤害那个女孩，是知道谁干的吗？
36. 伤害那个女孩，是看见谁干的吗？
37. 伤害那个女孩，是听说谁干的吗？
38. 伤害那个女孩，是怀疑谁干的吗？

39.伤害那个女孩，是自己参与干的吗？
40.伤害那个女孩，是和自己有关系吗？
41.伤害那个女孩，是自己干的吗？

42.这个事，是清楚当时是怎么发生的吗？
43.是清楚那天那个女孩是怎么到那个地方的吗？
44.干这事的人那天，是和她约好了的吗？
45.干这事的人那天，是偶尔碰见那个女孩的吗？
46.干这事的人那天，是临时把她叫过去的吗？
47.干这事的人那天，是把她哄骗过去的吗？
48.干这事的人那天，是把她强弄过去的吗？
49.是清楚干这事的人当时是想干什么吗？

50.干这事的人当时，是和那个女孩说话了吗？
51.干这事的人当时，是想和那个女孩玩玩吗？
52.干这事的人当时，是和那个女孩发生矛盾了吗？
53.干这事的人当时，是生气了吗？
54.干这事的人当时，是威胁她了吗？
55.干这事的人当时，是打她了吗？
56.那个女孩当时，是喊叫了吗？
57.那个女孩当时，是反抗了吗？

58.干这事的人当时，是捂她的嘴了吗？
59.干这事的人当时，是掐她的脖子了吗？
60.干这事的人当时，是用石头砸她的头了吗？
61.干这事的人当时，是用东西捅她的脖子了吗？
62.干这事的人后来，是把她弄到树林里面了吗？
63.那个女孩当时，是自己掉下去的吗？
64.那个女孩当时，是被人推下去的吗？
65.后来干这事的人，是下去看过吗？

66. 那个女孩当时，是不动弹了吗？
67. 干这事的人后来，是害怕了吗？

68. 是清楚干这事的人后来去哪里了吗？
69. 干这事的人后来，是直接回家了吗？
70. 干这事的人后来，是去了别的地方了吗？
71. 干这事的人后来，是又去过现场吗？

72. 你现在是害怕我问别的问题吗？
73. 干这事的人那天，是脱那个女孩的裤子了吗？
74. 干这事的人那天，是摸那个女孩了吗？
75. 干这事的人那天，是对她做别的事了吗？

76. 是清楚干这事的人那天，是用什么东西捅的她的脖子吗？
77. 干这事的人那天手上，是沾上血了吗？
78. 干这事的人那天脸上，是溅上血了吗？
79. 干这事的人那天衣服上，是溅上血了吗？
80. 干这事的人那天鞋上，是溅上血了吗？

81. 是清楚干这事的人后来，把那天穿的衣服怎么处理了吗？
82. 作案时穿的衣服，是把它扔掉了吗？
83. 作案时穿的衣服，是把它烧了吗？
84. 作案时穿的衣服，是把它洗了吗？
85. 这个事，是还有别的人知道吗？
86. 这个事，作案人后来是和人商量过吗？

87. 干这事的人，是想好怎么对付公安局了吗？
88. 干这事的人现在，是后悔了吗？
89. 干这事的人现在，是觉得瞒不住了吗？
90. 干这事的人现在，是想主动说清楚吗？

91.干这事的人现在，是想争取从轻处理吗？

实测案件例三（十年前奸情杀两人案）

基本案情：

详见第一章第四节“案例五”。

实测编题：

××市公安局××分局“杜×太、杜×民被害案”

心理测试题

2009年3月14日研拟

1.你是叫×××吗？

2.你今年是××岁吗？

3.你还记得当年杜×太弟兄两个死亡的事吗？

4.杜×太弟兄俩死亡，是清楚是怎么回事吗？

5.你先前给公安局说的都是实话吗？

6.一个人给公安局说假话，你是认为他很对吗？

7.弄死杜×太弟兄两个人，现在是觉得对不住人家吗？

8.弄死杜×太弟兄俩，是清楚为什么吗？

9.弄死杜×太弟兄俩，是因为有矛盾吗？

10.弄死杜×太弟兄俩，是当时生气了干的吗？

11.弄死杜×太弟兄俩，是为了男女关系的事情吗？

12.弄死杜×太弟兄俩，是为了男女感情的事情吗？

13.弄死杜×太弟兄俩，是为了钱的事情吗？

14.弄死杜×太弟兄俩，是因为其他的事情吗？

15.动手弄死杜×太弟兄俩的人，是清楚是多大岁数的人吗？

16.动手弄死杜×太弟兄俩的人，现在是20多岁吗？

17.动手弄死杜×太弟兄俩的人，现在是30多岁吗？

18.动手弄死杜×太弟兄俩的人，现在是40多岁吗？

19. 动手弄死杜 × 太弟兄俩的人，现在是50多岁吗？

20. 动手弄死杜 × 太弟兄俩的人，是杜 × 太认识的人吗？
21. 动手弄死杜 × 太弟兄俩的人，是杜 × 太家里的人吗？
22. 动手弄死杜 × 太弟兄俩的人，是其他的人吗？
23. 动手弄死杜 × 太弟兄俩，是男的干的吗？
24. 动手弄死杜 × 太弟兄俩，是女的干的吗？
25. 动手弄死杜 × 太弟兄俩，是男女合伙干的吗？

26. 弄死杜 × 太弟兄俩的事，是知道是什么人干的吗？
27. 弄死杜 × 太弟兄俩的事，是看见是什么人干的吗？
28. 弄死杜 × 太弟兄俩的事，是自己参与干的吗？
29. 弄死杜 × 太弟兄俩的事，是自己动手干的吗？
30. 弄死杜 × 太弟兄俩的事，是 × × ×（另一嫌疑人）干的吗？
31. 弄死杜 × 太弟兄俩的事，是两个人一起动手干的吗？

32. 弄死杜 × 太弟兄俩的事，是临时起意干的吗？
33. 弄死杜 × 太弟兄俩的事，是准备好了干的吗？
34. 弄死杜 × 太弟兄俩的事，提前是商量过吗？

35. 弄死杜 × 太弟兄俩，是还记得当时的情况吗？
36. 那天，是和杜 × 太发生矛盾了吗？
37. 那天，是说好了晚上干的吗？
38. 当时动手时，杜 × 太是睡着的吗？
39. 当时动手时，屋里灯是亮着的吗？
40. 当时，是清楚先打的谁吗？
41. 当时，是先打的杜 × 太吗？
42. 当时，是先打的杜 × 民吗？
43. 当时，他们是出声了吗？
44. 当时，他们是挣扎了吗？

45. 当时，他们是马上就死了吗？
46. 当时，他们是还没有死吗？

47. 是清楚当时，是用什么弄死他们的吗？
48. 当时，是用棒子打他们了吗？
49. 当时，是用绳子勒脖子了吗？
50. 当时，是用其他东西了吗？
51. 当时，是自己动的手吗？
52. 当时，自己是也动手了吗？（其中一名嫌疑人）

53. 弄死杜 × 太弟兄俩后，自己（其中一名嫌疑人）是去叫 × × ×（另一名嫌疑人）了吗？
54. × × ×（另一名嫌疑人）是当时就在现场吗？
55. 当时，干这事的人是害怕了吗？
56. 后来，是把两个人的尸体藏到 × × ×（另一名嫌疑人）家的后面了吗？
57. 后来，是把两人的尸体又扔到砖瓦窑里了吗？
58. 转移尸体的时候，是紧张了吗？

59. 你现在是怕我问别的问题吗？
60. 弄死杜 × 太弟兄俩的东西，是自己家的吗？
61. 弄死杜 × 太弟兄俩的东西，是知道怎么处理了吗？
62. 弄死杜 × 太弟兄俩这个事，是还有别的人知道吗？
63. 弄死杜 × 太弟兄俩这个事，自己的家里人是知道的吗？

64. 这个事不给公安局说真话，是想嫁祸于人吗？
65. 主动说这个事，是想减轻自己的罪责吗？
66. 干这事的人，是想好怎么对付公安局了吗？
67. 干这事的人，现在是后悔了吗？
68. 干这事的人，现在是愿意主动说清楚吗？
69. 干这事的人，现在是想争取从宽处理吗？

实测案件例四（某高校女教工失踪被害案）

基本案情：

2008年8月22日中午11时许，某大学女教工马××参加完学院召开的会议后即失踪。一个月后，其尸体在黄河皋兰段被当地农民发现。经尸检系他杀。此案发生后，马××所在单位各种猜测和传言四起，同时，被害人家属也不断上访，找被害人单位提出有关要求，在当地造成了较大的影响。此案经公安机关长达八九个月的侦查，虽也摸排出了一定的嫌疑人，但因侦破条件所限，一直处于悬疑之中。

在上述案件的侦查审理工作陷入僵局处于悬疑后，有关办案单位与我们取得联系，邀请我们前往并应用犯罪心理分析与测试技术协助侦破案件。我们在对上述案件进行全面了解和深入研究把握的基础上，完成了分析、编题和测试。通过测试，准确认定了犯罪嫌疑人，同时获得了大量的案件有关信息，并在测试后根据测试获得的案情信息及掌握的犯罪嫌疑人心理特点，对案情予以分析介绍，对测后审讯工作给予指导。后根据测试指导意见，经审讯，犯罪嫌疑人的心理防线很快被突破，并于测后的次日彻底交代了犯罪过程，从而使上述案件在悬疑九个月后成功告破。

实测编题：

××省××县公安局“××××大学马××失踪被害案”

心理测试题

2009年5月28日研拟

1.你是叫×××吗？

2.你今年是××岁吗？

3.你还记得去年马××失踪被人弄死的事情吗？

4.马××失踪被人弄死，清楚是怎么回事吗？

5.马××被人弄死，是因为和谁有矛盾吗？

6.干这事的人，是因为恨她吗？

7.干这事的人，是当时生气了吗？

8. 马××被人弄死，是因为财务方面的问题吗？

9. 马××被人弄死，是因为钱的事情吗？

10. 马××被人弄死，是因为男女关系的事情吗？

11. 马××被人弄死，是因为其他的事情吗？

12. 马××被人弄死这个事，是清楚是什么人干的吗？

13. 马××被人弄死这个事，是不认识的人干的吗？

14. 马××被人弄死这个事，是认识的人干的吗？

15. 马××被人弄死这个事，是学校外边的人干的吗？

16. 马××被人弄死这个事，是学校里边的人干的吗？

17. 马××被人弄死这个事，是知道是多大岁数的人干的吗？

18. 这个事，是20多岁的人干的吗？

19. 这个事，是30多岁的人干的吗？

20. 这个事，是40多岁的人干的吗？

21. 这个事，是五六十岁的人干的吗？

22. 这个事，是几个人一起干的吗？

23. 马××被人弄死这个事，是知道是什么人干的吗？

24. 马××被人弄死这个事，是看见是什么人干的吗？

25. 马××被人弄死这个事，是怀疑是什么人干的吗？

26. 马××被人弄死这个事，是自己干的吗？

27. 弄死马××这个事，干这事的人是准备好了干的吗？

28. 弄死马××这个事，干这事的人是临时起意干的吗？

29. 弄死马××这个事，是失手造成的吗？

30. 马××被人弄死，是清楚什么时间发生的吗？

31. 马××被人弄死，是那天开会后发生的吗？

32. 干这事的人，是后来才把她弄死的吗？

33. 马××被人弄死，是清楚当时是在什么地方吗？
34. 当时，是在学校外边吗？
35. 当时，是在学校里边吗？
36. 马××被人弄死，是在干这事的人自己的房子里边吗？
37. 当时，是在马××的房子里边吗？
38. 当时，是在别的地方吗？

39. 那天干这事的人，是和她发生矛盾了吗？
40. 那天干这事的人，是和她吵架了吗？
41. 干这事的人当时，是生气了吗？
42. 干这事的人当时，是动手打她了吗？
43. 干这事的人当时，是掐她的脖子了吗？
44. 干这事的人，是用绳子勒她了吗？
45. 马××当时，是挣扎了吗？
46. 马××是当时就死了吗？
47. 后来干这事的人，是在她头上套东西了吗？
48. 后来干这事的人，是在她脖子上绑绳子了吗？
49. 后来干这事的人，是用东西裹她了吗？
50. 套马××头的东西，清楚是从什么地方拿的吗？

51. 后来，干这事的人是害怕了吗？
52. 后来，干这事的人是想过怎么办了吗？
53. 后来，干这事的人是转移她的尸体了吗？
54. 是清楚怎么转移的尸体吗？
55. 转移尸体时，是从门里出去的吗？
56. 转移尸体时，是从窗户里出去的吗？
57. 转移尸体时，是用车了吗？

58. 清楚干这事的人当时，是从哪儿出去的吗？

59. 当时，是从南门出去的吗？
60. 当时，是从西门出去的吗？
61. 当时，是从北门出去的吗？
62. 当时，是从东门出去的吗？
63. 干这事的人，是当时就把她扔黄河里了吗？
64. 干这事的人，是后来才把她扔黄河里的吗？
65. 干这事的人，是前半夜扔的尸体吗？
66. 干这事的人，是后半夜扔的尸体吗？
67. 干这事的人，是清楚在哪儿扔的尸体吗？

68. 你现在是怕我问别的问题吗？
69. 干这事的人，是清楚把马 ×× 的包和手机怎么处理了吗？
70. 干这事的人弄死马 ××，是还有别的人知道吗？
71. 干这事的人弄死人家，良心上是过得去吗？

72. 干这事的人，是想好怎么对付公安局了吗？
73. 干这事的人，现在是后悔了吗？
74. 干这事的人，现在是愿意主动说清楚吗？
75. 干这事的人，现在是想争取从宽处理吗？

实测案件例五（系列抢劫杀人案）

基本案情：

×× 省 ×× 县于2010年12月某日及2011年6月某日，先后发生两起在山区杀死和伤害放羊者并抢走羊群的案件。后经公安机关侦查，长期流窜于当地的马 × 民有重大作案嫌疑并将其抓获。经审讯，马 × 民最后供述是其与马 × 海共同作的案，而且是马 × 海杀的人并将抢劫的羊只卖出的。同时，马 × 民还供述作案用的工具也是马 × 海的。而马 × 海被抓获后拒不承认自己参与过作案，而只承认自己从马 × 民手中接受过羊只并将其卖出。由于两人口供不一，难以厘清案件真相，办案单位遂邀请我们前往对此案进行心理测试技术鉴定。我们在全面了解案情并赴现场实地勘验后进行了编题测试。测试结果表明：此两案系马×民一人所为，马×海仅进行了销赃的行为。在测试获得的相关信息的有力支持下，经测后审讯，马×民很快便交代了两案的事实真相。

实测编题：

××省××县公安局“系列抢劫杀人案”

心理测试题

2012年5月17日研拟

1.你的名字是叫×××吗？

2.你今年是××岁吗？

3.你清楚前年12月中×镇××地伤害放羊老头抢羊的事吗？

4.你清楚那个放羊的老头是怎么被人弄死的吗？

5.你清楚去年6月太×镇××村山上抢羊的事吗？

6.你是清楚那次抢羊的过程吗？

7.你前面给公安局说的都是实话吗？

8.一个人给公安局不说老实话，你是认为他能瞒得过去吗？

9.你现在是愿意讲实话吗？

10.前年12月伤害放羊老头抢羊的案子，是清楚那天是什么时间干的吗？

11.前年12月伤害放羊老头抢羊的案子，是那天上午干的吗？

12.前年12月伤害放羊老头抢羊的案子，是那天中午干的吗？

13.前年12月伤害放羊老头抢羊的案子，是那天下午干的吗？

14.前年12月伤害放羊老头抢羊的案子，是清楚是几个人干的吗？

15.前年12月伤害放羊老头抢羊的案子，是一个人干的吗？

16.前年12月伤害放羊老头抢羊的案子，是两个人干的吗？

17.前年12月伤害放羊老头抢羊的案子，是三个人干的吗？

18.前年12月伤害放羊老头抢羊的案子，是清楚是谁干的吗？

19. 前年12月伤害放羊老头抢羊的案子，是看见了是谁干的吗？
20. 前年12月伤害放羊老头抢羊的案子，自己是干了吗？
21. 前年12月伤害放羊老头抢羊的案子，马×海（你）是去了吗？
22. 前年12月伤害放羊老头抢羊的案子，马×海（你）是没有去吗？

23. 前年12月伤害放羊老头抢羊的案子，是清楚当时的情况吗？
24. 前年12月伤害放羊老头抢羊的案子，是清楚当时老头在干什么吗？
25. 当时作案人，是和老头说话了吗？
26. 是清楚当时怎么动的手吗？
27. 作案人当时，是抱那个老头了吗？
28. 作案人当时，是没抱那个老头吗？
29. 作案人当时，是把那个老头摁到地上了吗？
30. 清楚当时，是怎么伤的那个老头吗？
31. 清楚当时，是用什么东西伤的那个老头吗？

32. 干这事的人当时，是用东西砸他了吗？
33. 干这事的人当时，是用刀捅他了吗？
34. 干这事的人当时，是用刀砍他了吗？
35. 清楚当时，伤那个老头的什么地方了吗？
36. 当时，那个老头是喊叫了吗？
37. 当时，那个老头是反抗了吗？
38. 那个老头，是当时就死了吗？
39. 当时，作案人身上是溅上血了吗？
40. 是清楚，当时是怎么赶的羊吗？
41. 那起案子当时，是有人看到了吗？
42. 后来赶羊走的路上，是碰到过人吗？

43. 是清楚伤害那个老头时，用的是什么刀吗？
44. 清楚把那把刀后来是怎么处理了吗？
45. 那把刀，是在赶羊的路上扔了吗？

46.那把刀，是在赶羊的路上把它藏起来了吗？

47.那把刀，是在赶羊的路上把它埋到土里了吗？

48.那把刀，是把它带回去了吗？

49.那把刀，是马×海（马×民）的吗？

50.那把刀，是自己的吗？

51.那把刀现在，是还能找得到吗？

52.去年6月太×镇××村山上抢羊的案子，清楚那天是什么时间干的吗？

53.去年6月太×镇××村山上抢羊的案子，清楚是几个人干的吗？

54.太×镇××村山上抢羊的案子，是一个人干的吗？

55.太×镇××村山上抢羊的案子，是两个人干的吗？

56.太×镇××村山上抢羊的案子，是三个人干的吗？

57.去年6月太×镇××村山上抢羊的案子，马×海（你）是去了吗？

58.马×海（你）是没有去吗？

59.去年6月太×镇××村山上抢羊的案子，是清楚当时的情况吗？

60.那次抢羊，事先是商量过吗？

61.那次抢羊，是清楚作案人是从什么地方到那儿的吗？

62.是清楚那次作案，是什么时间去那个地方的吗？

63.当时出门时，天是亮了吗？

64.当时出门时，天是还没有亮吗？

65.那次抢羊，是清楚当时那个放羊的娃娃在干什么吗？

66.是清楚怎么弄那个放羊娃娃的吗？

67.当时，是有人藏在附近吗？

68.当时，是害怕碰到认识的人吗？

69.是清楚那次把羊怎么赶过去的吗？

70.赶羊过去的路上是碰见过人吗？

71.那次作案，是清楚带的什么作案工具吗？

72.那次作案拿的斧头，清楚是从哪儿拿的吗？

73.那把斧头，是马×海（马×民）的吗？

74.那把斧头，是自己的吗？

75.那次作案包那个放羊娃娃头的衬衣，清楚是谁的吗？

76.那件衬衣，是马×海（马×民）的吗？

77.那件衬衣，是自己的吗？

78.那次作案拿的斧头，清楚后来是怎么处理了吗？

79.那把斧头，是当时把它扔了吗？

80.那把斧头，是把它藏起来了吗？

81.那把斧头，是把它埋到土里了吗？

82.那把斧头，是把它带回去了吗？

83.那把斧头现在，是还能找得到吗？

84.你现在是害怕我问别的问题吗？

85.你是还做过其他的案子吗？

86.你过去是在其他地方还抢过羊吗？

87.前年12月伤害放羊老头抢羊的案子，当时沾上血的衣服，清楚是怎么处理了吗？

88.沾上血的衣服，是马×海（马×民）处理的吗？

89.沾上血的衣服，是自己处理的吗？

90.你刚才说的都是实话吗？

91.你现在是觉得瞒不住了吗？

92.你现在是想争取从轻处理吗？

93.你现在是愿意主动说清楚吗？

实测案件例六（聚众斗殴致死二人案）

基本案情：

详见第一章第四节“案例三”。

实测编题：

××省××市公安局“2013.9.15××KTV聚众斗殴致死二人案”

心理测试题

2013年10月13日研拟

1. 你的名字是叫××吗？
2. 你今年是××岁吗？
3. 你清楚9月15号晚上××KTV里捅死人的事吗？
4. 那天晚上捅死人的事，是清楚是怎么发生的吗？
5. 你前面给公安局说的都是实话吗？
6. 一个人给公安局不说老实话，你是认为他能瞒得过去吗？
7. 捅人的人现在是怕公安局把这个事弄清楚吗？
8. 你现在是愿意讲实话吗？

9. ××KTV里那天捅死人的事，是清楚是哪的人干的吗？
10. 捅人的事，是甘肃人干的吗？
11. 捅人的事，是陕西人干的吗？
12. 捅人的事，是浙江人干的吗？
13. 捅人的事，是四川人干的吗？
14. 捅人的事，是其他地方的人干的吗？
15. 捅人的事，是不认识的人干的吗？
16. 捅人的事，是认识的人干的吗？
17. 捅人的事，是一个人干的吗？
18. 捅人的事，是两个人干的吗？

19. ××KTV里捅死人的事，是清楚是多大岁数的人干的吗？
20. 捅人的事，是二十几岁的人干的吗？

21. 捅人的事，是三十几岁的人干的吗？
22. 捅人的事，是四十几岁的人干的吗？
23. 捅人的事，是五十几岁的人干的吗？

24. ××KTV里捅死人的事，是清楚是谁干的吗？
25. ××KTV里捅死人的事，是看见是谁干的吗？
26. ××KTV里捅死人的事，是听说是谁干的吗？
27. ××KTV里捅死人的事，是和自己有关系吗？
28. ××KTV里捅死人的事，是自己干的吗？

29. ××KTV里捅死人的事，是清楚是为了什么吗？
30. ××KTV里捅死人的事，是还记得当时的情况吗？
31. 那天晚上捅人的人，是一开始就在KTV吗？
32. 那天晚上捅人的人，是后来被叫去的吗？

33. 记得那天晚上，外边的人是怎么冲进包厢的吗？
34. 当时，自己是顶门了吗？
35. 当时，是看清楚冲进来的人了吗？
36. 当时，冲进来的人是用东西打人了吗？
37. 当时，自己是还手了吗？
38. 是记得自己当时干了些什么吗？
39. 是清楚当时怎么捅的人吗？
40. 是清楚用什么东西捅的人吗？
41. 当时，是用刀捅的人吗？
42. 当时，是用别的东西捅的人吗？

43. 是清楚当时捅了几下吗？
44. 当时，是捅了一下吗？
45. 当时，是捅了两下吗？
46. 当时，是捅了好几下吗？

47. 当时，是从侧面捅的吗？
48. 当时，是迎面捅的吗？
49. 当时，对方是没有防备吗？

50. 捅人的人当时，是有人看到了吗？
51. 捅人的人当时，对方是看清自己了吗？
52. 捅人的人当时，自己是看清对方了吗？
53. 是清楚对方当时被捅后的情况吗？

54. 是清楚捅人的人后来还干了些什么吗？
55. 捅人的人，是后来马上离开了吗？
56. 捅人的人，自己是也受伤了吗？
57. 捅人的人，后来是去医院了吗？
58. 捅人的人，后来是去其他地方了吗？

59. 你现在是害怕我问别的问题吗？
60. 是清楚那天是用什么刀捅的人吗？
61. 当时，是用裁纸刀捅的人吗？
62. 当时，是用弹簧刀捅的人吗？
63. 当时，是用折叠刀捅的人吗？
64. 当时，是用电工刀捅的人吗？
65. 当时，是用别的刀捅的人吗？
66. 捅人的那个刀，是清楚从哪儿来的吗？
67. 捅人的那个刀，是平时就带着的吗？
68. 捅人的那个刀，是那天临时带去的吗？

69. 是清楚后来把捅人的那把刀怎么办了吗？
70. 那把刀，当时是把它装起来了吗？
71. 那把刀，当时是把它给别人了吗？
72. 那把刀，后来是把它藏起来了吗？

73.那把刀，后来是把它扔了吗？
74.那把刀，是扔在KTV里了吗？
75.那把刀，是扔在路上了吗？
76.那把刀，是扔在医院了吗？
77.那把刀，是扔在其他地方了吗？
78.那把刀，现在是还能找得到吗？

79.这个事，知道对方死亡后，捅人的人是害怕了吗？
80.这个事，后来是商量过怎么办了吗？
81.这个事，是想好怎么对付公安局了吗？
82.这个事，是没想到这样的结果吗？
83.这个事，现在是后悔了吗？
84.这个事，现在是想争取从轻处理吗？
85.这个事，现在是愿意把事情说清楚吗？

实测案件例七（投毒杀人案）

基本案情：

2016年3月，进城务工者赵××不明原因死亡，后经解剖检验发现，其系服用二代毒鼠强致死。当地公安机关调查发现，死者之妻李××有重大作案嫌疑，且其于13年前就有过投毒杀人的嫌疑。为了查明真相，办案单位邀请我们对李××进行心理测试技术鉴定。后经审讯，李××不仅交代了先后几次购买杀虫剂和毒鼠强毒死其丈夫赵××的犯罪过程，还供述了13年前当保姆时投毒，致两人中毒其中一人死亡的犯罪事实。

实测编题：

××省××市公安局城关分局“赵××死亡案”

心 理 测 试 题

2016年3月29日研拟

1.你的名字是叫×××吗？

2.你今年是××岁吗?
3.你知道前些天赵××死亡的事吗?
4.赵××死亡这个事,是清楚是怎么发生的吗?
5.你前面给公安局说的都是实话吗?
6.一个人给公安局不说老实话,你认为他是能瞒得过去吗?
7.你现在是愿意说实话吗?

8.赵××死亡这个事,是清楚是怎么造成的吗?
9.赵××,是生病死亡的吗?
10.赵××,是和别人打架致死的吗?
11.赵××,是被人下药毒死的吗?
12.赵××,是别的原因死了的吗?
13.赵××,是有人给下药了吗?

14.给赵××下药这个事,是清楚是哪儿的人干的吗?
15.给赵××下药这个事,是不认识的人干的吗?
16.给赵××下药这个事,是认识的人干的吗?
17.给赵××下药这个事,是外面的人干的吗?
18.给赵××下药这个事,是家里的人干的吗?
19.给赵××下药这个事,是男的干的吗?
20.给赵××下药这个事,是女的干的吗?

21.给赵××下药这个事,是清楚是多大岁数的人干的吗?
22.这个事,是十几岁的人干的吗?
23.这个事,是20多岁的人干的吗?
24.这个事,是30多岁的人干的吗?
25.这个事,是40多岁的人干的吗?

26.给赵××下药这个事,是清楚是几个人干的吗?
27.这个事,是一个人干的吗?

28. 这个事，是还有别的人参与了吗？
29. 这个事，是还有别的人知道吗？

30. 给赵××下药这个事，是清楚干这事的人是为了什么吗？
31. 干这事的人，是和他有矛盾吗？
32. 干这事的人，是恨他吗？
33. 干这事的人，是因为家庭矛盾吗？
34. 干这事的人，是因为经济方面的事情吗？
35. 干这事的人，是因为感情方面的事情吗？
36. 干这事的人，是因为男女关系的事情吗？
37. 干这事的人，是认为他太不行了吗？
38. 干这事的人，是外面有人了吗？
39. 干这事的人，是因为其他原因吗？
40. 赵××在这个事上，他自己是也有责任吗？

41. 给赵××下药这个事，是清楚是什么人干的吗？
42. 给赵××下药这个事，是怀疑什么人干的吗？
43. 给赵××下药这个事，是看见了什么人干的吗？
44. 给赵××下药这个事，是和你有关系吗？
45. 给赵××下药这个事，是你干的吗？

46. 干这事的人，是准备好了干的吗？
47. 干这事的人，是一时生气干的吗？
48. 干这事的人，是早就想这么干了吗？
49. 干这事的人，是下药前几天想干的吗？
50. 干这事的人，是下药当天才想干的吗？
51. 干这事的人，是3月7号前下的药吗？
52. 干这事的人，是3月7号当天下的药吗？
53. 干这事的人，是3月7号后下的药吗？

54. 干这事的人，是白天下的药吗？
55. 干这事的人，是晚上下的药吗？

56. 这个事，是清楚当时的情况吗？
57. 这个事，是清楚当时把药下到哪儿了吗？
58. 这个事，当时是把药下到饭里了吗？
59. 这个事，当时是把药下到菜里了吗？
60. 这个事，当时是把药下到喝的水里了吗？
61. 这个事，当时是把药下到别的东西里了吗？

62. 是清楚赵 ×× 是什么时候把下的药吃下去的吗？
63. 下的药，是当时就吃下去的吗？
64. 下的药，是后来才吃下去的吗？
65. 干这事的人，是看见他吃下去了吗？

66. 干这事的人下药后，心里是害怕了吗？
67. 干这事的人下药后，是当时就走了吗？
68. 干这事的人下药后，当时是没有走吗？
69. 是清楚干这事的人把装药的东西怎么办了吗？
70. 装药的东西，干这事的人是把它处理了吗？

71. 是清楚干这事的人给赵 ×× 下的，是什么药吗？
72. 是清楚干这事的人下的药，是从哪儿来的吗？
73. 干这事的人下的药，是有人给的吗？
74. 干这事的人下的药，是家里放着的吗？
75. 干这事的人下的药，是自己买来的吗？
76. 干这事的人下的药，是从哪儿要的吗？

77. 是清楚干这事的人给赵 ×× 下的药，是什么样的吗？

78.下的药，是小瓶子装着的吗？

79.下的药，是塑料袋装着的吗？

80.你现在是害怕我问你别的问题吗？

81.还记得2003年×县公路段养管站郭×林的老婆包×芳中毒死亡的事吗？

82.包×芳死亡这个事，是清楚是怎么回事吗？

83.包×芳死亡这个事，是有人给下药了吗？

84.包×芳死亡这个事，是清楚下的是什么药吗？

85.包×芳死亡这个事，是清楚下的药，是从哪儿来的吗？

86.包×芳死亡这个事，是清楚干这事的人，是怎么干的吗？

87.包×芳死亡这个事，是清楚干这事的人，是为什么事吗？

88.包×芳死亡这个事，是清楚是谁干的吗？

89.包×芳死亡这个事，是怀疑是谁干的吗？

90.包×芳死亡这个事，是看见了是谁干的吗？

91.包×芳死亡这个事，是和你有关系吗？

92.包×芳死亡这个事，是你干的吗？

93.赵××死亡和包×芳死亡的事，是一个人干的吗？

94.赵××死亡和包×芳死亡的事，不是一个人干的吗？

95.干这事的人，现在是害怕公安局把事情查清楚吗？

96.干这事的人，现在是后悔了吗？

97.干这事的人，现在是愿意说实话吗？

98.干这事的人不说老实话，这辈子心里是过得去吗？

99.干这事的人不说老实话，是不怕遭报应吗？

100.干这事的人现在，是愿意主动说清楚吗？

101.干这事的人现在，是想争取从轻处理吗？

实测案件例八（深夜蒙面入室伤害案）

基本案情：

详见第一章第四节“案例九”。

实测编题：

××省××县公安局“2013.6.4李×被伤害案”

心理测试题

2013年11月17日研拟

1.你的名字是叫×××吗？

2.你今年是××岁吗？

3.你清楚今年6月××村李×被人伤害的事情吗？

4.李×被人伤害，是清楚是怎么回事吗？

5.你前面给公安局说的都是实话吗？

6.一个人给公安局不说老实话，你是认为他能瞒得过去吗？

7.你现在是愿意讲实话吗？

8.李×被人伤害这个事，是清楚是什么人干的吗？

9.这个事，是不认识的人干的吗？

10.这个事，是认识的人干的吗？

11.这个事，是外面来的人干的吗？

12.这个事，是本村的人干的吗？

13.李×被人伤害这个事，是清楚是多大岁数的人干的吗？

14.这个事，是二十几岁的人干的吗？

15.这个事，是三十几岁的人干的吗？

16.这个事，是四十几岁的人干的吗？

17.这个事，是五十几岁的人干的吗？

18.伤害李×这个事，是知道是什么原因吗？

19.干这个事的人，是因为和他有矛盾吗？

20. 干这个事的人，是想教训一下他吗？
21. 干这个事的人，是因为他太可恨了吗？
22. 干这个事的人，是因为金矿的事情吗？
23. 干这个事的人，是因为女人的事情吗？
24. 干这个事的人，是因为其他的事情吗？
25. 发生这个事，李 × 是也有责任吗？

26. 李 × 被人伤害这个事，是知道是什么人干的吗？
27. 这个事，是看见了什么人干的吗？
28. 这个事，是听说了什么人干的吗？
29. 这个事，是怀疑什么人干的吗？
30. 这个事，是和自己有关系吗？
31. 这个事，是有人让干的吗？
32. 这个事，是自己干的吗？

33. 李 × 被人伤害，是知道是几个人干的吗？
34. 李 × 被人伤害，是一个人干的吗？
35. 李 × 被人伤害，是两个人干的吗？
36. 李 × 被人伤害，是还有别的人参与了吗？

37. 李 × 被人伤害，干这事的人是临时起意干的吗？
38. 李 × 被人伤害，干这事的人是准备好了干的吗？
39. 教训一下李 ×，干这事的人是早就想干了吗？

40. 这个事，是清楚干这事的人那天是怎么去李 × 家的吗？
41. 干这事的人是那天专门从外面来的吗？
42. 干这事的人是那天直接去李 × 家的吗？
43. 干这事的人当时是从自己家里过去的吗？
44. 干这事的人是那天等李 × 睡了后才过去的吗？
45. 干这事的人那天去李 × 家时，是有人看到了吗？
46. 干这事的人那天去李 × 家时，是害怕被人认出来吗？
47. 干这事的人当时，是专门戴帽子和口罩了吗？

48. 这个事，是清楚李 × 家当时的情况吗？
49. 当时，他家的人是都睡了吗？
50. 当时，李 × 是睡着了吗？
51. 当时，干这事的人进去后，李 × 是醒来了吗？
52. 当时，干这事的人是用手电照他了吗？
53. 当时，李 × 是去拉灯了吗？
54. 当时，干这事的人是直接动手砍的他吗？

55. 清楚干这事的人当时是怎么砍的他吗？
56. 清楚干这事的人当时砍他什么地方了吗？
57. 干这事的人当时，是没有想要他的命吗？
58. 干这事的人当时，是只想教训他一下吗？
59. 当时，李 × 是认出干这事的人了吗？
60. 当时，李 × 是求饶了吗？
61. 当时，李 × 是喊叫了吗？
62. 是清楚当时干这事的人为什么没有继续再砍他吗？

63. 是清楚干这事的人当时出去后，往哪边走了吗？
64. 干这事的人当时出去后，是往山上走了吗？
65. 干这事的人当时出去后，是往山下走了吗？
66. 干这事的人当时出去后，是往东边走了吗？
67. 干这事的人当时出去后，是往西边走了吗？
68. 干这事的人那天出去后，后来是坐车走了吗？
69. 干这事的人那天出去后，是有人看到了吗？

70. 你现在是害怕我问别的问题吗？
71. 是清楚那天干这事的人，是用什么东西砍的李 × 吗？
72. 干这事的人那天，是用刀砍的李 × 吗？
73. 干这事的人那天，是用斧头砍的李 × 吗？
74. 这个斧头，是清楚从哪儿来的吗？
75. 这个斧头，是从家里拿的吗？

76.这个斧头，是专门准备的吗？

77.这个斧头，是清楚它的下落吗？
78.这个斧头，干这事的人是把它带走了吗？
79.这个斧头，干这事的人是把它扔了吗？
80.这个斧头，现在是还能找得到吗？

81.干这事的人那天，是把自己的东西丢到现场了吗？
82.干这事的人那天临走时，是拿错手电了吗？
83.这把手电，是知道它的下落吗？
84.那天干这事的人身上，是沾上血了吗？

85.伤害李×这个事，干这事的人是还有人知道吗？
86.伤害李×这个事，干这事的人自己家里的人是知道的吗？
87.干这事的人，是专门给什么人靠咐（嘱咐）过吗？
88.干这事的人现在，是后悔了吗？
89.干这事的人现在，是觉得瞒不过去了吗？
90.干这事的人现在，是愿意主动把事情说清楚吗？
91.干这事的人，是愿意争取从轻处理吗？

实测案件例九（强奸、伤害及系列盗窃、抢劫案）

基本案情：

详见第一章第四节“案例八”。

实测编题：

××省××县公安局“2014.4.5强奸、伤害案”

心理测试题

2015年1月8日研拟

1.你的名字是叫×××吗？
2.你今年是××岁吗？

3. 你知道2014年4月5日晚上××广场有人强奸、捅人的事吗?
4. 这个事，是清楚是怎么发生的吗?
5. 你前面给公安局说的都是实话吗?
6. 一个人给公安局不说老实话，你是认为他能瞒得过去吗?
7. 你现在是愿意说实话吗?

8. 那天晚上在××广场强奸、捅人这个事，是清楚是哪儿的人干的吗?
9. 那天晚上在××广场强奸、捅人这个事，是外地的人干的吗?
10. 那天晚上在××广场强奸、捅人这个事，是本地的人干的吗?
11. 那天晚上在××广场强奸、捅人这个事，是××城里的人干的吗?
12. 那天晚上在××广场强奸、捅人这个事，是××城附近的人干的吗?

13. 那天晚上在××广场强奸、捅人这个事，是清楚是多大岁数的人干的吗?
14. 那天晚上在××广场强奸、捅人这个事，是十几岁的人干的吗?
15. 那天晚上在××广场强奸、捅人这个事，是二十几岁的人干的吗?
16. 那天晚上在××广场强奸、捅人这个事，是三十几岁的人干的吗?
17. 那天晚上在××广场强奸、捅人这个事，是四十几岁的人干的吗?

18. 那天晚上在××广场强奸、捅人这个事，是清楚是什么人干的吗?
19. 那天晚上在××广场强奸、捅人这个事，是看见了是什么人干的吗?
20. 那天晚上在××广场强奸、捅人这个事，是听说了是什么人干的吗?
21. 那天晚上在××广场强奸、捅人这个事，是怀疑是什么人干的吗?
22. 那天晚上在××广场强奸、捅人这个事，是自己干的吗?

23. 那天晚上在××广场强奸、捅人这个事，是清楚是怎么发生的吗?
24. 那天晚上干这事的人去××广场，是清楚是从哪儿过去的吗?
25. 那天晚上干这事的人去××广场，是清楚是要去干什么吗?

26. 是清楚干这事的人当时是怎么看见的那个女的吗?
27. 干这事的人，是一到广场就看见那个女的了吗?

28. 干这事的人，是到广场后过了一会儿才看见那个女的吗？
29. 看见那个女的后，干这事的人是等了一会儿才过去的吗？
30. 看见那个女的后，干这事的人是马上就跟过去了吗？

31. 是清楚干这事的人当时是想干什么吗？
32. 当时，干这事的人是想抢些钱花吗？
33. 当时，干这事的人是想跟那个女的玩玩吗？
34. 是清楚那个女的当时在广场的什么位置吗？
35. 当时干这事的人过去后，是看清楚了那个女的在干什么吗？
36. 当时那个女的，是看见干这事的人了吗？
37. 当时干这事的人，是马上就上去动的手吗？
38. 当时干这事的人，是过了一会儿才上去动的手吗？
39. 当时那个女的，是没有防备吗？

40. 是清楚干这事的人，当时对那个女的干了些什么吗？
41. 当时干这事的人，是上去就用刀逼那个女的了吗？
42. 当时干这事的人，是跟那个女的说话了吗？
43. 当时干这事的人，是向那个女的要钱了吗？
44. 当时干这事的人，是拿到钱了吗？
45. 当时干这事的人，是没有拿到钱吗？
46. 干这事的人，是当时又想强奸那个女的了吗？

47. 强奸时，干这事的人是把那个女的衣服先翻上去了吗？
48. 当时干这事的人，是把那个女的压倒在地上了吗？
49. 当时干这事的人，是摸那个女的了吗？
50. 当时干这事的人，是亲那个女的了吗？
51. 当时干这事的人，是咬那个女的奶头了吗？
52. 当时干这事的人，是脱那个女的裤子了吗？
53. 当时干这事的人，是和那个女的发生关系了吗？

54. 当时，那个女的是反抗了吗？
55. 当时，那个女的是喊叫了吗？
56. 当时，那个女的是没有喊叫吗？
57. 干这事的人当时，是射精了吗？
58. 当时，是突然有人去了吗？

59. 当时干这事的人，是用刀捅那个人了吗？
60. 是清楚捅那个人的什么地方了吗？
61. 后来那两个人，是一起跑了吗？
62. 当时干这事的人，是追他们了吗？
63. 后来干这事的人，是马上跑了吗？
64. 当时干这事的人，是往广场方向跑了吗？
65. 当时干这事的人，是从 × × 路跑了吗？
66. 当时，是有人看见了吗？

67. 是清楚干这事的人后来去哪儿了吗？
68. 干这事的人后来，是直接回家了吗？
69. 干这事的人后来，是去别的地方了吗？

70. 你现在是害怕我问别的问题吗？
71. 干这事的人那天拿的那把刀，是清楚它的样子吗？
72. 干这事的人那天拿的那把刀，当时是沾上血了吗？
73. 干这事的人那天拿的那把刀，是清楚它的下落吗？
74. 干这事的人那天拿的那把刀，是把它放到家里了吗？
75. 干这事的人那天拿的那把刀，是后来把它扔掉了吗？

76. 干这事的人，是还干过其他违法犯罪的事情吗？
77. 干这事的人，是还干过抢劫、盗窃的事吗？

78. 2013年12月，干这事的人在××小区，是干过抢劫的事吗？
79. 2014年1月，干这事的人在××小学西边的商店里，是抢过东西吗？
80. 2014年3月，干这事的人在×洋酒店里，是盗窃过现金吗？
81. 2014年12月，干这事的人在×天酒店里，是盗窃过现金吗？

82. 在×天酒店里，是清楚盗窃了多少钱吗？
83. 那些钱，是把它都花完了吗？
84. 在×天酒店里作案的人，当时是戴头套和口罩了吗？
85. 在×天酒店里作案的人，当时是拿刀了吗？
86. 在×天酒店里作案人用的那把刀，是清楚它的下落吗？
87. 那把刀，作案人是把它扔掉了吗？
88. 那把刀，作案人是把它放在家里了吗？

89. 在××广场强奸那个女的的人，是还干过强奸的事情吗？
90. 干这事的人，是还有别的人知道吗？
91. 干这事的人，自己的家里人是知道的吗？

92. 干这事的人，是想好怎么对付公安局了吗？
93. 干这事的人，是想好了不说实话吗？
94. 干这事的人现在，是后悔了吗？
95. 干这事的人现在，是愿意主动把事情说清楚吗？
96. 干这事的人现在，是愿意争取从轻处理吗？

实测案件例十（交通肇事案）

基本案情：

2013年10月11日，××省××县发生一起致人死亡的交通肇事案，后经调查，当地农民豆××有重大涉案嫌疑，但豆××矢口否认系其所为。当地公安机关进行大量工作后，仍然无法搞清案件真相，遂与我们联系，请求对豆××进行心理测试鉴定。我们经过实地勘验等对案情予以了解把握后，进行了编题测试。测试结果表明：豆××于当天傍晚驾驶自己的农用三轮车，在视线不好和刹车失灵的情况下撞上在路边行走的被害人，后驾车逃逸时所驾三轮车侧翻并致自己受伤。至此，准确认定了该案系豆××所为，并还原了肇事过程。后经测后谈话和审讯，豆××很快便承认并供述了肇事过程。

实测编题：

××省××县公安局“2013.10.12交通肇事案”

心理测试题

2014年1月21日研拟

1. 你的名字是叫×××吗？
2. 你今年是××岁吗？
3. 你清楚去年10月11号晚上，折达路上有个人被撞死的事情吗？
4. 那个人被撞死，知道是怎么发生的吗？
5. 撞人的人现在，是觉得对不起人家吗？
6. 你前面给交警队说的都是实话吗？
7. 撞人的人不说实话，这辈子心里是能过得去吗？
8. 撞人的人现在，是害怕公安局把事情弄清楚吗？
9. 你现在是愿意说实话吗？

10. 那天撞人这个事，是清楚是什么车撞的吗？
11. 那天撞人这个事，是出租车撞的吗？
12. 那天撞人这个事，是三马子撞的吗？
13. 那天撞人这个事，是别的车撞的吗？

14. 撞人这个事，是清楚是什么人开车撞的吗？
15. 撞人这个事，是外地人开车撞的吗？
16. 撞人这个事，是本地人开车撞的吗？
17. 撞人这个事，是女人开车撞的吗？
18. 撞人这个事，是男人开车撞的吗？

19. 撞人这个事，是有驾照的人开的车吗？
20. 撞人这个事，是没驾照的人开的车吗？

21. 那天撞人这个事，是清楚是多大岁数的人开的车吗？
22. 那天撞人这个事，是十几岁的人开的车吗？
23. 那天撞人这个事，是二十几岁的人开的车吗？
24. 那天撞人这个事，是三十几岁的人开的车吗？
25. 那天撞人这个事，是四十几岁的人开的车吗？
26. 那天撞人这个事，是五十几岁的人开的车吗？

27. 撞人这个事，是清楚当时车上有几个人吗？
28. 撞人这个事，当时车上是只有开车的一个人吗？
29. 撞人这个事，当时车上是还有人吗？

30. 撞人这个事，是清楚是怎么撞的吗？
31. 撞人这个事，是看见了怎么撞的吗？
32. 撞人这个事，是听说了怎么撞的吗？
33. 撞人这个事，是和你有关系吗？
34. 撞人这个事，是你开车撞的吗？

35. 撞人这个事，是清楚当时的情况吗？
36. 当时，天是黑了吗？
37. 当时，是还能看清楚路上的情况吗？
38. 当时，是看得不太清楚了吗？
39. 撞人的车，当时速度是很快吗？
40. 当时，是没有看见那个人吗？
41. 当时，是看见那个人了吗？
42. 当时，是清楚那个人在什么位置吗？
43. 当时，那个人是在靠马路中间些吗？
44. 当时，那个人是在马路边上吗？

45. 是清楚当时，那个人是怎么被撞的吗？
46. 当时，那个人是撞到车头上了吗？
47. 当时，那个人是撞到车的其他地方了吗？
48. 当时，是感觉撞到什么了吗？
49. 当时，开车的人是踩刹车了吗？
50. 当时，车是刹不住了吗？
51. 当时，开车的人是打方向了吗？
52. 当时，开车的人心里是害怕了吗？

53. 撞人的车，当时是跑了吗？
54. 当时，开车的人是回头看了吗？
55. 当时，是有人看到了吗？
56. 撞人的车后来，是翻车了吗？
57. 撞人的人后来，是受伤了吗？

58. 你现在是害怕我问别的问题吗？
59. 撞人的车，那天是有什么问题吗？
60. 撞人的车，是提前就发现刹车有问题了吗？
61. 撞人的车，是没有车灯吗？
62. 撞人的车，是没有牌照的车吗？
63. 是知道，撞人的车后来去哪儿了吗？

64. 撞人这个事，是还有别的人知道吗？
65. 撞人这个事，撞人的人是想好了怎么对付公安局了吗？
66. 撞人这个事，撞人的人现在是觉得瞒不住了吗？
67. 撞人这个事，撞人的人不说实话，是不怕遭到报应吗？
68. 撞人这个事，撞人的人现在是想争取从轻处理吗？
69. 撞人这个事，现在是愿意主动说清楚吗？

实测案件例十一（伪造金融票证案）

基本案情：

详见第一章第四节“案例七”。

实测编题：

×××自治区×××旗公安局“3·16伪造金融票证案”

心理测试题

2015年6月6日研拟

1. 你的名字是叫×××吗？
2. 你今年是××岁吗？
3. 你清楚给×县×煤业公司假承兑汇票的事吗？
4. 给×煤业公司的假承兑汇票清楚是怎么来的吗？
5. 你前面给公安局说的都是实话吗？
6. 一个人给公安局不说老实话，你是认为他能瞒得过去吗？
7. 你现在是愿意说实话吗？

8. 去年年底前后给×煤业公司的两张承兑汇票，当时是知道它的真假吗？
9. 这两张承兑汇票当时，是不知道它是假的吗？
10. 这两张承兑汇票当时，是就知道它是假的吗？

11. 这两张假承兑汇票，是清楚是怎么来的吗？
12. 这两张假承兑汇票，是有人给的吗？
13. 这两张假承兑汇票，是不认识的人给的吗？
14. 这两张假承兑汇票，是认识的人给的吗？
15. 这两张假承兑汇票，是别人抵押的吗？
16. 这两张假承兑汇票，是自己弄的吗？
17. 这两张假承兑汇票，是从什么地方买来的吗？
18. 这两张假承兑汇票，是别人伪造的吗？
19. 这两张假承兑汇票，是自己伪造的吗？

20. 这两张假承兑汇票，是和其他人一起伪造的吗？

21. 伪造这两张假承兑汇票进行诈骗的事，是清楚牵扯到了几个人吗？
22. 伪造这两张假承兑汇票进行诈骗的事，是清楚是几个人干的吗？
23. 伪造这两张假承兑汇票进行诈骗的事，是一个人干的吗？
24. 伪造这两张假承兑汇票进行诈骗的事，是两个人一起干的吗？
25. 伪造这两张假承兑汇票进行诈骗的事，是三个人一起干的吗？
26. 伪造这两张假承兑汇票进行诈骗的事，是有更多的人参与了吗？

27. 伪造这两张假承兑汇票进行诈骗，是清楚都和哪儿的人有关系吗？
28. 这个事，是跟山西的其他人有关系吗？
29. 这个事，是跟河北的人有关系吗？
30. 这个事，是跟江苏的人有关系吗？
31. 这个事，是跟湖南的人有关系吗？
32. 这个事，是跟其他地方的人有关系吗？

33. 这个事，是和自己的家里人有关系吗？
34. 这个事，是和自己的哪个亲戚有关系吗？
35. 这个事，是和自己的哪个朋友有关系吗？

36. 这两张假承兑汇票，是清楚是什么人弄的吗？
37. 伪造这两张假承兑汇票的事，是跟自己有关系吗？
38. 这两张假承兑汇票，是自己参与弄的吗？
39. 这两张假承兑汇票，是自己弄的吗？

40. 这两张假承兑汇票，是清楚是什么时间弄的吗？
41. 这两张假承兑汇票，是提前就弄好了的吗？
42. 这两张假承兑汇票，是提货时临时才弄的吗？
43. 这两张假承兑汇票，是同时弄好的吗？
44. 这两张假承兑汇票，是分别弄的吗？

45.这两张承兑汇票是假票这个事，×县×煤业公司是有人当时就知道吗？
46.当时×县×煤业公司，是有人参与这个事了吗？

47.你现在是害怕我问别的问题吗？
48.你说的在文×县高速路口碰到四个人给你抵押承兑汇票的事，是真的吗？
49.你说的在文×县高速路口碰到四个人给你抵押承兑汇票的事，是假话吗？
50.你给山西胡×的那张30万元的假承兑汇票，是和这两张一起弄的吗？
51.使用假承兑汇票进行诈骗，是自己想到的吗？
52.使用假承兑汇票进行诈骗，是别人给出的主意吗？
53.使用假承兑汇票进行诈骗，是从别的渠道知道的吗？
54.使用假承兑汇票进行诈骗，是自己主动联系的吗？

55.这三张假承兑汇票，是清楚是怎么伪造的吗？
56.这三张假承兑汇票，是仿照哪个真票伪造的吗？
57.这三张假承兑汇票，是和河北×港的什么人有关系吗？

58.用假承兑汇票进行诈骗这个事，自己的家里人是知道吗？
59.用假承兑汇票进行诈骗这个事，自己的哪个亲戚是知道吗？
60.这个事发案后，是和什么人商量过吗？
61.这个事发案后，是有人给出过主意吗？
62.删除自己手机上的微信，是清楚为什么吗？
63.删除自己手机上的微信，是想销毁什么证据吗？
64.发案后突然更换手机，是害怕公安局发现什么吗？
65.你是还有过其他违法犯罪的事情吗？

66.这个事，是想好怎么对付公安局了吗？
67.这个事，现在是觉得瞒不过去了吗？
68.这个事，现在是后悔了吗？

69. 这个事，现在是愿意主动说清楚吗？

70. 这个事，现在是想争取从轻处理吗？

实测案件例十二（房地产老板失踪案）

基本案情：

2015年5月，某地房地产老板王×因不明原因而失踪。其家属报案后不断去公安机关催促查明王×下落。由于王×失踪前存在大量的经济纠纷，经济往来关系复杂，所以其是死是活及下落成了当地人们关注的焦点。此案经公安机关长时间侦查后，仍处于悬疑之中。我们在接到当地公安机关邀请后，赴当地对该案进行了分析、编题并对王×家属和有关嫌疑人进行了测试。测试结果准确认定了涉案嫌疑人，排除了无辜者。后经审讯，涉案嫌疑人供述了案件真相，并带领办案人员找到了躲避藏匿在某处的失踪者王×。从而使关系复杂、在当地影响重大的房地产老板失踪案真相大白。

实测编题：

××省××市公安局××分局“王×被非法拘禁失踪案”

心理测试题

2016年6月20日研拟

1. 你的名字是叫×××吗？

2. 你今年是××岁吗？

3. 你知道王×失踪的事情吗？

4. 王×失踪这个事，是清楚是怎么回事吗？

5. 你前面给公安局说的都是实话吗？

6. 一个人给公安局不说老实话，你认为他是能瞒得过去吗？

7. 你现在是愿意说实话吗？

8. 2014年10月王×从公安局出来时，是你接走的吗？

9. 2014年10月王×从公安局出来后，是清楚去哪儿了吗？

10. 2014年10月王×从公安局出来后，是回家了吗？

11. 2014年10月王×从公安局出来后，是去别的地方了吗？
12. 是清楚后来王×是去什么地方了吗？
13. 王×后来，是去外地了吗？
14. 王×后来，是去××镇了吗？
15. 王×去××镇是他自己去的吗？
16. 王×去××镇是你安排他去的吗？

17. 是清楚王×在××镇住在哪里吗？
18. 王×当时，是住在谁的家里了吗？
19. 王×当时，是住在“大弟”的叔叔家里了吗？
20. 是清楚王×在××镇住了多长时间吗？
21. 王×后来，是从××镇离开了吗？
22. 王×后来，是一直在××镇吗？
23. 你当时在××镇，是见过王×吗？

24. 是清楚王×后来的去向吗？
25. 王×后来，是回过×市吗？
26. 王×后来，是到别处去了吗？
27. 王×后来，是在什么地方藏起来了吗？
28. 王×后来，是失踪了吗？
29. 王×后来，是还活着吗？
30. 王×后来，是死了吗？

31. 还记得你和王×最后一次见面的时间吗？
32. 去年4月，你是和王×见过面吗？
33. 去年5月，你是和王×见过面吗？
34. 后来，你是和王×还见过面吗？
35. 后来，你是和王×再没有见过面吗？
36. 后来，你是和王×还有过联系吗？
37. 后来，你是和王×再没有过联系吗？

38. 是清楚王 × 后来是怎么失踪的吗?
39. 王 × 后来失踪，是他自己安排的吗?
40. 王 × 后来失踪，是别人安排的吗?
41. 王 × 后来失踪，是他自己自愿的吗?
42. 王 × 后来失踪，是被别人强迫的吗?
43. 王 × 后来失踪，是他自己为了躲债吗?
44. 王 × 后来失踪，是有人为了经济利益干的吗?
45. 王 × 后来失踪，是有人为了银河金座干的吗?
46. 王 × 后来失踪，是有人为了其他的事干的吗?
47. 王 × 后来失踪，是因为别的原因吗?

48. 王 × 后来失踪，是清楚和什么人有关系吗?
49. 王 × 后来失踪，是和他家里的人有关系吗?
50. 王 × 后来失踪，是和他的生意伙伴有关系吗?
51. 王 × 后来失踪，是和他的朋友有关系吗?
52. 王 × 后来失踪，是和他经常在一起的人有关系吗?
53. 王 × 后来失踪，是和周 × 鸿有关系吗?
54. 王 × 后来失踪，是和周 × 顺有关系吗?
55. 王 × 后来失踪，是和王 × 东有关系吗?
56. 王 × 后来失踪，是和其他的什么人有关系吗?
57. 王 × 后来失踪，是和哪个女人有关系吗?

58. 王 × 后来失踪，是清楚和几个人有关系吗?
59. 王 × 后来失踪，是只和一两个人有关系吗?
60. 王 × 后来失踪，是和三四个人有关系吗?
61. 王 × 后来失踪，是还有别的人参与了吗?

62. 王 × 后来失踪，是清楚是什么人指使干的吗?
63. 王 × 后来失踪，是周 × 鸿指使干的吗?

64. 王×后来失踪，是周×顺指使干的吗？
65. 王×后来失踪，是王×东指使干的吗？
66. 王×后来失踪，是别的人指使干的吗？

67. 王×后来失踪，是清楚是多大岁数的人干的吗？
68. 王×后来失踪，是二十几岁的人干的吗？
69. 王×后来失踪，是三十几岁的人干的吗？
70. 王×后来失踪，是四十几岁的人干的吗？
71. 王×后来失踪，是五十几岁的人干的吗？

72. 王×后来失踪，是清楚是和谁有关系吗？
73. 王×后来失踪，是听说了和谁有关系吗？
74. 王×后来失踪，是怀疑和谁有关系吗？
75. 王×后来失踪，是和你有关系吗？
76. 王×后来失踪，是别人指使干的吗？
77.（大弟）王×后来失踪，是陈×富干的吗？
（陈×富）王×后来失踪，是大弟干的吗？
78. 王×后来失踪，是你干的吗？
79. 王×后来失踪，是其他人干的吗？

80. 是清楚王×最后失踪，是什么时间吗？
81. 王×是去年5月前失踪的吗？
82. 王×是去年5月后失踪的吗？
83. 是清楚王×最后，是在什么地方失踪的吗？
84. 王×最后，是在××镇失踪的吗？
85. 王×最后，是在×市附近失踪的吗？
86. 王×最后，是在×省的什么地方失踪的吗？
87. 王×最后，是在别的地方失踪的吗？

88. 你现在是害怕我问你别的问题吗？

89. 王 × 现在，是还活着吗？
90. 王 × 现在，是已经死了吗？
（如果有反应则问下组问题）

91. 是清楚王 ×，是怎么死的吗？
92. 是清楚把他怎么处理了吗？
93. 是把他扔到什么地方了吗？
94. 是把他埋在什么地方了吗？
95. 是把他弄到水里了吗？
96. 是用别的方式把他处理了吗？
97. 现在，是还能找得到吗？

98. 这个事，是还有别的人知道吗？
99. 这个事，是商量过怎么办了吗？
100. 干这事的人后来，是得到什么好处了吗？
101. 干这事的人后来，是还和王 × 的家里人联系过吗？
102. 干这事的人后来，是恐吓过王 × 的家里人吗？
103. 干这事的人后来，是恐吓过王 × 吗？
104. 干这事的人后来，是还哄骗过王 × 的家里人吗？

105. 干这事的人，是想好怎么对付公安局了吗？
106. 干这事的人，是害怕公安局把事情搞清楚吗？
107. 干这事的人，现在是后悔了吗？
108. 干这事的人，现在是愿意主动把事情说清楚吗？
109. 干这事的人，现在是愿意争取从轻处理吗？

实测案件例十三（借款纠纷案）

基本案情：

详见第一章第四节“案例十”。

实测编题：

××省××市公安局××分局“借款纠纷案”

心理测试题

2012年5月7日研拟

1. 你的名字是叫×××吗?
2. 你今年是××岁吗?
3. 你和（徐×/程×）之间借款的事，是愿意讲实话吗?
4. 你前面跟公安局说的都是实话吗?
5. 一个人跟公安局不说实话，你是认为他很对吗?
6. 借钱这个事，是和高利贷有关系吗?
7. 这个事现在是害怕公安局搞清楚吗?
8. 在这个事上说谎的人，现在是害怕被追究责任吗?

9. 当时给徐×（你）借钱，是清楚为什么吗?
10. 当时给徐×（你）借钱，是因为你们关系好吗?
11. 当时给徐×（你）借钱，是因为有好处吗?
12. 当时给徐×（你）借钱，是和高利贷有关系吗?
13. 当时给徐×（你）借钱，是因为其他的原因吗?

14. 这个事，你到法院告徐×，是清楚是为什么吗?（此组问题只问程×）
15. 这个事，你到法院告徐×，是因为他想赖账吗?
16. 这个事，是因为他没有按事先说好的办吗?
17. 这个事，是因为他不给自己付利息吗?
18. 这个事，是想讹他一下吗?
19. 这个事，是因为其他原因吗?

20. 这个事，你到公安局报案，是清楚是为什么吗?（此组问题只问徐×）
21. 这个事，你到公安局报案，是实在没办法了吗?
22. 这个事，是因为程×放高利贷了吗?

23. 这个事，是因为程 × 要敲诈自己吗？
24. 这个事，是自己想赖账吗？
25. 这个事，是因为其他原因吗？

26. 这个事，是清楚一共借了多少钱吗？
27. 这个事，是一共借了几万块钱吗？
28. 这个事，是只借了 10 万块钱吗？
29. 这个事，是一共借了 24 万块钱吗？
30. 借钱这个事，是清楚给（向）对方借过几次吗？
31. 借钱这个事，是给（向）对方只借过一次吗？
32. 借钱这个事，是给（向）对方借过两次吗？

33. 这个事，是还记得借钱的过程吗？
34. 借钱这个事当时，是两个人直接联系的吗？
35. 借钱这个事当时，是有过中间人吗？
36. 借钱这个事当时，是王 × 喜介绍的吗？

37. 借钱这个事，是清楚打过几次条子吗？
38. 借 10 万块钱那次，当时是没有打条子吗？
39. 借 10 万块钱那次，当时是打条子了吗？
40. 借 10 万块钱那次，是清楚当时打了多少钱的条子吗？
41. 借 10 万块钱那次，当时是打了 10 万块钱的条子吗？
42. 借 10 万块钱那次，当时是打了 12 万块钱的条子吗？
43. 借 10 万块钱那次，当时王 × 喜是也在条子上签字了吗？
44. 借 10 万块钱那次，当时王 × 喜是没有在条子上签字吗？

45. 去年上半年，徐 ×（你）是没有还过钱吗？
46. 去年上半年，徐 ×（你）是还过钱吗？
47. 去年上半年，是清楚一共还过多少钱吗？
48. 去年上半年，是一共还了 5.5 万块钱吗？

49. 借了10万块钱后，你（徐×）是再没借过钱吗？
50. 借了10万块钱后，你（徐×）是还借过钱吗？
51. 借了10万块钱后，你（徐×）是又借过14万块钱吗？

52. 24万块钱的条子，是清楚什么时间打的吗？
53. 24万块钱的条子，是去年5月打的吗？
54. 24万块钱的条子，是去年11月打的吗？
55. 24万块钱的条子，是清楚在什么地方打的吗？
56. 24万块钱的条子，是在今××二区的路上打的吗？
57. 24万块钱的条子，是在××宾馆停车场打的吗？

58. 打24万块钱条子这个事，是清楚是怎么回事吗？
59. 24万块钱的条子，是真的借了24万块钱打的吗？
60. 24万块钱的条子，是加上利息打的吗？
61. 24万块钱的条子，是自愿打的吗？
62. 24万块钱的条子，是强迫打的吗？
63. 打24万块钱条子时，当时旁边是还有别的人吗？

64. 24万块钱的条子没写时间，是清楚是为什么吗？
65. 那个条子没写时间，当时是忘了写吗？
66. 那个条子没写时间，当时是自己不想写吗？
67. 那个条子没写时间，当时是有人不让写吗？

68. 你现在是害怕我问别的问题吗？
69. 打24万块钱条子，是因为中间有别的原因吗？
70. 这个事，你是后来有了别的想法吗？
71. 借钱这个事，是只借了10万块钱吗？
72. 借钱这个事，是真的借了24万块钱吗？
73. 借钱这个事，是和高利贷有关系吗？

74.借钱这个事，是有人放高利贷了吗?
75.借钱这个事，是没有高利贷这回事吗?

76.借钱这个事，当时是没有说过利息的事吗?
77.借钱这个事，当时是说好了利息的事吗?
78.借钱这个事，还记得当时是怎么说的利息吗?
79.借钱这个事，当时是说好了一个月2万元的利息吗?
80.你（程×）曾经是给别的人放过高利贷吗?

81.在借钱这个事上说谎的人，是和什么人商量过吗?
82.在借钱这个事上说谎的人，是有人给出过主意吗?
83.在借钱这个事上说谎的人，现在是害怕公安局把事情搞清楚吗?
84.在借钱这个事上说谎的人，现在是害怕被追究责任吗?
85.在借钱这个事上说谎的人，现在是后悔了吗?
86.在借钱这个事上说谎的人，现在是愿意讲实话吗?
87.在借钱这个事上说谎的人，现在是想争取从轻处理吗?

实测案件例十四（死刑犯检举他人杀人案）

基本案情：

2015年1月，某地先后发生杀人案，已被一审判处死刑的高××主动检举，发生于五年多前尚未侦破的当地“2009.8.15×××商店特大抢劫杀人案”，是其一起打工并同居一室者乔××所为。调查中发现，在该案现场门口台阶上的提取物中，有高××咀嚼后遗留的口香糖。那么，高××说的是否真话，首先其是否涉案，都成了需要搞清的问题。而高××在否认自己涉案的同时，坚称自己说的都是真话。由于异地传人受限，同时为了慎重起见，不便对其检举的乔××进行传唤调查，当地公安机关遂邀请我们前往，首先对高××进行心理测试技术鉴定。我们到达当地后，在对“2009.8.15×××商店特大抢劫杀人案”以及高××的情况进行全面了解把握的基础上，完成了编题测试。经测试，首先排除了高××的涉案嫌疑，并认定高××所述乔××作案，基本为谎言。为了慎重起见，我们又赶赴乔××所在地，对其进行了测试。经测试，明确排除了乔××的涉案嫌疑。后经办案单位对高××的进一步审讯，其又称该案不是乔××所为，而是他人所为。后经全面分析认定，高××完全系谎供、乱供，诬陷他人，意在拖延对其的死刑执行。

实测编题：

××省××县公安局“2009.8.15×××商店特大抢劫杀人案”

心理测试题

2015年2月12日研拟

1.你的名字是叫×××吗?

2.你今年是××岁吗?

3.你知道2009年8月15日早晨××县××路×××商店抢劫杀人的事吗?

4.这个事，是你知道是谁干的吗?

5.这个事，是知道是怎么发生的吗?

6.你前面给公安局说的都是实话吗?

7.一个人给公安局不说老实话，你是认为他能瞒得过去吗?

8.你现在是愿意说实话吗?

9.2009年那天早上在那个商店抢劫杀人的事，是知道是哪儿的人干的吗?

10.抢劫那个商店的事，是外地的人干的吗?

11.抢劫那个商店的事，是本地的人干的吗?

12.抢劫那个商店的事，是在附近工地打工的人干的吗?

13.抢劫那个商店的事，是其他的人干的吗?

14.抢劫那个商店的事，是和那个商店的母女俩不认识的人干的吗?

15.抢劫那个商店的事，是和那个商店的母女俩认识的人干的吗?

16.抢劫那个商店的事，是你认识的人干的吗?

17.抢劫那个商店的事，是不知道是谁干的吗?

18. 干这事的人伤害那母女俩，是知道是为什么吗？
19. 干这事的人伤害那母女俩，是因为和她们有矛盾吗？
20. 干这事的人伤害那母女俩，是恨她们吗？
21. 干这事的人伤害那母女俩，是为了弄些钱花吗？
22. 干这事的人伤害那母女俩，是因为其他的事情吗？

23. 在那个商店抢劫杀人这个事，是知道是多大岁数的人干的吗？
24. 这个事，是十几岁的人干的吗？
25. 这个事，是二十几岁的人干的吗？
26. 这个事，是三十几岁的人干的吗？
27. 这个事，是四十几岁的人干的吗？
28. 这个事，是五十几岁的人干的吗？

29. 在那个商店抢劫杀人这个事，是知道是几个人干的吗？
30. 这个事，是一个人干的吗？
31. 这个事，是两个人一起干的吗？
32. 这个事，是三个人一起干的吗？
33. 这个事，是还有别的人参与了吗？

34. 在那个商店抢劫杀人这个事，是知道是什么人干的吗？
35. 在那个商店抢劫杀人这个事，是看见了什么人干的吗？
36. 在那个商店抢劫杀人这个事，是听说了什么人干的吗？
37. 在那个商店抢劫杀人这个事，是怀疑什么人干的吗？
38. 在那个商店抢劫杀人这个事，是和自己有关系吗？
39. 在那个商店抢劫杀人这个事，是自己干的吗？

40. 那天早上在×××商店抢劫杀人这个事，知道是怎么发生的吗？
41. 干这事的人，是那天当时想起干的吗？
42. 干这事的人，是提前准备好了干的吗？

43. 这个事，是知道当时的情况吗？
44. 是知道干这个事的人那天早上，是从哪儿过去的吗？
45. 干这个事的人，是当时看到那个商店开门了吗？
46. 干这个事的人，是提前就在那个商店附近等着的吗？
47. 是知道干这事的人当时是怎么进去的吗？
48. 进到商店后，干这事的人是和那个女的说话了吗？
49. 进到商店后，干这事的人是没有和那个女的说话吗？
50. 进到商店后，干这事的人是直接动的手吗？

51. 是知道干这事的人当时，是怎么动的手吗？
52. 是知道干这事的人当时，用什么东西伤的那母女俩吗？
53. 干这事的人当时，是用刀捅她了吗？
54. 干这事的人当时，是用别的东西弄她了吗？
55. 是知道干这事的人当时捅了那个女的几下吗？
56. 当时，那个女的是喊叫了吗？
57. 当时，那个女的是反抗了吗？
58. 那个女的当时，是就倒下了吗？
59. 当时，是又有人从套间出来了吗？
60. 当时，是又把出来的这个女的也捅倒了吗？
61. 后来干这事的人是进套间了吗？
62. 干这事的人当时，是开关过套间的电灯吗？

63. 干这事的人那天，是拿到钱了吗？
64. 是知道当时，是从什么地方拿到的钱吗？
65. 放钱的位置，干这事的人是提前就知道的吗？
66. 干这事的人那天，是还拿商店里别的东西了吗？

67. 拿上钱后，干这事的人是马上就离开了吗？
68. 干这事的人离开时，那两个女的是死了吗？
69. 干这事的人离开时，那两个女的是还没有死吗？

70. 干这事的人那天，是被那母女俩看清楚了吗？

71. 是知道干这事的人当时出来后，是从哪边走了的吗？
72. 当时，是向上走了吗？
73. 当时，是向下走了吗？
74. 当时，是从旁边的巷道里走了吗？
75. 当时，干这事的人是一起走了吗？
76. 当时，干这事的人是分开走了吗？
77. 当时，是有人看到了吗？
78. 当时，干这事的人心里是害怕了吗？
79. 是知道干这事的人后来，是去哪儿了吗？

80. 你现在是害怕我问别的问题吗？
81. 是知道干这事的人那天从那个商店里拿到了多少钱吗？
82. 是知道把那些钱后来怎么办了吗？
83. 那些钱后来，是把它分了吗？

84. 干这事的人那天身上，是沾上血了吗？
85. 是知道干这事的人把那天穿的衣服，后来是怎么办了吗？
86. 干这事的人把那天穿的衣服，后来是把它烧掉了吗？
87. 干这事的人那天手上，是沾上血了吗？
88. 干这事的人那天自己的手，是也受伤了吗？

89. 干这事的人那天拿的刀子，是知道它的样子吗？
90. 干这事的人那天拿的刀子，是知道它的下落吗？
91. 那把刀子，干这事的人后来是把它扔了吗？
92. 那把刀子，现在是还能找得到吗？

93. 这个事，干这事的人是还有别的人知道吗？
94. 干这事的人后来，是商量过怎么办了吗？

95. 干这事的人是想好怎么对付公安局了吗？
96. 干这事的人，现在是觉得瞒不过去了吗？
97. 干这事的人，现在是后悔了吗？
98. 干这事的人，现在是愿意主动说清楚吗？
99. 干这事的人，现在是想争取从轻处理吗？
（以下是加问高 ×× 的题）
100. 2009 年 ××× 商店发的案子，是知道是谁干的吗？
101. 2009 年 ××× 商店发的案子，是知道怎么干的吗？
102. 2009 年 ××× 商店发的案子，你说的都是实话吗？
103. 这个事，是和乔 ×× 有关系吗？
104. 这个事，是和乔 ×× 没有关系吗？
105. 这个事，是和自己有关系吗？
106. 这个事，是和自己没有关系吗？
107. 2009 年 ××× 商店发案的那天早上，你是去过那个商店吗？
108. 除了已交代的案子外，你还有其他的案子吗？

109. 2009 年 ××× 商店发案后，你为什么当时没向公安局反映这个事情？
110. 你主动检举这个事，能说实话是为什么吗？
111. 你主动检举这个事，是想立功吗？
112. 你主动检举这个事，是想减轻自己的罪行吗？
113. 你主动检举这个事，是想报复什么人吗？
114. 你主动检举这个事，是想耍弄一下公安局和法院吗？
115. 你主动检举这个事，是想拖延时间吗？
116. 你主动检举这个事，是有人给出的主意吗？
117. 你主动检举这个事，是因为其他的原因吗？

实测案件例十五（人员死亡性质不明案件）

基本案情：

详见第一章第四节“案例十三”。

实测编题：

××省××县公安局“2016.9.24王×平死亡案”

心理测试题

2016年11月15日研拟

1.你是叫×××吗？

2.你今年是××岁吗？

3.你清楚今年9月王×平死亡的事情吗？

4.王×平死亡这个事，是清楚是怎么回事吗？

5.你前面给公安局说的都是实话吗？

6.一个人给公安局不说老实话，你认为他是能瞒得过去吗？

7.你现在是愿意说实话吗？

8.王×平死亡这个事，是清楚是怎么发生的吗？

9.王×平死亡这个事，是他自己造成的吗？

10.王×平死亡这个事，是别人造成的吗？

11.王×平死亡这个事，是自杀的吗？

12.王×平死亡这个事，是被别人弄死的吗？

13.王×平死亡这个事，是清楚是为什么吗？

14.这个事，是因为他有什么事情而自杀的吗？

15.这个事，是清楚他为什么自杀的吗？

16.这个事，是有人刺激他了吗？

17.这个事，是因为和谁生气了吗？

18.王×平死亡这个事，是当时和什么人发生矛盾了造成的吗？

19.王×平死亡这个事，是有人一时冲动干的吗？

20.王×平死亡这个事，是清楚怎么发生的吗？

21.这个事，是看见了怎么发生的吗？

22.这个事，是听说了怎么发生的吗？

23. 这个事，是怀疑怎么发生的吗？
24. 发生这个事，是和你有关系吗？
25. 这个事，是你干的吗？

26. 是清楚那天王×平为什么要去你们家吗？
27. 是清楚那天到你们家后都干了些什么吗？
28. 那天王×平，是很反常吗？
29. 那天王×平，是和谁发生矛盾了吗？
30. 那天王×平，是和谁生气了吗？

31. 王×平那天出事，是清楚是什么时间发生的吗？
32. 王×平那天出事，是半夜两三点发生的吗？
33. 王×平那天出事，是半夜四五点发生的吗？
34. 是清楚那天晚上出事时，王×平当时的情况吗？
35. 王×平当时，是从炕上下去后马上就割脖子了吗？
36. 王×平出事时，他是原来就在地上吗？
37. 王×平出事时，他当时是在抽烟吗？
38. 当时，旁边是还有人吗？

39. 是清楚王×平当时，是怎么出的事吗？
40. 当时，是王×平他自己拿的刀吗？
41. 当时，是别人拿的刀吗？
42. 当时，是抢过刀吗？
43. 是清楚当时，是怎么割的他的脖子吗？
44. 当时，是王×平自己割的脖子吗？
45. 当时，是别的人砍他的脖子了吗？
46. 割脖子时，王×平是站着的吗？

47. 是清楚王×平当时，是怎么倒在地上的吗？
48. 王×平倒在地上后，是还割他的脖子了吗？

49. 当时出事时，王 × 平是喊叫了吗？
50. 当时出事时，王 × 平是说过什么吗？

51. 王 × 平倒在地上后，当时是躺在地上的吗？
52. 王 × 平倒在地上后，当时是趴在地上的吗？
53. 王 × 平当时，是倒在你（李 × 燕）的怀里了吗？
54. 当时，自己身上是溅上血了吗？
55. 是清楚自己身上的血是怎么溅上的吗？

56. 你现在是害怕我问你别的问题吗？
57. 是清楚王 × 平出事时那个刀当时，是谁拿着的吗？
58.（李 × 燕）是清楚那个刀当时，是怎么到自己手里的吗？
59.（李 × 燕）当时那个刀，是从王 × 平手里夺过来的吗？
60.（李 × 燕）当时那个刀，是本来就在自己的手里吗？
61.（李 × 燕）当时那个刀，是从其他人手里抢过来的吗？

62. 王 × 平出事后，有关的人是害怕了吗？
63. 王 × 平出事后，是商量过怎么办了吗？
64. 是清楚后来为什么要洗那把刀吗？
65. 洗那把刀这个事，是有人给出过什么主意吗？
66. 是清楚后来，为什么又要把那把刀放到那个血泊中吗？

67. 王 × 平出事，是清楚是什么原因吗？
68. 发生这个事，是王 × 平他自己的原因吗？
69. 发生这个事，是有人刺激他了吗？
70. 这个事，是王 × 平自杀的吗？
71. 这个事，是王 × 平当时和什么人发生矛盾了造成的吗？
72. 这个事，是有人一时冲动干的吗？
73. 这个事，王 × 平是被别人砍死的吗？

74.这个事，有人是后悔了吗?

75.发生这个事，是和你们家里的人有关系吗?
76.发生这个事，是和你母亲有关系吗?
77.发生这个事，是和你父亲有关系吗?
78.发生这个事，是和你弟弟有关系吗?
79.发生这个事，是和你有关系吗?
80.发生这个事，是完全由王×平自己造成的吗?
(如上述问题反映有涉案嫌疑，则继续提问以下问题)
81.这个事能说实话，是因为什么原因引起的吗?
82.这个事，是因为钱的事引起的吗?
83.这个事，是因为男女关系的事引起的吗?
84.这个事，是因为家庭矛盾引起的吗?
85.这个事，是因为其他的原因引起的吗?
86.这个事，是有自己不好说的原因引起的吗?
87.发生这个事，王×平自己是也有责任吗?

88.这个事，是没有想到这样的后果吗?
89.这个事，是害怕公安局把事情查清楚吗?
90.这个事，是想好怎么对付公安局了吗?
91.这个事，不说老实话，这辈子心里是过得去吗?
92.这个事，不说老实话，是不怕遭到报应吗?
93.这个事现在，是觉得瞒不过去了吗?
94.这个事现在，是愿意主动把事情说清楚吗?
95.这个事现在，是愿意争取从轻处理吗?

实测案件例十六（职务犯罪案件贪污案）

基本案情：

2010年5月，某地一单位办公室主任陈××先后两次从单位账户中提款

100多万元后逃往外地。经检察院反贪局调查，陈××在此之前已贪污公款100余万元。将其从外地抓获归案后，其拒不交代赃款去向。为了搞清赃款去向，办案单位与我们取得联系，请求我们应用心理测试技术协助此案的调查。我们在前期侦查的基础上，对此案进行了分析、编题和测试，协助检察机关及时明确了赃款的去向等有关问题，从而使该案顺利告破。

实测编题：

××市××区人民检察院"陈××贪污案"

心 理 测 试 题

2010年7月26日研拟

1.你的名字是叫×××吗?

2.你今年是××岁吗?

3.你记得自己贪污公款的事情吗?

4.你清楚贪污的公款的下落吗?

5.一个人给检察院不说老实话，你是认为他能瞒得过去吗?

6.你现在是愿意讲实话吗?

7.贪污公款的事情，是还记得清楚吗?

8.贪污公款，是清楚一共贪污了多少吗?

9.贪污公款，是贪污了100多万吗?

10.贪污公款，是贪污了200多万吗?

11.贪污公款，是贪污了300多万吗?

12.贪污公款，是贪污过更多的吗?

13.贪污公款这个事，家里人是知道吗?

14.贪污公款这个事，别的女人是知道吗?

15.贪污公款这个事，单位的人是知道吗?

16.贪污公款这个事，有关领导是知道吗?

17.贪污公款这个事，是还有其他人知道吗?

18. 贪污公款这个事，是自己想干的吗？
19. 贪污公款这个事，是别人让干的吗？
20. 贪污公款这个事，是领导让干的吗？
21. 贪污公款这个事，是和别人一起干的吗？

22. 贪污公款，是清楚是为什么吗？
23. 贪污公款，是为了朋友吗？
24. 贪污公款，是为了家人吗？
25. 贪污公款，是为了别的女人吗？
26. 贪污公款，是为了办什么事吗？
27. 贪污公款，是为了自己享受吗？
28. 贪污公款，是因为别的原因吗？

29. 贪污的公款，是清楚干什么了吗？
30. 贪污的公款，是给过朋友吗？
31. 贪污的公款，是给过家里人吗？
32. 贪污的公款，是给过别的女人吗？
33. 贪污的公款，是给过领导吗？
34. 贪污的公款，是办过其他的事情吗？
35. 贪污的公款，是自己挥霍了吗？
36. 贪污的公款，是还在自己手里吗？

37. 5月中下旬大笔提款，清楚是为什么吗？
38. 5月中下旬大笔提款，是有什么急事吗？
39. 5月中下旬大笔提款，是为了最后弄一笔吗？

40. 5月提的100多万元，是清楚它的下落吗？
41. 5月提的100多万元，是给什么人了吗？

42. 5月提的100多万元，是还在自己手里吗?
43. 5月提的100多万元，是还在（某地）吗?
44. 5月提的100多万元，是弄到外地去了吗?
45. 5月提的100多万元，是给男人了吗?
46. 5月提的100多万元，是给女人了吗?
47. 5月提的100多万元，是给家里人了吗?
48. 5月提的100多万元，是给别的女人了吗?
49. 5月提的100多万元，是给领导了吗?
50. 5月提的100多万元，是办其他的事情了吗?
51. 5月提的100多万元，是把它藏起来了吗?
52. 5月提的100多万元，是存到银行了吗?
53. 5月提的100多万元，是把它转移了吗?

54. 你现在是害怕我问别的问题吗?
55. 除了这200多万元外，你是还有别的问题吗?
56. 除老婆外，你是还有别的女人吗?
57. 这个女人，是在外地吗?
58. 这个女人，是在（某地）吗?
59. 这个事，是害怕牵扯到什么人吗?
60. 这个事，后来是和别人商量过吗?

61. 这个事，是想好了怎么对付检察院吗?
62. 这个事，是认为有人能把自己保住吗?
63. 这个事，现在是后悔了吗?
64. 这个事，现在是愿意主动把它说清楚吗?

实测案件例十七（职务犯罪案件涉嫌行贿案）

基本案情：

2011年6月，某市检察院在审理一起建筑工程老板涉嫌行贿案时，该嫌疑人交代，其通过王××向某教育局领导行贿，拿下了一学校的教学楼建筑工程。而将王××传唤调查时，王××拒不承认有过此事，致使上述案件的调查审理陷入困境。为了尽快查清该案，办案单位邀请我们前往应用心理测试技术对王××进行调查。我们在前期侦查的基础上，对此案进行了分析、编题和测试。经测试，明确认定了王××通过其他人向某教育局领导行贿的犯罪事实及赃款的数额等问题，从而迫使王××在测试后很快交代了行贿的事实及过程。

实测编题：

××市检察院“王××涉嫌行贿案”

心 理 测 试 题

2011年7月2日研拟

1. 你是叫×××吗？
2. 你今年是××岁吗？
3. 你清楚有人给樊××介绍教育局工程的事吗？
4. 一个人给检察院不说老实话，你是认为他很对吗？
5. 你现在是愿意讲实话吗？

6. 樊××给教育局盖楼这个事，是清楚是什么人介绍的吗？
7. 樊××给教育局盖楼这个事，是外地人介绍的吗？
8. 樊××给教育局盖楼这个事，是××本地的人介绍的吗？
9. 樊××给教育局盖楼这个事，是和樊××一个村的人介绍的吗？
10. 樊××给教育局盖楼这个事，是樊××邻村的人介绍的吗？
11. 樊××给教育局盖楼这个事，是其他地方的人介绍的吗？

12. 给樊××介绍教育局工程的人，是知道是多大岁数吗？
13. 给樊××介绍教育局工程的人，今年是30岁左右吗？
14. 给樊××介绍教育局工程的人，今年是40岁左右吗？
15. 给樊××介绍教育局工程的人，今年是50岁左右吗？

16. 给樊 ×× 介绍教育局工程的人，今年是60岁左右吗？

17. 樊 ×× 给教育局盖楼这个事，是知道是什么人给联系的吗？
18. 樊 ×× 给教育局盖楼这个事，是和你有关系吗？
19. 樊 ×× 给教育局盖楼这个事，是你给联系的吗？
20. 樊 ×× 给教育局盖楼这个事，是和你有关系的人给联系的吗？
21. 樊 ×× 给教育局盖楼这个事，是你直接给联系的吗？

22. 给樊 ×× 介绍工程这个事，是清楚事情的经过吗？
23. 给 ×× 区教育局盖楼，樊 ×× 是给过什么人钱吗？
24. 给樊 ×× 介绍工程的人，是清楚收了多少钱吗？
25. 给樊 ×× 介绍工程的人，是收了几万元吗？
26. 给樊 ×× 介绍工程的人，是收了 10 多万元吗？
27. 给樊 ×× 介绍工程的人，是收了 20 多万元吗？
28. 给樊 ×× 介绍工程的人，是收了更多的钱吗？

29. 这个钱，是清楚樊 ×× 当时是怎么给的吗？
30. 这个钱，是从银行打的吗？
31. 这个钱，是直接给的现金吗？
32. 这个钱，是在家里给的吗？
33. 这个钱，是在车里给的吗？
34. 这个钱，是在别的地方给的吗？

35. 这个钱，是清楚是几次给的吗？
36. 这个钱，是一次给的吗？
37. 这个钱，是分两次给的吗？
38. 这个钱，是分好几次给的吗？

39. 这个钱，是清楚后来是怎么办了吗？
40. 这个钱，是给别人了吗？

41. 这个钱，是清楚给了谁了吗？

42. 这个钱，是直接给了教育局的领导了吗？

43. 这个钱，是给了别的人了吗？

44. 这个钱，自己是拿了一些吗？

45. 这个钱，是记得自己拿了多少吗？

（这个钱，自己是拿了一两万元吗？）

（这个钱，自己是拿了三四万元吗？）

（这个钱，自己是拿了五六万元吗？）

（这个钱，自己是拿了七八万元吗？）

（这个钱，自己是拿了十来万元吗？）

46. 这个钱，当时是存银行了吗？

47. 这个钱，清楚是干什么用了吗？

48. 给樊××介绍教育局工程这个事，是清楚中间有几个人吗？

49. 给樊××介绍教育局工程这个事，中间是只有一个人吗？

50. 给樊××介绍教育局工程这个事，中间是有两个人吗？

51. 给樊××介绍教育局工程这个事，中间是有三个人吗？

52. 给樊××介绍教育局工程这个事，中间是还有其他人吗？

53. 这个事，是清楚中间和什么人有关系吗？

54. 这个事，是和自己的朋友有关系吗？

55. 这个事，是和自己的亲戚有关系吗？

56. 这个事，是和家里人有关系吗？

（是和你大哥王××有关系吗？）

57. 这个事，是和其他人有关系吗？

（是和哪个大夫有关系吗？）

58. 你现在是怕我问别的问题吗？

59. 你是认识教育局领导吗？

60. 这个事，是自己直接和教育局领导联系的吗?
61. 这个事，是通过其他人联系的吗?
62. 这个事，是害怕牵扯到什么人吗?
63. 这个事，是想好了怎么对付检察院吗?
64. 这个事，是有人给通风报信了吗?
65. 这个事，是和别人商量过吗?
66. 这个事，是有人给出过主意吗?
67. 你还有其他违法犯罪的问题吗?

68. 这个事，是想好了不说实话吗?
69. 这个事，是不想争取从轻处理吗?
70. 这个事，是认为有人能把自己保住吗?
71. 你现在是愿意把事情说清楚吗?
72. 你现在是愿意争取从轻处理吗?

实测案件例十八（职务犯罪案件涉嫌贪污、受贿案）

基本案情：

2015年9月，×市×区检察院在审理一起涉嫌贪污行贿案时，嫌疑人交代，其于2008年至2010年间，在负责某电力工程外协工作时，曾先后给当地村委会主任鲁××协调费8万元。后经对鲁××的调查，其还涉嫌在××工程的青苗补偿款上伪造村民花名册，贪污青苗补偿款；在自来水入户工程上贪污钱款。而将鲁××传唤调查时，其拒不承认有过此事，致使上述案件的调查审理工作陷入困境。为了尽快查清该案，办案单位邀请我们前往应用心理测试技术对鲁××进行调查。我们在前期调查工作的基础上，对此案进行了分析、编题和测试。经测试，明确认定鲁××于2008年和2011年，数次收受×××现金，并在××工程的青苗补偿款和自来水入户工程等事项上，存在贪污相关钱款的行为。鲁××在测试后便很快交代了上述事实及过程。

实测编题：

××市×××区检察院“鲁××受贿案”

心理测试题

2015年9月9日研拟

1.你的名字是叫鲁××吗？

2.你今年是××岁吗？

3.你还记得××电力公司前些年在你们村架设电线施工的事吗？

4.××电力公司在你们村架设电线施工期间，彭××是和你打过交道吗？

5.××电力公司在你们村施工期间，彭××是给过你钱吗？

6.是还记得清楚彭××给过你多少钱吗？

7.你前面给检察院说的都是实话吗？

8.一个人给检察院不说老实话，你是认为他能瞒得过去吗？

9.你现在是愿意讲实话吗？

10.是还记得清楚××电力公司在你们村施工期间，彭××给过你几次钱吗？

11.××电力公司在你们村施工期间，彭××是给过你一次钱吗？

12.××电力公司在你们村施工期间，彭××是给过你两次钱吗？

13.××电力公司在你们村施工期间，彭××是给过你三次钱吗？

14.××电力公司在你们村施工期间，彭××是给过你四次钱吗？

15.××电力公司在你们村施工期间，彭××是给过你五次钱吗？

16.××电力公司在你们村施工期间，彭××是给过你六次钱吗？

17.××电力公司在你们村施工期间，彭××是给过你更多次钱吗？

18.是还记得清楚彭××一共给过你多少钱吗？

19.彭××是一共给过你一两万块钱吗？

20.彭××是一共给过你三四万块钱吗？

21.彭××是一共给过你五六万块钱吗？

22.彭××是一共给过你七八万块钱吗？

23. 彭 ×× 是给过你更多的钱吗?

24. 是还记得彭 ×× 都是在什么时间给你钱的吗?
25. 施工初期，彭 ×× 是给过你钱吗?
26. 后来，彭 ×× 是又给过你钱吗?
27. 是还记得彭 ×× 给你钱的时间吗?
28.2008 年，彭 ×× 是给过你钱吗?
29.2009 年，彭 ×× 是给过你钱吗?
30.2010 年，彭 ×× 是给过你钱吗?

31. 给钱这个事，是清楚彭 ×× 都是在什么情况下给的吗?
32. 给钱这个事，是清楚彭 ×× 当时都是在什么地方给的吗?
33. 彭 ×× 是在 ×× 镇镇政府门口给过你钱吗?
34. 彭 ×× 是在你家门口给过你钱吗?
35. 彭 ×× 是在邻居家给过你钱吗?
36. 彭 ×× 是在其他地方给过你钱吗?

37. 是还记得清楚彭 ×× 每次给你的钱数吗?
38. 彭 ×× 每次给的钱，是几千块钱吗?
39. 彭 ×× 每次给的钱，是一两万元吗?
40. 彭 ×× 哪次，给过更多的钱吗?

41. 彭 ×× 给钱时，你是打过收据或收条吗?
42. 彭 ×× 给钱时，你是每次都打过收据或收条吗?
43. 彭 ×× 给钱时，是有过没打收据或收条的情况吗?

44. 是清楚当时彭 ×× 为什么要给你钱吗?
45. 彭 ×× 给你钱，是为当时的工程给的吗?
46. 彭 ×× 当时给钱，是给的协调费吗?
47. 彭 ×× 当时给钱，是因为其他原因给的吗?

48. 这个钱，当时是他主动给的吗？

49. 这个钱，当时是你自己要的吗？

50. 除彭××外，××电力公司还有其他人给过你钱吗？

51. ××电力公司的王××是给过你钱吗？

52. 是清楚后来把这些钱都怎么办了吗？

53. 这些钱，当时是入过村里的账吗？

54. 这些钱，当时是和什么人分过吗？

55. 这些钱，当时是自己把它放下了吗？

56. 这些钱，是后来把它往银行存过吗？

57. 这些钱，是给过哪个领导吗？

58. 这些钱，是后来在其他方面花过吗？

59. 彭××前后给的这些钱，是还有别的人知道吗？

60. 彭××前后给的这些钱，自己的家里人是知道吗？

61. 你现在是害怕我问别的问题吗？

62. 除了前面问的问题外，你在村委会任职期间，是还有过其他贪污受贿的问题吗？

63. 在××工程上，彭××是给过你3万元吗？

64. 这3万元当时，是给打收据了吗？

65. 这张收据是你冒用别人的名字打的吗？

66. 在××工程上给村民的11万多元青苗补偿款，是真的都给村民发放了吗？

67. 在××工程上给村民的青苗补偿款花名册，是真实的吗？

68. 给村民的青苗补偿款花名册，清楚是谁造的吗？

69. 在××工程给村民的青苗补偿款上，你是有贪污的问题吗？

70. 贪污青苗补偿款这件事，是你一个人干的吗？

71. 是伙同别人一起干的吗？

72. 是和文书杨××有关系吗？

73. 在自来水入户工程中，你是有过贪污的问题吗？

74.你曾经是给有关领导送过钱吗?
75.你曾经是给镇上领导送过钱吗?
76.你曾经是给县上领导送过钱吗?
77.有关的事，是还有其他人知道吗?

78.自己做过的事，村里的人们是知道情况吗?
79.自己做过的事，你是担心过会被检察机关发现吗?
80.这个事，是想好了怎么对付检察院了吗?
81.这个事，是想好了不说实话吗?
82.你现在，是害怕检察院把事情查清楚吗?
83.你现在，是后悔了吗?
84.你现在，是愿意主动把事情说清楚吗?
85.你现在，是愿意争取从轻处理吗?

实测案件例十九（楼房建筑年代造假案）

基本案情：

详见第一章第四节“案例六”。

实测编题：

××市纪委“××市房地产交易中心房屋年代造假案”

心理测试题

2013年5月9日研拟

1.你的名字是叫××吗?
2.你今年是××岁吗?
3.你知道××林77—87号五栋居民楼建筑年代造假的事吗?
4.××林77—87号五栋居民楼建筑年代造假的事，是清楚是怎么回事吗?
5.你前面给纪委说的都是实话吗?
6.一个人给纪委不说老实话，你是认为他能瞒得过去吗?
7.你现在是愿意讲实话吗?

8.××林77—87号五栋居民楼建筑年代造假的事，是清楚当时的过程吗?
9.这件事，是清楚当时是什么人联系的吗?
10.这件事，是清楚当时是什么人安排的吗?
11.这件事，是清楚和什么人有关系吗?
12.这件事，是和房地产管理局的领导有关系吗?
13.这件事，是和交易中心的领导有关系吗?
14.这件事，是和交易中心的什么人有关系吗?
15.这件事，是和其他的什么人有关系吗?

16.这件事，是清楚牵扯到了几个人吗?
17.这件事，是只牵扯到了一两个人吗?
18.这件事，是牵扯到了三四个人吗?
19.这件事，是牵扯到了好几个人吗?
20.这件事，是有女人参与了吗?
21.这件事，是商量好了干的吗?

22.××林77—87号五栋楼房建筑年代造假的事，是清楚是怎么干的吗?
23.这件事，是听说了怎么干的吗?
24.这件事，是怀疑谁干的吗?
25.这件事，是有人指使谁干的吗?
26.这件事，是和自己有关系吗?
27.这件事，自己是参与干了吗?

28.这件事，有关的材料是清楚是什么人做的吗?
29.这件事，有关的材料是和×××有关系吗?
（杨××、段××、邸××、蓝×、赵××、魏××）
30.有关的材料当时，你是见过吗?
31.有关的材料当时，是经过你的手吗?
（魏××）四方公司的申请材料是清楚谁给你的吗?

（魏××）四方公司的申请材料，是审核了吗？
（魏××）四方公司的申请材料，你是发现问题了吗？
（魏××）四方公司的申请材料，是你给的赵××吗？
（赵××）四方公司的申请材料，你是发现问题了吗？
（赵××）四方公司的申请材料，是你给的段××吗？
（段××）四方公司的申请材料，是你给的杨××吗？
（段××）四方公司的申请材料，是你给别的人了吗？
（杨××）四方公司的申请材料，段××是给你了吗？
（杨××）四方公司的申请材料，你是给别的人了吗？
（杨××）四方公司的申请材料，你是给蓝×了吗？
（蓝×）四方公司的申请材料，杨××是给过你吗？

32. 这件事，是实际去勘丈过吗？
33. 这件事，是清楚是什么人给勘丈的吗？
34. 这件事，你（杨××、段××、邸××）是去勘丈了吗？
35. 这件事，是清楚是什么人在勘丈审核表上签的字吗？
36. 这件事，在勘丈审核表上签字的人是A、B、C组的人吗？
37. 这件事，在勘丈审核表上签字的人是H、G组的人吗？
38. 这件事，是两个组的人都在勘丈审核表上签字了吗？
39. 这件事，是其他的人在勘丈审核表上冒名签的字吗？

40. 这件事，是清楚有几个人在勘丈审核表上签字了吗？
41. 这件事，在勘丈审核表上签字的是一个人吗？
42. 这件事，在勘丈审核表上签字的是两个人吗？
43. 这件事，在勘丈审核表上签字的是三个人吗？
44. 这件事，在勘丈审核表上签字的是还有别的人吗？

45. 在勘丈审核表上签字的人，是清楚是多大岁数的人吗？
46. 在勘丈审核表上签字的人，是有现在20多岁的人吗？
47. 在勘丈审核表上签字的人，是有现在30多岁的人吗？

48. 在勘丈审核表上签字的人，是有现在40多岁的人吗？
49. 在勘丈审核表上签字的人，是有现在50多岁的人吗？
50. 在勘丈审核表上签字的人，是有现在60多岁的人吗？
51. 在勘丈审核表上签字的人，是男人吗？
52. 在勘丈审核表上签字的人，是有女人也签过吗？

53. 在勘丈审核表上签字，是清楚是什么人做的吗？
54. 在勘丈审核表上签字，是和自己有关系吗？
55. 在勘丈审核表上签字，自己是没有签字吗？
56. 在勘丈审核表上签字，自己是签字了吗？
（杨××、段××、邸××）是签字了吗？
57. 在勘丈审核表上签字，是有人用别人的名字签的字吗？
58.（蓝×）你是冒名签字了吗？
59. 在勘丈审核表上签字，是找人签的字吗？

60. 你现在是害怕我问别的问题吗？
61. 这件事，是清楚四方公司是和什么人联系的吗？
62. 这件事，四方公司是和自己有联系吗？
63. 这件事，有关领导是和自己说过吗？
64. 这件事，是清楚干这事的人得到什么好处了吗？
65. 干这事的人，是拿到钱了吗？
66. 干这事的人，是得到其他好处了吗？

67. 干这事的人，是商量过怎么办了吗？
68. 干这事的人现在，是害怕纪委把事情查清楚吗？
69. 干这事的人现在，是后悔了吗？
70. 干这事的人现在，是愿意主动把事情说清楚吗？
71. 干这事的人现在，是想争取从轻处理吗？

第三节 测前访谈技术

一、测前访谈技术的概念及意义

测前访谈技术，即运用心理学原理和方法、技巧，与被测人进行测试前谈话，从而为测试创造必要的心理状态和条件的谈话技术。

测前访谈，其实质类似于心理实验的指导语，是进行犯罪心理测试的重要过程。它既是说服被测人接受测试并指导其按要求接受测试的环节，又是了解和把握被测人心理特点及有关情况的途径，更是使被测人形成符合测试要求的心理状态的重要过程。在测前访谈中，主测人对被测人施与的心理影响，即主试者效应[①]，会直接影响测试的效果。因此，正确科学的测前访谈，是有效进行测试的良好开端和取得良好测试效果的重要保障。

二、测前访谈的目的和要求

1. 了解被测人情况（是否吃饭以及休息、身体、职业、家庭、经历、与案件的关系等情况），平息其紧张情绪；

2. 观察、了解被测人的个性特点；

3. 赢得被测人对测试人员和测试仪的信任；

4. 使被测人的注意力集中到当前的问题上来；

5. 调动涉案人对犯罪过程的回忆，使涉案人进入当时的情境之中；

6. 增强被测人对说谎的恐惧感，消除其不必要的担心；

7. 初步判断被测人涉案与否；

8. 使被测人同意并按要求接受测试。

三、测前访谈的基本步骤

测前访谈的步骤应根据被测人及当时的具体情况进行，不必刻板。其一般步骤如下：

1. 让被测人落座后，问其姓名和年龄；

---

① 主试者效应，即主试的行为、态度和指导语对被试产生的影响。

2. 问其是否吃过饭以及休息、身体情况等有关的生活问题；

3. 问其职业、家庭以及经历等情况；

4. 提及案件并询问其是否听说过或知道有关情况；

5. 说明办案人员在对案件进行调查，并要找有关的人了解情况；

6. 说明今天调查的方式是进行心理测试，并简单介绍心理测试的原理和功能（强调其科学性和准确性），特别说明作案的人和有关系的人今天不说实话是过不去的，而无辜的人是不会被冤枉的；同时，讲明测试的要求和过程，并讲明传感器没有电，不会对身体有任何影响等，而后紧接着问其是否同意测试；

7. 在被测人同意接受测试后，让其书面签字；

8. 佩戴传感器开始测试。

四、测前访谈应注意的问题

1. 主测人要对测前谈话做好充分准备，要事先了解被测人的有关情况，这样在谈话过程中才便于引导谈话和发现问题。在没有大量实案测试谈话经历时，应事先制订测前访谈的提纲。

2. 主测人要在谈话过程中始终明确谈话的目的，并掌握谈话的主动权，引导谈话的内容，不能让被测人影响、干扰谈话的节奏和进展。要避免与被测人争执，在心平气和、中立友善、非敌对状态下与被测人进行谈话交流。

3. 主测人在谈话过程中要注意保持沉稳镇静、友善平和的状态，给被测人留下一个既成熟稳重、善解人意、和蔼亲和，又敏捷睿智、客观公正、专业权威的专家印象，以取得良好的心理效应，使被测人产生信任和敬畏的认知及态度。

4. 审讯的十字要诀：静、正、喜、怒、明、信、行、敛、利、卑，在测前谈话中仍然具有指导意义，应该予以参考借鉴。

5. 主测人要在谈话过程中随时注意观察被测人的面部表情、言语表情、体态表情等外显行为，以获得和掌握有关信息。

6. 面对不同气质类型和个性特点的被测人，主测人要使用不同的谈话及沟通技巧，以保证谈话顺利进行。

7. 对于情绪过于紧张的被测人，要注意予以抚慰和减压，并适当延长谈话时间，平缓其紧张情绪；而对于满不在乎甚至嚣张狂妄的被测人，要对其晓以利害和予以威慑，使其感到压力与紧张；对于拒绝测试的被测人，则要通过激将等方法使其同意接受测试。

8.谈话中要注意不宜让被测人知道的有关案情等信息不予暴露。

9.当谈话过程中发现新的问题和情况时，要及时记录并在必要时对测试题予以修改、调整。

10.测前谈话应由主测人一人进行，其他人没有特殊必要一般应保持沉默。

第四节　实测操作、观察和同步评图技术

一、实测操作、观察和同步评图技术的概念

实测操作、观察和同步评图技术，即就心理测试系统（包括测试仪、传感器、计算机、测试软件）进行安装、连接、佩戴、调试和操作，以及向被测人进行提问，对图谱及被测人进行观察记录并同时对图谱进行解读评判的具体操作技术。

实测操作、观察和同步评图技术，是心理测试技术的具体实施，是心理测试技术的重要技术过程和关键环节，正确熟练地进行实测操作、观察和同步评图，是取得预期测试效果的重要保障。

二、实测操作、观察和同步评图的要求及注意事项

（一）实测操作

1.正确对测试仪、传感器、计算机进行安装、连接，并进行测前调试。

2.准确佩戴传感器。皮肤电传感器的佩戴要紧；呼吸传感器的佩戴要松紧适度；脉压传感器的佩戴要准。

3.佩戴好传感器后对各项参数的图谱基线进行调试，并在测试过程中注意始终将其调节在适宜的位置。

4.对图谱基线（尤其是皮肤电）的调节，不能在一组问题中进行，要待该组问题结束后再进行，以保证图谱基准的一致性。

5.在向被测人进行提问时，要做到标准、规范地读题。读题的语速、语调和声高要匀，不能过快或过慢、忽高或忽低。注意保持语速、语调和声高的一致性，避免由于声音的变化造成额外刺激，影响被测人的反应。

6.每道题提问的间隔时间基本保持在15秒钟。当被测人反应持续时间较短或较长时，可适当提前或推后。

（二）观察

观察包括对各项参数与图谱变化及被测人外显表现的观察。测试中的观察要注意：

1.要保持良好的注意力，并做到注意的有效集中与分配，做到适时、同步地对各项参数与图谱变化及被测人外显表现进行观察。

2.对被测人外显表现的观察不仅要注意其面部表情，还要注意其肢体动作，尤其是注意有无手动等影响皮肤电和脉压变化的情况。

3.对被测人外显表现的观察既要注意其面部表情、气色的变化，还要注意咽干造成的吞咽等现象。

4.在进行观察的同时做好各项指标变化及外显表现的及时记录，要对手动、咳嗽、说话等影响图谱变化的情况专门予以记录。

测试中的观察是一个既仔细又全面并同步进行思维的过程，要求主测人必须具备良好的注意品质和观察力，具备从图谱及被测人外显表现的细微变化中发现问题并对其正确解读和评判的能力，从而保证及时、准确地捕获有关信息，进而为正确评判提供条件。

（三）同步评图

同步评图是就由问题刺激引发的各项图谱变化表征的心理意义，进行同步解读评判的过程。

同步评图由于具有即时性、同步性、动态性，因此，它对准确认知和掌握被测人心身反应及图谱反应的特点与规律、准确认知和掌握被测人心理活动的情况、准确认知和掌握图谱反应表征的心理意义、准确认知和掌握被测人图谱反应的具体情况，具有直接而良好的效果。所以，正确的同步评图是对图谱表征的心理意义有效解读的重要过程。

同步评图除应按照各项图谱评判的规则和标准进行外，还须注意：

1. 图谱反应是否正常；

2. 图谱没反应或反应异常的原因；

3. 有无影响图谱反应的额外因素；

4. 评图要考虑个体差异，体现测试的个别化；

5. 评图重在本组问题间的比较；

6. 须注意问题刺激呈现的先后次序对图谱变化的影响；

7. 评图时须进行即时、客观的记录；

8. 评图时须防止先入为主和主观臆断的影响，主观分析应在后面进行。

总之，同步评图是一个需要注意力高度集中又合理分配且思维紧张进行的工作过程，需要心智的高度投入。同时，它是一项需要不断积累经验、不断总结掌握其特点和规律，才能日益精进的技能，需要在大量的测试实践中不断地总结提高。

第五节 图谱综合评判技术

一、图谱综合评判技术的概念

图谱综合评判技术，即对测试获得的图谱、数据等进行综合解读评判，从而得出测试结论的技术。

图谱综合评判技术是取得测试结果得出测试结论的最后阶段技术环节，是心理测试技术的科学体现和直接目的。科学、正确的图谱综合评判结论，是协助案件侦查审理的重要依据。

二、图谱综合评判的方法

图谱综合评判要求将各项问题及几遍测试的图谱反应情况进行综合分析评判，综合分析后得出结论。

图谱综合评判的具体方法如下。

1. 先看各项问题及几遍测试的图谱反应的对应情况。对应指反应最大。

2. 在目标问题明确的情况下，看目标问题的对应情况。

3. 目标问题对应率在60%以上，则为涉案。再根据问题对应的具体情况，分析判断案件的有关情况以及被测人在案件中的角色。分析判断案件的有关情况及其在案件中的角色时，仍然看其在相关问题上的反应强度。

4. 如各项问题及几遍测试的图谱反应的对应情况一致，即可根据问题得出具体和总体结论。

5. 如有关问题或几遍测试的图谱反应的对应情况基本一致，但不完全一致，则看被测人在多数问题上的反应情况，并据此考虑可能的影响因素，予以综合评判。

6. 如各项问题或几遍测试的图谱反应的对应情况不一致，但被测人在目标问题上仍有反应，则须根据被测人在目标问题上的反应强度和对全部问题的总体反应，结合案情及被测人和测试的具体情况，考虑可能的影响因素，予以综合评判。

7. 如各项问题或几遍测试的图谱反应的对应情况不一致，但被测人在目标问题上仍有反应且反应强度较大，则可能的情况有：局部知情、怀疑性知情、审讯等造成的过敏反应等。

8. 如各项问题或几遍测试的图谱反应的对应情况不一致，同时被测人在目标问题上基本没有反应，则可根据被测人对全部问题的总体反应，在确保反应正常的情况下，做出予以排除的结论。

三、图谱综合评判应注意的事项

图谱是由问题等相关刺激、被测人对问题的认知状况及其心理内容、被测人心理生理特点和状态等多方面多种因素共同作用的反映，不仅受上述多方面多种因素的影响和制约，还受被测人肢体动作、说话、咳嗽、异常呼吸等的干扰和问题刺激呈现的先后次序等的影响。因此，图谱评判是一项需要多方面因素全面考虑、慎重评判才能正确进行的工作。图谱综合评判时应注意以下几点。

1. 评判的综合性

即既根据图谱的整体情况又考虑各方面因素及其可能存在的影响，整体、动态、多因素综合参考地进行评判。评判及作出结论时，不仅要根据皮肤电、呼吸、脉压等各项指标的图谱特征及数据情况，还要考虑被测人的身心状况，气质、性格类型，人格特质及其焦虑水平、易感性，问题刺激呈现的先后次序，以及外显情绪行为特征、案件情况等，进行整体、动态的全面综合评判。既要防止教条主义，又要克服经验主义，以避免对评判和结论造成影响，导致错误的测试结论。

2. 评判的客观性

综合评判需要考虑各方面因素及其可能存在的影响，需要主观经验和相应的分析判断。但是，仍然需要以测试获得的图谱为依据，不能离开图谱做评判。同时，要坚持科学态度，根据测试条件、测试实际和主测人本人的测试水平及经验，客观地做出测试结论。

总之，犯罪心理测试及图谱评判，是对动态的处于不断变化中的具有不同身心特点和个体差异的心理活动及生物反应的检测与评判，同时，存在可能影响和干扰测试与评判的众多因素。因此，稍有不慎或因经验不足，就可能导致错误的评判及其结论。所以，在图谱评判中，必须充分考虑测试对象的差异性和心理活动的复杂性，以及影响测试因素的多样性。这就要求我们要在科学的心理学理论的指导下，对被测人的心理活动及其图谱变化，做系统的动态分析把握，充分考虑可能影响图谱变化的各种因素，科学地认识和把握测试中自变量与因变量以及额外变量与因变量等变量系统的关系，使犯罪心理测试及图谱评判这一诸方面紧密联系、相互影响的人—机—环境的系统技术，严格按照实验心理学等心理学的理论、原则、方法和要求进行。具体来讲，需要注意以下几个方面的问题：一是注意研究和把握不同气质与性格类型，不同人格特质和心理素质，以及不同年龄、不同生理特点的人心理生理反应的不同特点及其差异，研究和把握图谱变化的特点与规律，从而提高对不同特点与类型的人的心理生理反应特点、规律及其差异性的认识。二是注意研究和把握各心理现象之间的相互关系和影响，从而科学认识某一心理生理反应的图谱变化以及外显行为，可能由何种心理因素所引起，进而对其做出正确的区分和评判。三是注意研究和把握可能影响测试的有关因素，并研究和把握各因素与心理生理反应及其图谱变化之间的关系，从而防止、控制和排除有关因素的干扰，并在图谱评判中考虑到各种可能存在的影响与干扰，从而剔除其对图谱评判的影响。

以上诸方面的问题，是影响测试及图谱评判准确性的基本问题。它们是由人心理活动的复杂性，以及影响测试因素的复杂多样性所决定的，是进行图谱评判必须充分注意解决和把握的问题。如果不注意评估、权衡这些差异和因素对测试及图谱的影响，体现测试及其图谱评判的个别化，则可能会造成评判误差，甚至导致错误的结论。

第六节　测后谈话与讯问技术

一、测后谈话与讯问技术的概念

测后谈话与讯问技术，即在测试结束后，根据测试结果，利用“测试后效”，运用相关心理学理论和方法，对涉案嫌疑人施加心理影响，从而为突破案件创造条件的谈话和讯问技术。

测后谈话与讯问是犯罪心理测试技术的最后阶段技术。经过犯罪心理测试技术的检测认定涉案嫌疑人后，测后谈话与讯问便成为突破案件的关键环节。

测后谈话与讯问，一般由主测人在测试结束后即刻进行，也可根据案件情况和侦查审理工作的需要决定进行与否。

二、测后谈话与讯问技术的要点及注意事项

测后谈话与讯问是以测试结论为基础和支撑的。经测试认定涉案嫌疑人及其与案件的关系和角色以及案件的有关情况后，对测后谈话与讯问应坚定信心，并根据案情和嫌疑人的情况及特点，运用心理学的有关方法进行。其谈话与讯问的要点及注意事项如下：

（一）要点

1. 态度坚定。要明确地告知嫌疑人，从现在起必须说实话，把事情讲清

楚，争取有个好的态度和处理结果。要坚定地驳回否认其行为的言语，彻底打破其侥幸心理。

2.共情、理解、给台阶和出路。要在态度坚定地认定其涉案并驳回否认其行为言语的同时，对其行为及案件发生的原因予以“合理化”的理解，并给其指出出路和希望，以引发其陈述的愿望并培植其供述动机。

（二）须注意的事项

1.要根据案情及嫌疑人心理特点进行谈话与讯问。

2.谈话与讯问要宏观，不能过于具体，不把话说死，要留有余地。

3.测后谈话与讯问是为而后侦查审理工作创造条件的过程，重在对嫌疑人施加心理影响，以打破其侥幸心理，形成有利于交代供述的认知。故，不能急于求成，应根据情况决定谈话与讯问的继续与否，避免形成僵局。

4.主测人应视案件和测试的具体情况，考虑而后案件侦查审理的需要，决定是否进行测后谈话。

测后谈话与讯问技术，是在经过测试对案情及涉案嫌疑人的个性特点、现时心理状态等予以认知和把握的基础上，运用心理学的有关方法，有针对性地对涉案嫌疑人的心理施以影响，使涉案嫌疑人产生和形成有利于交代供述的有关观念和心态，克服供述障碍，形成供述动机及供述决意，对案件事实真相予以彻底交代供述的重要技术环节。同时，它也是而后对嫌疑人进行审讯的重要基础。因此，测后审讯工作务必要做好与测试及测后谈话的衔接，并按照测后心理分析的意见进行审讯。

在应用犯罪心理测试技术协助有关部门侦破疑难案件的实践中，我们有着深刻的体会：经过测试认定涉案嫌疑人后，能否做好与测试及测后谈话和讯问的衔接，按照测后心理分析的意见进行审讯，对审讯结果有着明显的影响。凡是能有效地做到与测试及测后谈话和讯问的衔接，坚持按照测后心理分析的意见开展审讯工作的，案件常常很快被突破。反之，审讯工作往往难有进展或陷入僵局。

所以，测后谈话与讯问及心理分析的意见，对测后审讯工作有着重要的借鉴和指导作用，在侦破实践中应予以高度重视。

Chapter six

|第六章|

心理测试技术应用的条件及实际应用中应注意的问题与鉴定分析报告的制作

心理测试技术是一项严格的心理学实验，需要相应的条件做保障。在实际应用中，应注意相关条件的要求并做好相应的工作。鉴定分析报告及其结论须客观、明确、具体。

第一节　心理测试技术应用的条件

心理测试技术的应用过程，其实质是一严格的心理实验过程，必须有相应的条件做保障，否则无法获得应有的测试效果。它在实际应用中，须保障以下基本条件。

一、环境条件

1.要有相对封闭、安静的环境；

2.测试室摆设简单，空气清新，光线柔和，被测人面对的墙壁应无任何装饰，墙面以白色为好；

3.测试室温度以24℃为宜，不低于16℃或高于28℃；

4.测试室湿度不大于60%；

5.测试室内人员不宜过多，保持安静；

6.测试开始后不能有影响测试的任何响动；

7.在无专门规定的情况下，测试地点选择在对被测人无特殊压力的中性场所为宜。

二、被测人条件

1.吃饱并休息好，体能正常；

2.无严重的心脏病、高血压、哮喘、咳嗽、发烧等症状；

3.测试前未服用镇定抑制类药物；

4.测试前未喝酒；

5.精神和智力正常；

6.体温正常，手温不能过凉；

7.被测人佩戴皮肤电传感器的手指正常，指腹无影响皮肤电反应的老茧等异物；

8.怀孕三个月以上者，不满14岁的未成年人，年龄过大者不宜测试。

三、测试室的设置

1.测试室要求恒温恒湿，室内布置尽量简单，最好是四面白墙，面积以15平方米左右为宜。房间可适当装修，以提高对被测人应有的心理压力。

2.应有通风透气的设施。

3.应有监控观察的设施。

4.保证安静、安全。

第二节 心理测试技术实际应用中应注意的问题

一、犯罪心理测试技术应用的最佳时机

犯罪心理测试技术在侦查审理案件中的介入时机，对该技术作用的发挥有着一定的影响。介入时机恰当，不仅有利于更好地发挥该技术的功用，而且会对案件的顺利侦破起到事半功倍的效果，从而使侦破工作少走弯路，节省时间和人力、物力、财力。

犯罪心理测试技术的使用，需要有关条件做基础。若介入过早，对案件的调查摸排工作还在进行中，真正的犯罪人可能还未浮出水面，尚未被纳入侦查范围；有关法医检验及物证技术检验报告等犯罪心理测试技术的客观支撑依据还未形成。若介入过晚，则有关嫌疑人可能已因反复审讯而在心理上形成了某种条件反射；或由于羁押时间较长，身体条件差，从而影响测试。侦破实践表明，由于各种原因，常常在对嫌疑人久攻不下，侦破陷入僵局，甚至嫌疑人已经长期羁押后办案一方才想起应用犯罪心理测试技术的情况下，都不利于此项技术功用的有效发挥和案件的及时侦破。

所以，犯罪心理测试技术在案件应用中，最佳的介入时机是：侦查的调查摸排工作及有关法医、物证技术鉴定工作已完成，嫌疑人还未被羁押审讯，还处在能控制的自由状态之下。

二、犯罪心理测试技术应用中应注意的其他问题

要保证犯罪心理测试工作顺利有效地进行，在案件侦破中发挥应有的作

用，除注意测试技术介入的时机外，在应用此项技术协助侦破疑难案件的过程中，我们还深刻体会到，实际办案过程中主要存在并需要强调以下几个方面的问题：

1. 关于嫌疑人的摸排

前期侦查工作是犯罪心理测试的基础，在调查摸排阶段，要在深入细致工作的基础上，穷尽各种可能把作案人纳入侦查视野，将其圈定在待测的嫌疑人之中，切不可由于轻信没有作案时间或由于作案因素、动机隐蔽，未予发现等原因，轻易将其排除。在协助侦破疑难案件的测试中，我们经常遇到作案人曾在调查工作中出现但未引起办案人员的重视，被忽略放弃，后在案情研究讨论中引起重视，才将其圈入测试而被认定的情况。所以，应利用犯罪心理测试技术便捷易行的特点，尽可能多地准备待测人，在没有确凿证据排除的情况下，不轻易排除有关嫌疑人。同时，将各条线的嫌疑人按嫌疑大小分层次排列，以为测试工作顺利进行做好准备。实践证明，前期侦查的基础工作情况，与犯罪心理测试技术的应用效果，有着重要的关系。

2. 关于测试条件的保障

在测试实践中，经常会遇到这样的情况：由于办案人员对测试的有关条件和要求认识不足，常常是虽然已经反复强调说明，但测试时仍然出现各种问题，使测试工作受到影响和干扰，有时甚至不得不中断测试。其中，最为突出的是被测人的体能问题。由于长期的习惯和被测人方面的原因，被测人的吃饱吃好问题，是许多地方测试中经常会遇到的问题。一些办案人员认为，让嫌疑人吃些东西就行了，还需要什么吃饱吃好？或是让其随便吃点东西，或是在一些嫌疑人由于各种原因，尤其是涉案人由于心理压力等原因，不能按要求吃饭的情况下，也不予注意，造成进入测试后才发现被测人体能不行的情况，影响测试工作的正常进行。另外，一些嫌疑人由于羁押时间较长，体能往往难以保障，需要事先予以准备。

因此，严格按照心理测试技术工作的有关要求，保证各项条件落实到位，是保障犯罪心理测试技术工作顺利进行和发挥作用的重要基础，在应用这项技术时，我们应高度重视。

3. 侦审工作与心理测试工作的衔接

经犯罪心理测试技术鉴定认定涉案人后，侦审工作应注意做好与心理测试工作的衔接。要正确有效地把握和利用通过测试获得的有关案件情况及涉案嫌疑人的心理特点，根据测后的分析指导意见开展侦审工作，这是侦审工作取得突破性进展的关键。不能你测你的、我搞我的，甚至在先入为主等因素的作用下，对测试工作的可靠性产生怀疑，从而轻易放弃测试得到的结论及意见。

大量侦破实践表明，在正确的测试结论及分析意见的指导下，侦审人员根据其做好应有的工作准备，并全力以赴、坚持不懈地开展审讯及调查取证工作，是案件最终取得突破的关键。而在一些案件侦破中，由于各种因素的影响，侦审人员不能与测试工作很好地进行衔接，不能坚持不懈地正确开展审讯和调查取证工作，往往功亏一篑，案件侦破工作因此而搁浅。

因此，侦查实践中，既不能简单地仅仅依赖测试结论，轻率行事，造成在缺乏相关工作准备和工作基础的情况下，仅凭测试结论进行审讯，进而导致刑讯逼供现象的发生或造成审讯僵局，也不能你测你的、我搞我的，与测试工作脱节甚至无视测试意见和结论。这是应用此项技术侦破案件过程中，必须注意的方面。

4. 正确看待心理测试技术

心理测试技术由于受到多方面多种因素的影响和制约，测试结论有时会存在问题甚至发生错误。因此，需要对其采取客观、科学的态度，以免影响侦查工作的开展。

要使心理测试技术在疑难案件侦破中有效地发挥作用，就必须认识和解决上述问题，这是应用心理测试技术协助案件侦破过程中应注意的问题。

第三节 心理测试技术鉴定分析报告的制作

一、要符合一般刑事科学技术鉴定报告（意见）的有关要求

心理测试技术作为一项新型的刑事科学技术，其鉴定分析报告（意见）的制作，须符合一般刑事科学技术鉴定报告（意见）的有关要求，在内容、

形式、表述方式等方面与其他刑事科学技术鉴定报告（意见）保持一致。同时，要根据自身性质和特点，以及测试目的与任务，进行相应表述，使其做到客观、科学、准确，以明确表明被测人与案件的关系及案件的有关情况。

二、应根据测试目的、任务及案件情况和测试效果进行相应表述

心理测试技术应用的案件类型较多，其测试目的和任务不尽相同。另外，其有时还受测试条件的限制和有关因素的干扰而影响测试效果。因此，在测试鉴定分析报告（意见）的表述上，应该根据不同案件类型与测试目的和任务，根据测试条件并考虑可能存在的影响因素及测试效果，做相应的表述。

在被测人与案件的关系问题上，鉴定分析意见原则上应采取“认定”“排除”“涉案知情”等明确的表述方式。同时，为了使其为案件的侦查审理工作提供具体明确的意见，在测试条件和效果较好的情况下，其鉴定分析意见应根据图谱对应情况及特征，对案件的有关情况，如涉案人数、涉案程度、案件角色、涉案金额等，做出较为具体的表述。

但是，在目前此项技术的研究及应用水平的条件下，鉴定分析意见的表述方式和具体程度，应根据测试条件和主测人的能力水平、测试经验等，客观地予以表述。有什么样的把握，就做什么样的表述。在没有相应条件把握的情况下，允许做出“倾向认定”“倾向排除”或“无结论”“不结论”的表述。这依然是一种实事求是的科学态度。否则，在缺乏相应条件和把握的情况下，强行做出一定的结论，常会导致错误，反而影响案件的侦查审理工作。事实上，在应用心理测试技术协助案件调查审理的过程中，每个主测人员都有着很高的工作期望和很大的心理压力，都希望通过此项技术的应用，给案件的调查审理工作提供有价值的鉴定结论及参考意见。而“倾向认定”“倾向排除”或“无结论”“不结论”的鉴定分析意见，同样需要客观求是的态度和一定的勇气。所以，根据特定的测试条件和本人的实际能力及经验，在某些情况下对测试结果做出“倾向认定”“倾向排除”或“无结论”“不结论”的客观表述，在目前此项技术发展的特定阶段，是应该容许的。同时，这也符合其他刑事科学技术鉴定意见的表述方式。当然，这并不意味着主测人员不负责任地轻易便做出这样的意见及结论，而降低此项技术的应用价值。

三、心理测试技术鉴定分析报告（意见）样本

（一）刑事案件认定被测人涉案嫌疑样本

心理测试技术鉴定分析报告

［2009］甘政心测字第001号

受××省××市××区公安局邀请，我们依据侦查基础和勘验材料并经实地勘验，采用犯罪心理动态分析和认知综合测试法编题，在被测人身心基本常态且同意测试的条件下，使用国家审定的PGA-99型心理测试系统，于2009年3月14日，对××省××市××区公安局杜×太、杜×民被害案件的犯罪嫌疑人进行了心理测试技术鉴定，经图谱评判比对分析，结果报告如下：

一、犯罪嫌疑人张××（女，×岁），经同一套题目重复测试，发现其在作案因素、动机、作案过程、移尸等部分目标题上有显著相关特异心理生理反应，在具体实施杀人行为的目标题上无显著相关特异心理生理反应。据此，心理测试可认定其参与了杜×太、杜×民被害案件，进行了作案的准备、移尸等行为，并一定程度地协助了杀人行为。

二、犯罪嫌疑人张×有（男，×岁），经同一套题目重复测试，发现其对全部涉案目标题有显著相关特异心理生理反应。据此，心理测试可认定张×有系杜×太、杜×民被害案件的主要犯罪嫌疑人，是杀人行为的主要实施者。

（供侦查审理案件参考）

主测报告人：××（教授）

××（研究生）

×××（研究生）

2009年3月14日

（二）刑事案件被测人不同涉案情况样本

心理测试技术鉴定分析报告

［2010］甘政心测字第003号

受××省××县公安局邀请，我们依据侦查基础和勘验材料并经实地勘验，采用犯罪心理动态分析和认知综合测试法编题，使用国家审定的PGA-99

型心理测试系统，于2010年3月27日，在××县公安局，在被测人身心基本常态且同意测试的条件下，对××省××县公安局“李×失踪死亡案”的相关嫌疑人进行了心理测试技术鉴定，经图谱评判比对分析，结果报告如下：

一、传唤嫌疑人赵×（女，现年×岁）、赵×（男，现年×岁），经同一套题目重复测试，发现其在2010年2月14日晚与李×等人打架及追赶至北洛河南岸等题目上，有显著相关特异心理生理反应，在其他目标题上，未发现有显著相关特异心理生理反应。据此，心理测试可认定：2010年2月14日晚，该二人追赶李×至北洛河南岸后，未继续对李×实施追赶、加害等其他行为。

二、拘传嫌疑人周×峰（男，×岁），经同一套题目重复测试，发现其在2010年2月14日晚对李×进行追赶堵截和李×进入北洛河的方位、后续情况、落水过程等目标题上，有显著相关特异心理生理反应。据此，心理测试可认定：2010年2月14日晚，周×峰将李×追赶堵截至北洛河南岸，致使李×进入北洛河，后又赶至河北岸堵截，并在李×上岸过程中有过接触行为，目睹了李×落水的过程。

三、传唤嫌疑人刘×珍（女，×岁），经同一套题目重复测试，发现其在2010年2月14日晚对李×进行追赶堵截的题目上，有显著相关特异心理生理反应；在李×落水情况等题目上，有相关特异心理生理反应；在其他目标题上，未发现有相关特异心理生理反应。据此，心理测试可认定：刘×珍在李×失踪死亡案件中有知情嫌疑。

（供侦查审理案件参考）

主测报告人：××（教授）
××（研究生）
×××（研究生）
2010年3月28日

（三）刑事案件排除被测人涉案嫌疑样本

心理测试技术鉴定分析报告

[2016] 甘政心测字第011号

应××省××县公安局邀请，我们依据前期调查材料和勘验笔录并经现场实地勘验，采用犯罪心理动态分析和认知综合测试法编题，于2016年11月16日，在××省××县公安局，使用国家审定的PGA–99型心理测试系统，在被测人身心基本常态且同意测试的条件下，对××省××县公安局“2016.9.24王×平死亡案”的嫌疑人李×燕进行了心理测试技术鉴定，经图谱评判比对分析，结果报告如下：

嫌疑人李×燕（女，×岁），经同一套题目重复测试，未发现其在相关目标题上有特异心理生理反应。据此，心理测试可排除李×燕在上述案件中的犯罪嫌疑，并可认定其对公安机关的陈述基本属实。

（供调查审理案件参考）

主测报告人：××（教授）

××（研究生）

××（研究生）

2016年11月16日

（四）职务犯罪案件认定被测人涉案嫌疑样本

心理测试技术鉴定分析报告

［2015］甘政心测字第009号

受××省××市×××区人民检察院邀请，我们依据前期调查材料，采用心理动态分析和认知综合测试法编题，使用国家审定的PGA–99型心理测试系统，于2015年9月10日，在×××区人民检察院，在被测人身心基本常态且同意测试的条件下，对××省××市×××区人民检察院“×××受贿案”的嫌疑人×××进行了心理测试技术鉴定，经图谱评判比对分析，结果报告如下：

被调查人×××（男，×岁），经同一套题目重复测试，发现其在收受××有限责任公司×××的协调费，在××工程的青苗补偿款上伪造村民花名册、贪污青苗补偿款，在自来水入户工程上贪污钱款等目标题上，有显著相关特异心理生理反应。据此，心理测试可认定×××于2008年和2011年，数次收受×××元现金，并在××工程的青苗补偿款和自来水入户工程等事项上，存在贪污相关钱款的行为。

（供调查审理案件参考）

主测报告人：××（教授）

××（研究生）

××（研究生）

2015年9月11日

（五）职务违纪案件嫌疑人不同涉案情况样本

心理测试技术鉴定分析报告

［2013］甘政心测字第006号

受××省××市纪委邀请，我们依据前期调查材料，采用心理动态分析和认知综合测试法编题，使用国家审定的PGA-99型心理测试系统，于2013年5月11日，在×××处（地点），在被测人身心基本常态且同意测试的条件下，对××省××市纪委“××市房地产交易中心房屋年代造假案”的有关嫌疑人员进行了心理测试技术鉴定，经图谱评判比对分析，结果报告如下：

（一）被调查人×××（男，×岁）、×××（男，×岁），经同一套题目重复测试，发现其二人在全部目标题上无相关特异心理生理反应。据此，心理测试可排除此二人的涉案嫌疑。

（二）被调查人×××（男，×岁）、×××（男，×岁），经同一套题目重复测试，发现其在部分目标题上有相关特异心理生理反应。据此，心理测试可认定其为上述案件的局部知情人。

（三）被调查人××（男，×岁）、×××（女，×岁），经同一套题目重复测试，发现其在主要目标题上有显著相关特异心理生理反应。据此，心理测试可认定此二人系上述案件的涉案人。

（供调查审理案件参考）

主测报告人：××（教授）

×××（研究生）

××（研究生）

2013年5月11日

（六）交通肇事案件样本

心理测试技术鉴定分析报告

［2014］甘政心测字第006号

受××省××市公安局××交警大队邀请，我们依据前期调查材料和勘验笔录并经现场实地勘验，采用心理动态分析和认知综合测试法编题，于2014年5月21日，使用国家审定的PGA–99型心理测试系统，在被测人身心基本常态且同意测试的条件下，对××市公安局××交警大队“12·20特大交通事故”的有关人员进行了心理测试技术鉴定，经图谱评判比对分析，结果报告如下：

（一）传唤嫌疑人魏××（男，×岁），经同一套题目重复测试，发现其在有关目标问题上有相关特异心理生理反应，在事故发生时驾驶车辆的目标问题上无相关特异心理生理反应。据此，心理测试可认定其为上述案件的涉案人之一，但可排除其在事故发生时驾驶车辆的嫌疑。

（二）在押犯罪嫌疑人徐××（男，×岁），经同一套题目重复测试，发现其在全部目标问题上有显著相关特异心理生理反应。据此，心理测试可认定其为事故发生时的车辆驾驶员。

（供调查审理案件参考）

主测报告人：××（教授）

×××（研究生）

×××（研究生）

2014年5月21日

Chapter seven

第七章

认知综合测试法的实验室研究

认知综合测试法是在大量实案测试经验的基础上总结创立形成的，仍需相应实验室研究的论证。实验室研究是论证和提高其科学性的必由之路。

第一节　认知综合测试法自我认知测试题的评估与开发①

认知综合测试法，是以自我认知测试、犯罪情节认知测试、即时心理状态测试三种测试方法为主构建的，检测被测人对案件信息认知情况的一种心理生理测试方法。认知综合测试法经过了逾千起各类疑难案件的实案测试检验，取得了良好的测试效果和社会效应，是对隐藏信息测试法的创新和发展。

自我认知测试作为认知综合测试法的重要内容和编题方法之一，具有有效扩充测试内容、快速排除无辜被测人、编题方法简便等优点，是心理生理测试技术发展与完善的重要方向。但是，我们目前对自我认知测试的理解和认识大部分源于理论探讨和实案经验总结，相关研究的结果与结论具有一定的主观性，缺乏实验室研究的支持。因此，需要在实验室情境下，分别考察不同案件角色被试在模拟犯罪范式下对不同自我认知测试问题的皮肤电反应情况，验证自我认知测试题检测不同案件角色被试的有效性，探讨自我认知测试的心理机制，以期筛选出最有效的自我认知问题，以进一步完善认知综合测试法编题体系，提高认知综合测试法的科学性和有效性。

一、实验一：自我认知测试题的评估与开发（王昊，2016）

自我认知测试题的测试价值主要体现在能够有效地增加测试题目数量，以及快速地排除无辜被测人。它自提出至今，经过了大量的实际案件测试的检验，均取得了一定的测试效果。然而，由于缺乏相应的理论指导和实验室研究支持，实案测试人员在案件测试中对自我认知测试问题的编题比较随意，往往想以被测人的某个自传信息进行测试就以此进行编题测试，而忽略了以该信息作为测试内容的测试问题是否可行，效度究竟如何，这一点与犯罪情

① 本研究系笔者主持的国家自然科学基金项目《多导心理生理测试技术的认知综合测试法应用研究》（项目号：31560281）的实验研究之一。该文为删改稿。

节信息的测试编题有所不同。原因在于，自我认知测试的编题假设与犯罪情节认知测试有一定的区别：犯罪情节认知测试的假设在于作案者了解案件案情，而无辜者不了解，所以相关情节均可用于测试编题，信息本身对于测试的影响较小；而自我认知测试所使用的测试内容是被测人的自传信息，作案者和无辜者均对此非常熟悉，无辜者也有可能在某些信息的关键问题上产生一定的强皮肤电反应，从而干扰对无辜者的测试效果，影响对无辜者的测试准确率。因此，在这些众多可编制测试题的自传信息中，不同案件角色被测人在哪些自传信息的关键问题上产生的反应差异最大，哪些问题区分作案者和无辜者的准确率最高，哪些自我认知问题不适合用于测试编题等问题一直未能在实验室研究中得到考察。

1. 实验目的

旨在将实案测试中使用频率最高的性别、年龄、人数、家庭所在省、市、区（县）等自我认知问题（范刚，2010）置于实验室条件下进行验证与评估；将ERP研究中实验测试准确率最高的姓名（Rosenfeld，Biroschak & Furedy，2006）、案件角色这两组问题置于皮肤电指标条件下进行验证与评估。同时，考虑到本实验选用的被试均为在校大学生，因此将大学生所在学校、学院和专业这三项自传信息编制成自我认知问题，作为与家庭所在省、市、区（县）对应的问题进行开发。考察作案者和无辜者在以上各组自我认知测试题的皮肤电反应情况。

2. 实验假设

（1）作案组被试和无辜组被试在各类自我认知问题的关键问题（目标问题）上的皮肤电反应强度存在显著差异。

（2）作案组被试对关键问题（目标问题）的反应显著强于陪衬问题，无辜组被试则对关键问题（目标问题）的反应与陪衬问题没有差异。

3. 实验方法

（1）被试

被试为来自甘肃政法学院、西北师范大学的学生，共60名，通过抽签的形式被随机分配到作案组和无辜组两个实验组。所有被试均没有任何生理或心理疾病，视力或矫正视力正常。在获知整个实验过程的各项细节后，每个被试自愿签订了知情同意书。

（2）实验设备

实验共设置三间实验室，一间为被试接待室，由主试A向被试介绍实验过程，完成抽签分组，由被试填写相关信息和知情同意书；一间为会议室，用于实施模拟盗窃案件，作案组被试在此完成模拟盗窃活动；一间为测试室，由主试B向被试介绍心理生理测试的基本要求，佩戴传感器并完成测试。实验采用CPS-710心理生理测试系统，记录实验过程中被试的皮肤电反应。

（3）实验设计

采用作案人、无辜者的被试间设计。因变量为被测人的皮肤电强度。

（4）模拟犯罪情节设置

作案组被试进入一个无人的会议室中实施盗窃。被试进入会议室后，要在会议桌上找一把钥匙，并在会议室里找到一个黑色的保险箱，使用钥匙打开保险箱。保险箱里面装有一个有颜色的信封、一张照片和一件物品，信封里装着一定数量的钱，取出信封里的钱，数清楚钱数并藏在身上任意一处。打开保险箱后，被试要注意观察信封的颜色，信封里装了多少钱，保险箱里有什么物品。被试完成盗窃后，离开会议室，在主试A的引导下进入测试室接受测试。

无辜组被试则在对模拟盗窃情节完全不知情的情况下接受测试。

（5）实验材料

所有问题以言语的方式呈现，涉及被试11个自传信息：性别、作案人数、年龄、家庭所在省、家庭所在市、家庭所在区（县）、所在大学、所在学院、所学专业、作案者姓名、案件角色。除性别信息外，每个信息编制6个测试问题，其中1个导入问题、1个关键问题，其余4个为陪衬问题。其中，导入问题是向被测人说明接下来的问题涉及什么信息的问题；关键问题是指向被试的自传信息的问题；陪衬问题则是与关键问题类似，但是与被试完全不相关的信息问题（即无辜者不会对其产生特异心理生理反应）。整个实验共包含11组测试问题，测试2遍。2遍测试11组问题提问的次序不变。

（6）事后主观报告问卷

测试结束后，被试还要完成一份主观报告问卷。问卷包括3个问题，要求被试按照实验过程中的真实感受作答，分别询问被试听到关键问题时的紧张程度（0分—100评分，0分表示完全不紧张，100分表示非常紧张）；被试逃避测试的动机强度（0分—100评分，0分表示非常弱，100分表示非常强）；

以及被试对成功通过测试的预期（0分—100评分，0分表示成功通过测试被认定为无辜者，100分表示未通过测试被认定为作案者）。

（7）实验程序

被试按照预约的时间来到被试接待室，主试A按照标准化指导语让被试了解本次实验的内容和过程，被试通过抽签获得不同的案件角色并完成相应的行为后，由主试A带领进入测试室，见到主试B（主试B事先不了解被试的案件角色）。主试B首先与被试进行测前谈话，说明因为被试被怀疑盗窃了办公室里的钱，所以需要对其进行一次心理生理测试。测试的目的在于找出真正的作案人，同时告知其在测试时的一些要求和注意事项。随后给被试戴上皮肤电、呼吸、脉压等传感器开始测试。每名被试的测试时间大约为30分钟。实验结束后，感谢被试参加本次实验，并赠送小礼物。

（8）数据采集和Lykken评分方法

从CPS-710心理生理测试系统程序中导出被试在每个问题上的皮肤电反应数据。为使不同被试的皮肤电反应能够进行横向比较，将各被试两次测试的皮肤电反应数据平均为一组作为反应原始值进行线性转化，求出该组的平均值与标准差，再求得每个值对应的标准Z分数（杜亚男，2009）。运用SPSS16.0对数据进行统计分析。

采用Lykken计分法进行评分认定：根据被试在目标问题上的皮肤电反应相对大小进行评分，综合判断其案件角色。评分方法为：在同一组问题中，根据关键问题皮肤电反应值在所有问题反应值中的相对大小进行等级评分，若该反应为最强反应评2分，次强评1分，其他强度评0分；当5个问题反应中的4个问题均具有相同的反应强度时，则仅以1、0两个等级进行评分，若对关键问题的反应强于其他问题的反应值，那么给关键问题评1分，如果低于或等于其他问题的反应值，则关键问题评0分（梁燕，2012）。最后求出被试在关键问题上反应值的综合评分。如果被试的综合评分高于或等于最高总分的一半（最高总分=目标问题个数 ×2），则认定该名被试为作案者；若小于一半则认定为无辜者。

4.结果与分析

（1）对被试事后主观报告的分析

实验一测试题中所谓的关键问题，即指向作案组被试性别、人数、年龄、家庭所在省、家庭所在市、家庭所在区（县）、所在大学、所在学院、所学专业、姓名等自传信息的问题。被试在测试结束后，对其在测试时对关键问题的紧张程度进行事后主观报告，在0（完全不紧张）到100（非常紧张）之间打分。结果如表7–1所示，进行独立样本t检验结果发现，作案组被试对于关键问题的紧张程度明显高于无辜组被试，二者差异显著（t=2.86，$p < 0.01$）。这说明本实验设置的模拟盗窃情境诱发了作案组被试对其自传体信息更高的紧张水平，使其自传体信息在测试时对其具有更强的意义性和刺激性。

表7–1　两类被试事后主观报告描述性统计表（$M \pm SD$）

组别（N=30）	对关键问题的紧张程度	逃避测试的动机强度	对成功通过测试的预期评分
作案组	51.17±25.62	82.00±22.45	55.17±32.18
无辜组	31.83±26.67	20.67±25.72	82.50±20.42

作案组被试和无辜组被试逃避测试动机强度的事后主观报告结果如表7–1所示，作案组被试的动机强度接近100（非常强），而无辜组被试的动机强度接近0（非常弱）。使用独立样本t检验的结果表明，作案组被试的动机强度显著高于无辜组被试（t=9.83，$p < 0.001$）。这说明本实验设置的模拟盗窃情境成功诱发了作案组被试较高的逃避测试的动机强度。

使用作案组被试和无辜组被试对成功通过测试的预期程度进行独立样本t检验的结果表明，作案组被试对于自身能够成功通过测试的预期较低，小于60（0分—100评分）分，显著低于无辜组被试（t=–3.93，$p < 0.001$）。说明作案组被试能够意识到自身在测试过程中对相关关键问题的特异心理生理反应会被心理生理测试检测到，从而降低了其能够成功通过测试的预期。

（2）被试在性别问题上皮肤电反应的重复测量方差分析

以皮肤电指标作为因变量，用二因素混合设计的重复测量方差分析比较两个实验组被试对性别问题的皮肤电反应强度，两个因素分别为一个组间变量（作案组、无辜组）和一个组内变量（两种性别问题刺激）。结果表明：刺激类型的主效应显著，F（1，58）=4.47，$p < 0.05$；案件角色的主效应不显著，$p > 0.05$；案件角色（作案、无辜）与刺激类型（陪衬性别、关键性别）的交互效应显著，F（1，58）=5.80，$p < 0.05$。进行简单效应分析，分别在

两个实验组中比较被试对两类刺激皮肤电反应强度的差异，结果表明：作案组被试对陪衬性别问题和首题性别问题的皮肤电反应强度虽高于关键性别问题，但二者无显著差异；而无辜组被试对陪衬性别问题和首题性别问题的皮肤电反应强度高于关键性别问题，差异显著，$p < 0.001$。进行简单效应分析，分别在两类问题刺激中，比较作案组和无辜组对皮肤电反应强度的差异，结果表明：两组被试对陪衬性别问题的皮肤电反应强度差异边缘显著，$p=0.05$；较之作案组，无辜组被试对陪衬性别问题反应更强，而对关键性别问题，两组被试的皮肤电反应强度没有显著差异。这一结果与实验预期有所不同，两类被试对陪衬问题的皮肤电反应均强于关键问题。产生这一结果的原因可能在于：性别这一个自传信息只能编制两个测试问题（即陪衬问题和关键问题，如：是男的吗？是女的吗？），并不严格满足认知综合测试法由一个关键问题和多个陪衬问题组成一组测试问题的编题原则，且由于这种性别问题题目数量的限制，在问题呈现顺序上，只能将陪衬性别问题置于关键性别问题之前，以吸收被试对第一个问题刺激而产生的新异性的定向反应（首题效应）（Elaad，2009），这就导致了被试对前一个陪衬问题的强皮肤电反应，并影响了对后一个关键问题的皮肤电反应，如图 7–1 所示。

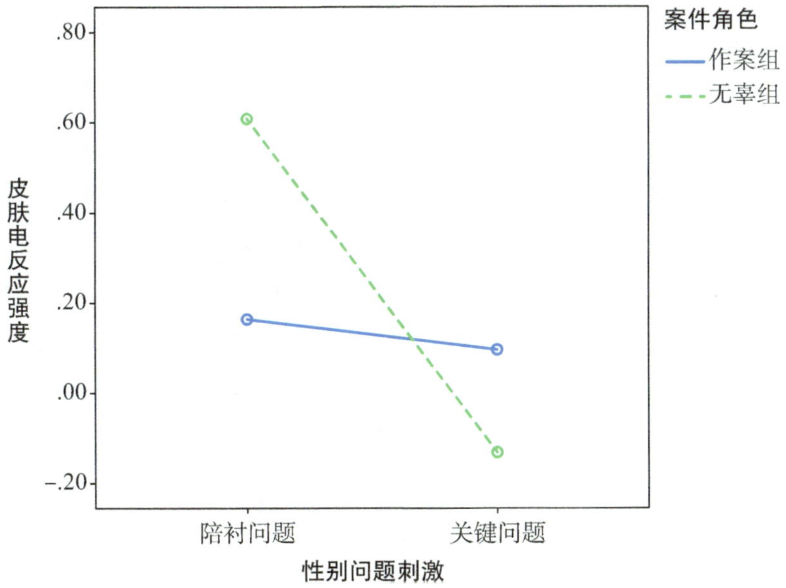

图 7–1 不同案件角色对不同性别问题刺激的皮肤电反应强度

（3）被试在人数问题上皮肤电反应的重复测量方差分析

以皮肤电指标作为因变量，用二因素混合设计的重复测量方差分析比较两个实验组的被试对五个人数问题刺激的皮肤电反应强度，两个因素分别为一个组间变量（作案组、无辜组）和一个组内变量（五个人数问题刺激）。结果表明：刺激类型的主效应显著，$F(4, 55)=4.89$，$p<0.001$；案件角色的主效应不显著，$p>0.05$；刺激类型和案件角色的交互作用不显著，$p>0.05$。

（4）被试在年龄问题上皮肤电反应的重复测量方差分析

以皮肤电指标作为因变量，用二因素混合设计的重复测量方差分析比较两个实验组的被试对五项年龄问题刺激的皮肤电反应强度，两个因素分别为一个组间变量（作案组、无辜组）和一个组内变量（五项年龄问题刺激）。结果表明：刺激类型的主效应显著，$F(4, 55)=2.97$，$p<0.05$；案件角色的主效应不显著，$p>0.05$；刺激类型和案件角色的交互作用显著，$F(4, 55)=2.85$，$p<0.05$。进行简单效应分析，分别在两个实验组中比较被试对五项年龄问题皮肤电反应强度的差异，结果表明：作案组被试对关键年龄问题的皮肤电反应强度均强于其他四项陪衬年龄问题（除关键年龄问题与陪衬年龄问题4的皮肤电反应强度没有差异，$p>0.05$，其余为$p<0.05$）；而无辜组被试对关键年龄问题的皮肤电反应强度与其他四项陪衬年龄问题相近，且差异均不显著（分别为$p=1.00$、$p=0.99$、$p=1.00$和$p=0.99$）。进行简单效应分析，分别在每一项年龄问题中，比较两组被试对其的皮肤电反应强度，结果表明：两组被试对关键年龄问题的皮肤电反应强度差异显著。较之无辜组，作案组被试的皮肤电反应更强，$p<0.05$，而对于其他陪衬年龄问题，两组被试的皮肤电反应强度没有显著差异（分别为$p=0.47$、$p=0.09$、$p=0.792$和$p=0.89$）。

如图7–2所示，作案组被试在面对年龄这一组问题中的关键问题刺激时，因其所包含信息特异的自我认知性、刺激性和意义性，会在关键问题上产生一个区别于其他陪衬年龄问题，同时区别于无辜组被试的强皮肤电反应。也就是说作案组被试和无辜组被试在面对同一组年龄问题刺激时，会产生不同的皮肤电反应，作案组被试会在关键年龄问题（指向自身年龄信息的问题）上产生特异皮肤电反应，而无辜组被试则不会。

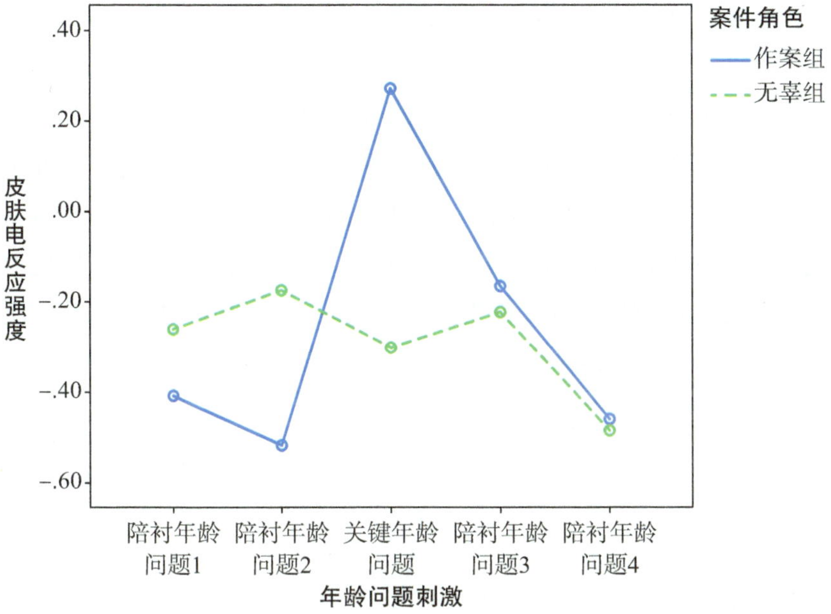

图7-2 不同案件角色对不同年龄问题刺激的皮肤电反应强度

（5）被试在家庭所在省问题上皮肤电反应的重复测量方差分析

以皮肤电指标作为因变量，用二因素混合设计的重复测量方差分析比较两个实验组的被试对五项家庭所在省问题刺激的皮肤电反应强度，两个因素分别为一个组间变量（作案组、无辜组）和一个组内变量（五项家庭所在省问题刺激）。结果表明：刺激类型的主效应显著，$F(4, 55)=5.71$，$p<0.001$；案件角色的主效应不显著，$p>0.05$；刺激类型和案件角色的交互作用显著，$F(4, 55)=6.98$，$p<0.001$。进行简单效应分析，分别在两个实验组中比较被试对五项家庭所在省问题皮肤电反应强度的差异，结果表明：作案组被试对关键所在省问题的皮肤电反应强度均显著强于其他四项陪衬所在省问题（均为$p<0.001$）；而无辜组被试对关键所在省问题的皮肤电反应强度与其他四项陪衬所在省问题相近，且差异均不显著（均为$p=1.00$）。进行简单效应分析，分别在每一项所在省问题中，比较两组被试对其的皮肤电反应强度，结果表明：两组被试对关键家庭所在省问题的皮肤电反应强度差异显著。较之无辜组，作案组被试的皮肤电反应更强，$p<0.05$；除在陪衬所在省问题4中作案组皮肤电反应强度显著低于无辜组外（$p<0.05$），其他陪衬所在省

问题，两组被试的皮肤电反应强度均没有显著差异（分别为p=0.43、p=0.14和p=0.14）。

如图7–3所示，作案组被试在面对家庭所在省这一组问题中的关键问题时，同样因其所包含信息特异的自我认知性、刺激性和意义性，会在关键问题上产生一个区别于其他陪衬省问题，同时区别于无辜组被试的强皮肤电反应。也就是说作案组被试和无辜组被试在面对同一组家庭所在省问题时，会产生不同的皮肤电反应模式，作案组被试会在关键问题（指向自身家庭所在省信息的问题）上产生特异皮肤电反应，而无辜组被试则不会。

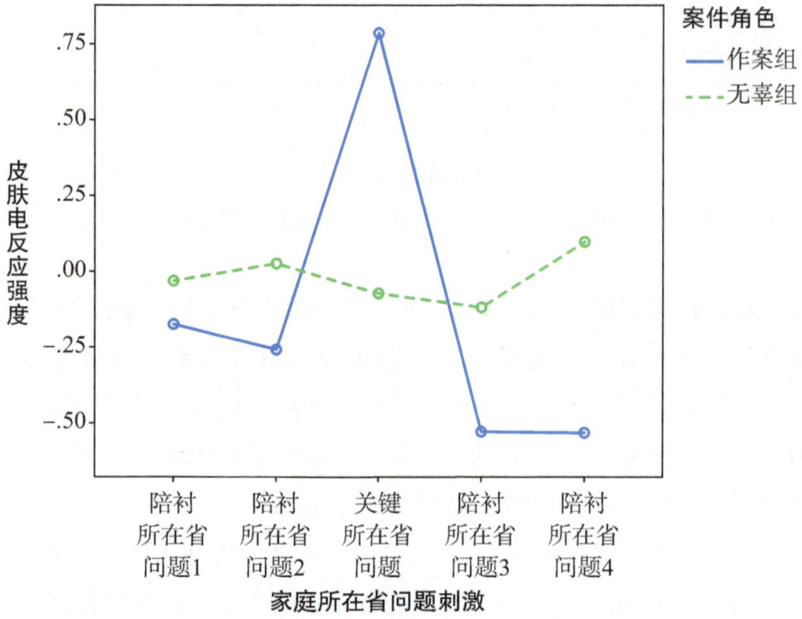

图7–3　不同案件角色对家庭所在省问题刺激的皮肤电反应强度

（6）被试在家庭所在市问题上皮肤电反应的重复测量方差分析

以皮肤电指标作为因变量，用二因素混合设计的重复测量方差分析比较两个实验组的被试对五项家庭所在市问题刺激的皮肤电反应强度，两个因素分别为一个组间变量（作案组、无辜组）和一个组内变量（五项家庭所在市问题刺激）。结果表明：刺激类型的主效应显著，$F(4, 55) = 11.25$，$p < 0.001$；案件角色的主效应不显著，$p > 0.05$；刺激类型和案件角色的交互作用显著，$F(4, 55)=10.13$，$p<0.001$。进行简单效应分析，分别在两个实验组中比较被试对五项家庭所在市问题皮肤电反应强度的差异，结果表明：作案组被试对关键所在市问题的皮肤电反应强度均显著强于其他四项陪衬所在市问题（均为 $p<0.001$）；而无辜组被试对关键所在市问题的皮肤电反应强度与其他四项陪衬所在市问题相近，且差异均不显著（分别为 p=1.00、p=1.00、p=0.92 和 p=1.00）。进行简单效应分析，分别在每一项所在市问题中，比较两组被试对其的皮肤电反应强度，结果表明：两组被试对关键所在市问题的皮肤电反应强度差异显著。较之无辜组，作案组被试的皮肤电反应更强，$p<0.001$；而在其他陪衬所在市问题上，两组被试的皮肤电反应强度均没有显著差异（分别为 p=0.34、p=0.08、p=0.95 和 p=0.98）。

如图 7-4 所示，与家庭所在省一组测试问题的结果相似，作案组被试会在关键问题上产生一个区别于其他陪衬问题，同时区别于无辜组被试的强皮肤电反应。也就是说作案组被试和无辜组被试在面对同一组家庭所在市问题时，

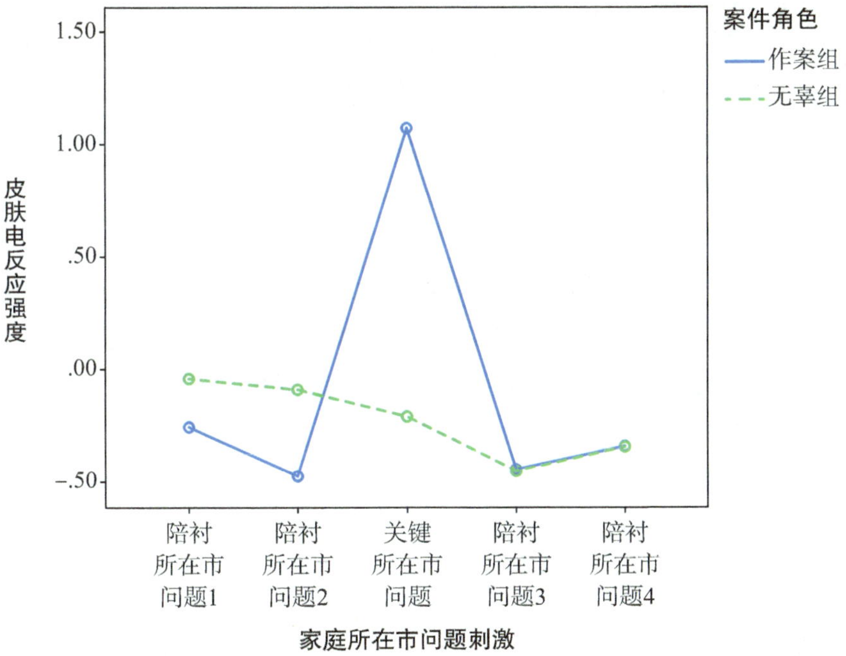

图 7-4　不同案件角色对家庭所在市问题刺激的皮肤电反应强度

会产生不同的皮肤电反应，作案组被试会在关键问题（指向自身家庭所在市信息的问题）上产生特异皮肤电反应，而无辜组被试则不会。

（7）被试在家庭所在区（县）问题上皮肤电反应的重复测量方差分析

以皮肤电指标作为因变量，用二因素混合设计的重复测量方差分析比较两个实验组的被试对五项家庭所在区（县）问题刺激的皮肤电反应强度，两个因素分别为一个组间变量（作案组、无辜组）和一个组内变量［五项家庭所在区（县）问题刺激］。结果表明：刺激类型的主效应显著，$F(4, 55)=13.73$，$p<0.001$；案件角色的主效应边缘显著，$p>0.05$；刺激类型和案件角色的交互作用显著，$F(4, 55)=2.72$，$p<0.05$。进行简单效应分析，分别在两个实验组中比较被试对五项家庭所在区（县）问题皮肤电反应强度的差异，结果表明：作案组被试对关键所在区（县）问题的皮肤电反应强度均显著强于其他四项陪衬所在区（县）问题（均为$p<0.001$）；而无辜组被试对关键所在区（县）问题上的皮肤电反应强度，除显著强于陪衬区（县）问题4之外，$p<0.05$，与其他陪衬区（县）问题差异均不显著（分别为$p=1.00$、$p=0.19$和$p=0.30$）。进行简单效应分析，分别在每一项所在区（县）问题中，比较两组被试对其的皮肤电反应强度，结果表明：两组被试对关键所在区（县）问题的皮肤电反应强度差异显著。较之无辜组，作案组被试的皮肤电反应更强，$p<0.05$，而在其他陪衬所在区（县）问题上，两组被试的皮肤电反应强度均没有显著差异（分别为$p=0.32$、$p=0.32$、$p=0.50$和$p=0.78$）。

如图7–5所示，无辜组被试在关键所在区（县）问题上的皮肤电反应强度强于其他三个陪衬所在区（县）问题，且与陪衬问题4的差异达到显著（$p<0.05$）。这说明无辜组被试在面对涉及自身家庭所在区（县）此类非常细致、熟悉的问题时，也会因为内心的一些波动，产生一定的心理生理反应，使其在该问题上的皮肤电反应区别于其他陪衬问题，导致其在家庭所在区（县）这一组问题上的反应模式与作案组被试相同，即对与自己相关的关键问题的皮肤电反应强于其他陪衬问题。

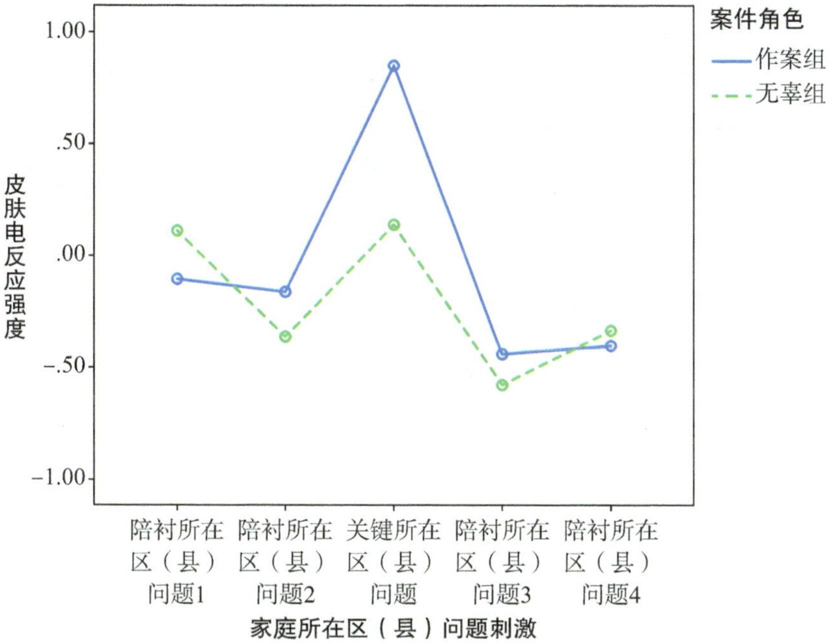

图7-5 不同案件角色对家庭所在区（县）问题刺激的皮肤电反应强度

（8）被试在所在大学问题上皮肤电反应的重复测量方差分析

以皮肤电指标作为因变量，用二因素混合设计的重复测量方差分析比较两个实验组的被试对五项学校问题刺激的皮肤电反应强度，两个因素分别为一个组间变量（作案组、无辜组）和一个组内变量（五项学校问题刺激）。结果表明：刺激类型的主效应显著，F（4，55）=5.23，$p < 0.001$；案件角色的主效应不显著，$p > 0.05$；刺激类型和案件角色的交互作用显著，F（4，55）= 3.12，$p < 0.01$。进行简单效应分析，分别在两个实验组中比较被试对五项学校问题皮肤电反应强度的差异，结果表明：作案组被试对关键学校问题的皮肤电反应强度均显著强于其他四项陪衬学校问题（均为$p < 0.01$）；而无辜组被试对关键学校问题的皮肤电反应强度与其他四项陪衬学校问题相近，且差异均不显著（分别为p=0.74、p=0.99、p=1.00和p=1.00）。进行简单效应分析，分别在每一项学校问题中，比较两组被试对其的皮肤电反应强度，结果表明：两组被试对关键学校问题的皮肤电反应强度差异显著。较之无辜组，作案组被试的皮肤电反应更强，$p < 0.001$；而在其他陪衬学校问题上，两组被试的皮肤电反应强度均没有显著差异（分别为p=0.32、p=0.62、p=0.58和p=0.18）。

如图7–6所示，与家庭所在省一组测试问题的结果相似，作案组被试在关键问题上产生了一个区别于其他陪衬问题，同时区别于无辜组被试的强皮肤电反应。也就是说作案组被试和无辜组被试在面对同一组所在学校问题刺激时，会产生不同的皮肤电反应，作案组被试会在关键学校问题（指向自身所在学校信息的问题）上产生特异皮肤电反应，而无辜组被试则不会。

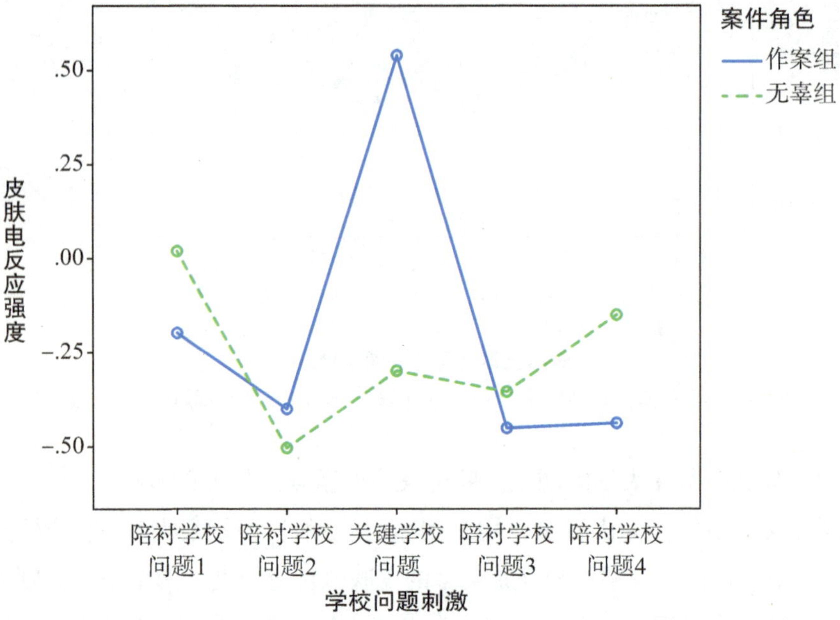

图7–6　不同案件角色对学校问题刺激的皮肤电反应强度

（9）被试对所在学院问题皮肤电反应的重复测量方差分析

以皮肤电指标作为因变量，用二因素混合设计的重复测量方差分析比较两个实验组的被试对五项学院问题刺激的皮肤电反应强度，两个因素分别为一个组间变量（作案组、无辜组）和一个组内变量（五项学院问题刺激）。结果表明：刺激类型的主效应显著，$F(4, 55)=6.73$，$p<0.001$；案件角色的主效应显著，$F(1, 58)=5.52$，$p<0.05$；刺激类型和案件角色的交互作用显著，$F(4, 55)=4.21$，$p<0.01$。进行简单效应分析，分别在两个实验组中比较被试对五项学院问题皮肤电反应强度的差异，结果表明：作案组被试对关键学院问题的皮肤电反应强度均显著强于其他四项陪衬学院问题（均为$p<0.001$）；而无辜组被试对关键学校问题的皮肤电反应强度与其他四项陪衬学

校问题相近，且差异均不显著（均为p=1.00）。进行简单效应分析，分别在每一项学院问题中，比较两组被试对其的皮肤电反应强度，结果表明：两组被试对关键学院问题的皮肤电反应强度差异显著。较之无辜组，作案组被试的皮肤电反应更强，$p < 0.001$；而在其他陪衬学院问题上，两组被试的皮肤电反应强度均没有显著差异（分别为p=0.51、p=0.58、p=0.68和p=0.80）。

如图7–7所示，与家庭所在省一组测试问题的结果相似，作案组被试在关键问题上产生了一个区别于其他陪衬问题，同时区别于无辜组被试的强皮肤电反应。也就是说作案组被试和无辜组被试在面对同一组所在学院问题刺激时，会产生不同的皮肤电反应，作案组被试会在关键学院问题（指向自身所在学院信息的问题）上产生特异皮肤电反应，而无辜组被试则不会。

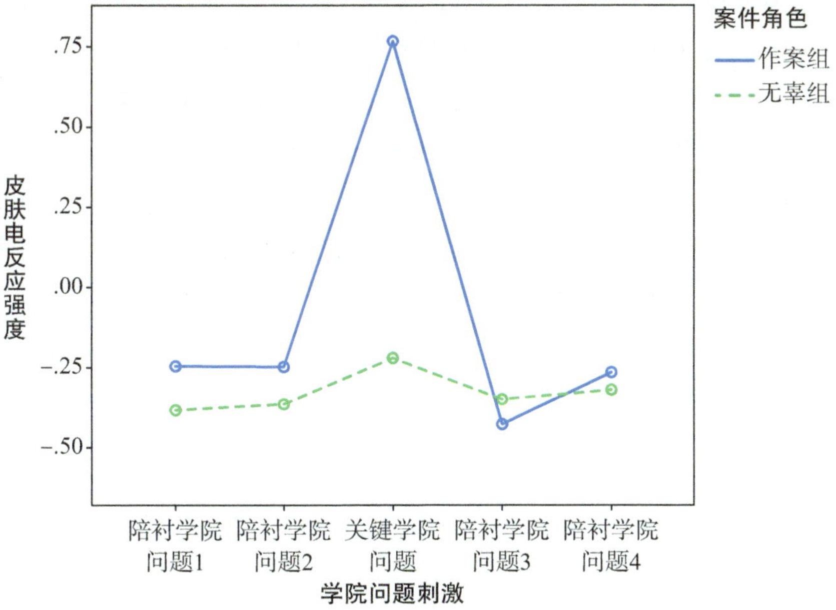

图7–7 不同案件角色对学院问题刺激的皮肤电反应强度

（10）被试对所学专业问题皮肤电反应的重复测量方差分析

以皮肤电指标作为因变量，用二因素混合设计的重复测量方差分析比较两个实验组的被试对五项专业问题刺激的皮肤电反应强度，两个因素分别为一个组间变量（作案组、无辜组）和一个组内变量（五项专业问题刺激）。结果表明：刺激类型的主效应显著，$F(4, 55)=3.35$，$p < 0.05$；案件角色的

主效应边缘显著，$p > 0.05$；刺激类型和案件角色的交互作用显著，$F(4, 55)=2.25$，$p < 0.05$。进行简单效应分析，分别在两个实验组中比较被试对五项专业问题皮肤电反应强度的差异，结果表明：作案组被试对关键专业问题的皮肤电反应强度均强于其他四项陪衬专业问题，除对陪衬专业问题1和问题2的差异未达到显著外（分别为$p=0.89$和$p=0.95$），对其他陪衬专业问题的差异均达到显著（均为$p < 0.05$）；而在无辜组，被试对关键专业问题的皮肤电反应强度与其他四项陪衬专业问题相近，且差异均不显著（分别为$p=0.54$、$p=0.79$、$p=1.00$和$p=0.95$）。进行简单效应分析，分别在每一项专业问题中，比较两组被试对其的皮肤电反应强度，结果表明：两组被试对关键专业问题的皮肤电反应强度差异达到边缘显著，$p > 0.05$。较之无辜组，作案组被试的皮肤电反应更强；而在其他陪衬专业问题上，作案组被试在陪衬专业问题1上的皮肤电反应强于无辜组被试，差异显著，$p < 0.05$；作案组被试在陪衬专业问题2上的皮肤电反应强于无辜组被试，差异边缘显著，$p=0.05$，在其他两个陪衬专业问题上则没有显著差异（分别为$p=0.58$和$p=0.39$）。

如图7–8所示，无论是作案组被试还是无辜组被试在面对关键专业问题时，产生的皮肤电反应都强于其他陪衬专业问题。这些结果表明，即使是无辜组被试

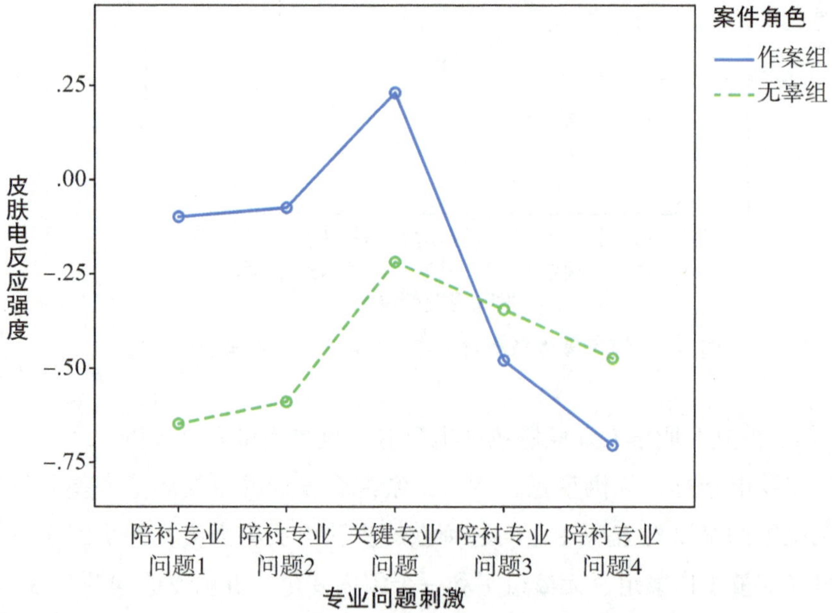

图7–8　不同案件角色被试对专业问题刺激的皮肤电反应强度

在面对涉及自身所学专业这种与自己关系非常紧密、使用频率高的自我认知信息所构成的问题时，也会因为其较强的意义性，产生特异的心理生理反应，使无辜组被试在关键问题上的皮肤电反应强于其他陪衬问题，产生与作案组被试近似的皮肤电反应，这一点与被试在家庭所在区（县）一组问题的反应结果是类似的。

（11）被试对姓名问题皮肤电反应的重复测量方差分析

以皮肤电指标作为因变量，用二因素混合设计的重复测量方差分析比较两个实验组的被试对五项姓名问题刺激的皮肤电反应强度，两个因素分别为一个组间变量（作案组、无辜组）和一个组内变量（五项姓名问题刺激）。结果表明：刺激类型的主效应显著，F（4，55）=46.87，$p<0.001$。多重比较结果发现：被试在关键姓名问题上的皮肤电反应强度显著强于其他四项陪衬问题（均为$p<0.001$）；案件角色的主效应不显著，$p>0.05$；刺激类型和案件角色的交互作用不显著，$p>0.05$。结果表明：被试对自身姓名这个关键问题，无论是对于作案组被试，还是对于无辜组被试，都具有非常强的刺激性，都会诱发被试在该问题上产生强烈的皮肤电反应，从而导致被试在自身姓名问题上的皮肤电反应与其他陪衬姓名问题上的反应差异显著，导致两组被试在关键姓名问题刺激上产生的皮肤电反应差异不显著，如图7-9所示。

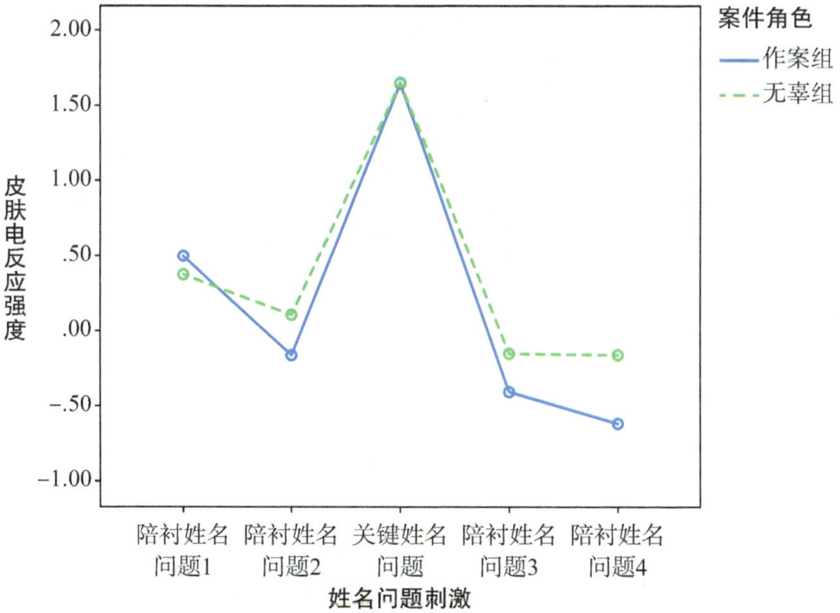

图7-9 不同案件角色对姓名问题刺激的皮肤电反应强度

（12）对被试案件角色认定准确率的分析

将以被试年龄、家庭所在省、家庭所在市、家庭所在区（县）、所在大学、所在学院、所学专业为测试内容的七组自我认知测试题筛选出来，用Lykken计分法对被试在关键问题上的皮肤电反应进行综合评分，认定其案件角色，结果表明：如图7-10所示，作案组被试中得分在7分及以上的有28人，得分在7分以下的有2人，因此对作案组被试的认定准确率为93.3%（28/30）；无辜组被试中的得分在7分及以上的0人，得分在7分以下的30人，因此对无辜组被试的认定准确率为100%（30/30）。

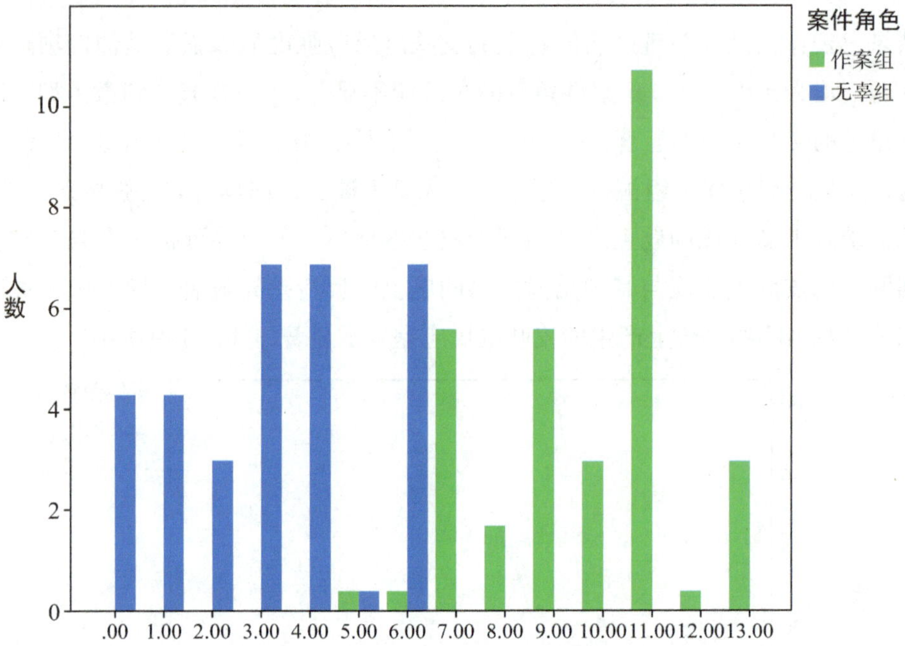

图7-10　Lykken计分所得各分值上的两类被试的人数频次分布图

5. 讨论

研究结果基本符合假设预期，以被试年龄、家庭所在省、家庭所在市、家庭所在区（县）、所在大学、所在学院、所学专业为测试内容的七组自我认知测试题能够有效地对作案组被试和无辜组被试进行区分；而以性别、人数、姓名为测试内容的问题则无法区分作案组被试和无辜组被试。

年龄、家庭所在省、家庭所在市、所在大学、所在学院这几组测试问题的结果与假设一致：作案组被试会对以自我认知为内容的关键问题产生强烈的皮肤电反应，而无辜组被试则不会；同时两组被试对以其他无关信息为内容的陪衬问题的皮肤电反应均无显著差异。说明作案组被试对于这些自我认知内容，相比于无辜组被试，具有一种更强的熟悉性、认知性和意义性，使其在测试中听到此关键问题时，相比于其他问题，产生了更强的心理生理活动：作案组被试由于不愿意被检测出来，在面对此类关键问题时，具有更高的准备性，紧张情绪增强，希望通过测试的动机也更为强烈；在回答问题时，需要对该信息进行回忆、联想、抑制、转移等认知加工，其认知负荷增强，且由于说谎，被试会进一步产生一系列紧张矛盾的情绪、心理冲突、心理唤醒、说谎的压力、相关的应对思维等心理活动，而无辜组被试则没有这些心理活动，从而导致作案组被试在该项问题上的皮肤电反应显著强于无辜组被试。对于与自身无关的陪衬问题，作案组被试和无辜组被试的心理生理反应基本一致：两组被试对于这些问题刺激，不具有相应的熟悉性、认知性和意义性，因而不会对该类问题刺激产生特定的心理生理活动。因此两组被试对该类问题的皮肤电反应相近，无显著差异。所以，被试对于关键问题所表现出的特异的心理生理差异，既会体现在作案组被试对于关键问题和陪衬问题的反应上，也会体现在作案组和无辜组之间（杜亚男，2009）。事后主观报告也表明：作案组被试对关键问题所产生的紧张程度比无辜组被试更强，逃避测试的动机比无辜组被试更强，而对自己在测试中的评价则比无辜组被试低。

家庭所在区（县）、所学专业这两组测试问题的结果与假设基本一致：作案组被试对关键问题产生了强烈的皮肤电反应，无辜组被试也相对地产生了一定的强烈的皮肤电反应。这说明：在作案组被试产生强烈的皮肤电反应的同时，无辜组被试在面对涉及诸如家庭所在区（县）、大学所学专业此种与自我联系非常紧密的认知内容时，也会因为问题的熟悉性、认知性和意义性，产生回忆、联想等一定的认知活动，同时诱发一些相应的情绪体验，使无辜组被试对该问题的皮肤电反应增强。值得注意的是，无辜组被试对关键问题皮肤电反应的增强并不意味着这两组问题就失去了区分作案组被试和无辜组被试的效力。由实验结果可知两组被试对该关键问题的差异显著，作案组被试对关键问题的皮肤电反应强度显著高于无辜组被试。说明还是可以通过作案组被试和无辜组被试之间的比较，将二者区分开来的。

性别、人数、姓名三组测试问题的结果与假设则有所不同。无论是作案组被试还是无辜组被试，对陪衬性别问题和首题性别问题的皮肤电反应强度都比关键性别问题强，出现这种结果的原因在于：性别这一组问题，除去导入问题外，所包含的测试问题只有两项，即陪衬性别问题和关键性别问题。然而，认知综合测试法的理论认为，被试在测试时会对每一组问题的第一项问题产生一个由新异刺激诱发的首题效应，为了消除这种首题效应带来的误差，必须要将一项完全不相关问题刺激置于首题的位置，以吸收这一首题效应。因此可以看出，只包含两项测试问题的性别这一组问题显然不具备此种要求，也就导致作案组被试和无辜组被试对首题性别问题产生的首题效应未能被有效吸收，从而使被试在该问题上的皮肤电反应强于关键性别问题。人数这一组问题的实验结果与假设不一致的原因可能在于：作案组的每一名被试均独立实施整个模拟盗窃案件，整个过程中不具有协同性，致使被试对于人数的自我认知不强，因而在测试中对关键人数问题的皮肤电反应不强，未能与无辜组被试反应的差异达到显著。姓名这一组问题与实验假设同样不一致，结果表明：作案组被试和无辜组被试对于自身姓名的皮肤电反应均显著强于其他陪衬姓名问题，而二者之间则无显著差异。二者的皮肤电反应强度几乎相等，说明无论是作案组还是无辜组，在听到自身姓名这一强刺激问题时，所产生的心理生理反应几乎是相同的，均会因这一刺激导致注意力的高度集中，大脑皮层的高度兴奋，诱发出强烈的生理唤醒。在以往研究中，认为被试姓名具有较高的检测准确率的研究往往采用ERPs、fMRI等指标。而在本研究中，皮肤电反应强度作为一种综合的生理指标，空间和时间的区分度都较低，难以对作案组被试和无辜组被试进行有效区分。而当前应用最为广泛的多导心理生理测试仪，多以皮肤电指标为主，在实际应用过程中，编制相关测试题时，应当尽量避免在题目中涉及与被测人相关的姓名，以避免诱发无辜被测人的心理生理反应。

6.小结

（1）作案者会在以年龄、家庭所在省、家庭所在市、家庭所在区（县）、所在大学、所在学院、所学专业为测试内容的自我认知测试的关键问题上产生特异的心理生理反应，从而诱发强烈的皮肤电反应，无辜者则不会。

（2）自我认知测试能够有效地对作案者和无辜者进行区分：对作案组被

试的认定准确率为93.3%，对无辜组被试的认定准确率为100%。

二、实验二：自我认知测试题对知情无辜者的检测

1. 实验目的

实验一验证了以年龄、家庭所在省、家庭所在市、所在大学、所在学院等自我认知内容编制的自我认知测试题能够有效地区分作案者和无辜者。作案被试会对关键问题产生强烈的皮肤电反应，无辜被试则不会。那么，了解、掌握作案者相关自传信息的知情无辜者在面对涉及自我认知的测试问题和涉及作案者信息的测试问题时会产生怎样的皮肤电反应呢？是如同作案者一样会在关键目标问题上产生较强的皮肤电反应，还是产生与无辜者类似的随机反应呢？进一步来说，当知情无辜者的自我认知与作案者的信息重合的时候，即知情无辜者和作案者所在的年龄阶段，家庭所在省、市，所在学校、学院相一致的时候，知情无辜者是否会在相应的关键问题上产生强烈的皮肤电反应？或者当知情无辜者的自我认知与作案者的信息不一致的时候，知情无辜者会在涉及自身信息的问题上产生强烈的皮肤电反应，还是会在涉及作案者信息的问题上产生强烈的皮肤电反应？另外，实验一中，性别这一组问题由于受到被试首题效应（顺序效应）的影响，未能获得与预期相同的结果。为了消除首题效应，实验二在实验一研究结果的基础上，采用ABBA设计的方法重新编制了性别这一组测试问题，以检验性别问题的有效性。

2. 实验假设

知情无辜组对涉及作案者信息的关键问题的反应显著强于涉及自身信息的关键问题和陪衬问题，对涉及自身信息的关键问题的反应与陪衬问题则没有差异。

3. 实验方法

（1）被试

被试为来自甘肃政法学院、西北师范大学的学生，共30名。所有被试均为右利手，没有任何生理或心理疾病史，视力或矫正视力正常。在获知整个实验过程的各项细节后，每个被试自愿签订了知情同意书。

（2）实验设备

实验共设置三间实验室，一间为被试接待室，由主试A向被试介绍实验

过程，协助完成抽签分组，由被试填写相关信息和知情同意书；一间为会议室，用于知情无辜组被试观察由主试C实施的模拟盗窃；一间为心理生理测试室，由主试B向被试介绍心理生理测试的基本要求，佩戴传感器，完成测试。整个实验采用CPS-710心理生理测试系统，记录实验过程中被试的皮肤电反应。

（3）实验设计

采用知情无辜组的被试间设计。因变量是被测人测试时的皮肤电强度。

（4）模拟犯罪情节设置

被试无意中发现在会议室里，之前与其交流并分享基本情况的被试（主试C）在会议室实施盗窃，被试的任务就是注意观察这一盗窃行为。整个盗窃案件的情节与实验一相同。

（5）实验材料

所有问题以言语的方式呈现，涉及被试以下自传信息：性别、年龄、家庭所在省、家庭所在市、所在大学、所在学院、所学专业。每种自传信息编制成一组问题，其中性别这一组问题有5个问题刺激（1个导入问题、2个关键问题、2个陪衬问题），以ABBA的形式呈现给被试；年龄、所在大学、所在学院这组问题有6个问题（1个导入问题、1个关键问题，其余4个为陪衬问题）：关键问题所涉及的信息即作案者的信息，也是知情无辜者的信息，二者的自传信息在此组问题上相一致；家庭所在省、家庭所在市、所学专业这组问题共有7个问题（除1个导入问题、1个关键问题、4个为陪衬问题外，还包括1个个人信息问题）：在这组问题中，关键问题涉及的信息仅为作案者的信息，而个人信息问题涉及的信息则是被试的自传信息。对于每个被试，整个实验共测试两遍，问题按照相同的顺序依次呈现。

（6）事后主观报告问卷

测试结束后，被试还要完成一份主观报告问卷。问卷包括4个问题，要求被试按照实验过程中的真实感受作答，分别询问被试听到关键问题和陪衬问题时的紧张程度（0分—100评分，0分表示完全不紧张，100分表示非常紧张）；被试逃避测试的动机强度（0分—100评分，0分表示非常弱，100分表示非常强）；以及被试对成功通过测试的预期（0分—100评分，0分表示成功通过测试被认定为无辜者，100分表示未通过测试被认定为作案者）。

（7）实验程序

同实验一。

（8）数据采集和Lykken评分方法

数据采集同实验一。

采用Lykken计分法进行评分认定，评分方法同实验一，性别问题最高分评1分。最后求出被试在7个关键问题上反应值的总得分，如果高于或等于最高总分的一半（最高总分=6×2+1=13分）6.5分，即认定为作案者；若小于6.5分则认定为无辜者。

4.结果与分析

（1）对知情无辜组被试事后主观报告的分析

如表7–2所示，将知情无辜组被试的事后主观报告结果与实验一中作案组被试和无辜组被试的主观报告结果进行单因素方差分析，结果表明：三组被试对测试问题紧张程度的差异显著，F（3，116）=4.46，$p < 0.01$。多重比较结果表明：作案组被试对关键问题紧张程度略强于知情无辜组被试对作案者信息关键问题的紧张程度，二者差异不显著，$p > 0.05$；显著强于知情无辜组被试对个人信息问题和无辜组被试对关键问题的紧张程度（均为$p < 0.05$）；知情无辜组被试对作案者信息关键问题的紧张程度显著强于知情无辜组被试对个人信息问题和无辜组被试对关键问题的紧张程度（均为$p < 0.05$）；知情无辜组被试对个人信息问题的紧张程度与无辜组被试对关键问题的紧张程度无显著差异，$p > 0.05$。

三组被试逃避测试动机强度的差异显著，F（2，87）=38.14，$p < 0.001$。多重比较结果表明：三组被试逃避测试的动机强度按作案组、知情无辜组和无辜组依次递减，将三组被试的动机强度两两比较，差异都达到显著（均为$p < 0.001$）。

三组被试对成功通过测试的预期评分的差异显著，F（2，87）=8.35，$p < 0.001$。多重比较结果表明：与被试逃避测试动机强度的结果相反，三组被试对成功通过测试的预期评分按作案组、知情无辜组和无辜组依次递增，无辜组被试对自身在测试时的表现评价最高。将三组被试的评价分数两两比较，差异也都达到显著（其中作案组与无辜组相比$p < 0.001$，作案组与知情无辜组以及知情无辜组与无辜组相比均为$p < 0.05$）。

表7-2 知情无辜组被试事后主观报告描述性统计表（$M \pm SD$）

组别（N=30）	对个人信息关键问题的紧张程度	对作案者信息关键问题的紧张程度	逃避测试的动机强度	对成功通过测试的预期评分
知情无辜组	31.50±29.16	48.33±27.43	54.67±32.56	68.50±23.68

（2）被试在性别问题上皮肤电反应的分析

性别这一组问题在实验二中采用ABBA设计进行编题，即被试在第一遍测试中以女—男—男—女的顺序接受问题刺激，第二遍测试的问题顺序则是男—女—女—男，测试结束后将男、女这两个问题各四个数据进行平均，以获得最终的结果。使用配对样本t检验比较知情无辜组被试对两类刺激的皮肤电反应强度，结果表明：知情无辜组被试对性别关键问题的皮肤电反应强度显著强于性别陪衬问题，t（29）=2.62，M（关键）=0.18，M（中性）=–0.14，$p < 0.05$。这说明：知情无辜组被试在面对性别这一组问题刺激时，能够将里面的关键性别问题和陪衬性别问题区分出来。知情无辜被试由于了解作案者的真实性别，在测试时会对关键问题产生更强的定向、认知加工和情绪体验等一系列心理生理反应，从而在该问题的皮肤电反应强度上强于陪衬问题。结合实验一的研究结果，实验二的结果表明：在实验室条件下，以性别为代表的自我认知测试题如果以传统的编题方法，只编制两项测试问题，两遍测试陪衬问题总是先于关键问题呈现给被试，则测试效果会受到较大的影响，被试对首题的新异性反应（首题效应）会抑制其在随后出现的问题上的皮肤电反应强度，导致被试对前一陪衬问题的反应强于后一关键问题，无法实现预想的测试结果；若使用ABBA设计编题，陪衬问题和关键问题在两遍测试中分别作为首题出现，则能有效消除此种首题效应，如图7-11所示。

（3）被试在年龄问题上皮肤电反应的重复测量方差分析

以皮肤电指标作为因变量，用单因素重复测量方差分析比较知情无辜组被试对五个年龄问题刺激（一个关键问题和四个陪衬问题）的皮肤电反应强度。结果表明：刺激类型的主效应显著，F（4，26）=9.34，$p < 0.001$。多重比较结果发现：被试对关键问题的皮肤电反应强度均显著强于其他四个陪衬问题（除关键和陪衬问题3相比，$p < 0.05$外，其他均为$p < 0.001$）。被试对陪衬问题3的皮肤电反应显著强于陪衬问题2，其他反应之间差异均不显著。这说明：知情无辜组被试在测试时能够将年龄这一组问题中的关键问题和陪

衬问题区分出来，对关键问题产生更强的皮肤电反应，对陪衬问题的反应基本上是随机的。因此，如图7–12所示，从整体上看，知情无辜组被试对年龄这一组测试问题的反应，更趋近于作案组被试，而不是无辜组被试。

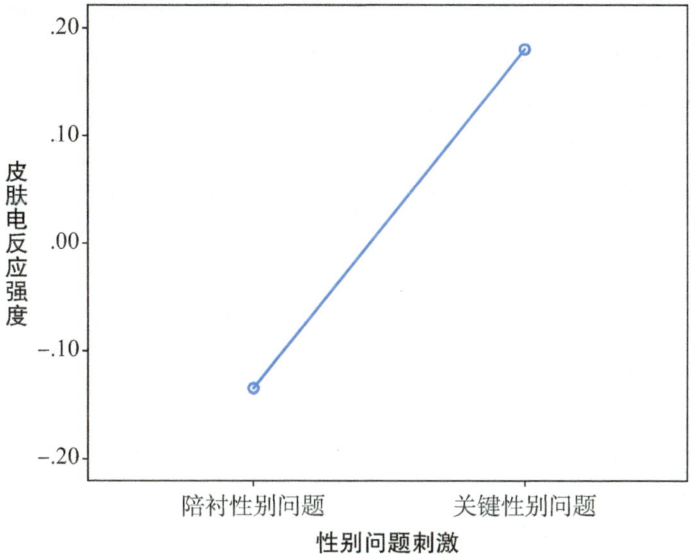

图7–11 知情无辜被试对不同性别问题刺激的皮肤电反应强度

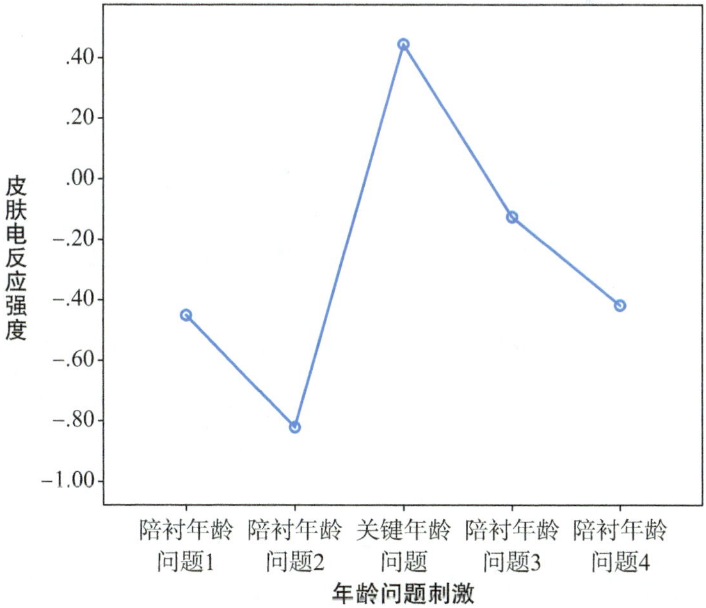

图7–12 知情无辜被试对不同年龄问题刺激的皮肤电反应强度

（4）被试在家庭所在省问题上皮肤电反应的重复测量方差分析

以皮肤电指标作为因变量，用单因素重复测量方差分析比较知情无辜组被试对六个家庭所在省问题刺激（一个关键问题、一个个人信息问题和四个陪衬问题）的皮肤电反应强度。结果表明：刺激类型的主效应显著，$F(5, 25)=3.06$，$p<0.05$。多重比较结果发现：被试对关键问题的皮肤电反应强于个人信息问题，差异边缘显著，$p>0.05$，显著强于其他四个陪衬问题（均为$p<0.05$）；被试对关键问题的皮肤电反应均强于陪衬问题，但都无显著差异；同时陪衬问题之间的皮肤电反应差异也均不显著，如图7–13所示。

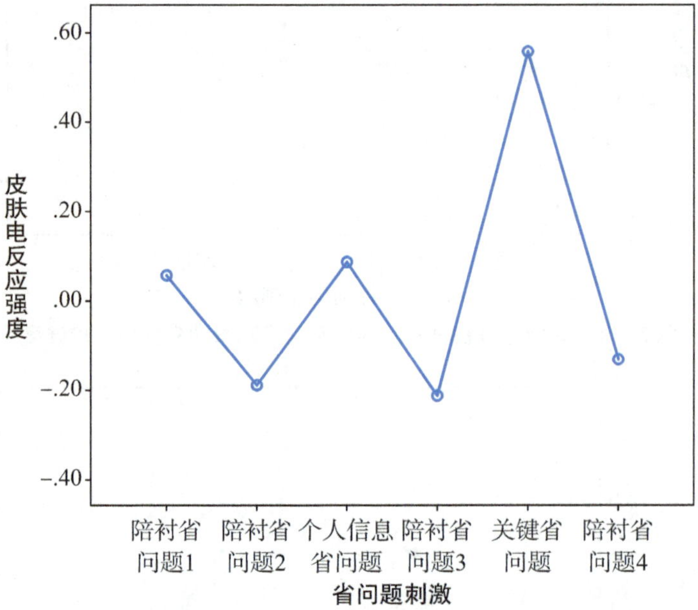

图7–13　知情无辜被试对不同省问题刺激的皮肤电反应强度

由图7–13可见，在家庭所在省这一组问题中，当知情无辜组被试的个人信息与作案者信息不一致时，被试对关键问题的反应显著强于陪衬问题，而对个人信息问题的反应与陪衬问题的差异则不显著。说明包含作案者信息的关键问题，比包含被试个人信息的陪衬问题，对被试的刺激性更强，能够诱发被试更强的心理生理反应，从而使其产生更强的皮肤电反应。

（5）被试在家庭所在市问题上皮肤电反应的重复测量方差分析

以皮肤电指标作为因变量，用单因素重复测量方差分析比较知情无辜组被试对六个家庭所在市问题刺激（一个关键问题、一个个人信息问题和四个陪衬问题）的皮肤电反应强度。结果表明：刺激类型的主效应显著，$F(5, 25)=6.47$，$p<0.001$。多重比较结果发现：被试对关键问题的皮肤电反应与目标问题差异不显著，$p>0.05$，显著强于其他四个陪衬问题（均为 $p<0.05$）；被试对个人信息问题的皮肤电反应均强于陪衬问题（除关键问题与陪衬问题1之间没有差异，$p>0.05$ 外，其余为 $p<0.05$）。在家庭所在市这一组问题中，关键问题和个人信息问题对知情无辜组被试具有相同的刺激性，使被试对这两类问题刺激产生了相似的强皮肤电反应，如图7-14所示。

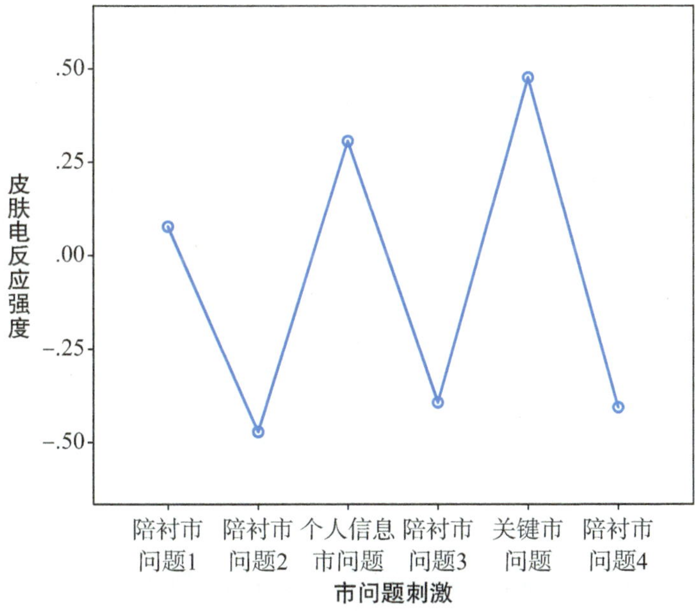

图7-14　知情无辜被试对不同市问题刺激的皮肤电反应强度

（6）被试在所在大学问题上皮肤电反应的重复测量方差分析

以皮肤电指标作为因变量，用单因素重复测量方差分析比较知情无辜组被试对五个所在大学问题刺激（一个关键问题和四个陪衬问题）的皮肤电反应强度。结果表明：刺激类型的主效应边缘显著，$F(4, 26)=2.38$，$p>0.05$。多重比较结果发现：被试对关键问题的皮肤电反应强度均强于其他四个陪衬问题，但只与陪衬问题2的差异达到显著（$p<0.05$），与陪衬问题4的差异边缘显著（$p>0.05$），与其他陪衬问题的差异不显著（$p>0.05$）。被试对其他陪衬问题的反应互相之间差异不显著。这说明：虽然知情无辜组被试能够在众多个问题中识别出关键问题，但由该问题刺激所诱发的心理生理反应并不强烈，未能与所有陪衬问题反应的差异达到显著。与作案组被试在大学这一组问题的反应情况相比，知情无辜组被试对关键问题的反应强度明显低于作案组被试，如图7–15所示。

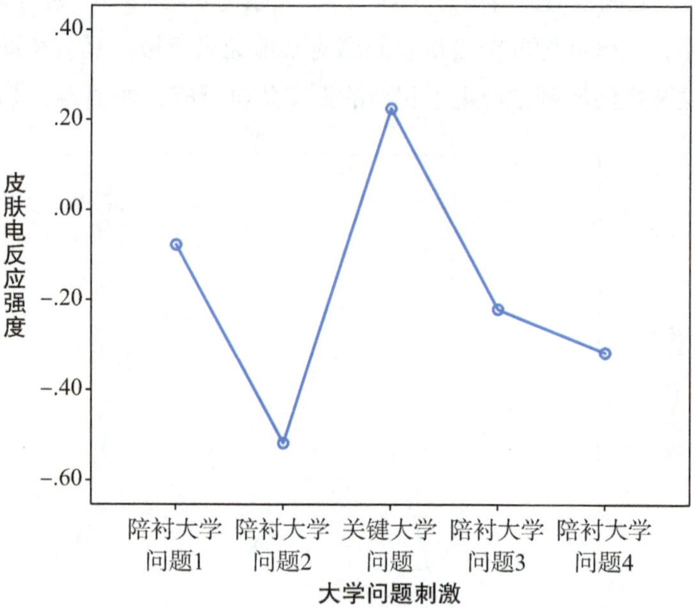

图7–15　知情无辜被试对不同大学问题刺激的皮肤电反应强度

（7）被试在所在学院问题上皮肤电反应的重复测量方差分析

以皮肤电指标作为因变量，用单因素重复测量方差分析比较知情无辜组被试对五个所在学院问题刺激（一个关键问题和四个陪衬问题）的皮肤电反应强度。结果表明：刺激类型的主效应显著，F（4，26）=2.46，$p < 0.05$。多重比较结果发现：被试对关键问题的皮肤电反应强度均强于其他四个陪衬问题，除与陪衬问题4的差异不显著外（$p > 0.05$），与其他问题的差异都达到显著（均为$p < 0.05$）；而被试对四个陪衬问题的反应互相之间差异均不显著（$p > 0.05$）。这说明：知情无辜组被试在测试时能够将学院这一组问题中的关键问题和陪衬问题区分出来，对关键问题产生更强的皮肤电反应，随机地对陪衬问题进行反应，如图7–16所示。

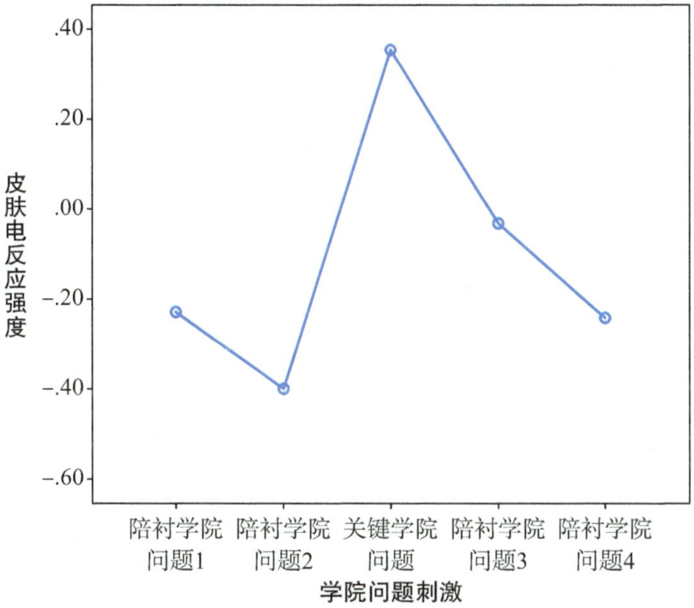

图7-16 知情无辜被试对不同学院问题刺激的皮肤电反应强度

（8）被试在所学专业问题上皮肤电反应的重复测量方差分析

以皮肤电指标作为因变量，用单因素重复测量方差分析比较知情无辜组被试对六个所学专业问题刺激（一个关键问题、一个个人信息问题和四个陪衬问题）的皮肤电反应强度。结果表明：刺激类型的主效应显著，$F(5, 25)=3.83$，$p<0.01$。多重比较结果发现：被试对关键问题的皮肤电反应与个人信息问题差异不显著，$p>0.05$，但显著强于其他四项陪衬问题（均为 $p<0.05$）；被试对个人信息问题的皮肤电反应均强于陪衬问题（除个人信息问题与陪衬问题2、陪衬问题4之间没有差异，分别为 $p=0.25$ 和 $p=0.50$ 外，其余为 $p<0.05$）。在所学专业这一组问题中，被试对三类问题的皮肤电反应按关键问题、个人信息问题、陪衬问题依次递减，说明被试基本上能够对三类不同类型的问题刺激进行区分，如图7-17所示。

（9）对知情无辜组被试认定准确率的分析

如图7-18所示，对知情无辜组被试的认定采用Lykken计分结果分析：知情无辜被试中得分在6.5分及以上的有7人，得分在6.5分以下的有23人，因此对知情无辜组被试的认定准确率为76.7%（23/30）。

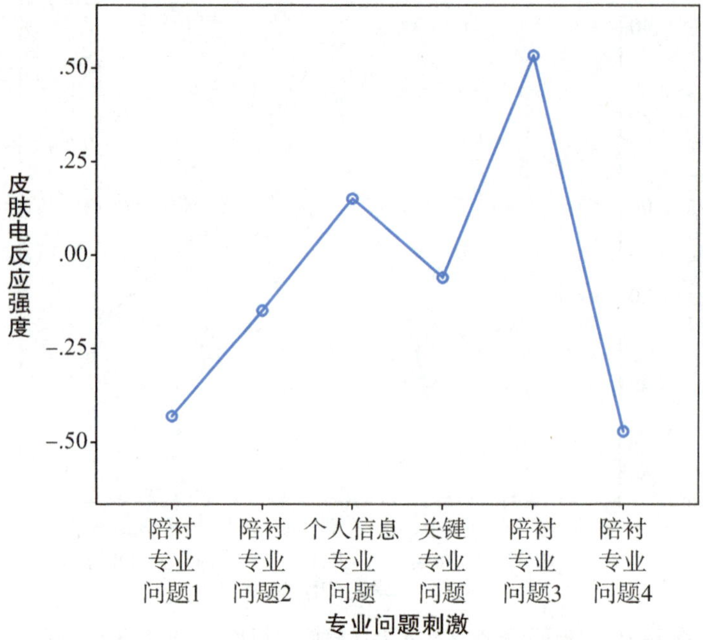

图7-17　知情无辜被试对不同专业问题刺激的皮肤电反应强度

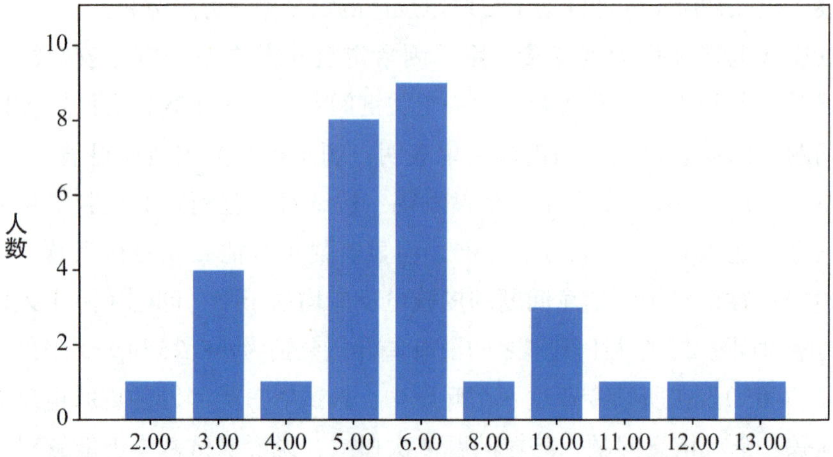

图7-18　Lykken计分所得各分值上的知情无辜组被试的人数频次分布图

5. 讨论

实验二考察知情无辜者在面对实验一筛选出的自我认知测试题时会产生怎样的皮肤电反应。首先分析知情无辜者与作案者这两组被试在测试中心理生理过程的差异。对作案者而言，关键问题刺激对应的不仅是个人自传信息，也是这起模拟盗窃案件作案者的信息，因而在面对这类问题时被试既会因为了解信息而引起熟悉性的定向反应，也会因为明确认识到其就是作案者本人而诱发意义性的定向反应和认知加工，同时在作出说谎的回答时还会产生相应的冲突、紧张、害怕的情绪唤醒（孟昭兰，2005），从而导致作案组被试在关键问题上产生的皮肤电反应增强。

对知情无辜组被试而言，则有以下两种情况：当作案者的信息和知情无辜者的信息一致时，知情无辜组被试也会由于对问题刺激的熟悉性和意义性（被试明确谁是真正的作案者）诱发一定的定向反应，同时也会因为在该问题上说谎而产生一定的紧张情绪唤醒。但与作案组被试不同的是：知情无辜组被试的认知加工程度和心理压力更小。具体来说，两组被试都会对问题刺激进行一定回忆、联想甚至抑制，作案组被试以第一人称视角经历了整个模拟盗窃案件，在大脑中留下的是有关其进行盗窃活动的自传体记忆，被试在回忆、联想时加工程度更深、情绪体验更强；并且被试在对此类关键问题谎答时会试图尽可能地抑制在该问题上的反应，这反而会导致心理压力和情绪唤醒水平进一步提高，产生最大限度的紧张感（Verschuere et. al.，2017）。而对于知情无辜组被试来说，他们是以第三人称视角目击了整个模拟盗窃案件的发生，在对此情节记忆进行回忆、联想时其大脑的兴奋程度、认知加工程度自然没有作案组被试高，同时因其并不是真正的作案者，在对关键问题谎答时相应的心理压力也就更小。为了验证这一假设，将知情无辜组被试在年龄、所在大学、所在学院这三组问题中关键问题的数据与实验一中作案组和无辜组被试的数据进行单因素方差分析。结果表明：在年龄关键问题上，案件角色的主效应显著，F（2，87）=10.17，$p<0.001$。多重比较结果表明：三组被试对关键问题的皮肤电反应强度按作案组、知情无辜组、无辜组依次递减，将三组被试的皮肤电反应进行两两比较，差异都达到显著（其中作案与无辜相比$p<0.001$，作案与知情相比，以及知情与无辜相比均为$p<0.05$）；在学校关键问题上，案件角色的主效应显著，F（2，87）=5.56，$p<0.01$。多重比较结果表明：三组被试对关键问题的皮肤电反应强度按作案组、知情无辜组、无辜组依次递减，但作案组和知情无辜组的皮肤电反应没有显著差异，而无辜组的反应明显低于作案组和知情无辜组（均为$p<0.05$）；在学院关键问题上，案件角色的主效应显著，F（2，87）=7.59，$p<0.001$。多重比较结果表明：三组被试对关键问题的皮

肤电反应强度按作案组、知情无辜组、无辜组依次递减，但作案组和知情无辜组的皮肤电反应没有显著差异，而无辜组的反应明显低于作案组和知情无辜组（均为$p < 0.05$）。这一结果较好地证明了不同案件角色被试对自传信息与他人信息、诚实回答与说谎回答反应的差异性：对于无辜组被试来说，陪衬问题指向的是他人信息，关键问题指向的是案件信息，因为无辜被试既不是作案者，也不知道作案者的信息，其在所有问题上的否定回答都是诚实回答，因此其对各个问题的皮肤电反应之间无显著差异；对于作案者被试来说，陪衬问题指向的是他人信息，关键问题指向的是案件信息，被试对陪衬问题的否答是诚实回答，对关键问题的否答则是谎答，因此，其对关键问题的皮肤电反应显著强于陪衬问题，也显著强于无辜组被试对关键问题的反应；而对于知情无辜组被试来说，在这三组问题中，陪衬问题指向的是他人信息，被试对陪衬问题的否答是诚实回答，关键问题指向的则是双重信息，既指向了被试的自传信息，也指向了作案者的他人信息，被试对关键问题的否答既是针对自传信息的诚实回答，亦是针对他人信息的谎答。这种否答的双重性，在一定程度上减弱了被试在该问题上的紧张情绪。因此知情无辜组被试对关键问题的反应要显著强于陪衬问题，显著强于无辜组被试对关键问题的反应，但都低于作案组被试对关键问题的反应。

当作案者的信息和知情无辜者的信息不一致时，包含被试信息的个人信息问题会引起被试熟悉性的定向反应，被试在个人信息问题上进行否答属于诚实回答，不会激起紧张等负面情绪唤醒；而包含作案者信息的关键问题则会引起被试意义性的定向反应，被试在关键问题上进行否答则属于谎答。相对诚实回答，被试除需要调动更多的认知资源外，还会诱发更强的情绪唤醒，从而对关键问题产生更强的皮肤电反应。将知情无辜组被试在家庭所在省、所在市、当前所学专业这三组问题中关键问题的数据与实验一中作案组和无辜组被试的数据进行单因素方差分析，结果表明：在省关键问题上，案件角色的主效应显著，$F(2, 87)=5.77$，$p < 0.01$。多重比较结果表明：三组被试对关键问题的皮肤电反应强度按作案组、知情无辜组、无辜组依次递减，但作案组和知情无辜组的皮肤电反应没有显著差异，而无辜组的反应明显低于作案组和知情无辜组（均为$p < 0.05$）；在市关键问题上，案件角色的主效应显著，$F(2, 87)=15.08$，$p < 0.001$。多重比较结果表明：三组被试

对关键问题的皮肤电反应强度按作案组、知情无辜组、无辜组依次递减，将三组被试的皮肤电反应进行两两比较，差异都达到显著（其中作案与知情相比$p < 0.001$，作案与无辜相比以及知情与无辜相比均为$p < 0.05$）；在专业关键问题上，案件角色的主效应显著，$F(2, 87)=4.21$，$p < 0.05$。多重比较结果表明：作案组的皮肤电反应强于知情无辜组，没有显著差异（$p > 0.05$），但二者都显著强于无辜组（均为$p < 0.05$）。结合实验二中的研究结果：知情无辜组被试对关键问题的反应小于作案组被试对关键问题的反应，但均大于其在个人信息问题和陪衬问题上的反应。也就是说，知情无辜组被试对指向他人信息的关键问题谎答时产生的皮肤电反应，要强于其对指向自传信息的个人信息问题诚实回答时产生的反应，而小于作案组被试在指向自传信息的关键问题上谎答产生的反应。

从总体上看，知情无辜组被试会对关键问题产生特异的心理生理反应，这一点与作案组被试相同。也就是说，知情无辜者在测试中的表现更趋近于作案者，而不是无辜者。了解、掌握作案者的信息同样会使知情无辜者在面对关键问题时更加紧张，会对该问题产生意义性的定向反应、进一步的认知加工，以及在该问题上谎答而诱发的情绪唤醒。因此，如何准确、有效地区分知情无辜者和作案者就成了研究的一个重点。不过实验二的结果也表明，一旦知情无辜者与作案者的信息出现不一致，知情无辜者就会对关键问题和个人信息问题分别进行反应，且对作案者信息的皮肤电反应要强于对其自身信息的反应。在实际案件测试中，除非某个知情无辜被测人的自传信息与作案者的信息完全一致，否则不会出现通过自我认知测试题测试将其误判为作案者的情况；且就算二者信息完全相同，作案者对关键问题的反应也要强于知情无辜者。不过这也从侧面说明了自我认知测试题存在的一个局限性，即当一次实案测试的被测人均来自同一个地方或同属一个单位时，被测人的自传信息大体一致，知情无辜者和作案者都会在同一个关键问题上产生较强的皮肤电反应，因而就存在将二者进行混淆的可能；或者，不同被测人之间在很细节的地方有所不同，然而实验一的结果表明：若测试所涉及的问题太过具体，即使是无辜者也会对此产生特异的心理生理反应。因此，无论是在实验室研究中，还是在实案测试中，如何更加准确、有效地区分作案者和知情无辜者，仍需做进一步的探讨。

6. 小结

（1）当测试问题只包含A、B两项问题时，采用ABBA设计编题能够有效消除由于固定题目顺序而产生的首题效应。

（2）实验二使用的自我认知测试能够对作案组、知情无辜组和无辜组被试进行有效的区分。自我认知测试对知情无辜者的认定准确率达到76.7%。

（3）当知情无辜被试的信息与作案被试的信息不一致时，被试对关键问题的反应强于个人信息问题，对个人信息问题的反应强于陪衬问题。被试在这三类问题上体现了不同的心理过程，对关键问题进行了认知加工和说谎，对个人信息问题只进行了认知加工，对陪衬问题既没有认知加工也没有说谎。

三、总讨论

（一）关于自我认知测试题的评估与开发

本研究将在实案测试中取得一定测试效果的自我认知测试题置于实验室条件下评估测试效度，并尝试开发其他不同测试内容的自我认知测试题。不同于以隐藏信息测试法为代表的传统心理生理测试方法，以犯罪情节信息作为测试内容，测试编题受限于犯罪情节的数量：只有当犯罪情节数量足够多时，才能编制足够多的测试题以保证测试的准确率；当案件犯罪情节明显缺乏或相关情节已经泄露给大众时，测试效度就会受到较大的影响，尤其是针对知情无辜者而较易出现的假阳性错误。长期以来，研究人员始终不断地探索各种方法以弥补这一不足，包括增加测试次数（Elaad & Ben-Shakhar，1997）、多次重复测试问题（Ben-Shakhar，Elaad，2002）、改变问题提问的方式（And & Warfield，1984）、改变问题刺激的呈现方式（马际，2013）、操纵不同案件角色被试的内部动机水平（Zvi，Nachson & Elaad，2012；王昊，2014）或外部诱因水平（Elaad & Eitan，2013）、改变被试回答问题的方式（马艳，2004）、让被试在测试前预览测试问题（Verschuere，Crombez & Déjà，2008）、开发更敏感更加抗干扰的指标或测试范式（MeiXner & Rosenfeld，2010）、综合多个指标进行测试（Gamer，Verschuere，Crombez et al.，2008）等一系列方法，然而这些改进的方法都依然停留在实验室研究水平，止步于实际案件测试，外部效度如何仍未可知。反观自我认知测试，广泛用于实际案件测试，效果良好，通过将犯罪人信息作为测试内容，有效地增加了整个测试的出题数量，提高了测试效度；并且通过将自我认知测试题置于犯罪情节认知测试题之前对被测人进行测试，可以达到快速排除无辜被测人且不向被测人泄露案情的效果。

本研究在实验室条件下，对实际案件测试中常用的指向被试性别，年龄，作案人数，家庭所在省、市、区（县）等自传信息的自我认知测试题进行评估，考察了不同案件角色被试在这些问题上的皮肤电反应强度，系列实验结果表明：实案测试中常用的这些自我认知测试题（除作案人数外）均能够有效地对不同案件角色的被试进行区分。被试的这些自传信息，均可以作为有效的测试内容。这些结果说明：尽管关键问题指向的是被试的自传信息，这些信息不同于一般的犯罪情节信息（无辜者一般对犯罪情节信息不知情），但无辜组被试对其本身就有一定的熟悉性和意义性，无辜组被试在测试时也不会对关键问题产生一个区别于其他陪衬问题的强反应，其对关键问题的反应与陪衬问题无显著差别，指向被试自传信息的关键问题对于无辜组被试而言并不“关键”。同样，知情无辜者在其自传信息与作案者信息不一致时也不会对关键问题产生显著强的皮肤电反应；只有当其自传信息与作案者信息重合时，知情无辜被试才会对这样的关键问题产生由认知而诱发的特异心理生理反应，产生这种强反应的原因在于关键问题同时也指向着作案者信息。然而，当作案者在测试中识别到指向其自传信息的关键问题时，会由于其对该信息的认知加工、回忆联想等认知活动，以及说谎而诱发的心理压力、紧张感，在关键问题上产生显著强于其他角色被试的皮肤电反应。不同案件角色被试对这些关键问题的不同皮肤电反应说明了这些自我认知测试题对作案者、知情无辜者、无辜者三类被试具有良好的区分度。

同样，依据被试家庭所在地［省、市、区（县）］三级自传信息而设计的，以被试所属单位信息（三级：学校、学院、专业）为测试内容的自我认知测试题也取得了相似的测试结果，编制的测试问题也能够有效地区分不同案件角色的被试。同时，这也证明了自我认知测试题的可开发性，不仅指向被试物质自我的信息（性别、年龄等）可以作为自我认知的测试内容，指向被试社会自我的相关信息同样有效。这一发现，极大地拓宽了自我认知测试题的测试内容，有效地提高了自我认知测试的应用范围。因此，被试还有哪些自传信息能够作为有效的测试内容进行编题，这也是今后自我认知测试研究的一个重要方向。

值得注意的是，研究结果也发现，当自我认知测试题指向的自传信息过于细致、具体，如指向的是被试家庭所在的区（县）、目前所学的专业、被试姓名时，无辜被试和知情无辜被试也会因为这些关键问题的强刺激性而出现一定的意义性定向反应，导致其在关键问题上的皮肤电反应相应地强于其他陪衬问题（尤其是在关键性别问题上，作案组与无辜组的皮肤电反应强度基本相同，无显著差异）。因此测试人员在使用被试此类自传信息进行编题测试时，应当仔细辨别不同被试的反应强度，只有当被试对关键问题与陪衬问题反应强度差足够大，差异达到显著时，才能将此作为评判的依据；或是采用宜粗不宜细的编题原则（武伯欣，张泽民，2004），尽量避免编制此类问题。

（二）自我认知测试题在不同案件中的应用

综上所述，自我认知测试题具有良好的测试效度、测试内容广泛、不局限于案件情节进行编题等特点，在编题体系、逻辑上比犯罪情节认知测试题更加系统，在编题技巧上比犯罪情节认知测试题更加简便，是心理生理测试技术进一步发展与完善的重要方向。

尽管自我认知测试比起犯罪情节认知测试有着以上诸多优势，但这并不意味着自我认知测试在编题的有效性上等同于或超过了犯罪情节认知测试。实际上，在绝大多数刑事案件的调查测试当中，案件现场的情节较多，作案人对这些情节的认知也较为深刻，测试出题仍应当以犯罪情节认知测试题为主、自我认知测试题为辅，优先考察被测人对犯罪情节信息的认知情况。而在检察院、纪委侦办调查的一些职务犯罪案件和违纪案件中，由于嫌疑人通常较为确定，案件情节较为单一，导致可供编制犯罪情节测试题的信息较刑事案件少，且涉案人相互之间一般较为熟悉，并缺乏对刑事案件相应的紧张感，同时犯罪或违纪行为通常不会只发生一次，涉案人对具体某一次犯罪或违纪行为的记忆往往不如刑事犯罪深刻，从而加大了犯罪情节认知测试题编制的难度。此时，测试人员在编题过程中，应当加强自我认知测试的内容，重点考察被测人对涉案人信息的认知情况，进而判断、确定被测嫌疑人之间的相互关系，并通过犯罪情节认知测试，检测被测人具体的犯罪或违纪行为，以及犯罪次数、犯罪涉及金额等信息，协助案件调查并验证嫌疑人在审讯过程中的供述是否真实、可靠。

四、总结论

1. 以被试性别、年龄、家庭所在省、家庭所在市、家庭所在区（县）、所在大学、所在学院、所学专业为测试内容的自我认知测试能够有效区分作案者、知情无辜者和无辜者。实案测试中可借鉴、参照进行自我认知题的编制。

2. 自我认知测试对不同案件角色的被试具有较高的认定准确率，对无辜者的认定准确率为100%，对作案者的认定准确率为93.3%，对知情无辜者的认定准确率为76.7%。

3. 自我认知测试题的编制难度较低，测试内容广泛，编题体系更加系统，是对犯罪情节认知测试的有效补充，但不能简单地替代犯罪情节认知测试，应当与犯罪情节认知测试协同使用，以取得更好的测试效果。

第二节　认知综合测试法区分涉案与无辜知情者的效度研究[①]

正确区分涉案知情者和无辜知情者，是心理测试技术实案应用的重要内容，也是保证心理测试技术准确性的关键。国外的有关研究表明，案情泄露影响犯罪情节测试法的效果，应用犯罪情节测试法易对无辜知情者造成误判。认知综合测试法在实案测试中对涉案人的确定和无辜者的排除方面发挥了重要作用，取得了良好的实测效果，产生了积极的社会效应。那么，认知综合测试法对涉案知情者和无辜知情者的区分度究竟如何？涉案知情者与无辜知情者对同一问题的皮肤电反应强度是否不同？对案件的认知程度和认知方式的不同与被测人的皮肤电反应强度之间的关系如何呢？

对此，有必要在实验室条件下对认知综合测试法区分涉案知情者与无辜知情者的效度及其图谱特征进行研究。这对提高认知综合测试法的科学性并予以推广应用具有重要意义。具体实验如下（杨丹，2016）。

---

① 本研究系笔者主持的国家自然科学基金项目《多导心理生理测试技术的认知综合测试法应用研究》（项目号：31560281）的实验研究之一。该文为删改稿。

一、研究假设

（1）认知综合测试法能够有效地鉴别涉案知情者与无辜知情者；

（2）涉案知情者和无辜知情者对目标问题的皮肤电反应强度均强于对陪衬问题的皮肤电反应强度；

（3）涉案知情者对目标问题的皮肤电反应强度强于无辜知情者对目标问题的皮肤电反应强度。

二、实验方法

1. 被试

被试是来自甘肃政法学院、西北师范大学的本科生和硕士研究生，共150名，年龄在20—24岁。所有被试无犯罪记录和精神病史，智力正常。实验角色分为两组，每组75人，每组的每个被试都参加不同案件角色下的两遍测试。

2. 实验设备

准备三间实验室，一间为接待室，一间为案情的模拟现场，一间为测试室。实验仪器为CPS–710心理测试仪。根据模拟现场具体情节编制认知综合测试法题目一套及被试信息登记表一张。

3. 实验设计

实验采用被试间设计。与案件的关系包括涉案知情者—目击、无辜知情者—阅读材料。因变量是被测人测试时的皮肤电反应强度。

实验规定，除自己的姓名和年龄外对其他问题均作否定回答。

4. 模拟犯罪情节设置

模拟犯罪情节需要模拟过程尽量贴近实际，所以我们在整个实验结束前，对实验过程中的信息向被试严格保密。

实验开始前，被试被随机分配到两个实验条件中的其中一个：涉案知情组、无辜知情组。

本实验中，作案者为一人，由其中一名主试扮演，在实验开始时进入现场实施盗窃犯罪行为。作案者煽动涉案知情组被试与其共同作案，并让涉案知情组被试在门外为自己望风，涉案知情组被试在六个案件情节中知道其中的四个情节，即与作案人合谋、作案人信息（包括性别、年龄、住址、学校、学院、专业)、保险箱在什么地方打开的以及保险箱里装钱的信封的颜色，对信封里有多少钱和而后作案人将钱藏匿的位置不知。无辜知情组的被试则通过阅读一份描述模拟盗窃案件情况的案件材料(材料上描述的内容与涉案知情组被试能够观察到的内容一致)来获取相关的案件信息，无辜知情组被试也知道六个案件情节中的四个情节，即与作案人合谋、作案人信息、保险箱在什么地方打开的以及保险箱里装钱的信封的颜色。具体信息如表7–3所示：

表7–3 不同案件角色对案件的认知情况

案件角色	共同合谋	作案人信息	保险箱位置	信封颜色	现金数额	藏匿现金位置
涉案知情者	√	√	√	√	×	×
无辜知情者	√	√	√	√	×	×

5. 实验程序

(1)获取案件信息阶段：主试A接待被试，并简单告知被试实验流程(不透露有关案情的具体情节)，并告知被试将参加一轮独立的心理测试。然后，让被试阅读、签署一份被试信息登记表。被试信息登记表的内容为被试的个人信息以及是否同意进行一项心理生理测试实验。通过抽签，被试被随机分配到两个实验条件中的任意一个。主试会根据被试获得的实验角色宣读指导语。主试C(作案人)煽动涉案知情组被试与其共同合谋作案，并让涉案知情组被试在门外替自己望风，同时让其观察实施一起模拟盗窃行为。无辜知情组的被试则通过阅读一份描述模拟盗窃案件情况的案件材料(材料上描述的内容与涉案知情组能够观察到的内容一致)，获取相关的案件信息。在获取案件相关信息后，主试A还会与涉案知情组和无辜知情组被试进行案情讨论，讨论中主试A会刻意地提醒被试去回忆案件的关键信息，帮助其加深记忆。

(2)测试阶段：被试进入测试室接受测试。主试B主持测试阶段的工作，但其对被试的实验角色并不知情。主试B首先向被试进行测前谈话，说明被试被怀疑盗窃了办公室里的钱，测试的目的在于找出真正的作案人，同时告知其在测试时的一些要求和注意事项。随后给被试戴上皮肤电、呼吸、脉压等传感器开始测试。实验中每名被试参与测试的时间为大概一个小时。测试结束后，为被试赠送礼物，并对其表示感谢。

6.数据采集和评分标准

本次实验所采用的测试仪器为深圳东方新易公司研发的CPS-710心理生理测试仪，可在测试过程中同步记录皮肤电、呼吸和脉压指数。由于被试在测试中的动作、过多的言语、咳嗽等都会影响相关指标的变化，因而会在出现这些情况时，实时重新记录分值或重复测试问题，以排除额外变量的干扰。实时重新进行打分时，主要看皮肤电的反应幅度（峰高和斜率），同时也参考持续时间（峰宽），最高分可定为5分，在一组反应峰中，幅度（参看峰宽）为1/5者为1分，同理可打出2分、3分、4分、5分。数据采集的一般原则为在提问开始后0.5秒到提问结束后5秒的时间范围内引起的皮肤电反应都认为是该问题刺激所引起的反应。

三、结果与分析

1.涉案知情组和无辜知情组被试的Lykken评分

如图7–19所示，根据Lykken评分标准，对两组被试通过测试的准确率进行统计，结果表明：认知综合测试法能够较好地区分涉案知情者和无辜知情者。对无辜知情组被试认定的准确率为88.3%，对涉案知情组被试认定的准确率为66.7%。

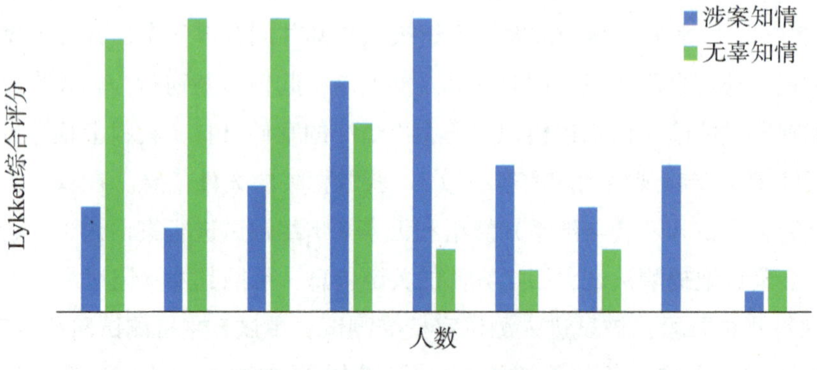

图7–19　Lykken评分人数分布图

2.被试在性别相关问题上皮肤电反应的重复测量方差分析

以皮肤电指标为因变量，用三因素混合设计的重复测量方差分析比较被试对两类刺激的皮肤电反应强度，三个因素分别为两个组间变量（知情程度、知情方式）和一个组内变量（刺激类型：关键问题、陪衬问题），结果表明：刺激类型的主效应显著，$F(1, 116)=101.98$，$p<0.01$；知情程度的主效应不显著，$p>0.05$；知情方式的主效应不显著，$p>0.05$；刺激类型与知情方式的交互作用边缘显著，$p=0.07$；其他交互效应不显著（$p>0.05$），如表7–4所示。

表7–4　性别相关问题与知情方式及知情程度的方差分析表

源	Ⅲ型平方和	自由度	均方	F	p
因子1	36.80	1	36.80	101.98	0.00
因子1×知情程度	0.48	1	0.48	1.33	0.25
因子1×知情方式	1.23	1	1.23	3.40	0.07
因子1×知情程度×知情方式	0.12	1	0.12	0.32	0.57
误差（因子1）	41.86	116	0.36		

如图7–20所示，进行简单效应分析，分别在两个实验组中比较被试对两类刺激皮肤电反应强度的差异，结果表明：被试对陪衬问题的皮肤电反应的强度高于对关键问题的皮肤电反应强度，原因在于存在首题效应，使得被试对陪衬问题（男生干的）的皮肤电反应强度高于对关键问题（女生干的）的皮肤电反应的强度。

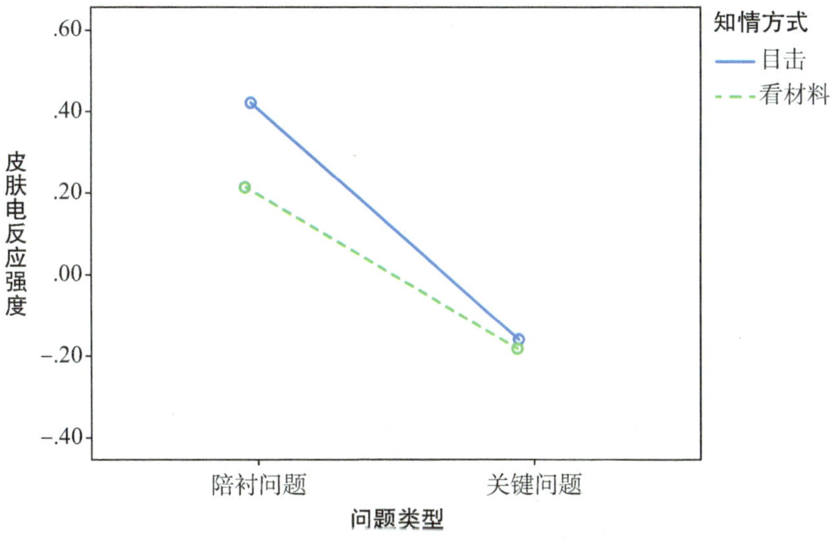

图7–20　不同性别刺激类型的皮肤电反应强度

3. 被试在年龄相关问题上皮肤电反应的重复测量方差分析

以皮肤电指标为因变量，用三因素混合设计的重复测量方差分析比较两组被试对三项年龄问题刺激的皮肤电反应强度，三个因素分别为两个组间变量（知情程度、知情方式）和一个组内变量（刺激类型：三项年龄问题刺激），结果表明：刺激类型的主效应显著，$F(2, 115)=25.45$，$p<0.01$；知情程度的主效应不显著，$p>0.05$；知情方式的主效应不显著，$p>0.05$；刺激类型与知情方式的交互作用不显著，$p>0.05$；其他交互效应均不显著（$p>0.05$），如表7–5、图7–21所示。

表7–5　年龄相关问题与不同知情方式及知情程度的方差分析表

源	Ⅱ型平方和	自由度	均方	*F*	*p*
因子1	31.07	2	15.54	25.45	0.00
因子1× 知情程度	0.47	2	0.24	0.39	0.68
因子1× 知情方式	2.81	2	1.40	2.30	0.10
因子1× 知情程度 × 知情方式	0.12	2	0.06	0.10	0.91
误差（因子1）	141.62	232	0.61		

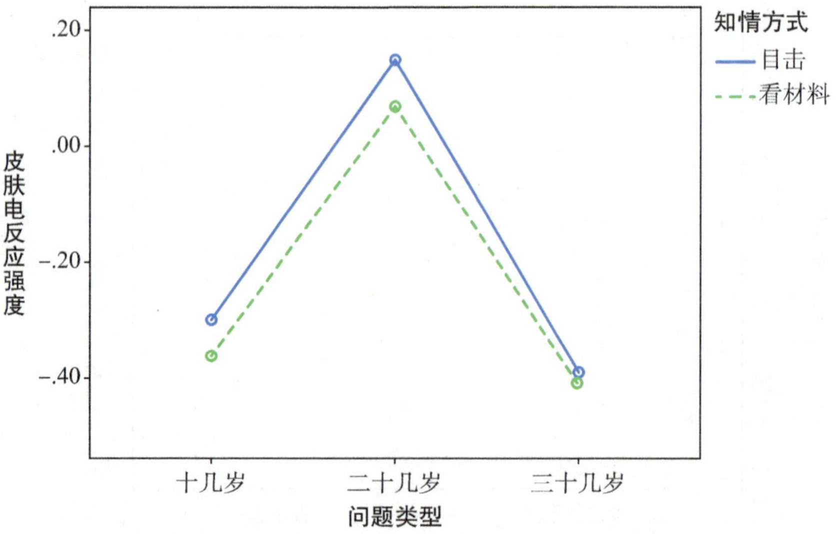

图7–21　不同案件角色对不同年龄相关问题刺激的皮肤电反应强度

4. 被试在人数相关问题上皮肤电反应的重复测量方差分析

以皮肤电指标为因变量，用三因素混合设计的重复测量方差分析比较两组被试对三项人数问题刺激的皮肤电反应强度，三个因素分别为两个组间变量（知情程度、知情方式）和一个组内变量（刺激类型：三项人数问题刺激），结果表明：刺激类型的主效应显著，$F(2, 115)=10.30$，$p<0.01$；知情程度的主效应不显著，$p>0.05$；知情方式的主效应不显著；$p>0.05$，知情方式与知情程度的交互作用不显著，$p>0.05$；其他交互效应均不显著（$p>0.05$），如表7-6和图7-22所示。

表7-6　人数相关问题与不同知情方式及知情程度的方差分析表

源	Ⅱ型平方和	自由度	均方	F	p
因子1	12.13	2	6.06	10.30	0.00
因子1× 知情程度	1.86	2	0.93	1.58	0.21
因子1× 知情方式	0.73	2	0.37	0.62	0.54
因子1× 知情程度 × 知情方式	2.38	2	1.19	2.02	0.14
误差（因子1）	136.63	232	0.59		

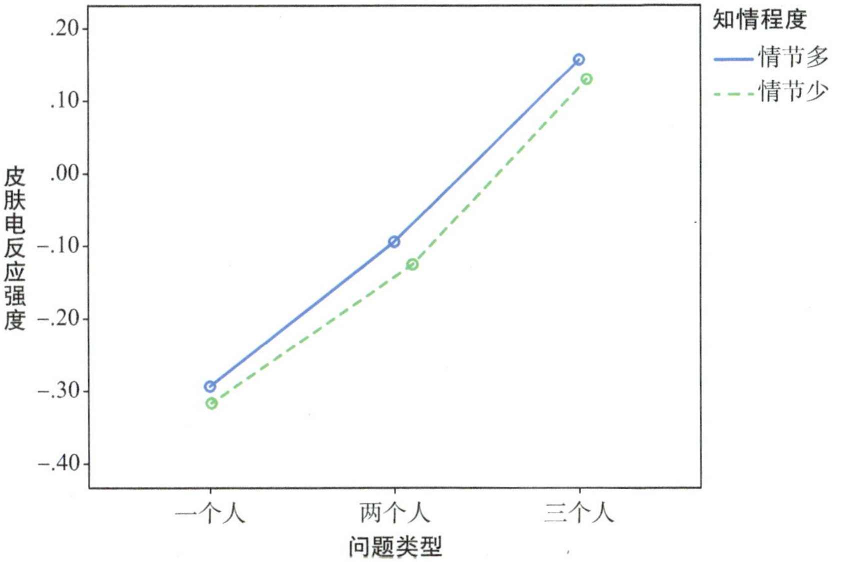

图7-22　不同案件角色对作案人数相关问题刺激的皮肤电反应强度

5. 被试在家庭所在省相关问题上皮肤电反应的重复测量方差分析

以皮肤电指标为因变量，用三因素混合设计的重复测量方差分析比较两组被试对四项家庭所在省相关问题刺激的皮肤电反应强度，三个因素分别为两个组间变量（知情程度、知情方式）和一个组内变量（刺激类型：四项家庭所在省问题刺激），结果表明：刺激类型的主效应显著，$F(2, 115)=56.80$，$p<0.01$；知情程度的主效应不显著，$p>0.05$；知情方式的主效应不显著，$p>0.05$；刺激类型与知情方式的交互效应显著，$F(3, 58)=3.35$，$p<0.05$；其他的都不显著。进行简单效应分析，分别比较被试对四项家庭所在省问题皮肤电反应强度的差异，结果表明：目击组被试和看材料组被试在贵州省这一关键问题上的皮肤电反应都强于在其他问题上的反应，且目击组被试在关键问题上的皮肤电反应强度高于看材料组被试在关键问题上的皮肤电反应强度，差异显著，均为$p<0.05$，如图7–23所示。

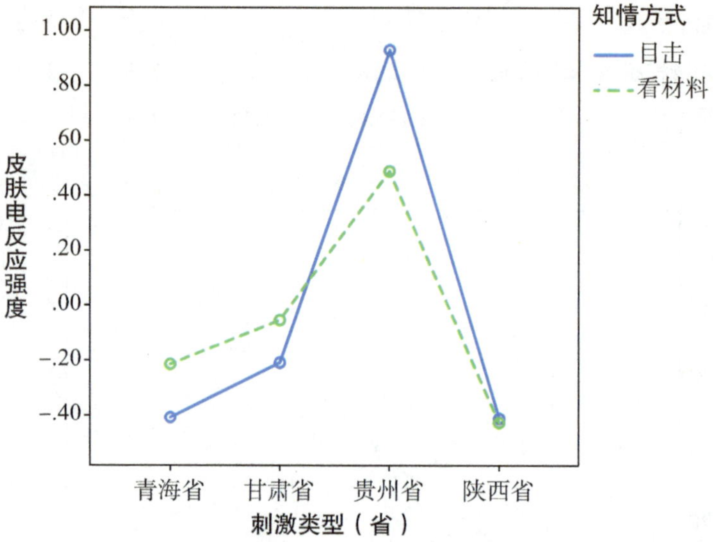

图7–23　不同案件角色对家庭所在不同省相关问题刺激的皮肤电反应强度

6. 被试在家庭所在市相关问题上皮肤电反应的重复测量方差分析

以皮肤电指标为因变量，用三因素混合设计的重复测量方差分析比较两组被试对四项家庭所在市相关问题刺激的皮肤电反应强度，三个因素分别为两个组间变量（知情程度、知情方式）和一个组内变量（刺激类型：四项家庭所在市问题刺激），结果表明：刺激类型的主效应显著，$F(2, 115)=37.62$，$p<0.01$；知情程度的主效应不显著，$p>0.05$；知情方式的主效应不显著，$p>0.05$。进行多重比较分析，结果表明：目击组被试和看材料组被试在贵阳市这一关键问题上的皮肤电反应都强于在其他问题上的反应，且目击组被试在关键问题上的皮肤电反应强度高于看材料组被试，差异显著，$p<0.05$，如表7–7和图7–24所示。

表7–7 家庭所在市相关问题和知情方式及知情程度的方差分析表

源	II型平方和	自由度	均方	*F*	*p*
因子1	81.99	3	27.33	37.62	0.00
因子1× 知情程度	1.52	3	0.51	0.70	0.55
因子1× 知情方式	4.92	3	1.64	2.56	0.08
因子1× 知情程度 × 知情方式	3.80	3	1.27	1.75	0.16
误差（因子1）	252.80	348	0.73		

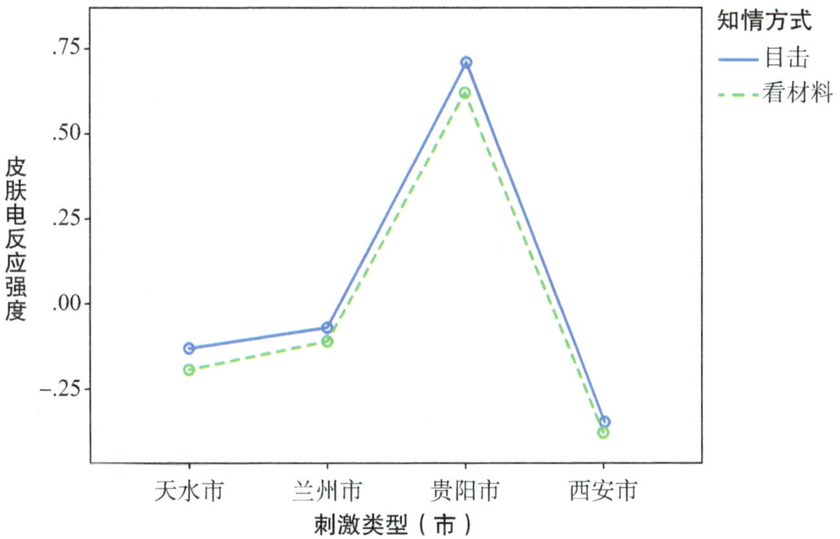

图7–24 不同案件角色对家庭所在市相关问题刺激的皮肤电反应强度

7. 被试在学校相关问题上皮肤电反应的重复测量方差分析

以皮肤电指标为因变量，用三因素混合设计的重复测量方差分析比较被试对四项所在学校相关问题刺激的皮肤电反应强度，三个因素分别为两个组间变量（知情程度、知情方式）和一个组内变量（刺激类型：四项所在学校问题刺激），结果表明：刺激类型的主效应显著，$F(2, 115)=42.84$，$p<0.01$；知情程度的主效应不显著，$p>0.05$；知情方式的主效应不显著，$p>0.05$。进行多重比较分析，结果表明，目击组被试和看材料组被试在甘肃政法学院这一关键问题上的皮肤电反应都强于在其他问题上的反应，且目击组被试在关键问题上的皮肤电反应强度高于看材料组被试，差异显著，$p<0.05$，如表7–8和图7–25所示。

表7–8 学校相关问题和知情方式及知情程度的方差分析表

源	Ⅱ型平方和	自由度	均方	*F*	*p*
因子1	76.53	3	25.51	42.84	0.00
因子1× 知情程度	0.82	3	0.27	0.46	0.71
因子1× 知情方式	2.52	3	0.84	1.14	0.24
因子1× 知情程度 × 知情方式	1.76	3	0.59	0.98	0.40
误差（因子1）	207.23	348	0.60		

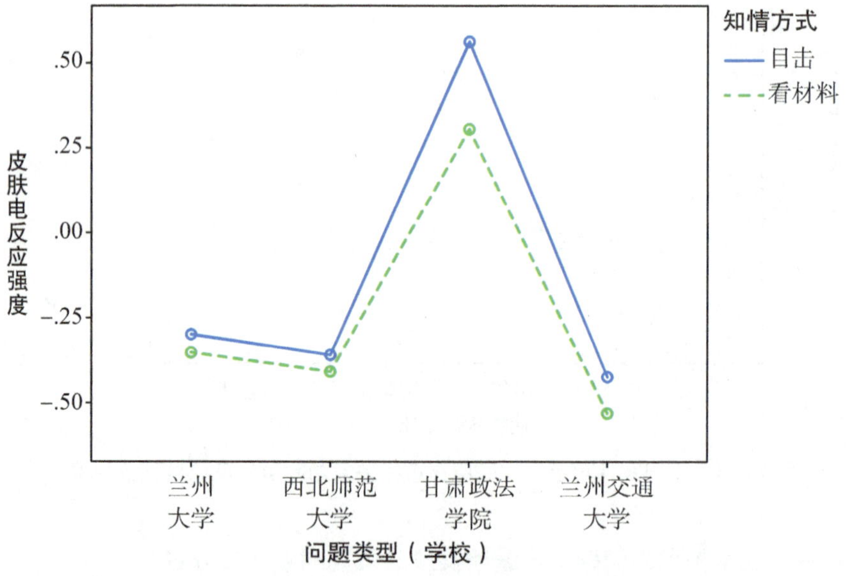

图7–25 不同案件角色对不同学校问题刺激的皮肤电反应强度

8. 被试在专业相关问题上皮肤电反应的重复测量方差分析

以皮肤电指标为因变量，用三因素混合设计的重复测量方差分析比较被试对四项专业相关问题刺激的皮肤电反应强度，三个因素分别为两个组间变量（知情程度、知情方式）和一个组内变量（刺激类型：四项所在专业问题刺激），结果表明：刺激类型的主效应显著，$F(2，115)=75.87$，$p<0.01$；知情程度的主效应不显著，$p>0.05$；知情方式的主效应不显著，$p>0.05$。进行多重比较分析，结果表明：目击组被试和看材料组被试在犯罪心理测试技术专业这一关键问题上的皮肤电反应都强于在其他问题上的反应，$p<0.01$；且目击组被试在关键问题上的皮肤电反应强度高于看材料组被试，差异显著，$p<0.05$，如图7-26所示。

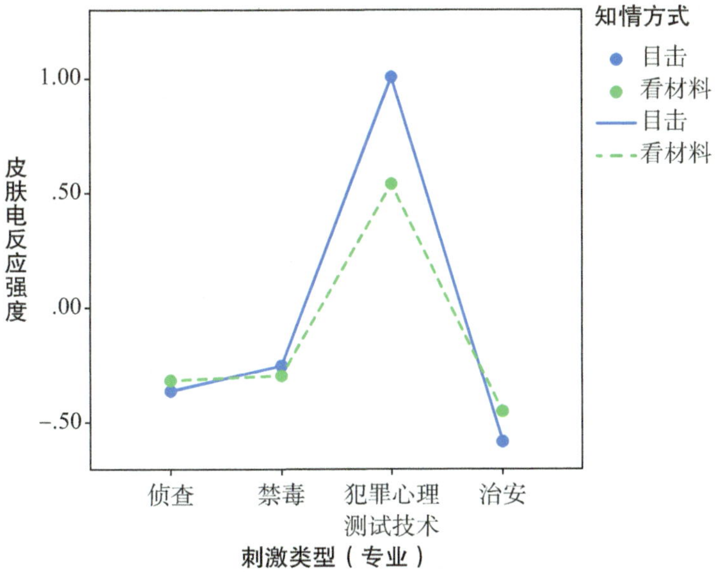

图7-26 不同案件角色对不同专业相关问题刺激的皮肤电反应强度

9. 被试在SKY相关问题上皮肤电反应的重复测量方差分析

以皮肤电指标为因变量，用三因素混合设计的重复测量方差分析比较被试对六项SKY问题刺激的皮肤电反应强度，三个因素分别为两个组间变量（知情程度、知情方式）和一个组内变量（刺激类型：六项SKY问题刺激），结果表明：刺激类型的主效应显著，$F(2，115)=4.93$，$p<0.01$；知情程度的主效应不显著，$p>0.05$；知情方式的主效应不显著，$p>0.05$。进行多重比较分析，结果表明：目击组被试和看材料组被试在看见谁干的、自己参与干的问题上的皮肤电反应强于在其他问题上的反应，但统计结果表明差异并不显著（$p > 0.05$），如表7–9和图7–27所示。

表7–9　SKY相关问题和知情方式及知情程度的方差分析表

源	Ⅲ型平方和	自由度	均方	F	p
因子1	25.46	5	5.09	4.93	0.00
因子1× 知情程度	7.82	5	1.57	1.52	0.18
因子1× 知情方式	4.11	5	0.82	0.80	0.56
因子1× 知情程度 × 知情方式	4.92	5	0.98	0.95	0.45
误差（因子1）	599.20	580	1.03		

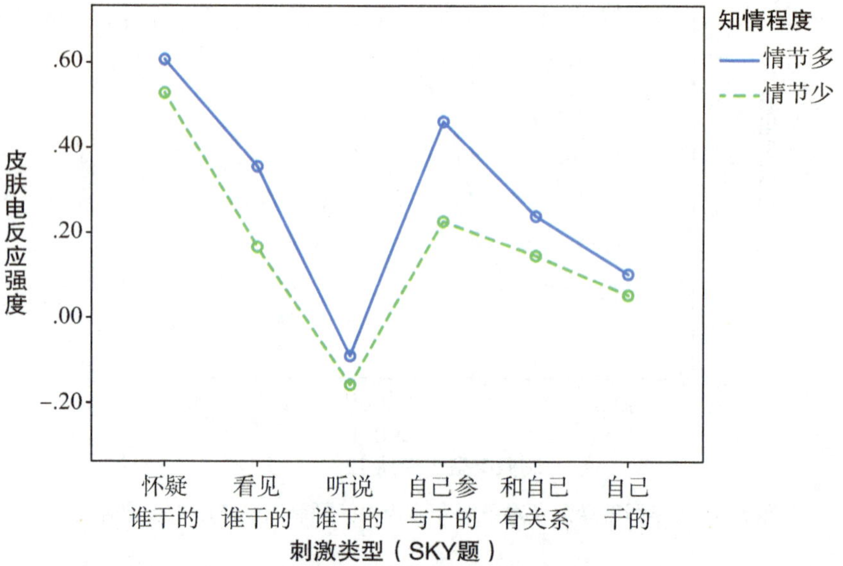

图7–27　被试在SKY题上的皮肤电反应强度

10. 被试在信封颜色相关问题上皮肤电反应的重复测量方差分析

以皮肤电指标为因变量，用三因素混合设计的重复测量方差分析比较被试对三类信封颜色问题刺激的皮肤电反应强度，三个因素分别为两个组间变量（知情程度、知情方式）和一个组内变量（刺激类型：三类信封颜色问题刺激），结果表明：刺激类型的主效应显著，$F(2, 115) = 34.58$，$p < 0.01$；知情程度的主效应不显著，$p > 0.05$；知情方式的主效应不显著，$p > 0.05$；刺激类型与知情方式的交互作用显著，$p < 0.01$。进一步进行简单效应分析，比较不同案件角色对不同信封颜色问题刺激的皮肤电反应强度，结果表明：目击组被试在关键问题上的皮肤电反应强度高于看材料组被试，差异显著，$p < 0.05$，如表7–10和图7–28所示。

表7–10 信封颜色相关问题和知情方式及知情程度的方差分析表

源	II型平方和	自由度	均方	*F*	*p*
因子 1	27.65	2	13.82	34.58	0.00
因子 1× 知情程度	0.80	2	0.40	0.99	0.37
因子 1× 知情方式	15.95	2	8.00	19.95	0.00
因子 1× 知情程度 × 知情方式	0.90	2	0.45	1.13	0.32
误差（因子 1）	92.74	232	0.40		

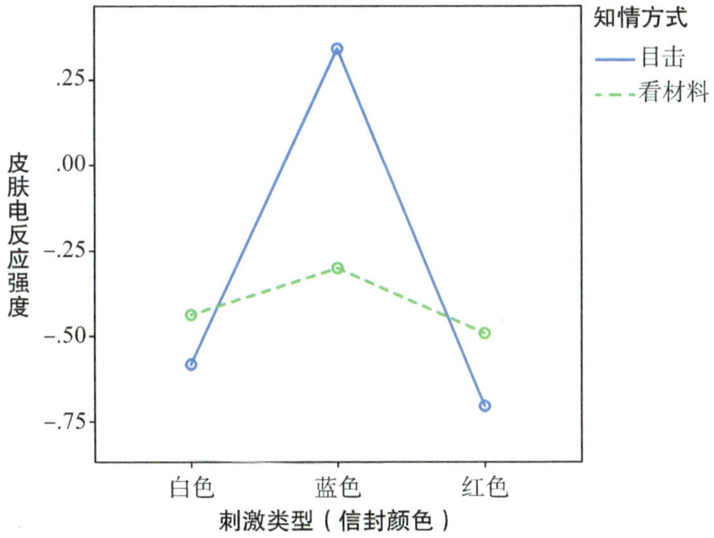

图7–28 不同案件角色对不同信封颜色相关问题刺激的皮肤电反应强度

11. 被试综合评分的重复测量方差分析

对被试的综合评分进行重复测量方差分析，结果表明：知情方式的主效应显著，$F(2, 115)=31.06$，$p<0.01$；知情程度的主效应显著，$F(2, 115)=30.30$，$p<0.01$；知情方式与知情程度的交互作用不显著，$p>0.05$。进一步多重比较，结果表明，目击组被试的综合评分显著高于看材料组被试的综合评分，如表7–11所示。

表7–11 综合评分的方差分析表

源	Ⅱ型平方和	自由度	均方	F	p
知情方式	216.01	1	216.01	31.06	0.00
知情程度	210.68	1	210.68	30.29	0.00
知情程度 × 知情方式	0.08	1	0.08	0.01	0.92
误差	806.83	116	6.96		

12. 被试在测试中的紧张程度的重复测量方差分析

对被试面对不同刺激类型问题的紧张程度作事后主观报告分析，分析表明：目击组被试和看材料组被试对与作案人有关的关键项目的紧张程度均比对与自己有关的关键项目的紧张程度高，且目击组被试对两类问题刺激的紧张程度显著高于看材料组被试，如图7–29所示。

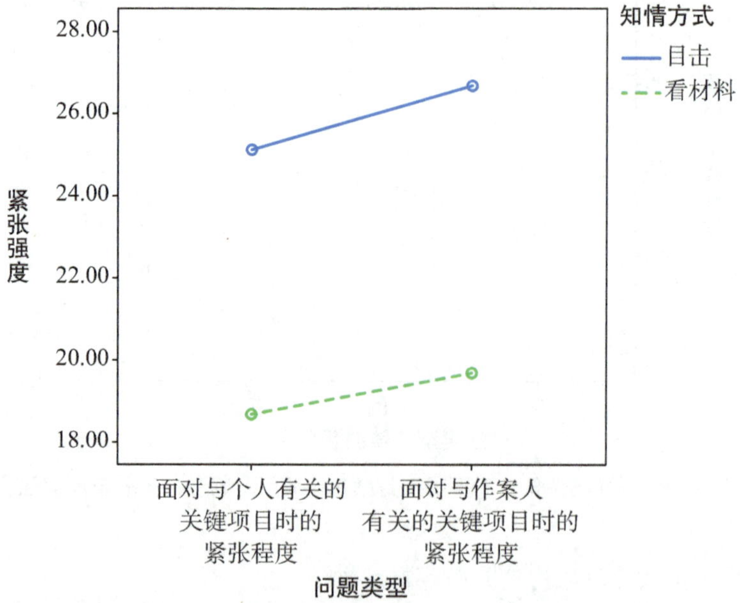

图7–29 不同知情方式被试组面对不同问题的紧张程度

13. 涉案知情组和无辜知情组被试的综合评分比较

对涉案知情组和无辜知情组被试的综合评分进行独立样本t检验，结果表明：涉案知情组被试的平均值和标准差均大于无辜知情组被试，因而涉案知情组被试的综合评分显著高于无辜知情组被试的综合评分（$p < 0.001$），如表7–12所示。

表7–12 不同被试组综合评分独立样本t检验（$M \pm SD$）

组别	综合评分	t	p
涉案知情组	7.38±2.69	4.13	0.00
无辜知情组	5.38±2.62		

14. 不同被试组在目标问题和陪衬问题上的皮肤电反应强度

对涉案知情组被试和无辜知情组被试在目标问题和陪衬问题上的皮肤电反应强度进行独立样本t检验，结果表明：涉案知情组被试和无辜知情组被试在目标问题上的皮肤电反应强度均显著高于陪衬问题上的皮肤电反应强度（$p < 0.001$），如表7–13所示。

表7–13 不同被试组在目标问题和陪衬问题上皮肤电反应强度的独立样本t检验

组别	目标问题	陪衬问题	t	p
涉案知情组	0.44±0.24	–0.45±0.37	15.213	0.00
无辜知情组	0.33±0.41	–0.36±0.25		

四、讨论

实验以皮肤电指标为因变量，用三因素混合设计的重复测量方差分析比较两组实验组的被试对不同问题刺激的皮肤电反应强度，通过比较，实验取得了预期的效果。涉案知情（目击）组被试和无辜知情（阅读）组被试虽认知方式、程度不同，但因对案件信息均有一定的认知，所以在测试中不同程度地对关键项目产生了更强的心理生理活动，使其皮肤电反应强度高于中性问题（陪衬问题）的皮肤电反应强度。但是，涉案知情（目击）组被试的皮肤电反应比无辜知情（阅读）组更强，说明与案件的关系和卷入程度影响对相关问题的反应。事后主观报告结果也表明，涉案知情（目击）组被试对问题反应的紧张程度高于无辜知情（阅读）组被试，而且逃避检测的动机也较无辜知情（阅读）组被试强。实验结果表明，认知综合测试法以自我认知、犯罪情节、即时心态题为编题要素，有效地扩充了目标项目的数量，改善了犯罪情节测试法目标题数量不足的问题，从而提高了测试的效度及其准确性，是心理测试技术的创新和发展，也是认知综合测试法在实案应用及实验室研究中展现出良好测试效果的原因所在。

实验发现，在性别问题上的测试结果与假设不符，原因在于：除去导入题，性别这组题的测试问题只有男女两项问题，由于被试在测试时会对每一组问题的第一项问题产生一个由新异刺激引发的反应，因此会对目标问题造成干扰。为了消除这种干扰，实案测试中必须要将一项不相关的问题置于首题的位置进行过渡，以避免这一反应对目标问题造成干扰。

五、结论

（1）涉案知情组被试和无辜知情组被试在目标问题上的皮肤电反应强度均显著大于在陪衬问题上的皮肤电反应强度。

（2）涉案知情组被试的综合评分显著高于无辜知情组被试。认知综合测试法对无辜知情组被试认定的准确率为88.3%，对涉案知情组被试认定的准确率为66.7%。认知综合测试法能够较好地区分涉案知情者和无辜知情者。

第三节 认知综合测试法检测不同情况无辜知情者的效度研究[①]

犯罪情节测试法的相关研究发现，运用该测试方法的前提是案件情节未被泄露。如果有关案件情节泄露，则可能危及无辜知情者。案件情节的泄露

---

① 本研究系笔者主持的国家自然科学基金项目《多导心理生理测试技术的认知综合测试法应用研究》（项目号：31560281）的实验研究之一。该文为删改稿。

会使无辜知情者由于知道有关案件情节而在测试时对关键问题产生异常反应，从而可能被误判为作案者。认知综合测试法在犯罪情节测试法的基础上，增加了自我（作案人）认知检测、即时心理状态检测等内容，并强调遵循心理活动的规律，是一种全面检测被测人对案件认知情况，依据心理学原理进行设计编题的测试方法及编题技术。其解决了犯罪情节测试法测试问题较少和因案件情节泄露而导致测试效度较低等问题，提高了鉴别被测人是作案者还是无辜知情者的效度。该测试法经广泛应用于各种不同类型的实案测试，成功侦查审理近千起疑难案件，取得了良好的实案测试效果。

然而，由于认知综合测试法产生较晚，尚缺乏社会的认知度和影响力，同时，该方法尚缺乏对无辜知情者测试效度的实验室研究的支持。所以，有必要在实验室条件下研究验证认知综合测试法在不同类型案件中检测通过不同方式知晓案情信息的无辜知情者的效度，这对心理测试技术的科学应用和发展具有重要的理论和实践意义。

因此，本研究在实验室情境下，采用模拟盗窃范式及模拟行受贿范式，应用认知综合测试法编制测试题作为测试材料，考察认知综合测试法检测作案组被试和通过不同方式知晓案情信息的无辜知情组被试的测试准确率及其图谱特征，进而分析和评判认知综合测试法在不同类型案件中检测无辜知情者的测试效度，以进一步验证认知综合测试法的科学性、可靠性和准确性。具体实验如下（唐风玉，2017）。

一、模拟盗窃实验

1. 实验目的

本研究在实验室情境下采用模拟盗窃范式，通过操纵无辜者以不同的方式获悉与作案者相同的案件信息，考察认知综合测试法检测无辜知情者的测试效度。

2. 实验假设

（1）认知综合测试法能够有效地甄别出作案组、无辜阅读组、无辜听说组的被试；

（2）作案组被试在目标问题上的皮肤电反应强度及综合评分均显著高于无辜阅读组、无辜听说组被试；

（3）无辜阅读组被试在目标问题上的皮肤电反应强度及综合评分高于无辜听说组被试。

3. 实验方法

（1）被试

被试均是在校大学生。其中男生45人、女生15人，共计60人，平均年龄约为21岁。被试心理、生理及智力状况均正常。通过随机抽签的方式决定其在案件中的角色，分别是作案组、无辜阅读组、无辜听说组三组案件角色。被试到达测试室后，主试一会将整个实验过程及要求告知被试，征得其同意测试后，由被试签订接受犯罪心理测试技术测试的知情同意书。

（2）实验设备及过程

本实验共有3间实验室，1号实验室用来接待被试，由主试一向来的被试介绍此次实验的全过程，让被试随机抽签确定案件角色，填写被试信息登记表和签订知情同意书。2号实验室用于实施模拟盗窃案件场所。随机抽到作案组的被试依照指令在2号实验室进行和完成模拟盗窃行为。随机抽到无辜听说组的被试，则在此实验室由主试一负责通过讲述与模拟盗窃案件的全过程信息，从而获悉与作案组被试同样的信息，并记住案件的关键信息。无辜阅读组的被试则在此实验室由主试一负责通过让其阅读与模拟盗窃案件有关的案件书面材料，获悉与作案组、无辜阅读组的被试同样的信息。3号实验室是测试室，由主试二负责对被试进行测前谈话，介绍心理测试技术的基本原理和要求，佩戴传感器，完成测试。本次实验采用CPS-510心理生理测试仪，同步记录实验过程中被试的皮肤电反应。

（3）实验设计

实验采用单因素实验设计，以认知综合测试法测试题为自变量，以被测人的皮肤电反应强度为因变量。

（4）模拟盗窃犯罪情节设置

随机抽取到作案组的被试，依照指令进入指定实验室实施模拟盗窃案件行为。被试进入2号实验室后，要求其在桌子上找到一把钥匙，随后打开放在窗台上的保险箱，保险箱里放置一个红颜色的信封，要求被试打开信封数清楚里面装着的300元现金，并将钱偷走藏在身上，5分钟后离开2号实验室，在主试一的引导下进入3号测试室接受测试。

（5）实验材料

编制与模拟盗窃案件情节相应的认知综合测试法测试题，由主试二以言语提问的方式呈现给被试，测试问题涉及以下内容：被试年龄、家庭所在市区县、知情怀疑参与（SKY）测试题、案件情节题（保险箱位置、信封颜色、盗窃钱数、藏钱地点）和即时心态题。案件具体情节题依次是导入问题、陪衬问题和目标问题。此外，每组测试题共计编制6个问题，依次是1个导入问题、4个陪衬问题和1个目标问题。导入问题的作用是告知被试接下来要问及的是与什么信息有关的问题；目标问题是指与案件有关的、只有作案人知道的关键情节问题；测试题中的陪衬问题则是与模拟盗窃案件目标问题性质类似但与模拟盗窃案件无关的问题。该实验测试题共编制11组问题，每名被试共测试两遍。

（6）事后主观报告调查问卷表

测试结束后，被试需填写一份案件关键问题测后调查问卷表，包括两部分内容，首先要求被试回忆与案件关键信息有关的问题并按自己记住的作答。其次要求被试根据测试过程中的真实感受回答4个问题，依次是与个人有关的回答目标问题时的紧张程度；问及与作案者有关的目标问题时的紧张程度；逃避检测的动机强度；主试二将被试测定为自己所扮演角色的概率等问题。

（7）实验程序

参加测试的被试到达实验室后，主试一在1号实验室告知被试本次实验的全部内容和过程，首先是填写被试信息登记表和签订知情同意书。接着，通过随机抽签确定被试所扮演的案件角色。抽到作案组的被试，主试一告知其进入2号实验室进行模拟盗窃案件的全过程。随机抽取到无辜阅读组的被试，在2号实验室接受主试一交与其与模拟盗窃案有关的案情介绍材料，获悉与作案组同样的案件关键信息。抽到无辜听说组的被试，在2号实验室由主试一将与模拟盗窃案有关的案件信息以讲述的方式传达给被试，获悉与作案组被试同样的案件全部信息，并确保被试记住案件关键信息。三组被试接受实验操作程序约5分钟后，由主试一带领进入3号测试室接受测试。测试过程如下：主试二首先与被试进行测前谈话，解释实验室保险箱的钱被人偷走了，凡是跟这个事情有关系的人都有嫌疑，需要调查并接受心理测试，测试目的在于找出真正的盗窃者。同时，需告知被测人心理测试技术的测试原理、测试要求和注意事项，随后给被试戴上皮肤电、呼吸、脉压等传感器开始进行测试。

每个被试测试时间约为半个小时。实验结束后，要求被试填写案件关键信息及测后调查问卷。最后，感谢其参加本次实验并赠送小礼物。

（8）数据采集和评分方法

本研究采用CPS-510测试仪。测试结束后，实验者将每名被试的测试数据从系统中导出（被试在每个问题上的皮肤电反应数据）。本实验采用系统评分及主测者人工评分的综合评分法，根据被试在目标问题上的皮肤电反应综合评判被试的案件角色。

4. 结果与分析

（1）作案组、无辜阅读组及无辜听说组被试的测试准确率

对作案组、无辜阅读组、无辜听说组等三组被试在自我认知题（被试的年龄，家庭所在的省、市、区/县等问题）、SKY测试题、案件情节题（保险箱位置、信封颜色、盗窃钱数、藏钱位置等问题）、即时心态题等测试题上的皮肤电反应进行分析。结果发现：作案组被试在自我认知题、SKY测试题、案件情节题等问题上的皮肤电反应均显著高于无辜阅读组和无辜听说组在相同问题上的皮肤电反应。而无辜阅读组被试在自我认知题、SKY测试题、案件情节题等问题上的皮肤电反应强度均显著高于无辜听说组（$p < 0.05$）。三组不同案件角色的测试准确个数及测试准确率如表7-14所示。

表7-14　三组被试测试准确率的描述性统计

案件角色	作案组	无辜阅读组	无辜听说组
测试准确个数	18/20	17/20	19/20
测试准确率	90%	85%	95%

通过对三组被试的测试准确率进行卡方检测，结果发现：作案组、无辜阅读组、无辜听说组三组被试之间的测试准确率差异不显著，$\chi^2(2)=0.11$，$p > 0.05$。这一结果与笔者的实验预期结果基本一致，证明了认知综合测试法不仅能够准确地甄别出作案者，而且能够有效地检测出无辜知情者，认知综合测试法具有良好的实验室测试效度。

（2）三组被试在自我认知目标题上的皮肤电反应方差分析

自我认知测试题涉及的是作案人在被问及与案件有关的因素动机、地域、性别、年龄、人数以及作案人的有关属性和特征等自传信息的认知问

题时，会对指向其自传信息的目标问题的认知显得尤为强烈，进而导致其在这些目标问题上皮肤电反应强度明显强于其他陪衬问题；而无辜者在面对与作案人有关的目标问题时，则不会在该问题上产生特异的反应（邬奇杰等，2011）。

对作案组、无辜阅读组、无辜听说组三组被试在自我（作案人）认知题上的皮肤电反应强度进行3（案件角色：作案组、无辜阅读组、无辜听说组）×3（刺激类型：年龄关键问题、作案者所在市关键问题、作案者所在区/县关键问题）的重复测量方差分析，结果发现：案件角色和刺激类型的交互作用不显著，$F(4, 114)=0.12$，$p > 0.05$；刺激类型的主效应不显著，$F(2, 57)=1.58$，$p > 0.05$；案件角色的主效应显著，$F(2, 57)=6.01$，$p < 0.05$。对案件角色的主效应进行事后多重比较发现，作案组被试在自我认知目标问题上皮肤电反应强度明显大于无辜阅读组被试和无辜听说组被试（分别为p=0.03和p=0.01）；无辜阅读组被试在自我（作案人）认知问题上皮肤电反应强度与无辜听说组被试的皮肤电反应强度差异性不显著（$p > 0.05$）。

如图7-30所示，作案组被试在自我认知题的年龄目标问题、家庭所在市、区/县目标问题上皮肤电反应明显强于无辜阅读组被试及无辜听说组被试。

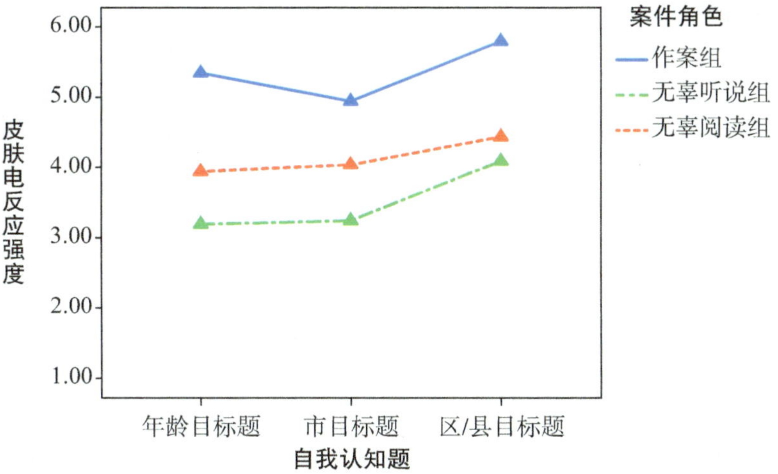

图7-30 三组被试在自我（作案人）认知题上的皮肤电反应强度

（3）三组被试在SKY题上的皮肤电反应方差分析

对作案组、无辜阅读组、无辜听说组三组被试在SKY问题上的皮肤电反应强度进行3（案件角色：作案组、无辜阅读组、无辜听说组）×4（问题类型：听说题、看见题、怀疑题、目标题）的重复测量方差分析，结果发现：案件角色和问题类型的交互作用显著，$F(6, 171)=9.60$，$p<0.01$；问题类型的主效应显著，$F(1, 57)=3.39$，$p<0.05$；案件角色的主效应不显著，$F(1, 57)=3.90$，$p>0.05$。对案件角色和问题类型的交互作用进行简单分析发现：作案组被试在SKY问题上皮肤电反应强度与无辜阅读组被试的皮肤电反应强度差异不显著，$p>0.05$；作案组被试在SKY问题上皮肤电反应强度明显大于无辜听说组被试的皮肤电反应强度（$p<0.05$）；无辜阅读组被试在SKY问题上皮肤电反应强度显著高于无辜听说组被试的皮肤电反应强度（$p<0.05$），如图7–31所示。

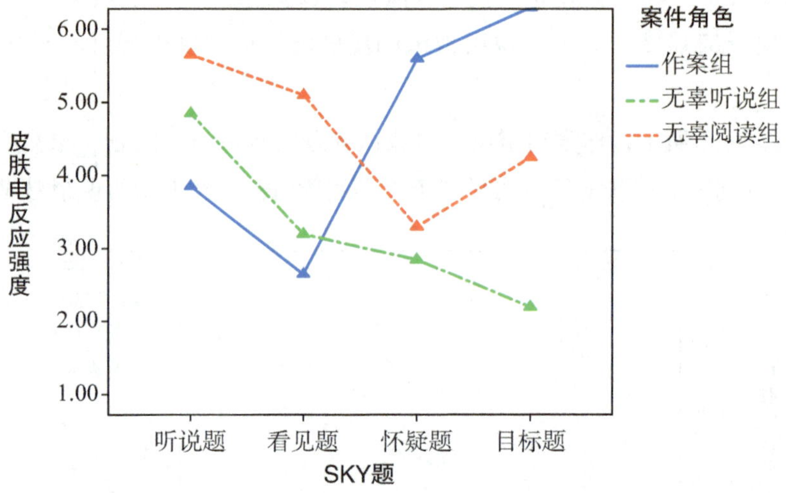

图7–31　三组被试在SKY题上的皮肤电反应强度

（4）三组被试在保险箱位置相关问题上的皮肤电反应方差分析

对作案组、无辜阅读组、无辜听说组三组被试在保险箱位置问题上的皮肤电反应强度进行3（案件角色：作案组、无辜阅读组、无辜听说组）×5（问题类型：陪衬问题1、陪衬问题2、目标问题、陪衬问题3、陪衬问题4）的重复测量方差分析，结果发现：案件角色和刺激类型的交互作用显著，F

（8，228）=4.12，$p < 0.01$；刺激类型的主效应显著，F（4，228）=12.50，$p < 0.01$；案件角色的主效应显著，F（2，57）=3.50，$p < 0.05$。对案件角色和刺激类型的交互作用进行简单分析：作案组被试在保险箱位置问题上皮肤电反应强度与无辜阅读组被试的皮肤电反应强度差异不显著，$p > 0.05$；作案组被试在保险箱位置问题上皮肤电反应强度明显大于无辜听说组被试的皮肤电反应强度，$p < 0.01$；无辜阅读组被试在保险箱位置问题上皮肤电反应强度与无辜听说组被试的皮肤电反应强度差异不显著，$p < 0.05$，如图7-32所示。

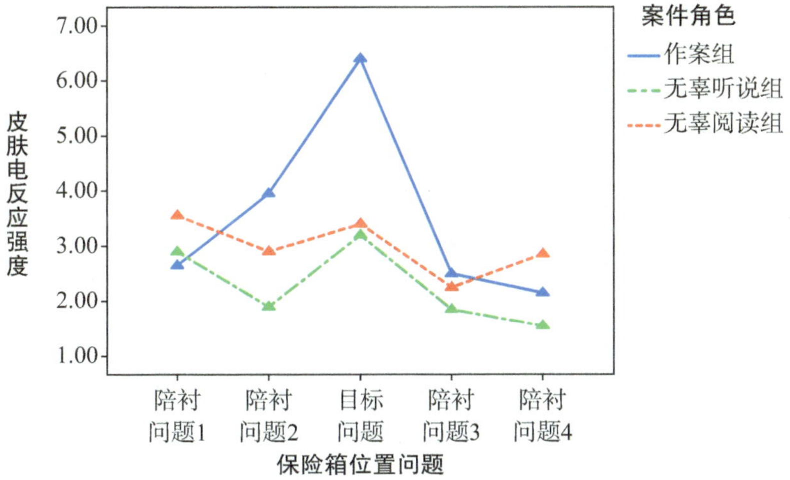

图7-32 三组被试对保险箱位置问题的皮肤电反应强度

（5）被试在信封颜色问题上的皮肤电反应方差分析

对作案组、无辜阅读组、无辜听说组三组被试在信封颜色问题上的皮肤电反应强度进行3（案件角色：作案组、无辜阅读组、无辜听说组）×5（问题类型：陪衬问题1、陪衬问题2、目标问题、陪衬问题3、陪衬问题4）的重复测量方差分析，结果发现：案件角色和问题类型的交互作用显著，F（8，228）=2.37，$p < 0.05$；问题类型的主效应显著，F（4，228）=8.92，$p < 0.01$；案件角色的主效应显著，F（2，57）=3.26，$p < 0.05$。对案件角色的主效应进行事后多重比较：作案组被试在信封颜色问题上的皮肤电反应强度与无辜阅读组被试的皮肤电反应强度差异不显著，$p > 0.05$；作案组被试在信封颜色问题上的皮肤电反应强度明显高于无辜听说组被试的皮肤电反应强度，$p < 0.05$；无辜阅读组被试在信封颜色问题上的皮肤电反应强度显著高于无辜听说组被试，$p < 0.05$，如图7–33所示。

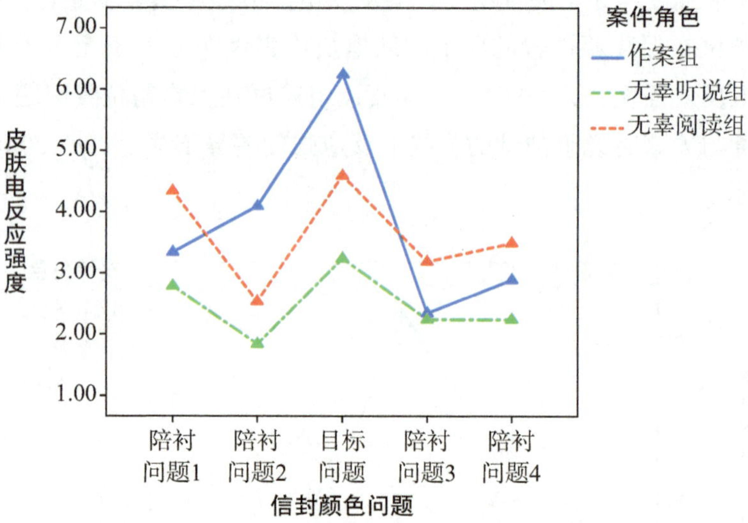

图7–33　三组被试在信封颜色问题上的皮肤电反应强度

（6）三组被试在盗窃钱数问题上的皮肤电反应方差分析

对作案组、无辜阅读组、无辜听说组三组被试在盗窃钱数问题上的皮肤电反应强度进行3（案件角色：作案组、无辜阅读组、无辜听说组）×5（问题类型：陪衬问题1、陪衬问题2、目标问题、陪衬问题3、陪衬问题4）的重复测量方差分析，结果发现：案件角色和问题类型的交互作用显著，$F(8, 228)=2.91$，$p < 0.05$；问题类型的主效应显著，$F(4, 228)=3.14$，$p < 0.05$；案件角色的主效应显著，$F(2, 57)=6.37$，$p < 0.05$。对案件角色的主效应进行事后多重比较：作案组被试在盗窃钱数问题上的皮肤电反应强度显著高于无辜阅读组被试的皮肤电反应强度，$p < 0.05$；作案组被试在盗窃钱数问题上的皮肤电反应强度明显大于无辜听说组被试的皮肤电反应强度，$p < 0.01$；无辜阅读组被试在盗窃钱数问题上的皮肤电反应强度与无辜听说组被试的皮肤电反应强度差异不显著，$p > 0.05$，如图7–34所示。

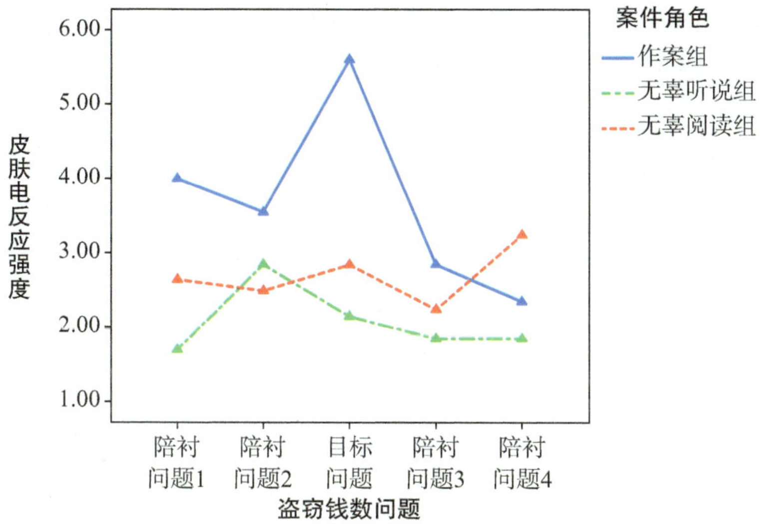

图7-34 三组被试对盗窃钱数问题的皮肤电反应强度

（7）三组被试在藏钱位置问题上的皮肤电反应方差分析

对作案组、无辜阅读组、无辜听说组三组被试在藏钱位置问题上的皮肤电反应强度进行3（案件角色：作案组、无辜阅读组、无辜听说组）×5（刺激类型：陪衬问题1、陪衬问题2、目标问题、陪衬问题3、陪衬问题4）的重复测量方差分析，结果发现：案件角色和刺激类型的交互作用显著，$F(8, 228)=1.98$，$p<0.05$；刺激类型的主效应不显著，$F(4, 228)=1.23$，$p>0.05$；案件角色的主效应显著，F（2，57）=3.23，$p<0.05$。对案件角色的主效应进行事后多重比较：作案组被试在藏钱位置问题上的皮肤电反应强度与无辜阅读组被试的皮肤电反应强度差异不显著，$p>0.05$；作案组被试在藏钱位置问题上的皮肤电反应强度明显高于无辜听说组被试的皮肤电反应强度，$p<0.05$；无辜阅读组被试在藏钱位置问题上的皮肤电反应强度与无辜听说组被试的皮肤电反应强度差异不显著，$p>0.05$，如图7-35所示。

（8）三组被试在即时心态题上的皮肤电反应方差分析

对作案组、无辜阅读组、无辜听说组三组被试在即时心态题上的皮肤电反应强度进行3（案件角色：作案组、无辜阅读组、无辜听说组）×2（问题类型：即时心态题1、即时心态题2）的重复测量方差分析，结果发现：案件角色和问题类型的交互作用显著，$F(2, 57)=1.87$，$p<0.05$；问题类型的主效应不显

著，$F(1, 57)=6.36$，$p>0.05$；案件角色的主效应显著，$F(2, 57)=1.38$，$p<0.05$。对案件角色的主效应进行事后多重比较：作案组被试在即时心态问题上的皮肤电反应强度与无辜阅读组被试的皮肤电反应强度差异不显著，$p>0.05$；作案组被试在即时心态问题上的皮肤电反应强度与无辜听说组被试的皮肤电反应强度差异不显著，$p>0.05$；无辜阅读组被试在即时心态问题上的皮肤电反应强度与无辜听说组被试的皮肤电反应强度不存在显著差异，$p>0.05$，如图7-36所示。

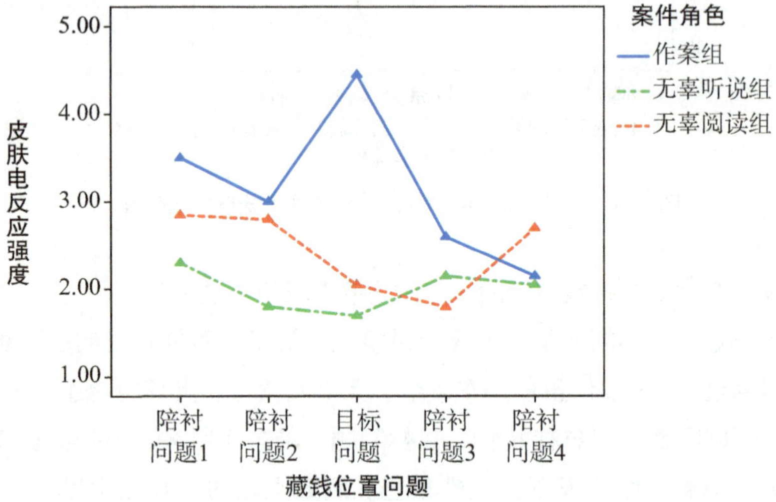

图7-35　三组被试在藏钱位置问题上的皮肤电反应强度

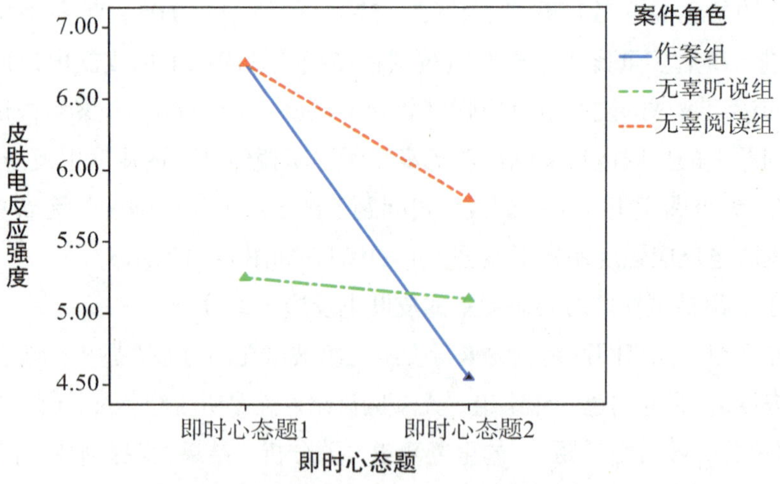

图7-36　三组被试对即时心态题的皮肤电反应强度

5.讨论

实验一的研究结果基本符合实验假设。研究发现：以自我认知题（作案人年龄，家庭所在省、市、区/县等问题）、SKY题、案件情节题（保险箱位置、信封颜色、盗窃钱数、藏钱位置）等为测试内容的问题能够有效地区分出作案组、无辜阅读组及无辜听说组的被试；而在即时心态题上则不能有效地区分三组被试的案件角色。

实验一被试在自我认知题上的测试结果与实验假设一致：作案组被试在年龄、家庭所在的市、区/县等自我认知目标问题上的皮肤电反应显著强于无辜阅读组及无辜听说组被试。由于以自我认知为测试内容的问题对作案组的被试具有一种更强烈的认知性和意义性，故作案组的被试在测试时听到与其自我相关的问题时，较之其他陪衬问题引发了更强烈的心理生理活动（邬奇杰等人，2011）。而无辜阅读组被试在自我（作案人）认知目标问题上的皮肤电反应强度显著高于无辜听说组被试。因为心理学研究表明，内容通过视觉通道加工的方式要比通过听觉通道加工的方式更易被个体记住（彭聃龄，2003）。

实验一被试在SKY问题上的测试结果与实验假设稍有偏差：在听说问题上，无辜阅读组被试的皮肤电反应强度明显高于作案组和无辜听说组被试，出现这种结果的原因在于导入问题结束后，一般问的第一个问题可能会出现首题效应。在看见问题上，无辜阅读组被试的皮肤电反应强度明显高于作案组及无辜听说组被试，作案组被试在两个问题上的皮肤电反应最弱。在SKY题中“偷钱这个事，是和你有关系吗？偷钱这个事，是你干的吗？”问题上，作案组被试的皮肤电反应显著强于无辜阅读组及无辜听说组被试的皮肤电反应，说明作案组被试关注的是与案件关键问题有关的信息，这类问题使其产生了较为强烈的心理生理反应。

实验一被试在案件情节问题上的测试结果与假设基本一致：作案组被试在每组测试题的目标问题上皮肤电反应最强烈，其次是无辜阅读组被试，最后是无辜听说组被试。因为对于作案组被试而言，在主试人问及与模拟盗窃案件关键情节有关的问题时，作案组被试较之无辜阅读组和无辜听说组的被试产生了强烈的心理生理活动。作案组被试由于本能逃避检测，因而在问及案件情节目标问题时内心更紧张，并且这种感觉随着主试人不断深入的提问而逐渐增强，被试说谎的愿望也就越强烈。反之，无辜阅读组和无辜听说组的被试由于没有做过模拟盗窃案件有关的任何行为活动，只是通过阅读与案件情节有关的材料或者听主试一讲述过与案件情节有关的信息而知晓与作案组被试同样的信息，但其对自身的定位是无辜者的案件角色，因而不具备与作案组被试相同的紧张或心理唤醒等心理活动，因此其在被问及案件情节目标问题时皮肤电反应强度明显弱于作案组被试。

实验一被试在即时心态问题上的测试结果与假设不一致：作案组被试在即时心态问题1上的皮肤电反应强度与无辜阅读组被试在即时心态问题上的皮肤电反应强度差异不明显，而在即时心态题2上的皮肤电反应强度明显低于无辜阅读组及无辜听说组被试。造成这种结果的原因可能是在实验室模拟情境下，作案组被试参与性不高，体验感不强，测试结果没有处罚措施，导致其压力不大。

6. 结论

（1）认知综合测试法在模拟盗窃案件中能有效区分作案组、无辜阅读组及无辜听说组被试。

（2）作案组被试在自我认知题（作案人年龄，家庭所在省、市、区/县等问题）、SKY题、案件情节题（保险箱位置、信封颜色、盗窃钱数、藏钱位置）等问题有关的目标问题上的皮肤电反应强度明显高于无辜阅读组及无辜听说组被试；无辜阅读组被试在上述有关的目标问题上皮肤电反应显著强于无辜听说组被试。

二、模拟行受贿实验

1. 实验目的

本研究根据实际行受贿案件的情况，设计案件情境，首次在实验室条件下考察认知综合测试法在模拟行受贿案件中检测无辜知情者的准确率及图谱特征。鉴于模拟行受贿案件的实际情况，本实验以行贿者、无辜听说者两个案件角色为研究对象。

2. 实验假设

（1）认知综合测试法能够有效地鉴别出作案组和无辜听说组的被试；

（2）作案组被试与无辜听说组被试在目标问题上的皮肤电反应强度存在

显著差异；

（3）作案组被试在目标问题上的皮肤电反应强度及综合评分显著高于无辜听说组被试在目标问题上的皮肤电反应及综合评分。

3. 实验方法

（1）被试

本研究被试均是在校大学生，共计40名。其中男生29人、女生11人，平均年龄为21岁左右。该40名被试心理、生理及智力状况均正常。

（2）实验设备（同实验一）

（3）实验设计（同实验一）

（4）模拟行受贿案件情节设置

参加本次实验的被试，通过随机抽签的方式，确定其所扮演的行受贿案件角色，依照主试一的指令完成本次实验全过程。随机抽到作案组的被试，其扮演的案件角色为行贿者，受贿者的案件角色由本次实验的实验员扮演。作案组的被试根据主试一的实验指导语，进入2号实验室实施模拟行受贿案件全过程。被试进入2号实验室后，根据指导语严格将自己投入行贿者的角色，即拿钱行贿自己的辅导员，目的是贿赂辅导员评选奖学金。作案组被试要求全过程将自己置身于现实案件中的行贿者，尽可能地贴近现实行贿者应有的心理状态，与充当受贿者的实验员模拟整个行受贿的全过程。5分钟后，在主试一的引导下进入3号测试室接受主试二的测试。随机抽取到无辜听说组的被试，在2号实验室由主试一将与模拟行受贿案有关的情节材料以讲述的方式传达给被试，获悉与作案组被试同样的案件信息并确保记住案件的关键信息，在主试一的引导下5分钟后，进入3号测试室接受测试。

（5）实验材料

编制与模拟行受贿案件情节相应的认知综合测试法测试题，由主试二以言语提问的方式呈现给被试。测试问题涉及以下内容：作案人年龄，家庭所在市、区、县，行贿目的等自我认知测试题，SKY题，案件情节题（行贿地点、行贿方式、给钱方式、信封颜色、行贿钱数）和即时心态题。案件的具体情节题包含导入问题、陪衬问题和目标问题。此外，每组测试题共计编制6个问题，分别是1个导入问题、4个陪衬问题及1个目标问题。导入问题的作用是告知被试接下来要问及的是与什么信息有关的问题；目标问题是指与案件有关的关键情节问题；陪衬问题则是与案件的目标问题性质类似但与案件无关的问题。该实验测试题共编制11组问题，每位被试共测试两遍。

（6）事后主观报告调查问卷表

被试测试结束后，需填写一份案件关键问题测后调查问卷表，包括两部分内容，首先要求被试回忆与案件关键信息有关的问题并按自己记住的作答。其次要求被试根据测试过程中的真实感受回答4个问题，依次是与个人有关的回答目标问题时的紧张程度、问及与作案者有关的目标问题时的紧张程度、逃避检测的动机强度、主试将被试测定为自己所扮演角色的概率。

（7）实验程序

参加测试的被试到达实验室后，主试一在1号实验室告知被试本次实验的全部内容和过程，填写被试信息登记表和签订知情同意书。接着，通过随机抽签获得被试所扮演的案件角色。随机抽到作案组实验角色的被试，主试一严格按照实验指导语告知其进入2号实验室进行模拟行受贿案件的全过程。随机抽到无辜听说组的被试，在2号实验室由主试一将与模拟行受贿案件有关的案情介绍材料以讲述的方式传达给被试，获悉与作案组被试同样的全部信息，并确保记住关键信息。

两组被试接受实验操作程序约5分钟后，由主试一带领进入3号测试室。主试二首先与被试进行测前谈话，随后给被试戴上皮肤电、呼吸、脉压等传感器开始进行测试。每个被试测试时间约为半个小时。实验结束后，要求被试填写案件关键信息及测后调查问卷。最后，感谢其参加本次实验并赠送小礼物。

（8）数据采集和评分方法（同实验一）

4. 结果与分析

（1）作案组、无辜听说组被试的测试准确率

对作案组、无辜听说组两组被试在自我认知题（被试的年龄、家庭所在的市、行贿目的等问题）、SKY题、案件情节题（行贿地点、行贿方式、给钱方式、行贿钱数、信封颜色）和即时心态题等测试题上的皮肤电反应强度进行分析，结果发现：作案组被试在自我认知题、SKY题、案件情节题上的皮肤电反应强度显著高于无辜听说组在相同问题上的皮肤电反应强度。依据系统自动评分及结合主测人的人工评分，综合评判两组不同案件角色的准

确个数及测试准确率，如表7–15所示。通过对两组被试的准确率进行卡方检测，结果发现：作案组、无辜听说组两组被试之间的测试准确率差异不显著，$\chi^2(2)=0.03$，$p>0.05$。这一结果与笔者的实验预期结果基本一致，证明了认知综合测试法不仅能够准确地甄别出行贿者，而且能够有效地检测出无辜知情者。

表7–15 两组被试测试准确率的描述性统计

案件角色	作案组	无辜听说组
测试准确个数	17/20	18/20
测试准确率	85%	90%

（2）两组被试在自我认知题上的皮肤电反应方差分析

对作案组、无辜听说组两组被试在自我认知题上的皮肤电反应强度进行2（案件角色：作案组、无辜听说组）×2（问题类型：年龄目标问题、市目标问题）的重复测量方差分析，结果发现：案件角色和问题类型的交互作用不显著，$F(1, 38)=0.30$，$p>0.05$；问题类型的主效应不显著，$F(1, 38)=1.21$，$p>0.05$；案件角色的主效应显著，$F(1, 38)=4.90$，$p<0.05$；作案组被试在自我认知目标问题上皮肤电反应强度明显大于无辜听说组被试，$p<0.05$，如图7–37所示。

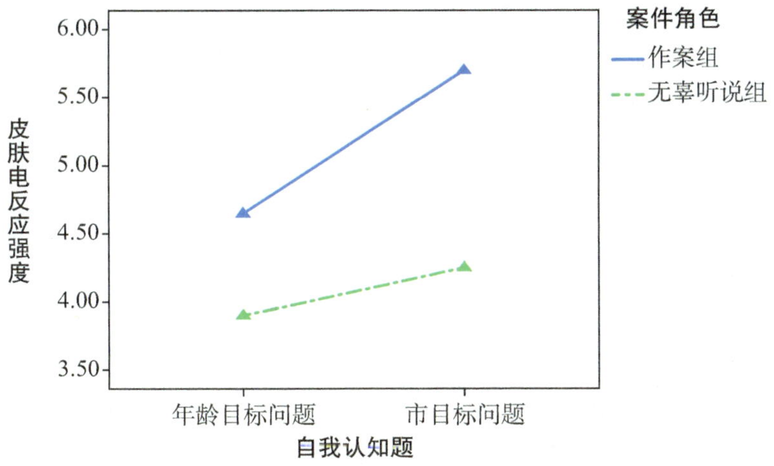

图7–37 两组被试在自我认知题上的皮肤电反应强度

（3）两组被试在SKY相关问题上的皮肤电反应方差分析

对作案组、无辜听说组两组被试在SKY问题上的皮肤电反应强度进行2（案件角色：作案组、无辜听说组）×4（问题类型：看见、听说、怀疑、目标问题）的重复测量方差分析，结果发现：案件角色和刺激类型的交互作用不显著，$F(3, 114)=1.69$，$p>0.05$；问题类型的主效应不显著，$F(3, 114)=2.55$，$p>0.05$；案件角色的主效应不显著，$F(1, 38)=1.16$，$p>0.05$，如图7–38所示。

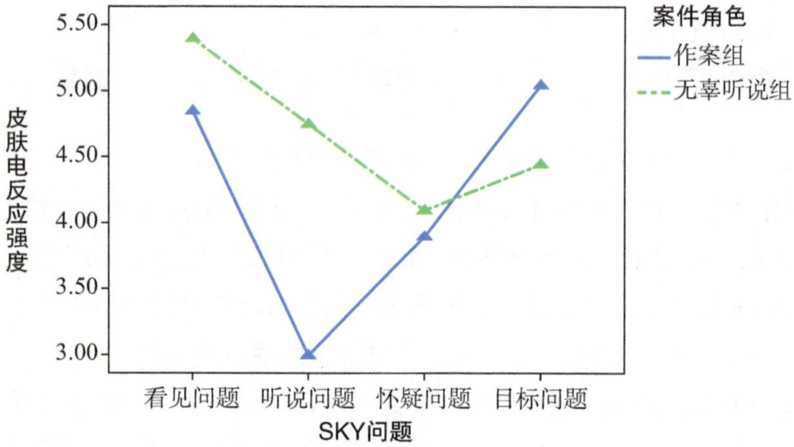

图7–38　两组被试在SKY问题上的皮肤电反应强度

（4）两组被试在行贿目的相关问题上的皮肤电反应方差分析

对作案组、无辜听说组两组被试在行贿目的问题上的皮肤电反应强度进行2（案件角色：作案组、无辜听说组）×5（问题类型：陪衬问题1、陪衬问题2、目标问题、陪衬问题3、陪衬问题4）的重复测量方差分析，结果发现：案件角色和问题类型的交互作用不显著，$F(4, 38)=0.32$，$p>0.05$；问题类型的主效应不显著，$F(4, 38)=4.06$，$p>0.05$；案件角色的主效应显著，$F(1, 38)=4.06$，$p<0.05$；作案组被试在行贿目的问题上皮肤电反应强度与无辜听说组被试的皮肤电反应强度差异显著，$p<0.05$，如图7–39所示。

（5）两组被试在行贿地点相关问题上的皮肤电反应方差分析

对作案组、无辜听说组两组被试在行贿地点问题上的皮肤电反应强度进行2（案件角色：作案组、无辜听说组）×5（问题类型：陪衬问题1、陪衬问

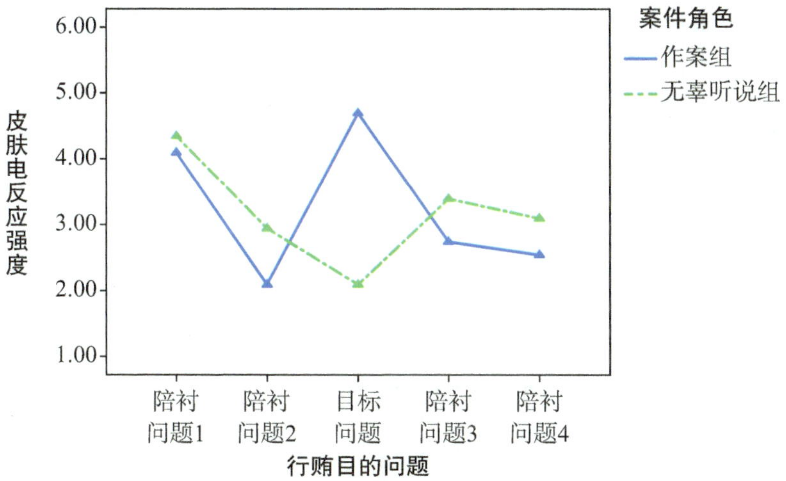

图7–39 两组被试在行贿目的问题上的皮肤电反应强度

题2、目标问题、陪衬问题3、陪衬问题4）的重复测量方差分析，结果发现：案件角色和问题类型的交互作用不显著，$F(4, 152)=1.71$，$p>0.05$；问题类型的主效应显著，$F(4, 152)=3.29$，$p<0.05$；案件角色的主效应不显著，$F(1, 38)=2.04$，$p>0.05$。对问题类型的主效应进行事后多重比较：作案组被试在目标问题上的皮肤电反应显著强于在陪衬问题1和陪衬问题2上的皮肤电反应，$p<0.05$；作案组被试在目标问题上的皮肤电反应强度与无辜听说组被试在陪衬问题3、陪衬问题4上的皮肤电反应强度差异不显著，$p>0.05$，如图7–40所示。

（6）两组被试在行贿方式相关问题上的皮肤电反应方差分析

对作案组、无辜听说组两组被试在行贿方式问题上的皮肤电反应强度进行2（案件角色：作案组、无辜听说组）×5（问题类型：陪衬问题1、陪衬问题2、目标问题、陪衬问题3、陪衬问题4）的重复测量方差分析，结果发现：案件角色和问题类型的交互作用显著，$F(4, 152)=2.61$，$p<0.05$；问题类型的主效应不显著，$F(4, 152)=1.15$，$p>0.05$；案件角色的主效应不显著，$F(1, 38)=0.04$，$p>0.05$。对案件角色和问题类型进行简单效应分析：作案组被试在行贿方式目标问题上皮肤电反应强度与无辜听说组被试的皮肤电反应强度差异显著，$p<0.05$，如图7–41所示。

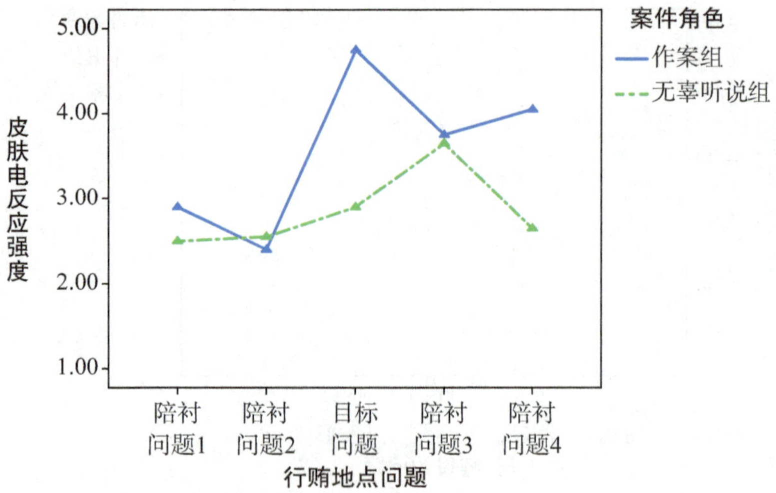

图7-40　两组被试在行贿地点问题上的皮肤电反应强度

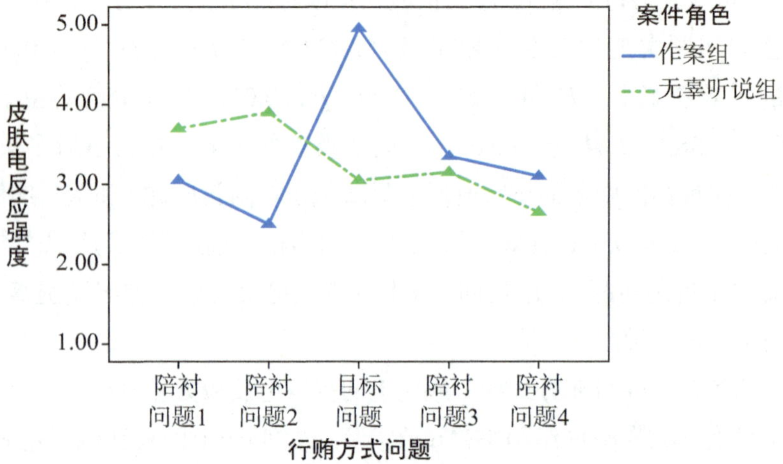

图7-41　两组被试在行贿方式问题上的皮肤电反应强度

（7）两组被试在给钱方式相关问题上的皮肤电反应方差分析

对作案组、无辜听说组两组被试在给钱方式问题上的皮肤电反应强度进行2（案件角色：作案组、无辜听说组）×5（问题类型：陪衬问题1、陪衬问题2、目标问题、陪衬问题3、陪衬问题4）的重复测量方差分析，结果发现：案件角色和问题类型的交互作用不显著，F（4，152）=0.04，$p > 0.05$；问题类型的主效应显著，F（4，52）=2.57，$p < 0.05$；案件角色的主效应显著，F

（1，38）=4.98，$p < 0.05$。对案件角色的主效应进行事后多重比较，数据表明：作案组被试在给钱方式目标问题上的皮肤电反应强度与无辜听说组被试的皮肤电反应强度差异不显著，$p > 0.05$，如图7–42所示。

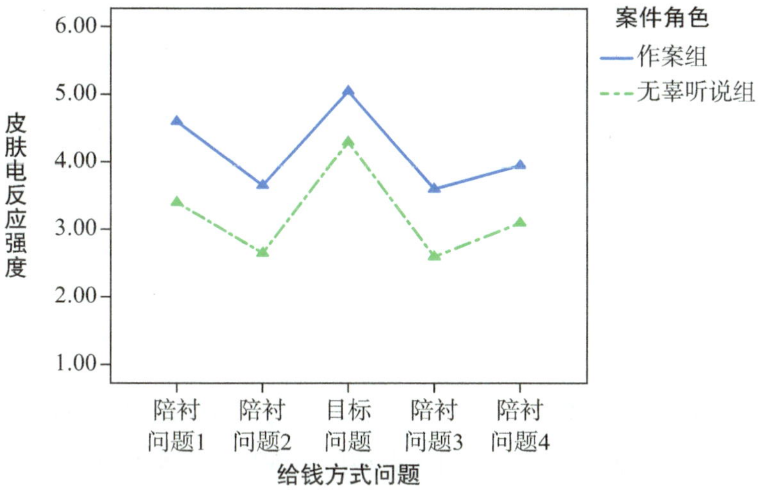

图7–42 两组被试在给钱方式问题上的皮肤电反应强度

（8）两组被试在装钱的信封颜色相关问题上的皮肤电反应方差分析

对作案组、无辜听说组两组被试在信封颜色问题上的皮肤电反应强度进行2（案件角色：作案组、无辜听说组）×5（问题类型：陪衬问题1、陪衬问题2、目标问题、陪衬问题3、陪衬问题4）的重复测量方差分析，结果发现：案件角色和问题类型的交互作用显著，F（4，152）=2.40，$p < 0.05$；问题类型的主效应显著，F（4，152）=12.16，$p < 0.05$；案件角色的主效应不显著，F（1，38）=0.17，$p > 0.05$。对案件角色和问题类型进行简单效应分析：作案组被试在信封颜色目标问题上皮肤电反应强度与无辜听说组被试的皮肤电反应强度差异不显著，$p > 0.05$，如图7–43所示。

（9）两组被试在行贿钱数相关问题上的皮肤电反应方差分析

对作案组、无辜听说组两组被试在行贿钱数问题上的皮肤电反应强度进行2（案件角色：作案组、无辜听说组）×5（问题类型：陪衬问题1、陪衬问题2、目标问题、陪衬问题3、陪衬问题4）的重复测量方差分析，结果发现：案件角色和问题类型的交互作用不显著，F（4，152）=1.03，$p > 0.05$；问题类

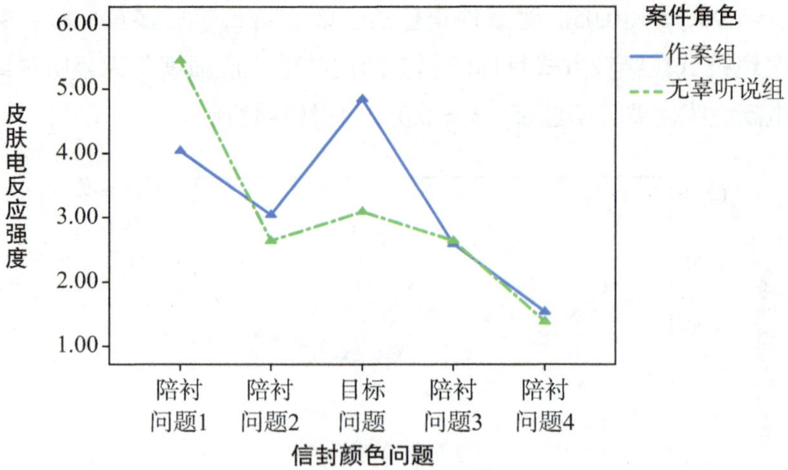

图7-43　两组被试在信封颜色问题上的皮肤电反应强度

型的主效应显著，$F(4, 152)=2.52$，$p<0.05$；案件角色的主效应不显著，$F(1, 38)=0.41$，$p>0.05$。对问题类型的主效应进行事后多重比较：作案组被试在目标问题上的皮肤电反应强度与在陪衬问题1上的皮肤电反应强度差异不显著（$p>0.05$），但与在陪衬问题2、陪衬问题3、陪衬问题4上的皮肤电反应强度差异显著（$p<0.05$），如图7-44所示。

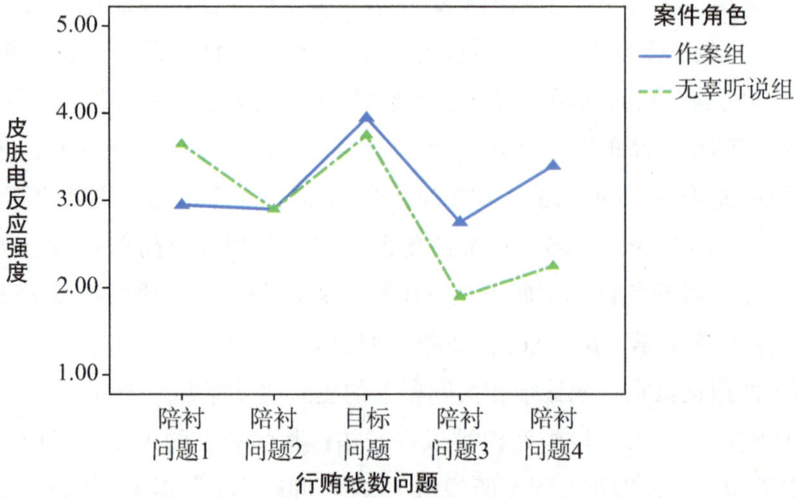

图7-44　两组被试在行贿钱数问题上的皮肤电反应强度

（10）两组被试在即时心态题上的皮肤电反应方差分析

对作案组、无辜听说组两组被试在即时心态题上的皮肤电反应强度进行2（案件角色：作案组、无辜听说组）×2（问题类型：即时心态题1、即时心态题2）的重复测量方差分析，结果发现：案件角色和问题类型的交互作用不显著，$F(1, 38)=1.45$，$p>0.05$；问题类型的主效应显著，$F(1, 38)=18.56$，$p<0.05$；案件角色的主效应不显著，$F(1, 38)=0.84$，$p>0.05$。对问题类型的主效应进行事后多重比较：被试在即时心态题1上的皮肤电反应强度差异显著（$p<0.05$），在即时心态题2上的皮肤电反应差异不显著（$p>0.05$），如图7–45所示。

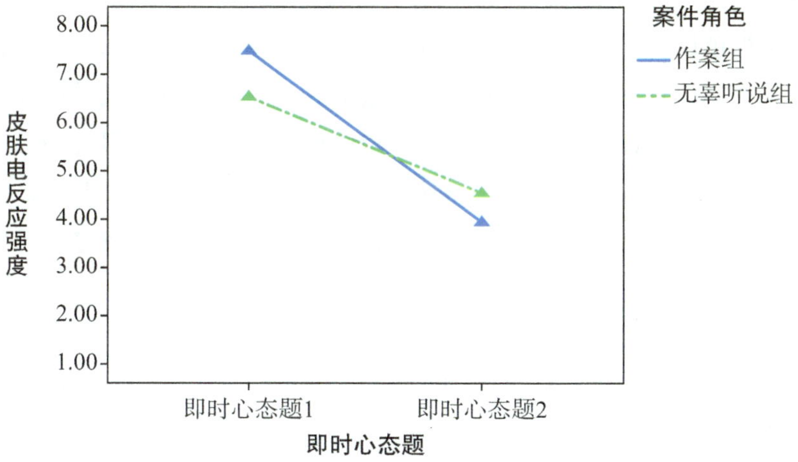

图7–45　两组被试在即时心态题上的皮肤电反应强度

5. 讨论

实验二的研究结果基本符合实验假设。研究发现：应用认知综合测试法编制以自我认知题、SKY题、案件情节题等为测试内容的问题能够有效地区分作案组和无辜听说组被试的案件角色；而在即时心态题上则不能有效地区分两组被试的案件角色。

实验二被试在自我认知题上的测试结果与实验假设一致。基于实验一，实验二只对家庭所在的市问题进行检测，结果发现：作案组被试在自我认知目标问题上的皮肤电反应明显强于无辜听说组被试在同样问题上的皮肤电反应。因为以自我认知为测试内容的问题对作案组被试具有一种更强烈的认知性和意义性，使得作案组被试比无辜听说组被试在目标问题上引起和产生较为强烈的心理生理反应（蔡任燕，2008）。

实验二被试在SKY问题上的测试结果与实验假设基本一致：在导入问题上，两组被试的皮肤电反应都很强烈，在听说问题上，无辜听说组被试的皮肤电反应明显强于作案组被试。随着主试二问及“贿赂辅导员这个事，是和你有关系吗？贿赂辅导员这个事，是你干的吗？”目标问题时，作案组被试的皮肤电反应强度明显呈上升趋势，说明该问题引起了作案组被试强烈的心理生理活动。无辜听说组被试的皮肤电反应强度明显低于作案组被试的皮肤电反应强度。

实验二被试在与案件情节目标题上的测试结果与假设基本一致。结果发现：作案组被试在每组目标问题上皮肤电反应显著强于其他陪衬问题，且作案组被试在每组目标题上的皮肤电反应显著强于无辜听说组被试的皮肤电反应。对作案组被试而言，在主试人问及模拟行受贿案件情节目标问题时，作案组被试需对相关问题进行记忆与认知后再做出相应反应。此时，被测人的认知负荷逐渐增强，加之回答问题时说谎，使得作案组被试较之无辜听说组被试产生了更为强烈的心理生理活动（武伯欣，张泽民，2004）。反之，无辜听说组被试由于没有实施过与行受贿案件有关的任何行为，只是通过听别人讲述过与案件情节有关的信息而知晓案情，因此，无辜听说组被试不具备与作案组被试相同的紧张、害怕或心理唤醒等心理活动，从而在被问及案件情节目标问题时皮肤电反应明显弱于作案组被试在相同问题上的皮肤电反应。

实验二被试在即时心态问题上的测试结果与假设不一致。结果发现：作案组被试在第一个即时心态题上的皮肤电反应明显强于无辜听说组被试，而在第二个问题上，无辜听说组被试的皮肤电反应强于作案组被试。造成这种结果的原因应该与实验室情境下作案组被试的压力不大及问题的效度有关。

6. 结论

（1）在模拟行受贿情境下，认知综合测试法能有效区分作案组和无辜听说组被试。

（2）作案组被试在自我认知题、SKY题、案件情节题等目标问题上的皮肤电反应明显强于无辜听说组被试。

三、总讨论

（一）认知综合测试法区别作案者和无辜知情者的效度及其原因分析

本研究在实验室条件下，应用认知综合测试法编制以自我认知题、SKY题、案件情节题、即时心态题等为测试内容的问题，考察认知综合测试法在不同性质的案件类型中检测无辜知情者的测试效度。研究表明：认知综合测试法能够有效地检测出作案组、无辜阅读组和无辜听说组被试的案件角色，对三组案件角色的测试准确率均高于85%。

被试在自我认知题上的测试结果与实验假设基本一致：作案组被试在自我认知目标问题上，较之其他陪衬问题产生了较强的皮肤电反应，且显著强于无辜阅读组和无辜听说组被试在自我认知目标题上的皮肤电反应强度。结果表明：这些以自我认知为测试内容的问题对于作案组被试具有一种更强烈的认知性和意义性，从而使作案组被试在测试时听到与其自我相关的问题时，出现了比无辜阅读组被试和无辜听说组被试更为强烈的心理生理活动。正如实际案件测试情况一样，真正的作案者是不愿意被心理测试检测出来的，于是在主试人问及与案件有关的问题时，其内心更具有戒备心和紧张感，通过测试的愿望也就比无辜者更强烈。尤其是涉及与案件情节有关的目标问题时，这些问题会强烈地刺激唤醒作案组被试大脑中与案件情节有关的记忆、认知及情绪等活动。随着问题接近目标问题，作案者的认知负荷逐渐增强，为了不被检测出来，作案者必然会在相应的目标问题上进行谎答，从而产生一系列紧张、恐惧的心理状态和逃避检测的应对思维活动及相应的说谎行为，进而引发相关生理指标的特异变化。相反，虽然无辜听说组和无辜阅读组的被试也知悉与作案者同样的案件情节目标问题，并对其有一定认知和记忆，但是，其对自身的定位是无辜者，并没有实施相应的盗窃或行贿行为，即使在主试问及与案件情节有关的目标问题时，也不会使无辜听说组和无辜阅读组被试产生与作案者同样的紧张、恐惧、矛盾的心理活动及应对思维，不会引发相关生理指标的特异变化。同时，研究也发现，无辜阅读组被试和无辜听说组被试在被问及与案件有关的目标问题时，仍然会产生一定的皮肤电反应，且无辜阅读组被试在自我认知目标问题上的皮肤电反应强于无辜听说组被试在相同问题上的皮肤电反应。这应该与内容通过视觉通道加工比通过听觉通道加工更易被个体记住有关。

被试在SKY问题上的测试结果与实验假设稍有偏差。实验发现：第一个导入问题结束后，被试在第二个问题上的皮肤电反应强度与预期假设不一致。出现这种结果的原因在于：导入问题结束后，第一个问题可能会产生首题效应（Zvi, Nachson & Elaad, 2015）。研究发现，被试在测试时会对每一组题的第一个问题产生较强的反应，这是因为每组的首个问题由于是新异刺激而诱发被测人产生强烈的反应。同时也发现，作案组被试在该问题上皮肤电反应最弱，说明作案组被试关注的是与案件情节目标问题有关的信息，这种与案件情节关系不大的陪衬问题，对作案组被试的心理刺激不大，因而使得作案组被试在该问题上皮肤电反应强度明显弱于无辜阅读组和无辜听说组被试。在其他SKY问题上，三组被试的皮肤电反应与假设一致。依据图谱所示，随着问题的深入，作案组被试的皮肤电反应强度呈明显上升趋势，说明该问题引起了作案组被试强烈的心理生理活动，进而反映在图谱上是作案组被试的皮肤电反应强度呈上升趋势，而无辜阅读组和无辜听说组被试的皮肤电反应强度明显低于作案组被试。当然，两组无辜组被试在“是你干的吗？”的问题上也产生了较强的皮肤电反应，其原因可能与测试题中使用的人称代词“你”具有很强的指向性从而造成的过敏反应有关（Nahari，Ben-Shakhar, 2011）。

被试在与案件情节有关的目标问题上的测试结果与假设基本一致：在案件情节题的目标问题上，作案组被试在每组目标问题上皮肤电反应都很强烈，其次是无辜阅读组，最后是无辜听说组被试。对于作案组的被试来讲，在被问及与模拟盗窃案件、模拟行受贿案件等关键情节问题时，作案组的被试较之无辜阅读组和无辜听说组的被试产生了强烈的心理生理活动：作案组被试由于本能逃避检测，因而在被问及案件情节目标题时内心更紧张、害怕、恐惧，随着主试人不断深入的提问而逐渐增强，说谎的愿望也越强烈（崔茜等人，2014）。在这种情况下，被试的认知负荷逐渐增强，加之逃避检测的动机、心理冲突、说谎时的心理压力等紧张、矛盾的心理活动，都使得作案组被试在案件情节题的目标问题上产生强烈的心理反应。相反，无论是无辜阅读组还是无辜听说组的被试，由于其没有做过与模拟盗窃案件和行受贿案件有关的行为活动，只是通过阅读与案件有关的材料或者听别人讲述过与案件有关的情节而知晓案件信息，其对自身的定位是无辜者的角色，因此其不具备与作案组被试相同的心理活动，在被问及案件情节题的目标问题时皮肤电反应强度明显弱于作案组被试在案件情节问题上的皮肤电反应强度。此外，无辜阅读组被试在案件情节目标题上的皮肤电反应明显强于无辜听说组被试在相同问题上的皮肤电反应，原因同上文分析一致。

实验被试在即时心态问题上的测试结果与实验假设不一致：作案组被试在即时心态题上的皮肤电反应强度与无辜阅读组被试在即时心态题上的皮肤电反应强度差异不明显。其原因是在实验室模拟情境下，作案组的被试参与性不高、体验感不强、没有处罚措施，导致其卷入度不够，压力不大，达不到现实中真正作案人作案时和测试时的心理状态，因此测试准确性受到一定影响，其在即时心态问题上的皮肤电反应强度与无辜阅读组被试和无辜听说组被试的皮肤电反应差异不显著。

另外，在实验室条件下，不能有效地开发和编制数量较多的即时心态问题作为测试内容，进而有效地刺激唤醒作案者应有的心理活动。这些都是实验室研究的短板。因此，如何更好地探索和开发出更有效的即时心态题，是今后研究需要解决的问题。

整体而言，认知综合测试法在模拟盗窃实验及模拟行受贿实验中的测试效度良好，不同案件角色的测试准确率均高于85%。但是，较之实验一，实验二作案组被试的测试准确率低于实验一作案组被试的测试准确率，造成这种结果的原因是：在实验室条件下应用模拟盗窃范式进行研究趋于成熟，研究者能够较好地设置实验情境及控制影响实验测试效度的额外变量，因而测试效果比较理想。然而，由于笔者初次采用模拟行受贿范式，在实验情境设置及额外变量控制方面存在一定不足，再者作案组被试的参与度和体验感不强，作案的压力不大也使得实验二的测试效果不太理想，导致实验二作案组被试的测试准确率略低于实验一作案组被试的测试准确率。

（二）视觉通道及听觉通道加工方式对记忆效果的影响

在同等条件下，较之听觉通道加工方式，信息通过视觉通道加工的方式更为深刻和易被个体记住。这也是本研究中，通过阅读材料的方式知晓案件情节的无辜阅读组被试比通过听别人讲述而知晓案件情节的无辜听说组被试在目标问题上皮肤电反应强的原因。在同等条件下，通过视觉通道知晓案件情节的无辜阅读组被试对案件情节目标问题记忆得更深，因而在测试时，其在案件情节目标问题上的皮肤电反应显著强于无辜听说组被试。

四、总结论

1. 在模拟盗窃实验和模拟行受贿条件下，应用认知综合测试法能够有效地区分作案组、无辜阅读组和无辜听说组被试。认知综合测试法能够有效地鉴别出作案组、无辜阅读组、无辜听说组的被试，对三组案件角色的测试准确率均高于85%。

2. 作案组被试对目标问题的皮肤电反应强度及综合评分均显著高于无辜阅读组和无辜听说组被试。

3. 无辜阅读组被试在目标问题上的皮肤电反应强度及综合评分均显著高于无辜听说组被试。

第四节　认知综合测试法对不同类型案件测试效度的研究①

认知综合测试法自2004年提出以来，经过近千起各类疑难案件的实案测试检验，取得了良好的测试效果和社会效应。但是，认知综合测试法的探索和改进是在实案应用中逐步总结发展起来的，其前期缺乏实验室研究的支撑。近几年来，认知综合测试法的实验室研究引起了研究者们的重视。陈梦（2015）在其模拟盗窃实验室研究中对认知综合测试法的测试效度同准绳问题测试法做了比较研究，实验结果表明：认知综合测试法的测试效度显著高于准绳问题测试法。王昊（2016）在其模拟盗窃实验室研究中对认知综合测试法中的自我认知题进行了评估与开发，实验结果表明：自我认知测试题具有良好的测试效度，测试内容广泛，可充分适用于不同案件。杨丹（2016）在其模拟盗窃实验室研究中对认知综合测试法区分涉案知情者和无辜知情者的效度进行了评估，实验结果表明：认知综合测试法能够较好地区分涉案知情

① 本研究系笔者主持的国家自然科学基金项目《多导心理生理测试技术的认知综合测试法应用研究》（项目号：31560281）的实验研究之一。该文为删改稿。

者和无辜知情者，涉案知情组被试的综合评分显著高于无辜知情组被试。

上述实验表明，认知综合测试法在模拟盗窃的实验条件下，能够有效地区分案件的不同角色，具有良好的测试效度。但是以往的实验研究都是在模拟盗窃的实验范式下进行的，缺乏其他实验范式的验证。为了证明认知综合测试法同样可广泛应用于其他各类案件，尤其对于案情复杂、取证困难、隐蔽性强、需要搞清具体情况的职务犯罪案件的调查审理同样具有良好的测试效度，同时，弥补前人研究中存在的不足。为此，本研究在重复前人研究的基础上，改进模拟盗窃案件的测试题结构、统一被试的回答方式，并进一步考察认知综合测试法在模拟行受贿条件下的效度。

具体实验由两个不同范式的模拟案件组成（张敏，2017）。实验一重复前人研究，在其研究基础上完善编题结构、统一被试的回答方式，验证认知综合测试法在模拟盗窃案件中区分作案者、知情者和无辜者的测试效度。通过对被试进行心理生理测试，实时记录并分析被测人的皮肤电反应情况并综合评判被测人的案件角色，进而统计认知综合测试法对各个案件角色的测试准确率，在此基础上进一步研究案件情节题对测试效度的影响，分析认知综合测试法的测试效度。实验二在实验一的基础上改变了模拟案件的范式，进一步探究认知综合测试法在模拟行受贿案件中区分作案者、知情者和无辜者的测试效度。

一、实验一：模拟盗窃范式下认知综合测试法区分案件不同角色的效度研究

1. 实验假设

（1）认知综合测试法能有效区分作案组被试、知情组被试和无辜组被试。

（2）对于案件情节题而言，作案组被试在所有目标问题上的皮肤电反应强度均要高于知情组被试和无辜组被试；知情组被试在相应目标问题上的皮肤电反应强度要高于无辜组被试。

2. 实验方法

（1）被试

被试由来自甘肃政法学院、兰州交通大学、西北师范大学等学校的大学生组成。被试通过抽签被随机分配到作案组、知情组、无辜组三个实验组。删除未完成实验或由于身体状况不佳而导致测试结果数据缺失的无效被试数

据，最后共得被试60人，每个实验组分别为20人，平均年龄为21.05岁。参与实验的被试都是右利手，无心理疾病史。所有被试在被告知实验的完整过程后自愿签订了知情同意书。

（2）实验设备

实验要求配备三个实验场所，分别用来接待被试、模拟盗窃案件和进行心理测试。在用来接待被试的实验场所中，由主试A为被试详细介绍实验流程，指导被试进行抽签并确定其案件角色，由被试填写被试登记表并签订知情同意书；在用来模拟盗窃案件的实验场所（本实验设计中为会议室）中，作案组被试严格根据指导语在此完成盗窃行为，知情组被试遵循指导语要求协助主试B完成盗窃行为，无辜组被试则在此等候10分钟；在用来进行心理测试的实验场所（本实验设计中为心理生理测试室）中，由主试C对被试进行测前谈话并对其进行心理测试。本实验采用CPS-510心理生理测试系统实时记录测试时被试皮肤电、呼吸、脉搏三项生理指标的反应。

（3）实验设计

采用单因素被试间实验设计。因变量为被试测试时的皮肤电反应强度。

（4）模拟犯罪情节设置

根据指导语要求，作案组被试进入提前布置好的会议室中实施盗窃行为，被试被要求在会议室的桌子上找到一把保险箱的钥匙，然后在会议室寻找保险箱（并未提前告知保险箱位置），找到后用钥匙打开保险箱，取出保险箱里有特定颜色的信封，并打开信封将特定数目的钱取出，数清楚钱的数目并藏在自己的上衣口袋里。主试A要在作案组被试进入会议室之前按照指导语要求向被试强调注意观察保险箱中信封的颜色、所装的钱数等信息。完成盗窃行为后，主试A引导被试进入测试室进行测试。

根据指导语要求，知情组被试站在会议室门口协助作案者（主试B）并为其望风，在此期间观察作案者的相关盗窃行为。作案者在会议室内找到保险箱时，会打开保险箱示意知情组被试装钱的信封，让其看清信封的颜色，此时知情组被试完成望风行为并关闭会议室的门，主试A引导被试进入测试室进行测试。

根据指导语要求，无辜组被试单独在会议室中熟悉环境，并等待10分钟，随后主试A引导被试进入测试室进行测试。

（5）实验材料

在前人研究的基础上对模拟盗窃案件测试题目进行了结构上的调整，使所编制的模拟盗窃案件测试题更加符合模拟案情的逻辑顺序。另外，根据案情设计有针对性地增加了包括“干这事的人进门口当时，是先把灯打开了吗？”“干这事的人，是把挡在门口的椅子挪开了吗？”等测试题目，有效扩充了题目数量。所编制的测试题除自我（涉案人）认知题、即时心态题外还包括4组案件情节问题。每组情节题包括1个导入问题、4个陪衬问题和1个目标问题。其中导入题是指提示被测人接下来的这组问题涉及什么内容的题目；目标题是指涉及案件真实信息的问题；陪衬题的结构构成与目标题相似，但其信息内容与本模拟案件所设置的正确案件信息无关。

（6）事后主观报告问卷

测试结束后，主试A指导被试填写一份主观报告问卷。该问卷共由两个问题组成，分别为：被试听到目标问题时的紧张程度（共1—5分，1分代表完全不紧张，5分代表非常紧张）和被试逃避测试的动机强度（共1—5分，1分代表动机非常弱，5分代表动机非常强）。要求被试严格按照测试过程中自身的真实感受进行自我评分。

（7）实验程序

按照实验设计的流程，被试到达被试接待室后，首先由主试A根据指导语要求向其介绍实验的详细内容，并引导其抽签确定案件角色。作案者按要求在会议室实施模拟盗窃行为，知情者要依据指导语协助主试B在会议室门口为其望风并观察盗窃行为，无辜者被要求在会议室等待一段时间。完成模拟行为后，由主试A带领被试进入心理生理测试室。测试由主试C主持，实验设计中主试C并不知道被试的真实案件角色。测试开始前首先由主试C对被试进行测前谈话，说明会议室保险箱被盗，由于被试被人看到出现在会议室附近而引起怀疑，并强调此次测试的目的是要通过测试找到真正实施盗窃行为的作案者和与本案有关系的人，此外还要告知被试在测试过程中需要遵循的要求。谈话结束后分别为被试戴好呼吸、皮肤电和脉压的传感器，要求被试调整舒服姿势坐好后开始测试，整个测试过程大概需要30分钟。测试期间，主试C对被试的测试图谱进行综合评判，判定被测人的案件角色。实验结束后，主试A指导被试填写事后主观报告并感谢其参加本次实验，赠送笔记本作为礼品。

（8）数据采集

导出CPS-510心理生理测试系统程序中储存的所有被试案件情节问题上的皮肤电反应数据。为了方便比较每组案件情节题中的目标问题与陪衬问题，计算出每组题目中四个陪衬问题的平均值，然后再与目标问题进行比较。运用SPSS16.0对数据进行统计分析。

3. 结果与分析

（1）对被试事后主观报告的分析

实验一中涉及的目标问题即与案件情节相关的问题，包括保险箱位置、装钱信封的颜色、盗窃的钱数以及藏钱位置等。被试在测试结束后，对测试时自己面对目标问题时的紧张程度进行主观报告，以0—5分为区间打分，进行单因素方差分析结果显示：作案组被试、知情组被试、无辜组被试对于目标问题的紧张程度差异不显著，$F(2,\ 57)=1.62$，$p>0.05$。这说明本实验设计引起的被试间皮肤电反应差异并非由不同案件角色的紧张程度所导致，确保了实验设计的有效性。

作案组、知情组和无辜组被试逃避测试的动机强度如表7–16所示，进行单因素方差分析结果显示：组间差异显著，$F(2,\ 57)=23.25$，$p<0.01$。进一步进行多重比较发现，作案组与知情组之间差异显著，$p<0.01$；作案组与无辜组之间差异显著，$p<0.01$；知情组与无辜组之间差异显著，$p<0.01$。说明实验一的模拟盗窃情境设计成功地诱发了作案组被试、知情组被试和无辜组被试的逃避测试动机，作案组被试的逃避检测动机强度大于知情组被试、无辜组被试。

表7–16 被试事后主观报告描述性统计表（$M \pm SD$）

组别（N=20）	对目标问题的紧张程度	逃避检测的动机强度
作案组	2.40±1.39	4.50±0.69
知情组	2.30±1.03	3.20±1.47
无辜组	2.90±0.91	1.80±1.44

（2）案件角色判断结果的卡方检验

测试过程中主测人对被测人的图谱进行实时记录，测试结束后综合各项生理指标进行案件角色的评判，将判断正确的作案组被试、知情组被试和无辜组被试的个数进行了统计（表7-17）。采用卡方检验分析发现，作案组被试、知情组被试、无辜组被试的判断结果交互作用不显著，χ^2（1）=0.27，$p>0.05$。

表7-17 实验一案件角色判断结果

组别	判断结果
作案组被试	15/20（75%）
知情组被试	15/20（75%）
无辜组被试	18/20（90%）

（3）被试对案件情节相关问题皮肤电反应的重复测量方差分析

进一步考察作案组被试、知情组被试和无辜组被试对于案件情节相关问题的皮肤电反应差异水平。以皮肤电反应指标作为因变量，对三组被试在案件情节保险箱位置问题上的皮肤电反应进行3（案件角色：作案组、知情组、无辜组）×2（刺激类型：陪衬问题、目标问题）的重复测量方差分析，结果表明：刺激类型的主效应显著，F（1，57）=8.78，$p<0.01$；案件角色的主效应不显著，F（2，57）=1.74，$p>0.05$；案件角色、刺激类型的交互作用不显著，F（2，57）=1.93，$p>0.05$。如图7-46所示。

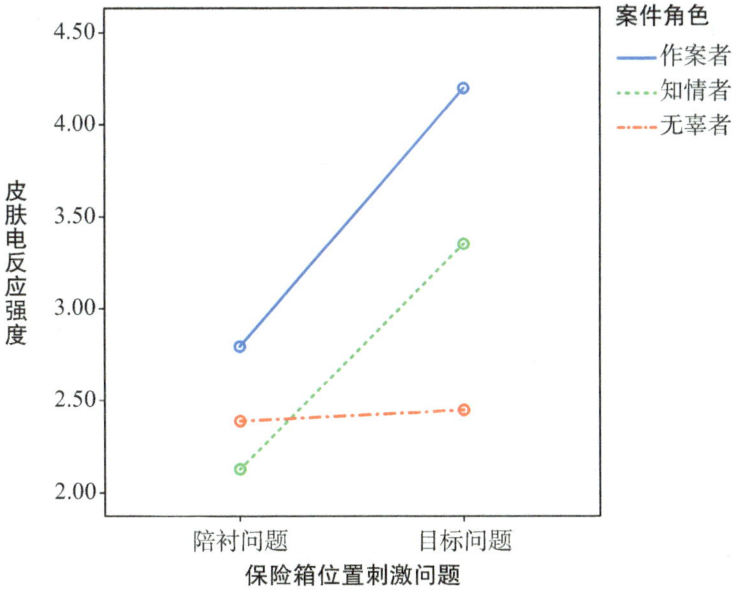

图7-46 不同案件角色对保险箱位置问题刺激的皮肤电反应强度

以皮肤电反应指标作为因变量，对三组被试在案件情节装钱信封颜色问题上的皮肤电反应进行3（案件角色：作案组、知情组、无辜组）×2（刺激类型：陪衬问题、目标问题）的重复测量方差分析，结果表明：刺激类型的主效应显著，$F(1, 57)=6.02$，$p=0.02$；案件角色的主效应显著，$F(2, 57)=13.41$，$p<0.01$；案件角色和刺激类型的交互作用显著，$F(2, 57)=4.54$，$p<0.05$。进一步对案件角色和刺激类型的交互作用进行简单效应分析发现，作案组与知情组在信封颜色目标问题上皮肤电反应存在显著差异，$p<0.01$；作案组与无辜组在信封颜色目标问题上皮肤电反应差异显著，$p<0.01$；知情组与无辜组在信封颜色目标问题上皮肤电反应也存在显著差异，$p<0.05$。如图7–47所示。

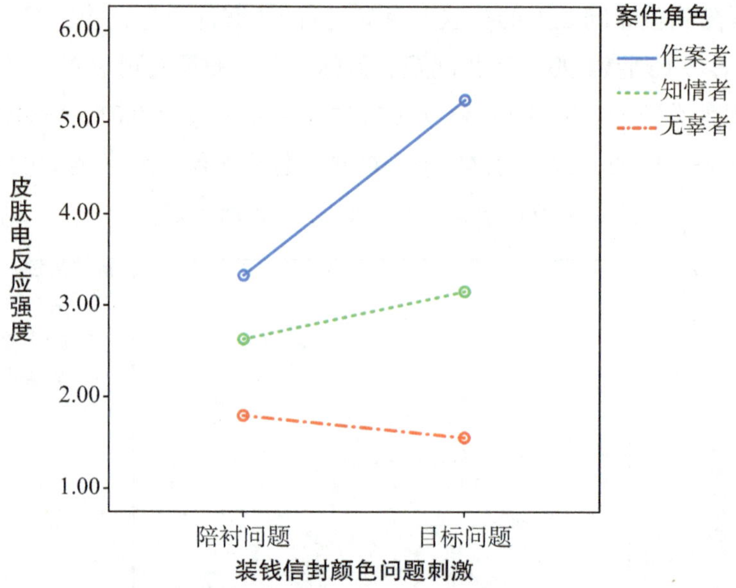

图7–47　不同案件角色对装钱信封颜色问题刺激的皮肤电反应强度

以皮肤电反应指标作为因变量，对三组被试在案件情节盗窃钱数问题上的皮肤电反应进行3（案件角色：作案组、知情组、无辜组）×2（刺激类型：陪衬问题、目标问题）的重复测量方差分析，结果表明：刺激类型的主效应不显著，$F(1, 57)=0.93$，$p>0.05$；案件角色的主效应显著，$F(2, 57)=9.04$，$p<0.01$；案件角色、刺激类型的交互作用不显著，$F(2, 57)=1.44$，

$p > 0.05$。对案件角色的主效应进行事后多重比较表明，作案组与知情组在盗窃钱数目标问题和陪衬问题上皮肤电反应存在显著差异（$p < 0.05$）；作案组与无辜组在盗窃钱数目标问题和陪衬问题上皮肤电反应差异显著（$p < 0.05$）；知情组与无辜组在盗窃钱数目标问题和陪衬问题上皮肤电反应不存在显著差异（$p > 0.05$）。如图7–48所示。

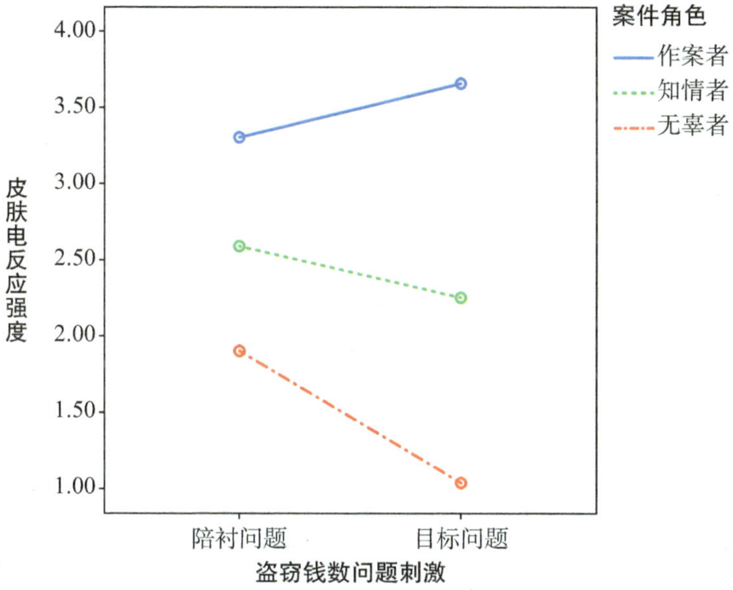

图7–48　不同案件角色对盗窃钱数问题刺激的皮肤电反应强度

以皮肤电反应指标作为因变量，对三组被试在案件情节藏钱位置问题上的皮肤电反应进行3（案件角色：作案组、知情组、无辜组）×2（刺激类型：陪衬问题、目标问题）的重复测量方差分析，结果表明：刺激类型的主效应不显著，$F(1, 57)=0.59$，$p > 0.05$；案件角色的主效应显著，$F(2, 60)=5.24$，$p < 0.01$；案件角色、刺激类型的交互作用不显著，$F(2, 57)=2.52$，$p > 0.05$。对案件角色的主效应进行事后多重比较表明，作案组与知情组在藏钱位置目标问题和陪衬问题上皮肤电反应存在显著差异（$p < 0.05$）；作案组与无辜组在藏钱位置目标问题和陪衬问题上皮肤电反应差异显著（$p < 0.05$）；知情组与无辜组在藏钱位置目标问题和陪衬问题上皮肤电反应不存在显著差异（$p > 0.05$）。如图7–49所示。

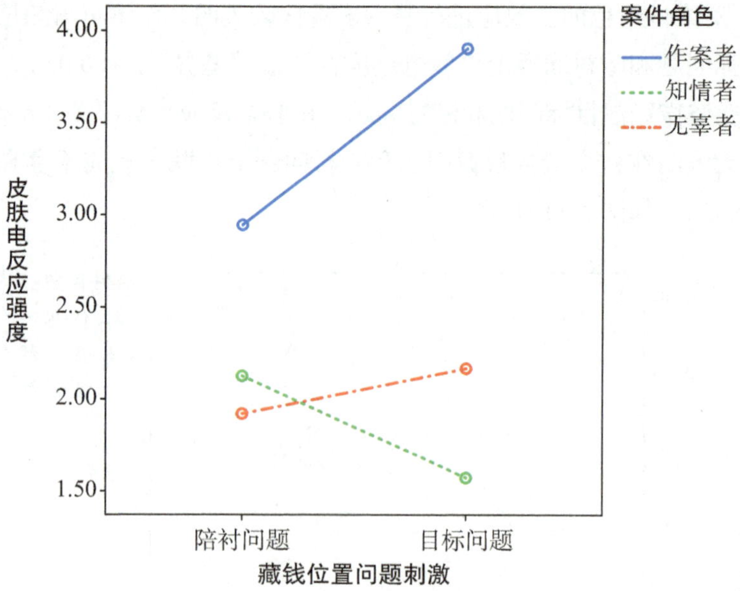

图 7–49　不同案件角色对藏钱位置问题刺激的皮肤电反应强度

4. 讨论

实验一中，以年龄在18—24岁的大学生为被试，在模拟盗窃案件的情境中研究了认知综合测试法对区分作案者、知情者和无辜者三种与案件不同关系者的测试效度。对作案组被试、知情组被试、无辜组被试的综合评判结果进行了统计分析，实验结果基本符合实验假设，即认知综合测试法能够有效地区分作案组被试、知情组被试和无辜组被试。在实验室情境下，其测试的准确率均达到75%以上，实验表明，改善编题结构并且统一回答方式后，有效地提高了无辜组被试测试的准确率，由前人研究（陈梦，2015）的80%提高到90%。

认知综合测试法对三种角色的区分效度在统计学上并无显著差异，但从准确率来看，此测试方法对无辜组被试的测准率更高，达到90%。这表明，认知综合测试法通过对目前国内外广泛使用的测试方法的综合和改进，在注重检测作案人心理痕迹的同时，对其自我认知、因素动机、认知状况、情绪体验、心理状态（王昊，2016）等各方面因素进行全面检测，更能体现测试技术的科学性，能够有效地保护无辜者。其测试题目较为全面地涵盖了与案件相关的各方面信息，因此，表现出了较高的测试效度。

5. 小结

实验一探究了认知综合测试法在模拟盗窃案件中对区分案件不同关系者的测试效度，通过四组案件情节问题及自我（涉案人）认知题、即时心态题对被测人认知水平及情绪强度的检测说明，认知综合测试法能够有效地区分作案组被试、知情组被试和无辜组被试。但是，在实案测试中，认知综合测试法需要广泛应用于各种类型的案件，尤其对职务犯罪案件是否能同样取得良好的测试效度，需要在实验室条件下进行进一步验证。因此，实验二将探究认知综合测试法在模拟行受贿案件中区分案件不同关系者的测试效度。

二、实验二：模拟行受贿条件下认知综合测试法区分案件不同角色的效度研究

1. 实验假设

认知综合测试法能有效区分作案组被试、知情组被试和无辜组被试，并且对于案件情节题而言，作案组被试在所有目标问题上的皮肤电反应强度要高于知情组被试和无辜组被试；知情组被试在相应目标问题上的皮肤电反应强度要高于无辜组被试。

2. 实验方法

（1）被试

被试由来自甘肃政法学院、兰州交通大学、西北师范大学等学校的大学生组成，经由抽签的方式被随机分配到作案组、知情组、无辜组三个实验组。删除未完成实验或由于身体状况不佳而导致测试结果数据缺失的无效被试数据，最后共得被试60人，每个实验组分别为20人，平均年龄为20.85岁。参与实验的被试都是右利手，无心理疾病史。所有被试在被告知实验的完整过程后自愿签订了知情同意书。

（2）实验设备

实验要求配备三个实验场所，分别用来接待被试、模拟行受贿案件和进行心理测试。在用来接待被试的实验场所中，由主试A为被试详细介绍实验流程，指导被试进行抽签并确定其案件角色，由被试填写被试登记表并签订知情同意书；在用来模拟行受贿案件的实验场所（本实验设计中为会议室）中，作

案组被试严格按照指导语在此向中队长（由主试B扮演）完成行贿行为，知情组被试遵循指导语要求在会议室门口偷听行贿者（由主试A扮演）和中队长（由主试B扮演）的模拟行受贿行为的对话，无辜组被试则在此等候10分钟；在用来进行心理测试的实验场所（本实验设计中为心理生理测试室）中，由主试C对被试进行测前谈话并对其进行心理测试。本实验采用CPS-510心理生理测试系统实时记录测试时被试皮肤电、呼吸、脉搏三项生理指标的反应。

（3）实验设计

采用单因素被试间实验设计。因变量为被试测试时的皮肤电反应强度。

（4）模拟犯罪情节设置

根据指导语要求，作案组被试进入一个会议室并对已在会议室中的中队长（主试B）实施行贿行为。被试进入会议室前，主试A按照指导语要求，让被试通过给中队长行贿的方式修改综合考评成绩从而评上奖学金，并交给被试一个资料夹，资料夹里装有一定数目的钱，要求被试记清楚钱的数额。完成行贿行为后，主试A引导被试进入测试室进行测试。

根据指导语要求，知情组被试在会议室门外偷听会议室里行贿者（主试B）与中队长（主试A）的行受贿对话。被试进行偷听之前，主试A按照指导语要求，让其通过偷听对话的方式，记清楚行贿者行贿的地点（会议室）和行贿的目的（评奖学金）。结束偷听任务后，主试A引导被试进入测试室进行测试。

根据指导语要求，无辜组被试单独在会议室中熟悉环境，并等待10分钟，随后主试A引导其进入测试室进行测试。

（5）实验材料

编制模拟行受贿的案件测试题目，除自我（涉案人）认知题、即时心态题外编制4组案件情节问题。每组情节题包括1个导入问题、4个陪衬问题和1个目标问题。其中导入问题是指提示被测人接下来的这组问题涉及什么内容的题目；目标问题是指涉及案件真实信息的问题；陪衬问题的结构构成与目标问题相似，但其信息内容与本模拟案件所设置的正确案件信息无关。

（6）事后主观报告问卷

测试结束后，主试A指导被试填写一份主观报告问卷。该问卷共由两个问题组成，分别为：被试听到目标问题时的紧张程度（共1—5分，1分代表完全不紧张，5分代表非常紧张）和被试逃避测试的动机强度（共1—5分，1

分代表动机非常弱，5分代表动机非常强）。要求被试严格按照测试过程中自身的真实感受进行自我评分。

（7）实验程序

按照实验设计的流程，被试进入被试接待室后，首先由主试A根据指导语要求向其介绍实验的详细内容，并引导其抽签确定案件角色。作案者要按要求在会议室实施模拟行贿行为，知情者要依据指导语在会议室外偷听行贿者（主试B）和中队长（主试A）的行受贿对话，无辜者被要求在会议室等待一段时间。完成模拟行为后，由主试A带领被试进入心理生理测试室。测试由主试C主持，实验设计中主试C并不知道被试的真实案件角色。测试开始前首先由主试C对被试进行测前谈话，说明因为怀疑被试通过对中队长实施行贿行为的方式才拿到了奖学金，需要运用心理生理测试的方式对这件事进行调查，并强调此次测试的目的是要通过测试找到真正实施行贿行为的作案者和与本案有关系的人，此外还要告知被试在测试过程中需要遵循的要求。谈话结束后分别为被试戴好呼吸、皮肤电和脉压的传感器，要求被试调整舒服姿势坐好后开始测试，整个测试过程大概需要30分钟。测试期间，主试C对被试的测试图谱进行综合评判，判定被测人的案件角色。实验结束后，主试A指导被试填写事后主观报告并感谢其参加本次实验，赠送笔记本作为礼品。

（8）数据采集

导出CPS-510心理生理测试系统程序中储存的所有被试案件情节问题上的皮肤电反应数据。为了方便比较每组案件情节题中的目标问题与陪衬问题，计算出每组题目中四个陪衬问题的平均值，然后再与目标问题进行比较。运用SPSS16.0对数据进行统计分析。

3.结果与分析

（1）对被试事后主观报告的分析

实验二中涉及的目标问题即与案件情节相关的问题，包括行贿地点、行贿的目的、行贿的方式以及行贿的钱数等测试问题。被试在测试结束后，对测试时自己面对目标问题的紧张程度进行主观报告，以1—5分为区间打分。结果如表7-18所示，进行单因素方差分析，结果显示：作案组被试、知情组被试、无辜组被试对于目标问题的紧张程度差异不显著，$p > 0.05$。这说明本实验设计引起的被试间皮肤电反应差异并非由不同案件角色的紧张程度所导致，确保了实验设计的有效性。

作案组、知情组和无辜组被试逃避测试的动机强度如表7–18所示，进行单因素方差分析，结果显示：组间差异显著，$F(2, 60)=4.94$，$p=0.01$。进一步进行多重比较发现，作案组与知情组之间差异边缘显著，$p>0.05$；作案组与无辜组之间差异显著，$p<0.01$；知情组与无辜组之间差异不显著，$p>0.05$。说明实验二的模拟行受贿情境设计成功地诱发了作案组被试、知情组被试和无辜组被试的逃避测试动机，知情组被试在模拟案件中由于只是听说案情，从实际意义上来讲也属于无辜者，因此与无辜组被试相比较没有体现出显著的逃避测试动机强度的差异。

表7–18　被试事后主观报告描述性统计表（$M \pm SD$）

组别（N=20）	对目标问题的紧张度	逃避检测的动机强度
作案组	2.20±1.32	3.80±1.51
知情组	2.10±1.07	3.00±1.30
无辜组	2.20±1.15	2.35±1.57

（2）案件角色判断结果的卡方检验

测试过程中主测人对被测人的图谱进行实时记录，测试结束后综合各项生理指标进行案件角色的评判，将判断正确的作案组被试、知情组被试和无辜组被试的个数进行了统计（表7–19），采用卡方检验分析发现，作案组被试、知情组被试、无辜组被试的判断结果之间不存在显著差异，$\chi^2(2)=0.27$，$p>0.05$。

表7–19　实验二案件角色判断结果

	判断结果
作案组被试	17/20（85%）
知情组被试	16/20（80%）
无辜组被试	19/20（95%）

（3）被试对案件情节相关问题皮肤电反应的重复测量方差分析

进一步考察作案组被试、知情组被试和无辜组被试对于案件情节相关问题的皮肤电反应差异水平。以皮肤电反应指标作为因变量，对三组被试在案件情节因素动机问题上的皮肤电反应进行3（案件角色：作案组、知情组、无辜组）×2（刺激类型：陪衬问题、目标问题）的重复测量方差分析，结果表明：刺激类型的主效应显著，$F(1, 57)=6.92$，$p<0.01$；案件角色的主效应不显著，$F(2, 57)=1.55$，$p>0.05$；案件角色、刺激类型的交互作用不显著，$F(2, 57)=0.24$，$p>0.05$。如图7-50所示。

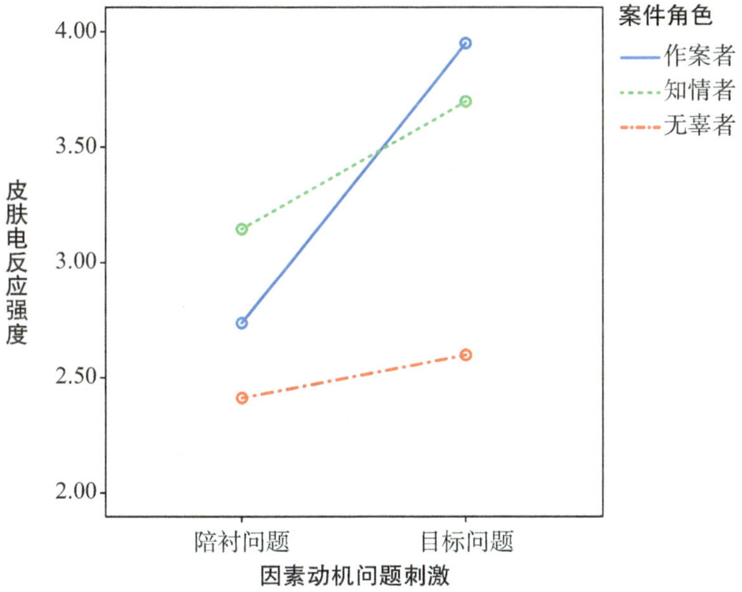

图7-50 不同案件角色对不同因素动机问题刺激的皮肤电反应强度

以皮肤电反应指标作为因变量，对三组被试在案件情节行贿地点问题上的皮肤电反应进行3（案件角色：作案组、知情组、无辜组）×2（刺激类型：陪衬问题、目标问题）的重复测量方差分析，结果表明：刺激类型的主效应显著，$F(1, 57)=14.55$，$p<0.001$；案件角色的主效应显著，$F(2, 57)=5.76$，$p<0.01$；案件角色和刺激类型的交互作用边缘显著，$F(2, 57)=2.92$，$p>0.05$。进一步对案件角色和刺激类型的交互作用进行简单效应分析发现，作案组与知情组在行贿地点目标问题上皮肤电反应不存在显著差异，$p>0.05$；而作案组与无辜组在行贿地点目标问题上皮肤电反应差异显著，$p<0.01$；知情组与无辜组在行贿地点目标问题上皮肤电反应也存在显著差异，$p<0.05$。如图7-51所示。

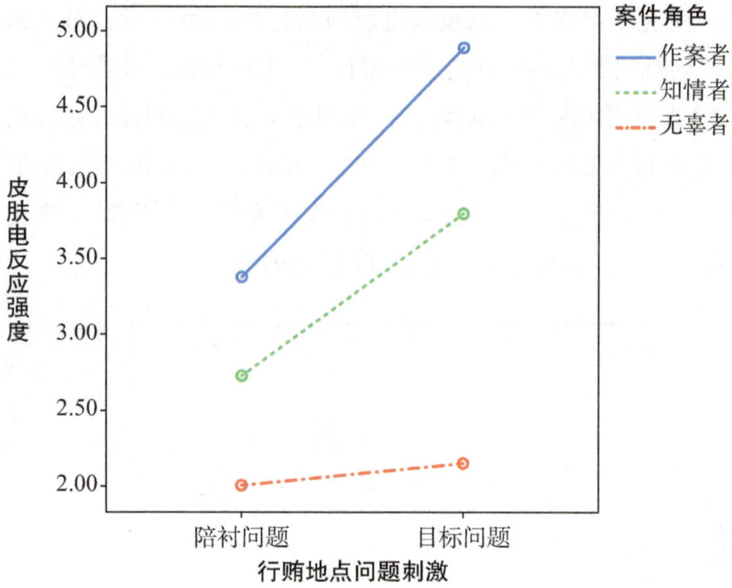

图7-51　不同案件角色对行贿地点问题刺激的皮肤电反应强度

以皮肤电反应指标作为因变量，对三组被试在案件情节行贿方式问题上的皮肤电反应进行3（案件角色：作案组、知情组、无辜组）×2（刺激类型：陪衬问题、目标问题）的重复测量方差分析，结果表明：刺激类型的主效应不显著，$F(1, 57)=0.44$，$p>0.05$；案件角色的主效应显著，$F(2, 60)=5.16$，$p<0.01$；案件角色、刺激类型的交互作用不显著，$F(2, 57)=1.71$，$p>0.05$。对案件角色的主效应进行事后多重比较表明，作案组在行贿方式目标问题和陪衬问题上的皮肤电反应显著高于知情组（$p<0.05$）；作案组在行贿方式目标问题和陪衬问题上的皮肤电反应显著高于无辜组（$p<0.05$）；知情组与无辜组在行贿方式目标问题和陪衬问题上的皮肤电反应不存在显著差异（$p>0.05$）。如图7-52所示。

以皮肤电反应指标作为因变量，对三组被试在案件情节行贿钱数问题上的皮肤电反应进行3（案件角色：作案组、知情组、无辜组）×2（刺激类型：陪衬问题、目标问题）的重复测量方差分析，结果表明：刺激类型的主效应不显著，$F(1, 57)=2.01$，$p>0.05$；案件角色的主效应显著，$F(2, 57)=7.68$，$p<0.01$；案件角色和刺激类型的交互作用显著，$F(2, 57)=3.51$，$p<0.05$。进一步对案件角色和刺激类型的交互作用进行简单效应分析发现，作案组与知情组在行贿钱数目标问题上皮肤电反应差异显著，$p<0.01$；作案组与无辜组在行贿

钱数目标问题上皮肤电反应也存在显著差异，$p < 0.01$；知情组与无辜组在行贿钱数目标问题上皮肤电反应不存在显著差异，$p > 0.05$。如图7–53所示。

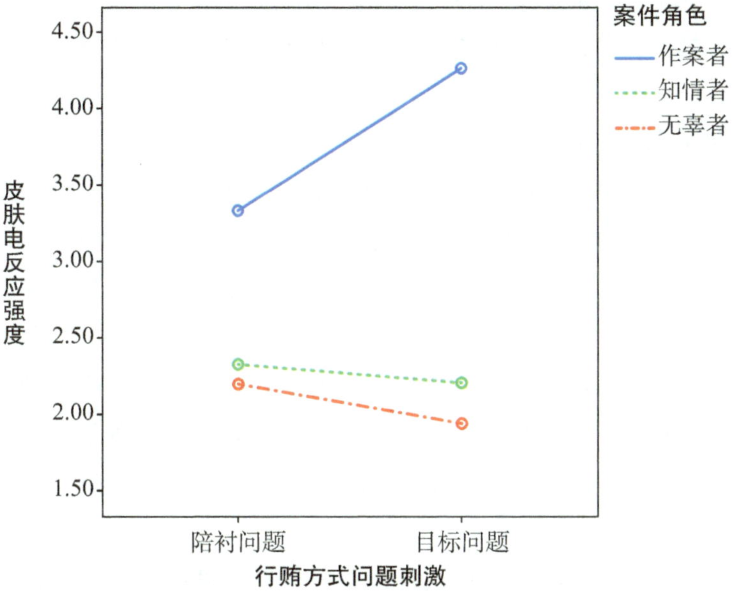

图7–52 不同案件角色对行贿方式问题刺激的皮肤电反应强度

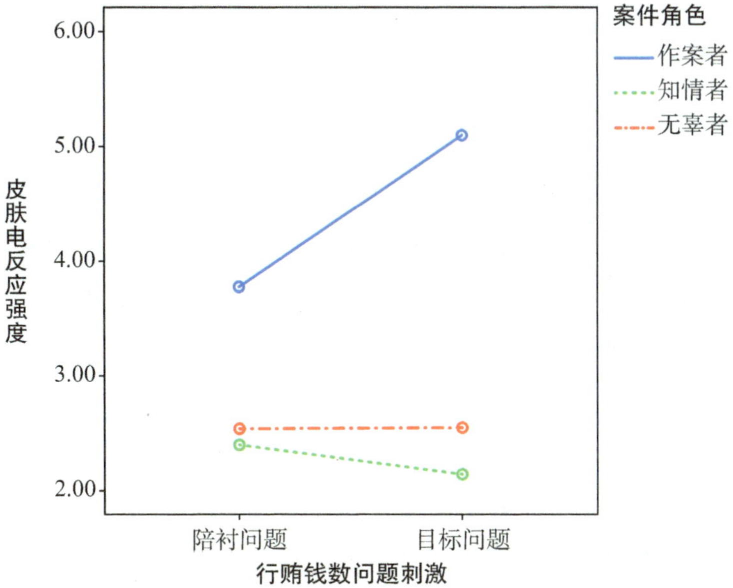

图7–53 不同案件角色对行贿钱数问题刺激的皮肤电反应强度

4. 讨论

实验二中，以年龄在18—25岁的大学生为被试，在模拟行受贿案件的情境中研究了认知综合测试法区分作案者、知情者和无辜者三种与案件不同关系者的测试效度。实验结果基本符合实验假设，在实验室情境下，其测试的准确率均达到80%以上。这一结果说明认知综合测试法能够有效地区分作案组被试、知情组被试和无辜组被试。

认知综合测试法对三种角色的区分效度在统计学上并无显著差异，但从准确率来看，此测试方法对无辜组被试的测准率更高，达到95%。这表明，认知综合测试法在注重检测作案人心理痕迹的同时，对其自我认知、因素动机、案件情节、认知状况、情绪体验、心理状态等各方面因素进行全面检测，尤其对于职务犯罪案件而言，更能发挥其对不同案件角色准确判别的显著作用，更能体现测试技术的科学性。测试题目较为全面地涵盖了与案件相关的各方面信息，因此，表现出了较高的测试效度。

5. 小结

实验二探究了认知综合测试法在模拟行受贿案件中对区分案件不同关系者的测试效度，通过四组案件情节问题及自我（涉案人）认知题、即时心态题对被测人认知水平及情绪强度的检测说明，认知综合测试法能够有效地区分作案组被试、知情组被试和无辜组被试。

三、结果与讨论

研究结果基本符合假设预期，认知综合测试法无论是在模拟盗窃案件条件下还是在模拟行受贿案件条件下都能够有效地区分案件角色，说明了认知综合测试法的应用不局限于案件类型，同样也适用于案情复杂、作案手段隐蔽、需要搞清具体情况的职务犯罪案件的调查审理。认知综合测试法之所以能够有效地区分案件角色，是由各方面因素决定的。

（一）自我（涉案人）认知测试题

首先，认知综合测试法在测试编题中加入了自我（涉案人）认知测试题，检测被测人对作案人自传信息有无相应的认知，从而初步判定被测人与案件的关系。自我（涉案人）认知测试题，通过实际案件的检测，其测试有效性得到了案件结果的检验和认可。王昊（2016）对自我认知题在实验室条件下的评估与开发的研究结果表明：自我认知题能够有效地区分作案者、知情者和无辜者，成为有效的测试问题。本研究在编题过程中适当地加入了自我（涉案人）认知测试题，有效地提高了测试的准确率。

（二）即时心态测试题

认知综合测试法在编题中加入了探查犯罪人作案过程中和测试时心理活动的即时心态测试题，这一类测试题目能够有效地唤起作案被测人相应的情绪反应。鲍尔（Gordon Bower）的情绪依赖性记忆理论表明（Benussi，1914；Yong，Sudirman & Chew，2011），当人们目前所处的情绪状态和事件录入记忆时的情绪相一致时，记忆信息更容易被个体提取。因此即时心态题在测试过程中能唤起犯罪人作案当时的情绪状态，使得犯罪人在这种情绪中更容易提取有关案件情节的信息。本研究的题目编制严格按照认知综合测试法的编题方法进行，其中也加入了对被测人即时心态探查的测试题目，有利于提高测试的准确率。

（三）增加测试题目

认知综合测试法在实案运用中通过前期对案情及作案者心理与行为活动的研究分析，加深了对案情的全面认知和把握，为准确有效地编题奠定了基础，并在编题中加入自我（涉案人）认知测试题和即时心态测试题，不仅确保了所编制题目的全面性、针对性和有效性（范刚，2010），而且有效地扩充了目标问题的数量，从而显著提高了测试的效度及其准确性。而在以色列的实案研究中，编制的隐藏信息测试题目的平均数目相对较少，因此容易造成测试结果的假阴性。沙哈尔和伊拉德（Elaad）（2002）指出，在实验控制条件下增加目标问题（至少五个目标题组）可以提高测试效果。本研究中，通过合理设计实验程序并根据模拟案件的情节，分别为实验一编制了11组测试题目，为实验二编制了10组测试题目，对提高测试的准确率发挥了重要的作用。说明认知综合测试法数量较多的编题，有利于提高测试的准确性和可靠性。

（四）情境卷入度

实验室条件下虽然能够严格控制额外变量，同时也能够操纵数量较多的被试，但由于实验没有设置对被试的处罚机制，被试的态度、动机、心理状态等都无法与实案中的涉案人相提并论。被试在实验中的心理压力、面对测试时的紧张程度、无法通过测试所承受的风险远远小于实案中的被测人（Keeler，1930），因此会影响实验的效度。

本研究中实验二区分三组被试的测试准确率普遍高于实验一，其原因可能是在实验情境设计中，实验一要求作案组被试完全按照指导语进行盗窃行为，被试的自主参与程度较低；而实验二则设计了完整的行受贿案情，要求作案组被试自主参与到整个案件中，其中还包括了行贿的因素动机等。并且实验二的案情设计更贴近大学生的实际生活，较好地调动了被试参与实验的主动性，其情境卷入度更高（Krugman & Harbert，1966），因此测试准确率也相对较高。本研究并未设置对被试的处罚机制，但在实案测试中，涉案者的心理压力、测试的紧张程度和无法通过测试所要承担的后果都远远强于实验测试，因此其实际外部效度远高于实验效度。所以，未来的实验室研究应加强被试的心理压力，尽可能接近实际案件。同时，还应继续开发其他案件类型模拟范式的研究，系统地研究和验证认知综合测试法在不同类型案件中的测试效度。

四、结论

1. 在模拟盗窃条件下，认知综合测试法对三种案件角色均表现出良好的测试效度，其准确率均能达到75%以上；在模拟行受贿条件下，认知综合测试法对三种案件角色均表现出更高的测试效度，准确率均能达到80%以上。

2. 认知综合测试法在模拟盗窃和模拟行受贿的实验条件下均能有效地区分作案者、知情者和无辜者，并且对于三种案件角色的区分度在统计学上无显著差异。

3. 研究表明，认知综合测试法在职务犯罪案件的调查审理中同样具有良好的测试效度，为认知综合测试法在职务犯罪案件调查审理中的应用，提供了实验室研究的支持。

第五节 认知综合测试法在涉恐人员甄别中的应用研究①

目前，在全球范围内，恐怖主义犯罪依旧处于高发态势，随着全球化和一体化进程逐步加深，恐怖主义犯罪的手段更为多样，犯罪技术更为进化，破坏力度也随之加强。恐怖主义犯罪对我国"走出去"的战略布局和社会长治久安造成了严重威胁。因此在反恐工作中引入新兴的科学技术手段，对恐怖主义犯罪进行有效的预防、监控和打击，是当前的情势所需。心理测试技术作为一种评判被测人与案事件关系的心理检测技术，经过100多年的发展，已成熟应用于刑事司法、纪检监察、国家安全、军队保卫、保险理赔以及人员筛查等领域。我国在隐藏信息测试法的基础上发展创新形成的认知综合测试法，经过大量的实验室研究和实案应用，已被证明在刑事司法和纪检监察领域案件调查审理中具有有效性，但是心理测试技术是否适用于反恐工作，认知综合测试法能否有效甄别不同涉恐人员的案事件角色，能否为打击恐怖犯罪做出贡献，目前尚未有相关研究。本实验从恐怖主义犯罪实际出发，选用模拟极端宗教讲经和恐怖主义爆炸犯罪情境，运用认知综合测试法编制涉恐人员甄别测试题对不同角色被试进行测试，以检测其在涉恐人员甄别中的准确率和测试效度。

具体包括两个实验（柏玲，2019）。实验一在模拟恐怖主义犯罪范式中选用极端宗教讲经情境，将90名被试随机分配至参与、涉案知情和无辜三种案件角色中，采用单因素被试间实验设计，编制涉恐人员甄别心理测试题对被试进行心理测试，以检测认知综合测试法在涉恐人员甄别中的实验室效度。研究结果表明：认知综合测试法在模拟讲经情境下能够有效地区分三种不同案件角色的被试，其评判准确率分别为90%（参与者）、87%（涉案知情者）和100%（无辜者）。

实验二选用处于恐怖主义犯罪实施阶段的模拟爆炸情境，将90名被试随机分配至作案、无辜知情和无辜角色中，采用单因素被试间实验设计，编

① 本研究系笔者主持的国家自然科学基金项目《多导心理生理测试技术的认知综合测试法应用研究》（项目号：31560281）的实验研究之一。该文为删改稿。

制涉恐人员甄别心理测试题对被试进行心理测试，以检测认知综合测试法在恐怖主义实施阶段对恐怖主义涉案人的甄别效度。研究结果表明：认知综合测试法在模拟恐怖主义爆炸情境下能够有效地区分作案者、无辜知情者与无辜者的角色，其评判准确率分别为93%（作案者）、93%（无辜知情者）和100%（无辜者）。

研究表明：认知综合测试法对模拟极端宗教讲经和爆炸活动，均能有效地区分与案件不同关系者的角色，达到了较高的判定准确率，取得了良好的测试效果，可以适用于涉恐人员甄别工作。

一、实验一：模拟极端宗教讲经情境下测试效度研究

1. 实验假设

认知综合测试法能有效区分参与组、涉案知情组和无辜组被试。

2. 研究方法

（1）被试与实验设备

被试为来自安宁区的90名在校大学生和社会人士（三组实验角色各30人）。实验在被试同意的情况下进行，所有参与实验的被试均身体健康，无犯罪经历，测试前24小时之内未服用过相关药物，保证充足睡眠，精神状态良好，均为首次接受心理测试。

设立接待室、模拟室和测试室各一间，测试室保持室内整洁、空气流通、无异味，要求隔音良好，温度保持在24℃左右；CPS-510多导心理生理测试仪一台。

（2）材料

实验一选用模拟讲经活动范式，为结合实际案例，在模拟中参与组被试需要参与到讲经活动中聆听讲经内容，涉案知情组被试与他人交谈接受相关恐怖主义信息，无辜组则不接受任何实验任务，总体来讲三组被试都未实际实施行为，主要接收到的是宗教极端思想并进行与此相关的主观活动，因此在编题时应该从被试宗教信仰、价值观、对国家的认同等主观方面入手。但是经过预实验发现，实验室被试与实际案件中恐怖分子在思想和价值观上存在差异，仅凭借实验模拟对其植入宗教极端思想的可操作性太低，或者尽管被试在模拟过程中尽量体验涉恐分子的心态，但对这种纯主观的活动很难把

据，实验人员通过与被试后期的访谈发现，大多数被试在此类型测试题呈现时常出现与自我情况交叉反应的情况。因此在实验中只能以客观活动为主进行编题，但是在实测案件中，可根据被试的条件编制主观问题。最终，在预实验重复验证的基础上，结合专家意见从自我认知（性别、家乡）、因素动机（讲经活动目的）、案件情节（讲经地点、恐怖活动的主题、时间、地点、人数）以及即时心态（悔罪程度、主观恶性）四大方面进行编题，作为实验的主要材料。

（3）实验设计

采用单因素（案事件角色：参与者、涉案知情者、无辜者）被试间设计。因变量为被试测试时的皮肤电反应强度。

（4）实验程序

本实验由A、B主试共同完成。A主试负责接待被试，说明实验内容，进行模拟讲经活动等。B主试主持心理测试和角色评判工作。

（5）数据采集和判定标准

实验所需数据由CPS-510心理生理测试系统记录采集，除皮肤电之外，将呼吸和脉搏作为辅助评判的依据。

采用Lykken综合评分法（Lykken，1959）作为判断案件角色的主要标准，即根据被试在目标问题上的皮肤电反应强度进行评分，评判其在案件中的角色。评分方法如下：在同一问题组中，对目标问题与陪衬问题（一般在心理测试中，每组问题由导入问题、目标问题和陪衬问题组成，在结果评判时，为了避免导入问题带来的首题效应，一般将导入问题的反应忽略不计）的皮肤电反应大小进行等级评分，若该反应为最高反应值，则评2分，次高反应值评1分，其他反应强度评0分；若在同一问题组中，只有一个问题反应突出，其他问题反应相同，则以0、1两个等级进行评分，即如果反应突出的一项为目标问题，则目标问题评1分，如果反应突出的一项不是目标问题，则目标问题评0分；若同一问题组中，对目标问题和所有陪衬问题的反应相同，则都评0分。最后，对被试在这八个目标问题上的得分进行总计，如果得到的总分值大于或等于最高总分（最高总分=目标题个数 ×2）的1/2，即8分，则判定为涉案者（包括参与者与涉案知情者）；如果小于8分，则判定为无辜者。

在Lykken评分的基础之上，还要结合被试在测试目标题目上的对应率进行综合评判，以得出最终的测试结果。在实验中，根据测试图谱，被试在目标问题上的反应与实验设计中不同角色对案件信息的掌握程度是否对应，是被试角色甄别的另外一个重要依据。如在实验一中，涉案知情者的Lykken得分为8分，但其在目标问题上的反应并不符合实验中对于涉案知情者的预期，则不能判定其为涉案知情者。

在本实验中，所得实验结论均为Lykken评分和被试目标问题对应率综合评判的结果，如表7–20所示。

表7–20 目标问题认知情况对应表

角色	性别	家乡	讲经地点	活动目的	活动主题	活动时间	活动地点	参与人数
无辜者	×	×	×	×	×	×	×	×
知情者	×	×	×	×	√	√	√	√
参与者	√	√	√	√	√	√	√	√

3. 结果与分析

采用SPSS22.0软件对实验数据进行统计分析。

（1）不同案件角色被试事后主观报告分析

测试完成后，由主试向被试介绍并解释事后主观报告统计表的内容，协助被试填写完成。被试需要对测试过程中的个人信息（自我认知题）紧张程度、案件信息（案件情节题）紧张程度、逃避检测的动机强度以及在测试中的自我表现进行打分（0分表示不紧张、逃避检测动机不强、表现不好，5分表示非常紧张、逃避检测动机非常强、表现非常好），实验结束后，对所得实验数据进行统计分析（结果如表7–21所示）。

表7–21 不同案件角色被试事后主观报告单因素方差分析比较（$M \pm SD$）

题目	组别（N = 30）			F	p
	参与组	涉案知情组	无辜组		
个人信息紧张程度	3.20±1.13	3.33±0.55	1.73±0.52	38.57	0.00
案件信息紧张程度	3.50±0.86	3.27±0.83	1.67±0.48	54.12	0.00
逃避检测动机强度	3.43±1.07	3.03±1.33	2.00±0.87	13.43	0.00
测试中自我表现	3.87±1.20	3.53±1.20	3.80±0.66	0.85	0.43

为了检测不同角色对被试个人信息紧张程度、案件信息紧张程度、逃避检测动机强度及自我表现的影响，对不同角色在以上项目中的分值进行单因素方差分析，结果显示：对于个人信息紧张程度而言，参与组、涉案知情组与无辜组被试的评分差异显著，$F(2, 87)=38.57$，$p<0.05$。接着进行事后多重比较分析发现，参与组与涉案知情组在个人信息紧张度上不存在显著差异，$p>0.05$；无辜组与参与组和涉案知情组在个人信息紧张程度上均存在显著差异，$p<0.05$。

在案件信息紧张程度方面，参与组、涉案知情组与无辜组被试评分差异显著，$F(2, 87)=54.12$，$p<0.05$。再进行事后多重比较分析发现，参与组与涉案知情组在个人信息紧张程度上无显著差异，$p>0.05$；无辜组与参与组和涉案知情组在案件信息紧张程度上均存在显著差异，$p<0.05$。

在逃避检测动机方面，参与组、涉案知情组与无辜组都存在显著差异，$F(2, 87)=13.43$，$p<0.05$。进行事后多重比较分析发现，参与组与涉案知情组在逃避检测动机上无显著差异，$p>0.05$；无辜组与参与组和涉案知情组在案件信息紧张程度上都存在显著差异，$p<0.05$。

（2）被试案件角色认定准确率的分析

在实验中，应用认知综合测试法编制涉恐人员甄别测试题目向被试进行提问，使用CPS-510心理生理测试系统对被试的相关生理反应图谱进行实时记录，测试完成后，依据被试在测试题上的皮肤电反应强度进行Lykken评分，将目标问题的得分进行相加计算与总分值的一半（即8分）进行比较，然后结合被试在目标问题反应上的对应率判断案件角色，综合评判结果。如表7-22所示。对参与组被试、涉案知情组被试与无辜组被试判断结果进行卡方检验发现，三组被试判断结果的交互作用不显著，$\chi^2(1)=4.03$，$p>0.05$。

表7-22 实验一角色判断结果（*N*=90）

案件角色	评判结果
参与组	（27/30）90%
涉案知情组	（26/30）87%
无辜组	（30/30）100%

（3）对讲经地点问题的皮肤电反应的分析

为了比较不同角色被试对讲经地点测试题的皮肤电反应差异，以皮肤电反应强度作为因变量，对三组被试的皮肤电反应强度进行3（角色：参与组、涉案知情组、无辜组）×4（四个讲经地点问题刺激）的方差分析。分析结果显示：讲经地点心理测试题的主效应显著，$F(3, 261)=12.47$，$p<0.01$；实验角色的主效应显著，$F(2, 87)=3.38$，$p<0.05$；实验角色与讲经地点测试题目的交互作用显著，$F(6, 261)=10.97$，$p<0.01$。进一步对交互作用进行简单效应分析，结果发现：在目标地点问题上，三组被试的皮肤电反应具有显著差异，$F(2, 87)=32.01$，$p<0.01$，其中参与组分别与涉案知情组和无辜组被试的皮肤电反应差异显著，$p<0.01$；涉案知情组的皮肤电反应强度与无辜组被试无显著差异，$p>0.05$；而在陪衬地点问题上，三组被试的皮肤电反应差异不显著（p分别等于0.67、0.48、0.63），如图7–54所示。

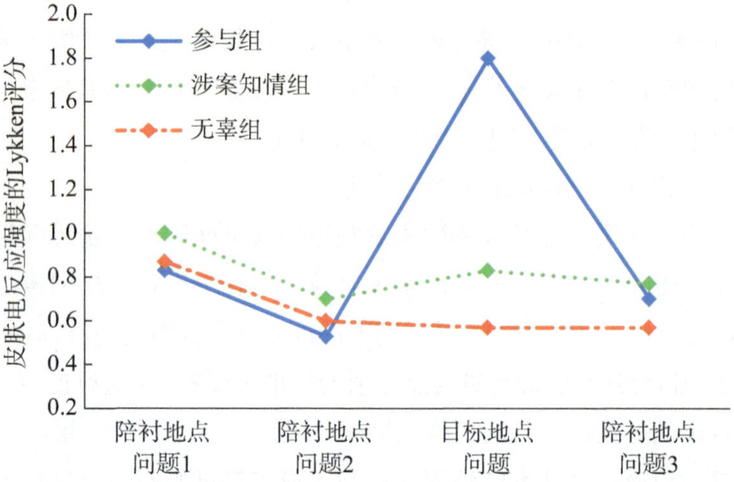

图7–54　不同角色被试在讲经地点问题上的皮肤电反应强度

如图7–54所示，涉案知情组与无辜组被试在首个地点问题上的反应高于其他地点问题，这是由首题效应和新异刺激引起的，是典型的涉案知情与无辜角色在心理测试过程中的反应；参与组被试在目标地点问题上的皮肤电反应明显强于涉案知情组与无辜组被试，说明该组问题能有效地达到区分案件角色的效果。

（4）对性别问题的皮肤电反应的分析

为了比较不同角色被试对性别测试题的皮肤电反应差异，以皮肤电反应强度作为因变量，对三组被试的皮肤电反应强度进行3（角色：参与组、涉案知情组、无辜组）×2（两个性别问题刺激）的方差分析。分析结果显示：性别问题心理测试题的主效应不显著，$F(1, 87)=0.35$，$p>0.05$；实验角色的主效应不显著，$F(1, 87)=2.21$，$p>0.05$；实验角色与性别测试题目的交互作用显著，$F(2, 87)=5.21$，$p<0.01$。进一步对交互作用进行简单效应分析，结果发现：在目标性别问题上，三组被试的皮肤电反应差异显著，$F(2, 87)=17.57$，$p<0.001$，其中参与组分别与涉案知情组和无辜组被试的皮肤电反应差异显著，$p<0.01$；涉案知情组的皮肤电反应强度与无辜组被试无差异，$p>0.05$；而在陪衬性别问题上，三组被试的皮肤电反应差异不显著，$p>0.05$。

如图7–55所示，就参与组被试而言，其在目标性别问题上的皮肤电反应明显高于陪衬性别问题；而对涉案知情组与无辜组被试而言，其在目标性别问题上的皮肤电反应要低于陪衬性别问题，且两组被试在性别问题上的皮肤电反应强度呈相同变化趋势。综上说明，性别问题能够有效地区分参与者与涉案知情者和无辜者，但对涉案知情者与无辜者之间的区分度不高。

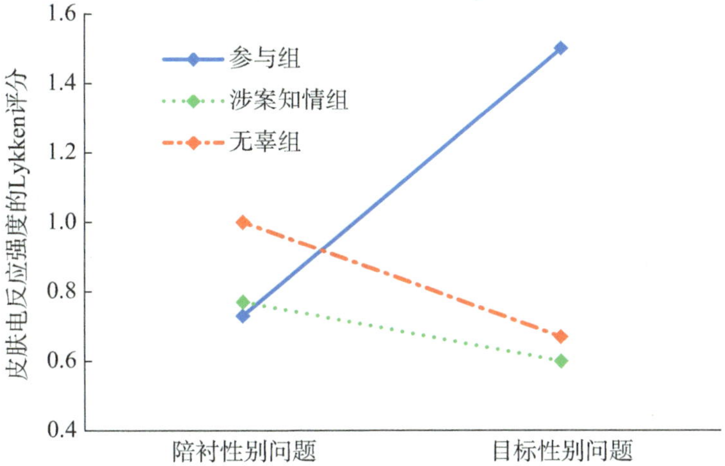

图7–55　不同角色被试在讲经人性别问题上的皮肤电反应强度

（5）对讲经人家乡问题的皮肤电反应的分析

为了比较不同角色被试对讲经人家乡测试题的皮肤电反应差异，以皮肤电反应强度作为因变量，对三组被试的皮肤电反应强度进行3（角色：参与组、涉案知情组、无辜组）×5（五个家乡问题刺激）的方差分析。分析结果显示：家乡问题心理测试题的主效应显著，$F(4, 348)=11.10$，$p<0.01$；实验角色的主效应不显著，$F(2, 87)=0.01$，$p>0.05$；实验角色与讲经人家乡测试题目的交互作用显著，$F(8, 348)=6.66$，$p<0.01$。进一步对交互作用进行简单效应分析，结果发现：在目标家乡问题上，三组被试的皮肤电反应差异显著，$F(2, 87)=14.53$，$p<0.01$，其中参与组分别与涉案知情组和无辜组被试的皮肤电反应差异显著，$p<0.01$；涉案知情组的皮肤电反应强度与无辜组被试无差异，$p>0.05$；而在陪衬地点问题上，三组被试的皮肤电反应差异不显著（p分别等于0.59、0.16、0.20、0.19）。

如图7–56所示，在目标家乡信息问题上，无辜组的反应低于部分对陪衬家乡问题的反应，而参与组和涉案知情组的皮肤电反应强于对陪衬家乡问题的反应，且参与组被试的反应强度更为显著。这一结论并不符合实验预期，与目标家乡信息的高敏感性有关。因此，涉案知情组被试虽对该信息不知情，但通过已知的部分案件信息可以推测出讲经人的家乡信息，所以当问题刺激出现时，也会引起其较高的皮肤电反应。综上说明，该组问题在区分参与者与涉案知情者时效果并不明显，而对于无辜者的识别度较高。

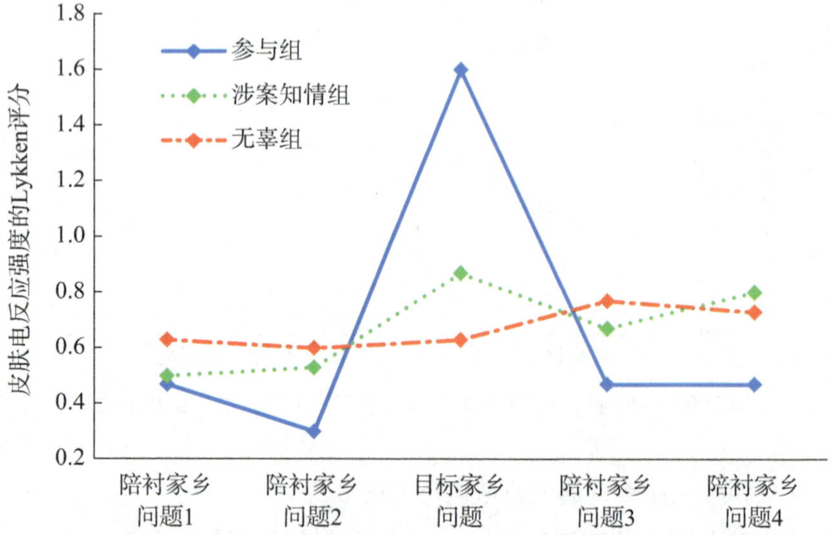

图7–56 不同角色被试在讲经人家乡问题上的皮肤电反应强度

（6）对讲经目的问题的皮肤电反应的分析

为了比较不同角色被试对讲经目的测试题的皮肤电反应差异，以皮肤电反应强度作为因变量，对三组被试的皮肤电反应强度进行3（角色：参与组、涉案知情组、无辜组）×5（五个目的问题刺激）的方差分析。分析结果显示：讲经目的问题心理测试题的主效应显著，$F(4, 348)=4.56$，$p<0.01$；实验角色的主效应不显著，$F(2, 87)=1.04$，$p>0.05$；实验角色与讲经目的测试题目的交互作用显著，$F(8, 348)=9.51$，$p<0.01$。进一步对交互作用进行简单效应分析，结果发现：在目标目的问题上，三组被试的皮肤电反应差异显著，$F(2, 87)=29.41$，$p<0.01$，其中参与组被试的皮肤电反应分别与涉案知情组和无辜组被试有显著差异，$p<0.01$；涉案知情组的皮肤电反应强度与无辜组差异显著，$p<0.01$；而在陪衬目的问题上，三组被试的皮肤电反应差异均不显著（p分别等于0.98、0.12、0.65、0.06）。

如图7–57所示，对参与组而言，其在目标目的问题上的反应明显高于陪衬目的问题，而另外两组被试在目标目的问题上的反应低于陪衬目标问题，无辜组被试在目标目的问题上的反应更是低于所有陪衬目的问题，该结果与实验预期相符，说明该组问题能够达到有效区分案件角色的效果。

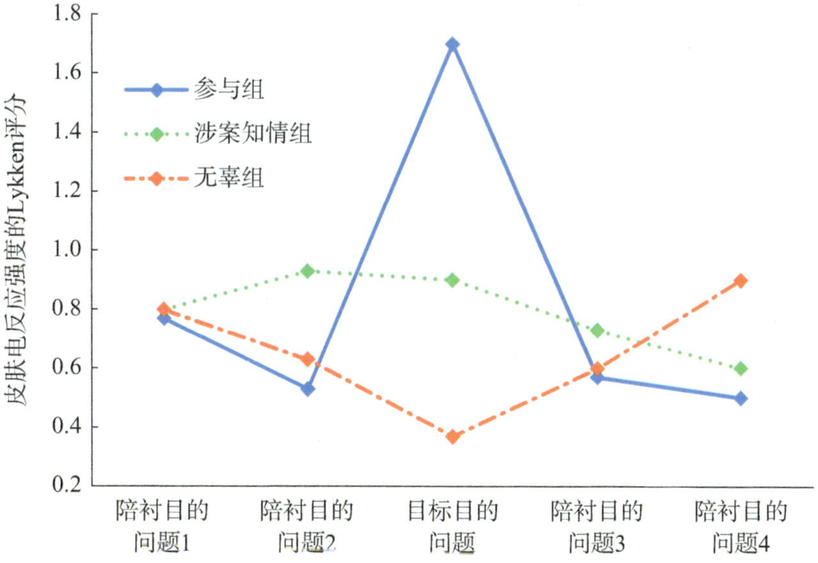

图7–57 不同角色被试在讲经目的问题上的皮肤电反应强度

（7）被试对恐怖活动主题问题的皮肤电反应的方差分析

为了比较不同角色被试对恐怖活动主题测试题的皮肤电反应差异，以皮肤电反应强度作为因变量，对三组被试的皮肤电反应强度进行3（角色：参与组、涉案知情组、无辜组）×5（五个主题问题刺激）的方差分析。分析结果显示：恐怖活动主题问题心理测试题的主效应显著，$F(4, 348)=28.64$，$p<0.01$；实验角色的主效应不显著，$F(2, 87)=3.12$，$p>0.05$；实验角色与活动主题测试题的交互作用显著，$F(8, 348)=12.26$，$p<0.01$。进一步对交互作用进行简单效应分析，结果发现：在目标主题问题上，参与组和涉案知情组的皮肤电反应强度与无辜组存在显著差异，$F(2, 87)=36.10$，$p<0.01$。其中，参与组的皮肤电反应与涉案知情组的差异不显著，$p>0.05$；而参与组和涉案知情组的皮肤电反应与无辜组被试差异显著，$p<0.01$；而在陪衬主题问题上，三组被试的皮肤电反应差异不显著（p分别等于0.22、0.68、0.07、0.22）。

如图7–58所示，对于参与组与涉案知情组被试而言，其在目标主题问题上的皮肤电反应显著强于陪衬主题问题，而无辜组在目标主题问题上的反应低于陪衬主题问题，该结果符合实验设计，说明该组问题可以有效地区分涉案者（参与者与涉案知情者）和无辜者。

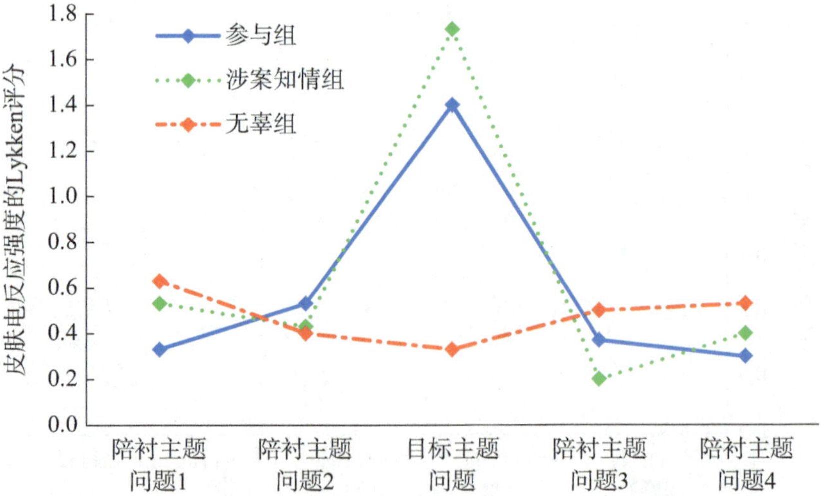

图7–58　不同角色被试在恐怖活动主题问题上的皮肤电反应强度

（8）对爆炸实施地点的皮肤电反应的分析

为了比较不同角色被试对爆炸实施地点测试题的皮肤电反应差异，以皮肤电反应强度作为因变量，对三组被试的皮肤电反应强度进行3（角色：参与组、涉案知情组、无辜组）×5（五个地点问题刺激）的方差分析。分析结果显示：爆炸实施地点问题心理测试题的主效应显著，$F(4, 348)=55.34$，$p<0.01$；实验角色的主效应不显著，$F(2, 87)=0.48$，$p>0.05$；实验角色与爆炸实施地点测试题目的交互作用显著，$F(8, 348)=15.04$，$p<0.01$。进一步对交互作用进行简单效应分析，结果发现：在目标地点问题上，不同角色被试的皮肤电反应差异显著，$F(2, 87)=48.08$，$p<0.01$，其中，参与组的皮肤电反应与涉案知情组无显著差异，$p>0.05$；而无辜组被试的皮肤电反应分别与参与组和涉案知情组存在显著差异，$p<0.01$；而三组被试在陪衬地点问题上的皮肤电反应差异不显著（p分别等于0.35、0.53、0.06、0.05）。

如图7–59所示，对参与组与涉案知情组被试而言，其在目标地点问题上的皮肤电反应强于在陪衬地点问题上的反应；而对无辜组被试而言，其在目标地点问题上的反应低于在陪衬地点问题上的反应。该结论与实验中的角色设定相一致，说明该组问题能够有效地区分涉案者（包括参与者与涉案知情者）与无辜者的案件角色。

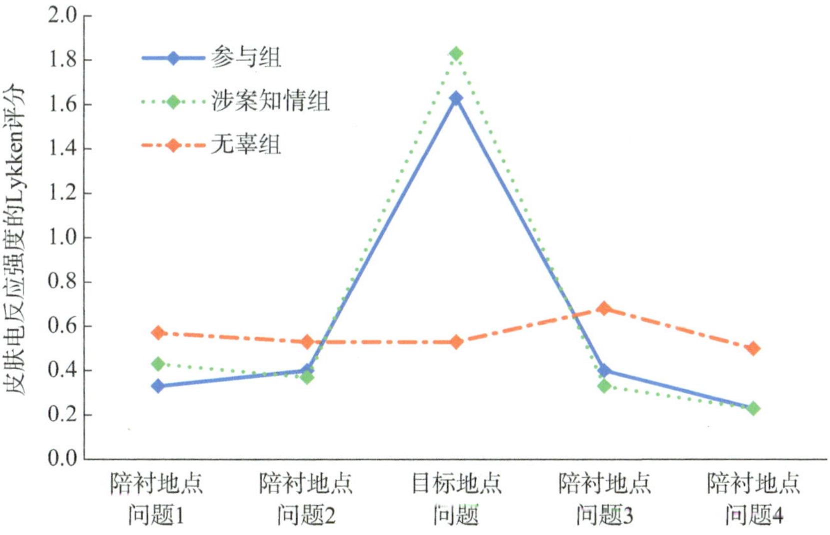

图7–59　不同角色被试在爆炸实施地点问题上的皮肤电反应强度

（9）对爆炸实施时间的皮肤电反应的分析

为了比较不同角色被试对爆炸实施时间测试题的皮肤电反应差异，以皮肤电反应强度作为因变量，对三组被试的皮肤电反应强度进行3（角色：参与组、涉案知情组、无辜组）×4（四个爆炸实施时间问题刺激）的方差分析。分析结果显示：爆炸实施时间心理测试题的主效应显著，$F(3, 261)=59.67$，$p<0.01$；实验角色的主效应显著，$F(2, 87)=3.80$，$p<0.05$；实验角色与爆炸实施时间测试题目的交互作用显著，$F(6, 261)=14.57$，$p<0.01$。进一步对交互作用进行简单效应分析，结果发现：在目标时间问题上，三组被试的皮肤电反应差异显著，$F(2, 87)=38.89$，$p<0.01$，其中，参与组与涉案知情组的皮肤电反应差异不显著，$p>0.05$；而参与组和涉案知情组的皮肤电反应与无辜组被试存在显著差异，$p<0.01$；而三组被试在陪衬时间问题上的皮肤电反应差异不显著（p分别等于0.42、0.90、0.75）。

如图7–60所示，对参与组与涉案知情组被试而言，其在目标时间问题上的皮肤电反应强于陪衬时间问题；而对于无辜组被试而言，其在目标时间问题上的反应低于陪衬时间问题。该结论与实验中的角色设定相一致，说明该组问题能够有效地区分涉案者（包括参与者与涉案知情者）与无辜者的案件角色。

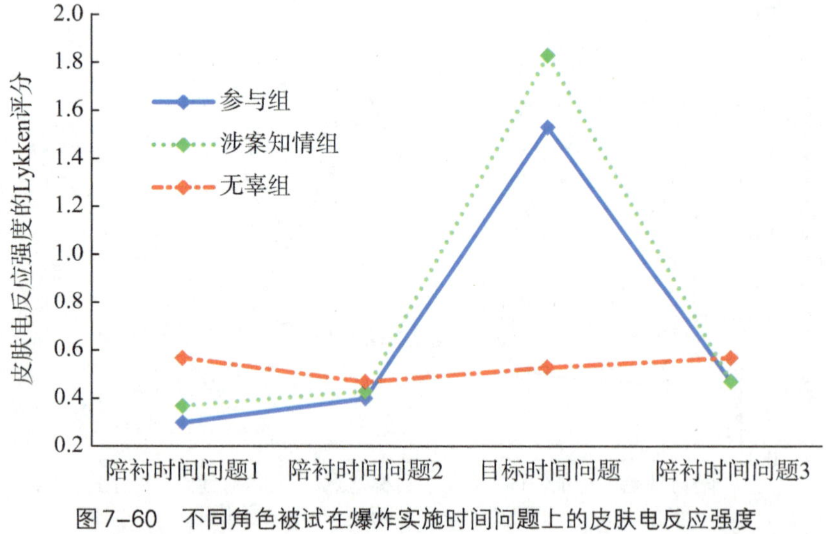

图7–60　不同角色被试在爆炸实施时间问题上的皮肤电反应强度

（10）对参与活动人数的皮肤电反应的分析

为了比较不同角色被试对参与活动人数测试题的皮肤电反应差异，以皮肤电反应强度作为因变量，对三组被试的皮肤电反应强度进行3（角色：参与组、涉案知情组、无辜组）×5（五个参与活动人数问题刺激）的方差分析。分析结果显示：参与活动人数心理测试题的主效应显著，$F(4, 348)=50.62$，$p<0.01$；实验角色的主效应不显著，$F(2, 87)=1.54$，$p>0.05$；实验角色与参与活动人数测试题目的交互作用显著，$F(8, 348)=5.43$，$p<0.01$。进一步对交互作用进行简单效应分析，结果发现：三组被试在目标人数问题上的皮肤电反应差异显著，$F(2, 87)=7.98$，$p<0.01$，其中，参与组与涉案知情组被试的皮肤电反应差异不显著，$p>0.05$；而无辜组与参与组和涉案知情组的皮肤电反应存在显著差异，$p<0.05$；而三组被试在陪衬人数问题上的皮肤电反应差异不显著（p分别等于0.07、0.09、0.12）。同时，为了厘清不同被试的案件角色，该组题的最后一题选用强刺激的测试题目“你是要参与吗？”进行发问，对所得数据进行单因素方差分析发现，三组被试对目标人数问题2的皮肤电反应差异显著，$F(2, 87)=7.03$，$p<0.05$，其中参与组与涉案知情组在目标人数问题2上的皮肤电反应差异不显著，$p>0.05$；而参与组和涉案知情组与无辜组在目标人数问题2上的皮肤电反应差异显著，$p<0.05$。

如图7-61所示，对于参与组与涉案知情组被试而言，其在目标人数问题1

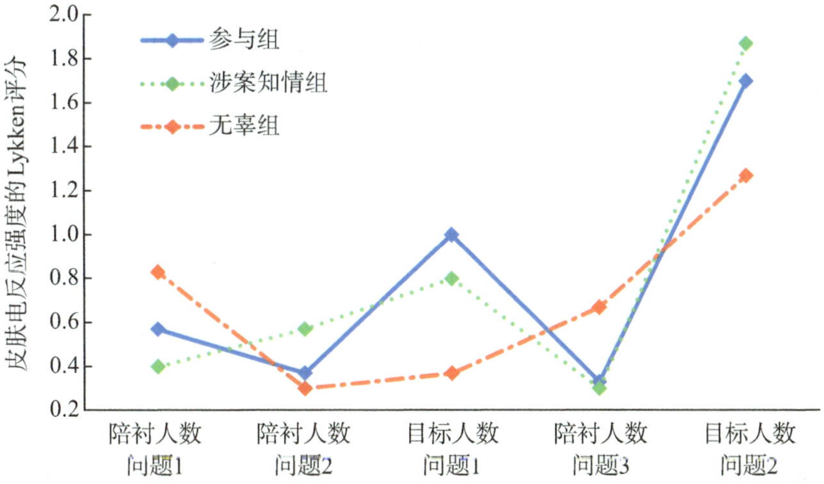

图7-61 不同角色被试在参与活动人数问题上的皮肤电反应强度

上的皮肤电反应强度高于陪衬问题；而无辜组被试在目标人数问题1上的反应低于陪衬人数问题，同时，三组被试在目标人数问题2上的反应与目标人数问题1相同，但是总体反应强于目标人数问题1，这是由于该问题的强刺激性和发问方式引起的。该结论与实验中的角色设定相一致，说明该组问题能够有效地区分涉案者（包括参与者与涉案知情者）与无辜者的案件角色。

4. 讨论

恐怖主义犯罪多与宗教活动联系起来，结合我国恐怖主义犯罪特点，宗教极端分子常通过宗教讲经活动来策划、宣传和组织恐怖活动，因此，实验一以处于恐怖主义犯罪初级阶段的模拟极端宗教讲经活动作为实验范式，将90名在校大学生分为参与、涉案知情与无辜三组角色进行实验模拟，从自我认知、因素动机、案件情节和即时心态四方面进行编题，之后对其进行心理测试。

就测试题的皮肤电反应来讲，在性别、家乡、讲经地点和讲经目的问题上，3组被试对于目标问题的反应存在显著差异，对于陪衬问题的反应差异不显著；在恐怖活动主题、地点、时间和人数问题上，参与组和涉案知情组被试在目标问题上的反应无显著差异，而该两组被试与无辜组的反应存在显著差异；在恐怖活动地点、时间和人数方面的陪衬问题上，三组被试的皮肤电反应无显著差异，但是在活动主题组问题上，被试只在一个陪衬问题上差异显著，对其进行事后分析发现，该差异为涉案组和涉案知情组与无辜组的差异，三组在其他陪衬问题上差异显著。总体来讲，被试在相关问题上的认知状况所引发的皮肤电反应与实验预期完全相符。

对于参与组和涉案知情组被试而言，其参与了实验模拟，具有了与模拟案件有关的认知、记忆和情绪体验，同时在测试过程中，由于害怕被检测出来，其紧张、冲突、逃避检测的情绪也更为强烈。也就是说，相较于无辜者，涉案者具有更强的认知负荷，因此目标问题会引起参与组和涉案知情组被试更强的定向或抑制反应。而对于无辜者而言，由于其不具有与案件相关信息的认知，因此没有这样的心理过程和认知反应，对于所有问题其反应并无差异。

就被试在模拟讲经活动中的情境卷入度而言，虽然本实验尽可能地选用具有民族特色的服饰和用语，并在测试之前强调了实验需要高度集中的情境投入，但参与实验的被试均为在校大学生，其生活环境远离恐怖主义活动，且受测被试多为汉族（仅有3名少数民族学生），其缺乏相应的宗教和意识形态背景，因此在测试时，被试的卷入程度并不高。事后主观报告调查显示，被试在测试中的紧张度和表现等方面所得分数为3.5分左右，呈中等状态，在测试过程中被试很有可能出现所扮演角色和自我实际身份相冲突的情况，这是我们在下一步的实验中所要解决的问题。

5. 小结

在实验一中，参与组、涉案知情组与无辜组被试在不同类型的测试题目上表现出了与实验假设相符的皮肤电反应，说明认知综合测试法能够有效地甄别不同角色的被试。在实验室条件下，测试准确率达到90%（参与者）、87%（涉案知情者）和100%（无辜者）。

但是，恐怖主义犯罪的形式多样、手段复杂，仅通过模拟讲经范式，说明力度还不强。因此，实验二采用模拟恐怖主义爆炸范式进一步验证认知综合测试法在涉恐人员甄别领域的有效性。

二、实验二：模拟恐怖主义爆炸情境下的测试效度研究

1. 实验假设

认知综合测试法能有效区分作案组被试、无辜知情组被试和无辜组被试。

2. 研究方法

（1）被试与实验设备（同实验一）

（2）材料

实验二选用模拟恐怖主义爆炸活动，该范式与实验一相比客观性和可操作程度更高，被试需要扮演角色亲身实施模拟恐怖活动，同时在实验指导语中，被试被要求在实施活动前要自己做好准备工作，其情绪体验和卷入度非常高。结合实验一，通过与专家讨论和预实验检验后，在自我认知题方面，删除了测试效果一般的性别问题，增加了更符合恐怖主义活动特色的所属恐怖组织名称测试题，与年龄和家乡问题共同组成了这一板块。为了更好地甄别被测人的案件角色，在实验二中加入S-K-Y（怀疑、知情、参与）测试题。由于活动意图比较明显，即实施恐怖主义爆炸活动，所以因素动机问题不再使用。在案件情节方面，从传达方式、炸弹来源、炸弹

颜色、投放地点四方面进行编题，从总体上对被试对案件的掌握情况进行检测。最后结合恐怖主义犯罪的特点，编制一组是否进行过其他恐怖活动，后期恐怖活动主题的测试题，对被测人余罪问题进行测试，这在实案测试中是非常有必要的。

（3）实验设计

采用单因素（案事件角色：参与者、无辜知情者、无辜者）被试间设计。因变量为被试测试时的皮肤电反应强度。

（4）实验程序

本实验由A、B主试共同完成。A主试负责接待被试，说明实验内容，指导被试模拟恐怖主义爆炸活动。B主试主持心理测试和角色评判工作。

（5）数据采集和判定标准（同实验一），如表7-23所示。

表7-23　目标问题认知情况对应表

角色	年龄	家乡	组织名称	传达方式	爆炸物	炸弹颜色	投放地点	后续活动
来源主题								
无辜者	×	×	×	×	×	×	×	×
无辜知情者	×	×	×	×	×	√	√	×
参与者	√	√	√	√	√	√	√	√

3. 结果与分析

（1）不同案件角色被试事后主观报告分析

在实验一基础上，实验二完善了被试事后主观报告的内容，增加了投入度和情绪体验两项，以对被试在整个测试过程中的感受进行更为全面的把握。测试完成后，由主试向被试介绍并解释事后主观报告统计表的内容，协助被试填写完成，被试在0—5分之间进行打分（0分表示不紧张、逃避检测动机不强、表现不好，投入度不高、情绪体验不强，5分表示非常紧张、逃避检测动机非常强、表现非常好、投入度非常高、情绪体验非常强），实验结束后，对所得实验数据进行统计分析（结果如表7-24所示）。

表7-24 不同案件角色被试事后主观报告单因素方差分析比较（$M \pm SD$）

题目	组别（N=30）			F	p
	作案组	无辜知情组	无辜组		
个人信息紧张程度	2.27±1.50	2.37±1.30	2.77±1.17	0.91	0.48
案件信息紧张程度	3.00±1.26	2.67±1.35	1.50±0.73	14.18	0.00
逃避检测动机强度	4.23±0.94	3.83±0.88	1.87±1.07	51.71	0.00
测试中自我表现	4.23±0.73	4.13±0.73	4.03±0.85	0.50	0.61
投入度	4.43±0.57	4.13±0.86	3.47±0.78	13.23	0.00
情绪体验	4.43±0.73	4.10±0.96	3.53±0.78	9.08	0.00

为了检测不同角色被试对个人信息紧张程度、案件信息紧张程度、逃避检测动机强度、自我表现、投入度以及情绪体验的反应差异，对不同角色在以上项目中的分值进行单因素方差分析，结果显示：在个人信息紧张程度上，三组被试的评分差异不显著，$F(2, 87)=0.91$，$p>0.05$。进行事后多重比较分析发现，三组被试在个人信息紧张程度上均不存在显著差异（$p>0.05$）。

在案件信息紧张程度方面，三组被试的评分差异显著，$F(2, 87)=14.18$，$p<0.01$。进行事后多重比较分析发现，作案组与无辜知情组被试的评分差异不显著，$p>0.05$；无辜组与作案组和无辜知情组的评分均存在显著差异，$p<0.01$。

在逃避检测动机方面，三组被试都存在显著差异，$F(2, 87)=51.71$，$p<0.01$。进行事后多重比较分析发现，作案组与无辜知情组的评分差异不显著，$p>0.05$；无辜组与作案组和无辜知情组的评分都存在显著差异，$p<0.01$。

在测试中的自我表现方面，三组被试的评分不存在显著差异，$F(2, 87)=0.50$，$p>0.05$。进行事后多重比较分析发现，作案组、无辜知情组与无辜组被试在测试中的表现上的评分均不存在显著差异（$p>0.05$）。

在投入度方面，三组被试的评分都存在显著差异，$F(2, 87)=13.23$，$p<0.01$。进行事后多重比较分析发现，作案组与无辜知情组的评分无显著差异，$p>0.05$；无辜组被试与作案组和无辜知情组被试的评分均存在显著差异，$p<0.01$。

在被试的情绪体验方面，三组被试都存在显著差异，$F(2, 87)=9.08$，

$p < 0.01$。进行事后多重比较分析发现，作案组与无辜知情组的评分无显著差异，$p > 0.05$；无辜组被试与作案组和无辜知情组被试的评分存在显著差异，$p < 0.01$。

（2）被试案件角色认定准确率的分析

在实验中，应用认知综合测试法编制涉恐人员甄别测试题目向被试进行发问，使用CPS–510心理生理测试系统对被试的相关生理反应图谱进行实时记录。测试完成后，依据被试在测试题上的皮肤电反应强度进行Lykken评分，将目标问题的得分进行相加计算与总分值的一半（即8分）进行比较，然后结合被试在目标问题上反应的对应率判断案件角色，综合评判结果。如表7–25所示。对参与组、无辜知情组与无辜组被试判断结果进行卡方检验发现，三组被试判断结果的交互作用不显著，X^2（1）=2.09，$p > 0.05$。

表7–25　实验二角色判断结果（N=90）

案件角色	评判结果
作案组	（28/30）93%
无辜知情组	（28/30）93%
无辜组	（30/30）100%

（3）对作案人年龄问题的皮肤电反应的分析

为了比较不同角色被试在作案人年龄测试题上的皮肤电反应差异，以皮肤电反应强度作为因变量，对三组被试的皮肤电反应强度进行3（角色：作案组、无辜知情组、无辜组）×3（三个年龄问题刺激）的方差分析。分析结果显示：年龄问题心理测试题的主效应显著，F（2，174）=3.53，$p < 0.05$；实验角色的主效应不显著，F（2，87）=0.83，$p > 0.05$；实验角色与年龄测试题目的交互作用显著，F（4，174）=14.28，$p < 0.01$。进一步对交互作用进行简单效应分析，结果发现：在目标年龄问题上，三组被试的皮肤电反应差异显著，F（2，87）=14.42，$p < 0.01$，其中作案组的皮肤电反应与无辜知情组和无辜组的反应存在显著差异，$p < 0.01$；无辜知情组与无辜组被试的反应强度无显著差异，$p > 0.05$；而三组被试在陪衬年龄问题上的皮肤电反应差异不显著（p分别等于0.11、0.12）。

如图7–62所示，对于作案组被试，其在目标年龄问题上的皮肤电反应比陪衬年龄问题更强，而无辜知情组与无辜组被试在目标年龄问题上的皮肤电反应明显低于陪衬年龄问题，该结论符合实验假设，说明该组问题能有效地达到区分案件角色的效果。

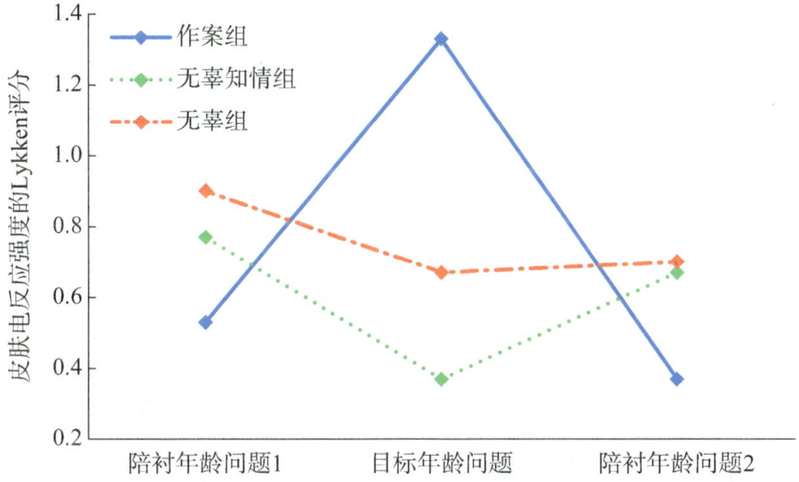

图7–62 不同角色被试在作案人年龄问题上的皮肤电反应强度

（4）对作案人家乡问题的皮肤电反应的分析

为了比较不同角色被试在作案人家乡测试题上的皮肤电反应差异，以皮肤电反应强度作为因变量，对三组被试的皮肤电反应强度进行3（角色：参与组、涉案知情组、无辜组）×5（五个家乡问题刺激）的方差分析。分析结果显示：家乡问题心理测试题的主效应显著，$F(4, 348)=3.00$，$p<0.05$；实验角色的主效应不显著，$F(2, 87)=0.42$，$p>0.05$；实验角色与家乡测试题目的交互作用显著，$F(8, 348)=3.63$，$p<0.05$。进一步对交互作用进行简单效应分析，结果发现：在目标家乡问题上，三组被试的皮肤电反应差异显著，$F(2, 87)=34.97$，$p<0.01$，其中作案组的皮肤电反应与无辜知情组和无辜组存在显著差异，$p<0.01$；无辜知情组的皮肤电反应与无辜组被试无显著差异，$p>0.05$；而在陪衬家乡问题上，三组被试的皮肤电反应差异不显著（p分别等于0.29、0.34、0.47、0.14）。

如图7–63所示，对于作案组被试，其在目标家乡问题上的皮肤电反应比陪衬家乡问题更强，该结论符合实验假设，说明该组问题能有效地达到区分案件角色的效果。

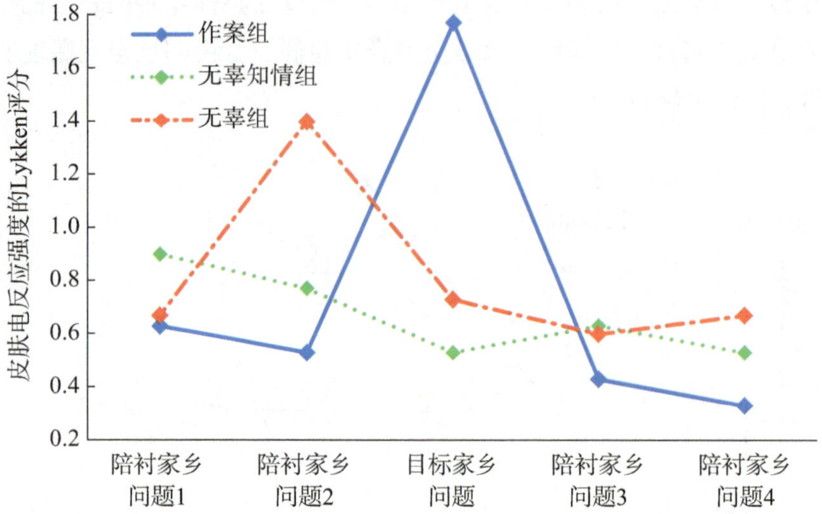

图7-63　不同角色被试在作案人家乡问题上的皮肤电反应强度

（5）对恐怖组织名称问题的皮肤电反应的方差分析

为了比较不同角色被试在恐怖组织名称测试题上的皮肤电反应差异，以皮肤电反应强度作为因变量，对三组被试的皮肤电反应强度进行3（角色：参与组、涉案知情组、无辜组）×5（五个恐怖组织名称问题刺激）的方差分析。分析结果显示：恐怖组织名称问题心理测试题的主效应显著，$F(4, 348)=7.41$，$p<0.01$；实验角色的主效应不显著，$F(2, 86)=2.21$，$p>0.05$；实验角色与家乡测试题目的交互作用显著，$F(8, 348)=11.96$，$p<0.01$。进一步对交互作用进行简单效应分析，结果发现：在目标名称问题上，三组被试的皮肤电反应差异显著，$F(2, 87)=45.52$，$p<0.01$；作案组的皮肤电反应与无辜知情组和无辜组存在显著差异，$p<0.01$；无辜知情组的皮肤电反应与无辜组被试无差异，$p>0.05$；而在陪衬名称问题上，三组被试的皮肤电反应差异不显著（p分别等于0.43、0.79、0.88、0.08）。

如图7-64所示，对于作案组被试，其在目标名称问题上的皮肤电反应比陪衬名称问题更强，该结论符合实验假设，说明该组问题能有效地达到区分案件角色的效果。

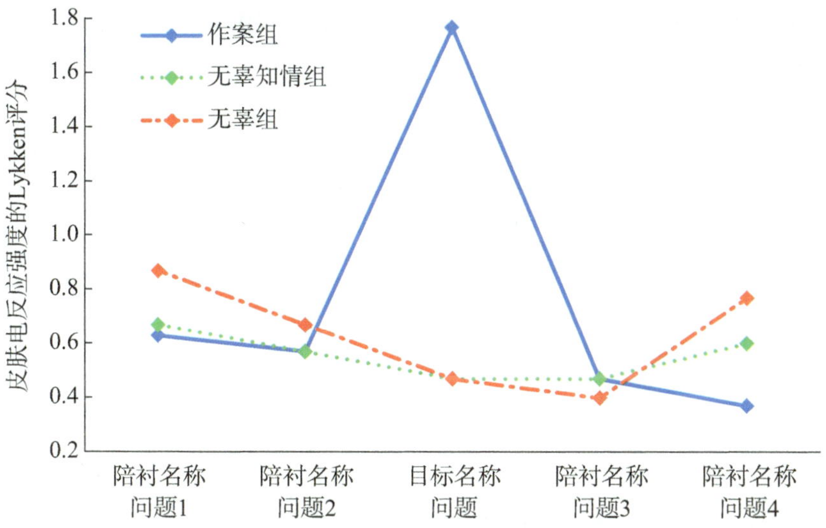

图7-64 不同角色被试在恐怖组织名称问题上的皮肤电反应强度

（6）对传达恐怖任务方式问题的皮肤电反应的分析

为了比较不同角色被试在传达恐怖任务方式测试题上的皮肤电反应差异，以皮肤电反应强度作为因变量，对三组被试的皮肤电反应强度进行3（角色：参与组、涉案知情组、无辜组）×5（五个传达方式问题刺激）的方差分析。分析结果显示：恐怖组织传达任务方式问题心理测试题的主效应显著，$F(4, 348)=12.01$，$p<0.01$；实验角色的主效应不显著，$F(2, 87)=0.03$，$p>0.05$；实验角色与传达恐怖任务方式测试题目的交互作用显著，$F(8, 348)=13.95$，$p<0.01$。进一步对交互作用进行简单效应分析，结果发现：在目标方式问题上，三组被试的皮肤电反应差异显著，$F(2, 87)=40.16$，$p<0.01$，其中，作案组的皮肤电反应与无辜知情组和无辜组存在显著差异，$p<0.01$；无辜知情组的皮肤电反应与无辜组无差异，$p>0.05$；在陪衬方式问题4上，三组被试的皮肤电反应差异显著，$F(2, 87)=7.49$，$p<0.05$，其中作案组的皮肤电反应与无辜知情组和无辜组存在显著差异，$p<0.01$，无辜知情组的皮肤电反应与无辜组无差异，$p>0.05$，该结论与目标问题的皮肤电反应趋势一致，符合实验假设；而在其他陪衬方式问题上，三组被试的皮肤电反应差异不显著（p分别等于0.32、0.19、0.37）。

如图7-65所示，对于作案组被试，其在目标方式问题上的皮肤电反应比陪衬方式问题更强，该结论符合实验假设，说明该组问题能有效地达到区分案件角色的效果。

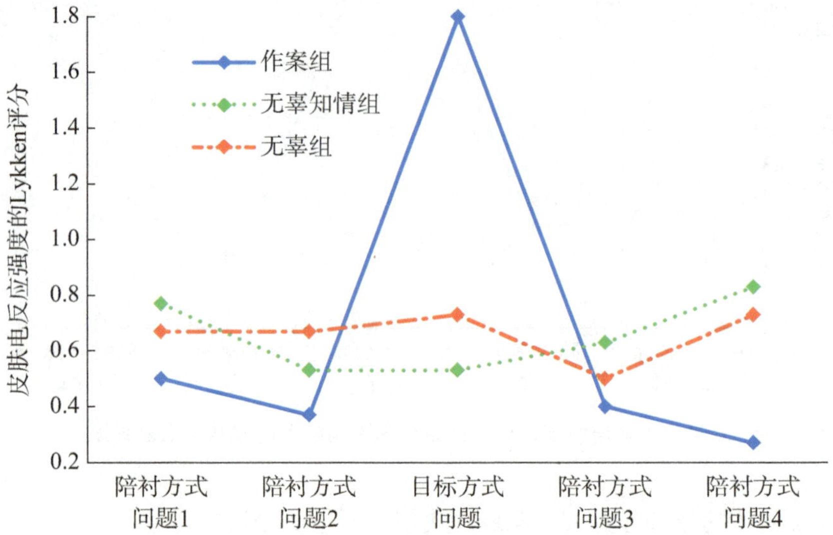

图7–65　不同角色被试在传达恐怖任务方式问题上的皮肤电反应强度

（7）对炸弹来源问题的皮肤电反应的分析

为了比较不同角色被试在炸弹来源测试题上的皮肤电反应差异，以皮肤电反应强度作为因变量，对三组被试的皮肤电反应强度进行3（角色：作案组、无辜知情组、无辜组）×3（三个炸弹来源问题刺激）的方差分析。分析结果显示：炸弹来源问题心理测试题的主效应显著，$F(2, 174)=5.40$，$p<0.01$；实验角色的主效应不显著，$F(2, 87)=0.48$，$p>0.05$；实验角色与炸弹来源测试题目的交互作用显著，$F(4, 174)=7.42$，$p<0.01$。进一步对交互作用进行简单效应分析，结果发现：在目标来源问题上，三组被试的皮肤电反应差异显著，$F(2, 87)=9.07$，$p<0.01$，其中作案组的皮肤电反应与无辜知情组和无辜组存在显著差异，$p<0.01$；无辜知情组的皮肤电反应与无辜组无差异，$p>0.05$；而在陪衬来源问题上，三组被试的皮肤电反应差异不显著（p分别等于0.23、0.31）。

如图7–66所示，对于作案组被试而言，目标来源问题比陪衬来源问题的皮肤电反应更强，该结论符合实验假设，说明该组问题能有效地达到区分案件角色的效果。

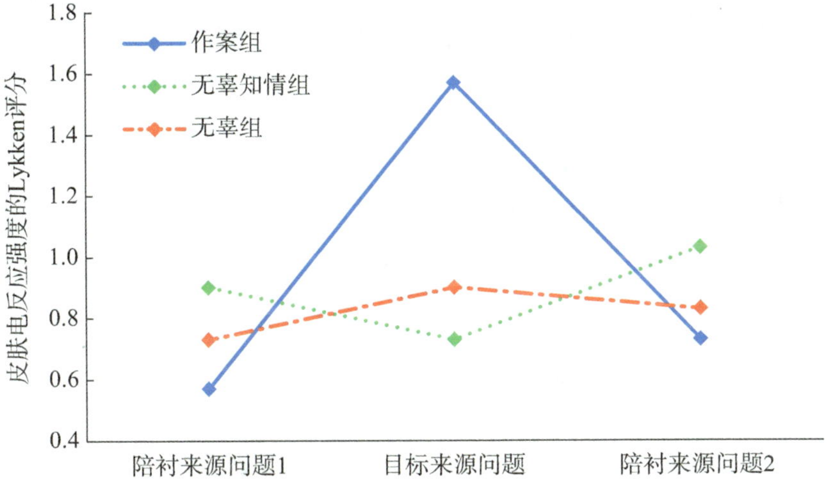

图7-66 不同角色被试在炸弹来源问题上的皮肤电反应强度

（8）对炸弹颜色问题的皮肤电反应的分析

为了比较不同角色被试在炸弹颜色测试题上的皮肤电反应差异，以皮肤电反应强度作为因变量，对三组被试的皮肤电反应强度进行3（角色：作案组、无辜知情组、无辜组）×5（五个炸弹颜色问题刺激）的方差分析。分析结果显示：炸弹颜色问题心理测试题的主效应显著，F（4，348）=33.38，$p<0.01$；实验角色的主效应不显著，F（2，87）=0.58，$p>0.05$；实验角色与炸弹颜色测试题目的交互作用显著，F（8，348）=15.01，$p<0.01$。进一步对交互作用进行简单效应分析，结果发现：在目标颜色问题上，三组被试的皮肤电反应差异显著，F（2，87）=62.73，$p<0.01$，其中，作案组的皮肤电反应与无辜知情组无差异，$p>0.05$；作案组和无辜知情组的皮肤电反应强度与无辜组被试存在显著差异，$p<0.01$；同时，在陪衬颜色问题方面，三组被试在陪衬颜色问题1和陪衬颜色问题3上的皮肤电反应差异同样显著，$p<0.01$；与目标颜色问题相同，作案组的皮肤电反应与无辜知情组在这两个问题上的反应无显著差异，$p>0.05$；而作案组和无辜知情组的皮肤电反应与无辜组存在显著差异，$p<0.01$。该结论与实验中对无辜知情者的角色设定相符；在其他陪衬颜色问题上，三组被试的皮肤电反应无显著差异（p分别等于0.05、0.81）。

如图7–67所示，作案组与无辜知情组被试在该组问题上的皮肤电反应呈相同变化趋势，两组被试在目标颜色问题上的皮肤电反应比在陪衬颜色问题上的皮肤电反应更高，该结论符合实验假设，说明该组问题能有效地达到区分案件角色的效果。

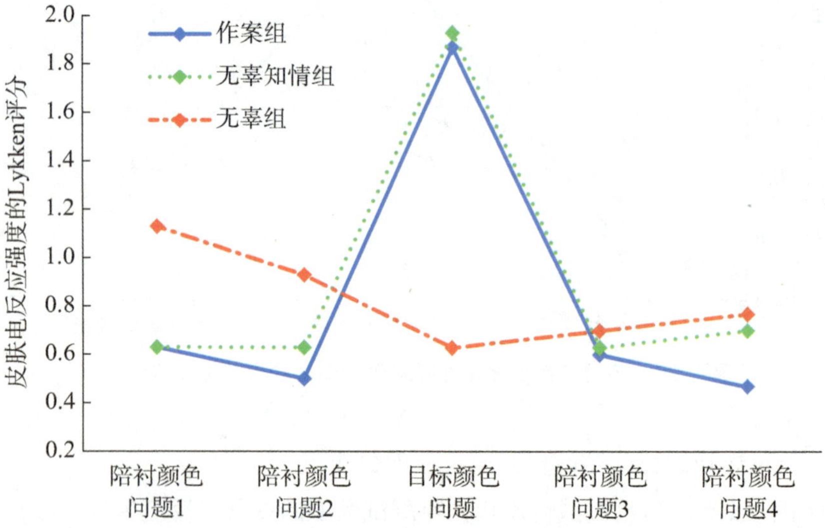

图7–67　不同角色被试在炸弹颜色问题上的皮肤电反应强度

（9）对炸弹投放地点问题的皮肤电反应的分析

为了比较不同角色被试在炸弹投放地点测试题上的皮肤电反应差异，以皮肤电反应强度作为因变量，对三组被试的皮肤电反应强度进行3（角色：作案组、无辜知情组、无辜组）×5（五个地点问题刺激）的方差分析。分析结果显示：炸弹投放地点问题心理测试题的主效应显著，$F(4, 348)=28.38$，$p<0.01$；实验角色的主效应不显著，$F(2, 87)=1.58$，$p>0.05$；实验角色与炸弹投放地点测试题目的交互作用显著，$F(8, 384)=18.50$，$p<0.01$。进一步对交互作用进行简单效应分析，结果发现：在目标地点问题上，三组被试的皮肤电反应差异显著，$F(2, 87)=114.13$，$p<0.01$，其中作案组的皮肤电反应与无辜知情组无差异，$p>0.05$；作案组和无辜知情组的皮肤电反应与无辜组存在显著差异，$p<0.01$。同时，在陪衬地点问题上，三组被试在陪衬地点问题3上的皮肤电反应差异同样显著，$F(2, 87)=4.00$，$p<0.05$；

作案组与无辜知情组在陪衬地点问题3上的皮肤电反应无显著差异，$p>0.05$；而作案组和无辜知情组在陪衬地点问题3上的皮肤电反应与无辜组存在显著差异，$p<0.01$；在其他陪衬地点问题上，三组被试的皮肤电反应无显著差异（p分别等于0.18、0.34、0.16）。

如图7-68所示，在该组问题上，作案组被试的皮肤电反应变化与无辜知情组呈相同趋势，即目标地点问题比陪衬地点问题的皮肤电反应高，而无辜组被试在目标地点问题上的皮肤电反应比在陪衬地点问题上的皮肤电反应低，该结论符合实验假设，说明该组问题能有效地达到区分案件角色的效果。

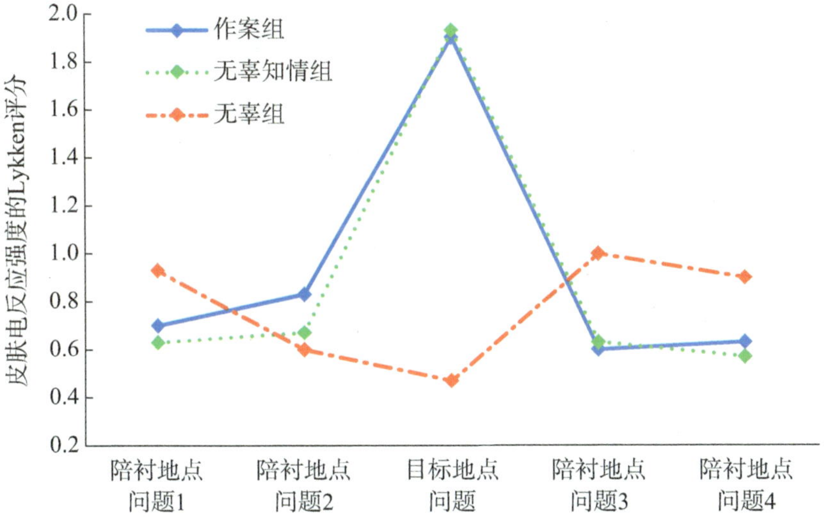

图7-68 不同角色被试在炸弹投放地点问题上的皮肤电反应强度

（10）对后续恐怖活动主题问题的皮肤电反应的分析

为了比较不同角色被试在后续恐怖活动主题测试题上的皮肤电反应差异，以皮肤电反应强度作为因变量，对三组被试的皮肤电反应强度进行3（角色：作案组、无辜知情组、无辜组）×4（四个活动主题问题刺激）的方差分析。分析结果显示：后续恐怖活动主题问题心理测试题的主效应显著，$F(3, 261)=4.57$，$p<0.01$；实验角色的主效应显著，$F(2, 87)=4.02$，$p<0.05$；实验角色与后续恐怖活动主题测试题的交互作用显著，$F(6, 261)=11.03$，$p<0.01$。进一步对交互作用进行简单效应分析，结果发现：在目标主题问题上，三组被试的皮肤电反应差异显著，$F(2, 87)=42.80$，$p<0.01$，其中作

案组的皮肤电反应与无辜知情组和无辜组的反应差异显著，$p < 0.01$；无辜知情组的皮肤电反应强度和无辜组不存在显著差异，$p > 0.05$；而在陪衬主题问题上，三组被试的皮肤电反应无显著差异（p分别等于0.21、0.77、0.78）。

如图7-69所示，对于作案组被试，其在目标主题问题上的皮肤电反应比在陪衬主题问题上的皮肤电反应更高，而对于无辜知情组与无辜组被试而言，其在目标主题问题上的皮肤电反应比在陪衬主题问题上的反应低，该结论符合实验假设，说明该组问题能有效地达到区分案件角色的效果。

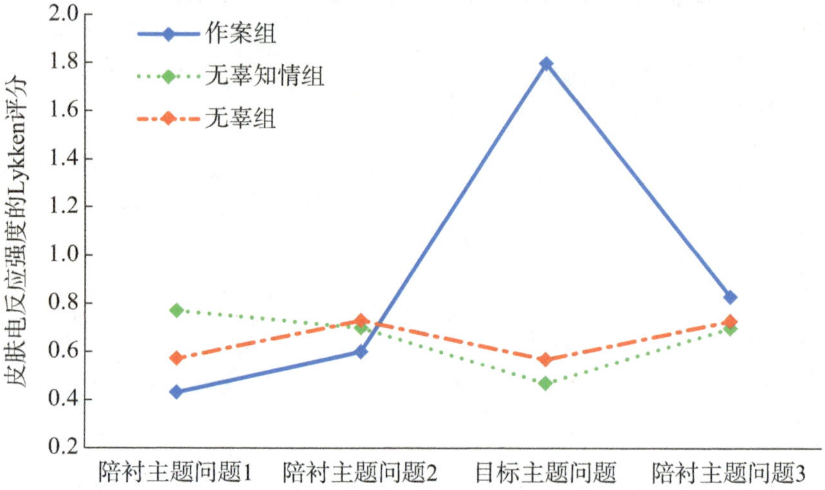

图7-69　不同角色被试在后续恐怖活动主题问题上的皮肤电反应强度

4. 讨论

在实验一基础上，实验二选用了处于恐怖主义犯罪实施阶段的模拟恐怖主义爆炸范式，以检测认知综合测试法在恐怖主义犯罪的不同阶段对涉恐人员甄别的有效性。实验设定作案者、无辜知情者和无辜者三个案件角色，从自我认知、因素动机、案件情节和即时心态四个方面编题后进行测试。

测试发现，作案组被试在每个问题组中目标问题上的皮肤电反应强度明显高于陪衬问题，无辜知情组被试在炸弹颜色和炸弹投放地点这两组问题中目标问题的皮肤电反应强于陪衬问题，而无辜组被试在这些问题上的反应无明显规律；同时，作案组与无辜组被试在所有目标问题上差异均显著；无辜知情组和无辜组被试在炸弹颜色和炸弹投放地点的目标问题上差异显著，在其他目标问题上无显著差异；作案组与无辜知情组被试在炸弹颜色和炸弹投放地点两组问题的目标问题上无显著差异，在其他目标问题上差异显著。而三组被试在陪衬问题上的皮肤电反应强度无显著差异。该反应和结论与实验预期完全相符。

同时，在实验一中，由于模拟宗教讲经活动不需要被试亲自动手去实施相关活动，被试的卷入度很难得到掌控。因此，实验二选用模拟恐怖主义爆炸活动方式，该模拟场景需要被试亲自进行动手模拟，与他人进行互动，实施相应的犯罪行为，同时在实验指导语的设计中，更多地诱导被试通过自己的行为和动作（如躲避摄像头，压低帽檐、佩戴口罩等）去掩饰自己的身份和行为，这样就保证了被试的情境投入度和卷入度。在事后主观报告中，加入了投入度和情绪体验两个问题，对被试的情绪体验进行总体把握，通过实验数据可得作案组和无辜知情组的情绪体验和表现均为4分以上，这在实验室模拟情境下已经处于较高水平。

5. 结论

运用认知综合测试法能够有效甄别作案者、无辜知情者与无辜者三个案件角色，甄别准确率分别为93%（作案者）、93%（无辜知情）和100%（无辜者）。

三、总讨论

（一）认知综合测试法在涉恐人员甄别中的效度

运用心理生理学方法来检测欺骗的尝试可以追溯到100多年前（Munsterberg，1908；Lykken，1998），在美国遭遇“9·11”恐怖袭击以及随后在阿富汗和伊拉克的军事行动的推动下，人们对在反恐领域应用测谎技术的兴趣越来越浓厚。作为对2001年恐怖袭击事件的回应，美国运输安全管理局（TSA）启动了“通过观察技术筛查乘客（SPOT）”计划，以检测人员的可疑行为，但是其在应用过程中很容易将无辜者判定为涉事者，增加了后期筛选工作的压力。认知综合测试法自开发以来，虽已在司法领域各类案件调查审理中的应用和实验室研究中取得了良好的效果，但在恐怖主义犯罪领域却从未有相关研究。我国恐怖主义犯罪虽从总体上看数量有所下降，但暴力恐怖活动仍时有发生（安鹏飞，王新建，王洪沙，2018），给公共安全造成了极大的威胁，因此选用和开发一种新的技术手段用于反恐工作迫在眉睫。

现阶段的恐怖主义活动伴随着浓烈的极端宗教色彩，主要以自杀式恐怖袭击和人体炸弹为主。本研究为了更贴近反恐实践，选用模拟恐怖主义讲经活动和模拟恐怖主义爆炸活动两个情境进行实验室模拟，通过两个实验来比较和验证认知综合测试法在模拟场景下对涉恐人员甄别的效度。同时，在案件调查中，知情总是一个较难甄别的角色。CQT测试作为一种致力于“检测谎言”的测试方法，在应用过程中常出现假阳性，将无辜知情者判为涉案者（Pape，2005），同时对于被测人与案件关系的程度难以有效甄别（刘璐，2017）。而CIT测试虽然不易出现误判无辜者、知情者的可能（Gamer et al.，2008），但是由于其测试题目较少，较常出现将涉案知情者判为无辜者的情况，假阴性较高（陈琛，2017）。本实验在被试角色设计中，分别设有参与者、涉案知情和无辜者以及作案者、无辜知情和无辜者，总体上考虑到实案测试中案件角色的实际情况，以检验认知综合测试法对于案件不同关系者的甄别效果。

本研究选用模拟恐怖主义讲经和模拟恐怖主义爆炸情境，将180名被试通过抽签的方式随机分配到参与、作案、无辜知情、涉案知情和无辜角色中，运用认知综合测试法编制涉恐人员甄别测试题对被试进行测试，采用CPS-510多导心理生理测试仪对被试的皮肤电反应进行采用和记录，再通过Lykken等级评分法进行评分，以判断被测人在案件中的角色和关系。研究结果显示：认知综合测试法在实验室条件下能够有效地区分不同案件角色的被试，在模拟恐怖主义讲经情境中，其测试准确率分别为90%（参与者）、87%（涉案知情者）和100%（无辜者）；在模拟恐怖主义爆炸情境中，其测试准确率分别为93%（作案者）、93%（无辜知情者）和100%（无辜者）。CCT测试法在两种模拟情境中的判定准确率无统计学差异，因此说明该种方法在不同的恐怖主义犯罪情境中都能够起到有效区分角色的效果。

就无辜组被试而言，CCT在两种模拟情境下均能对其进行有效区分，这是由于无辜者在实验中并未承担模拟任务，对于模拟恐怖主义犯罪不具有相关的认知和记忆，因此在面对测试时，所有的测试题目对于无辜组被试的意义相同，不存在由于目标问题引发其特异生理反应的可能（杨丹，2016）。对于知情组被试而言，研究中所设定涉案与无辜两种知情角色对案件信息都具有部分认知，涉案知情者认知状况更高，两者的不同在于面对测试时的心态，相较于无辜知情者，涉案知情者面对测试时恐惧冲突情绪更明显，由此所引发的认知负荷相对较强。而对于参与组和作案组被试而言，他们参与了模拟案件的整个实施过程，认知任务更为复杂，情绪体验比较强烈，具备与案件有关的自传体记忆和案件情节认知（王昊，2016），因此增加了其在说谎过程中的认知负荷，当目标问题呈现时，被试对案件细节的记忆提取会诱发定向反应，进而产生特异的心理生理反应。同时，本研究从自我认知、因素动机、案件情节和即时心态四个方面共编制8组问题，有效地提高了角色判定的准确率，减少了误判和错判的可能（Ben-Shakhar&Elaad，2002）。

本研究对于涉恐人员角色的甄别和准确率的判断均符合实验假设，这与张敏（2017）关于CCT在模拟盗窃和模拟行受贿案件中的效度研究虽处于不同领域，但研究结果均显示CCT可以有效甄别不同案件角色。同时在实验设计时吸取前人研究不足的经验，保证了被试较高的情境卷入度并对模拟过程进行严格操作。因此本研究在案件角色的判定准确率方面高于王昊（2016）、张敏（2017）的研究，在模拟恐怖主义爆炸情境中的角色判定准确率与余军（2018）研究中在高逃避检测动机条件下被试的判定准确率持平。因此，CCT对于涉恐人员甄别效度的实验室研究取得了良好的效果，成功地实现了从刑事司法领域到涉恐领域的迁移，在理论上保证了CCT应用于反恐工作的可能性。

（二）认知综合测试法在涉恐领域的应用

认知综合测试法自开发以来，已广泛应用于公、检、法，纪检监察、军队保卫、国家安全和人员筛查等领域，且均取得了良好的测试效果。相关实验室研究比较了CCT与CQT和系统测试法的准确率，研究了被试气质类型、自我认知题目类型、不同案件角色与案件类型、皮肤电反应实质、逃避检测动机与认知综合测试法心理测试的关系，验证了CCT具有更好的准确性和科学性，但是对于认知综合测试法在涉恐领域的应用却从未涉及。本实验研究发现，认知综合测试法在实验室条件下，能够有效地应用于对涉恐人员的甄别。

虽然实际案件应用不同于实验室实验，但是本实验在实验设计、编题等方面紧扣当前恐怖主义犯罪现状，在被试主观模拟环境欠缺的条件下已取得了良好的测试效果，而在实案测试中，嫌疑人的认知加工、关于案件情节的记忆和情绪体验更为强烈，其卷入度、心理压力更高，逃避检测的动机更强。因此，在涉恐人员甄别的实案测试中，认知综合测试法将发挥有力的作用。

四、总结论

1.参与组、作案组与涉案知情组、无辜知情组以及无辜组被试在目标问题和陪衬问题上的皮肤电反应差异显著。

2.认知综合测试法在模拟恐怖主义极端宗教讲经情境和模拟恐怖主义爆炸情境下，能够有效区分不同案件角色被试。

3.认知综合测试法在实验室条件下对模拟恐怖主义犯罪情境下的不同角色被试判定准确率达到90%以上，甄别效果良好。

五、不足与展望

实验室研究不同于实案测试，两者在被测人的情绪唤醒水平、逃避检测动机、犯罪意图以及实案测试中测试时间与犯罪时间的延迟方面都存在差距。当心理测试技术向新领域拓展时，仅凭实验室研究并不能完全说明问题，实验室模拟中被试的情境卷入度、心态、动机等都不同于实际案件中的恐怖分子，所得实验结论也会受到质疑。因此，在未来的研究中，应侧重于对认知综合测试法在涉恐人员甄别中的外部效度进行研究，在可能的条件下通过实案测试对实验室研究进行进一步验证，以保证实验室研究结果的科学性和有效性。

第六节　逃避动机对认知综合测试法效度影响的研究①

我国在20世纪80年代引进心理测试技术，经过近40年的研究和应用，该技术已在司法实践中取得了良好的效果，协助侦破了大批疑难案件，日益被司法机关及有关部门所重视。武伯欣、笔者等人（2004）在已有研究的基础

① 本研究系笔者主持的国家自然科学基金项目《多导心理生理测试技术的认知综合测试法应用研究》（项目号：31560281）的实验研究之一。该文为删改稿。

上，通过大量实测案件的研究总结提出了认知综合测试法，即CCT。CCT以检测被测人是否具有与案件相关经历的心理痕迹为理论基础，并注重对案情及案犯心理活动的动态分析，进而在此基础上进行编题测试。其在理论与方法上更加注重对涉案人客观行为经历和相应认知活动的检测。

然而，无论是CCT还是其他测试法，以往的实验研究是在低风险的实验条件下进行的，实验中的被试与真实案件中的被测人相比，在实验室条件下的情境卷入度不够，其与实际案件中的被测人面对测试时的逃避动机强度不同，使得该技术在实验条件下的测试效度远低于实案测试。因此，如何使实验室研究与实案测试更加接近，便成为心理测试技术实验室研究急需解决的一个重要问题。哈特维格（Hartwig）等人（2007）在一个实验研究中发现，模拟犯罪中大多数作案者报告其在测试之前是有准备的，而无辜者只有少数报告是有准备的。无辜者的行为被解释为在面对测谎仪时，相信自己说的是真实的，这可以使他们通过测试。实际案件中作案者明白他们的利益（隐藏真相）与主测人的利益冲突（揭示真相），他们必须通过干扰测试来维护自己的利益。早期关于作案者和无辜者的研究也表明说谎者和讲真话的人对于审讯有不同的策略。具体来说，涉案嫌疑人将对可能自证其罪的信息使用不合作的策略，而无辜的嫌疑人将使用更直接的策略。例如，无辜者可能更愿意案发时自己在犯罪现场，而作案者倾向于避免提到这样的信息。兹维（Zvi）等（2012）和伊拉德（2014）的研究表明：被测人的态度、动机等确实影响其在目标问题上的皮肤电反应。总的来说，不同案件角色的被测人面对调查时面临的风险不同，因而对待测试的态度与动机不同。那么，不同的逃避检测动机对多导心理生理测试的效度具有什么样的影响，前人虽做了相关研究，但在CCT条件下，逃避检测动机对测试效度的影响如何，尚缺乏专门的研究。

鉴于此，本研究就逃避检测动机对CCT测试效度的影响进行专门研究。研究拟通过实验方式，考察不同逃避动机水平下不同案件角色的被测人的皮肤电反应和综合评分及其测试结果的准确率，从而对逃避检测动机与测试效度的关系进行分析探讨，为CCT提供相应的研究支持，以提高心理测试技术的科学性及应用水平。

一、实验研究（余军，2018）：逃避动机对认知综合测试法效度影响的研究

1. 实验假设

（1）在高逃避检测动机条件下对作案者认定的准确率高于低逃避检测动机条件；

（2）在高逃避检测动机条件下对无辜知情者认定的准确率高于低逃避检测动机条件；

（3）在高逃避检测动机条件下和低逃避检测动机条件下对无辜者认定的准确率无影响。

2. 被试

以180名成年在校大学生为实验被试（视觉、听觉正常，身心健康，无任何疾病，无犯罪经历；之前从未参与过相关心理测试；高逃避检测动机组：作案者30人，无辜知情者30人，无辜者30人；低逃避检测动机组：作案者30人，无辜知情者30人，无辜者30人）。

3. 设备及材料

被试接待室一间，模拟作案房间一间，测试室一间，测试室内光线要求不能太暗也不能太刺眼，墙面白色且干净整洁，室内不摆放无关物品，隔音效果良好，无任何气味；空调一台以调节、控制测试室温度，桌子一个，测试椅一个，椅子两把；CPS-510（深圳东方新易公司生产）多导心理生理测试仪一台，笔记本电脑一台，保险箱一个，手表一个，现金800元（8张100元面值），水壶一个。根据模拟案件情况设计CCT测试关键项目8个：作案者的年龄、作案者的家乡、作案者的学校、保险箱位置、被盗钱的数量、被盗钱的去向、保险箱的其他物品、被踢翻的东西（其中窗台、800元、手表、装在自己身上、水壶为每组测试题的关键项目，关键项目作案者的年龄、作案者的家乡、作案者的学校根据被测人的具体情况来设定）。

4. 实验设计

采用2（低逃避检测动机、高逃避检测动机）×3（作案者、无辜知情者、无辜者）的被试间设计。形成6个实验条件：（1）模拟盗窃案件中的作案者，不承诺任何奖励与惩罚。（2）模拟盗窃案件中的作案者，要求他们极力证明

自己是无辜者，若是不能通过测试（测试结果将其认定为涉案），实验报酬的现金将被收回作为惩罚；若是通过测试（测试结果将其认定为无辜者），实验报酬的现金将被其带走作为“奖励”。（3）模拟盗窃案件中的无辜知情者，不承诺任何奖励与惩罚。（4）模拟盗窃案件中的无辜知情者，要求他们极力证明自己是什么都不知道的无辜者，若是其通过测试（测试结果将其认定为无辜者），实验报酬的现金将被其带走作为“奖励”，若对其案件角色认定不准确（测试结果将其认定为涉案），实验报酬的现金将被收回作为惩罚。（5）模拟盗窃案件中的无辜者，不承诺任何奖励与惩罚。（6）模拟盗窃案件中的无辜者，要求他们极力证明自己是什么都不知道的无辜者，若是其通过测试（测试结果将其认定为无辜者），实验报酬的现金将被其带走作为“奖励”；若对其案件角色认定不准确（测试结果将其认定为涉案），实验报酬的现金将被收回作为惩罚。被试被随机分配到6个条件中。实验过程中控制好噪声、光线和温度等额外因素；被试在测试期间的逃避动机在测试后采取自我报告收集。

因变量是被测人在关键项目上的皮肤电（原始数据）反应强度及综合评分和测试准确率。操纵逃避检测动机强度：金钱奖励作为一种外部诱因，可以使个体的社会心理需要得到满足，并由此唤起个体的外部动机，并因此可能改变个体的行为方式。周国韬（1987）以小学儿童为被试进行了外部奖赏如何影响内在动机的实验研究，结果发现高奖赏组显著高于控制组，低奖赏组与控制组之间没有显著差异，该研究说明奖赏之间的不同会引起个体内在动机的变化。格涅齐（Gneezy，2005）的研究发现人们会为了自己的利益而说谎，说谎如果能够为自己带来物质利益的改变，人们关注自己和关注他人的行为也会随之产生变化。马扎（Mazar）等人（2006）用金钱和代币研究说谎时，也发现当说谎可以获得更多的利益时，人们的行为表现就会倾向为不诚实。凯瑟琳（Kathleen，2006）研究金钱的心理效应发现，在人们的头脑中诱发一种“钱”的概念使得个人主义动机会加强，个体更加关注自我。凯瑟琳等人（2008）研究了在人们的头脑中激活“钱”的概念表征会导致人们潜在的认知、动机、情绪和行为的改变。因此，本实验研究中采用给被试钱的奖赏方式来操纵其逃避检测动机水平强度，并通过自我主观报告来测量被试的逃避检测动机强度。

5. 实验程序

实验由两名主试和一名助手进行，两名主试是犯罪心理测试技术专业方向的硕士研究生三年级学生，了解实验的所有环节，熟悉仪器操作的流程，有着较丰富的测试经验；助手由犯罪心理测试技术专业方向的一年级、二年级硕士研究生担任。

（1）模拟犯罪阶段：每次实验有一名被试参与。首先由主试A接待，被试来到接待室后主试A先询问被试是否生病吃药、近一两天的休息等状况，以确保被试符合测试条件。若被试符合测试条件，则请该被试阅读、签署一份知情同意书，并填写自我相关信息。知情同意书的内容为被测人同意进行一项心理生理测试实验。通过抽签，该被试被随机分配到三个案件角色、两种逃避检测动机水平［作案者（低逃避检测动机组）、无辜知情者（低逃避检测动机组）、无辜者（低逃避检测动机组），作案者（高逃避检测动机组）、无辜知情者（高逃避检测动机组）、无辜者（高逃避检测动机组）］中的任意一个条件中。主试A根据被试抽签的结果向其宣读相对应的指导语。

（2）测试阶段：被测人进入测试室接受测试。主试B负责测试阶段的工作，但其对被试的案件角色并不知晓。主试B首先对被试进行测前谈话，说明被试被怀疑盗窃了办公室里的钱，测试的目的在于找出真正的作案人，告诉被测人心理测试技术的测试原理，同时告知其在测试时的一些要求和注意事项，如正式开始测试后，被测人身体不能移动，认真听测试题并简单回答测试问题等。随后由助手给被测人佩戴呼吸、皮肤电、脉压等传感器开始测试。对每名被测人进行两遍测试，每道测试题为15—20秒，每遍的测试时间大约为30分钟，第一遍测试结束后让被测人休息约5分钟再进行第二遍测试。每名被测人在测试结束后填写自我主观报告，即对自我（涉案人）相关信息的紧张值（0—100分，趋近于0分表示一点都不紧张，趋近于100分表示非常紧张）、逃避检测的动机强度值（0—100分，趋近于0分表示没有逃避检测的动机，趋近于100分表示逃避检测的动机非常强）、自我表现即主测人对其案件角色认定准确率的预期值（0—100分，趋近于0分表示主测人可能将其认定为无辜者，趋近于100分表示主测人可能将其认定为涉案人）进行报告。自我主观报告填写完后给被试赠送实验赠品并表示感谢，实验结束。

6.数据采集和判定标准

数据由CPS-510心理生理测试仪采集，若被测人在某一题上有身体动、头摇晃、咳嗽、深呼吸等影响皮肤电反应的情况，则将该题的得分剔除，对该题重新提问并采集数据。案件角色判定的标准采用Lykken等级评分法：每一组测试题中，根据目标项目的反应值对4个反应值（在心理测试中，每组题一般由1个导入题和5个项目题组成，在结果评判中一般对第一个陪衬项目题即首题的反应忽略不计，将每组题中的首题反应剔除主要是为了避免首题刺激引发的首题效应）中的相对大小进行等级评定，若为最高反应值则评为2分，第二高则评为1分，其他高度都评为0分。当被测人对4个刺激中的3个刺激问题均具有相同的反应值时，则仅以1、0两个等级进行评分，若对目标刺激问题的反应位于高反应值，那么对目标项目等级评1分；如果位于低反应值，则对目标问题等级评为0分。当被测人对4个刺激中的4个刺激问题均具有相同的反应值时，则每个问题都评为0分。对每组测试题中的目标项目依次进行评分，可以得到所有测试题中目标问题的总分。最后求出被试在8个目标问题上反应值的总得分，如果高于或等于最高总分（最高总分=8×2=16分）的一半（8分），即认定为作案者；若小于8分则认定为无辜者。

7.结果与分析

采用SPSS22.0对被试自我主观报告和实验数据进行统计分析。

（1）对逃避检测动机水平操纵的检验

实验结束之后，对被试在实验过程中的个人信息紧张值、逃避检测动机水平和自我表现进行评定（结果如表7-26所示）。为了检测实验中对逃避动机水平操纵的有效性，对不同奖励条件下被试的个人信息紧张值、逃避检测动机强度值和自我表现进行显著性检验。对无辜组被试，有奖赏情况下的个人信息紧张值与无奖赏情况下的个人信息紧张值之间无显著差异［$t(58)=0.80$，$p>0.05$］；有奖赏情况下的逃避检测动机强度值与无奖赏情况下的逃避检测动机强度值之间无显著差异［$t(58)=0.13$，$p>0.05$］；有奖赏情况下的自我表现与无奖赏情况下的自我表现之间无显著差异［$t(58)=0.99$，$p>0.05$］。说明无论是在有奖赏条件下还是在无奖赏条件下，无辜组被试的个人信息紧张值、逃避检测动机强度值、自我表现均无显著差异。对于无辜知情组被试，有奖赏情况下的个人信息紧张值与无奖赏情况下的个人信息紧张值之间无显著差异

[$t(58)=1.32$, $p>0.05$]；有奖赏情况下的逃避检测动机强度值与无奖赏情况下的逃避检测动机强度值之间存在显著差异 [$t(58)=2.49$, $p<0.05$]；有奖赏情况下的自我表现与无奖赏情况下的自我表现之间无显著差异 [$t(58)=0.79$, $p>0.05$]。说明在有奖赏条件下和无奖赏条件下，无辜知情组被试的个人信息紧张值、自我表现均无显著差异，但逃避检测动机强度值存在显著差异。对于作案组被试，有奖赏情况下的个人信息紧张值与无奖赏情况下的个人信息紧张值之间无显著差异 [$t(58)=0.12$, $p>0.05$]；有奖赏情况下的逃避检测动机强度值与无奖赏情况下的逃避检测动机强度值之间存在显著差异 [$t(58)=2.18$, $p<0.05$]，说明在有奖赏情况下，作案组被试的逃避检测动机确实提高了；有奖赏情况下的自我表现与无奖赏情况下的自我表现之间无显著差异 [$t(58)=1.25$, $p>0.05$]。说明在有奖赏条件下和无奖赏条件下，作案组被试的个人信息紧张值、自我表现均无显著差异，但逃避检测动机强度值存在显著差异。

表7-26 被试事后逃避检测的动机主观报告描述性统计表（$M\pm SD$）

组别（N=30）角色	奖赏情况	个人信息紧张值		逃避检测的动机强度值		自我表现	
无辜者	无	31.17±28.88	$t(58)=0.80$,	11.33±23.30	$t(58)=0.13$,	86.47±19.77	$t(58)=0.99$,
	有	27.00±28.58	$p=0.43$	11.83±19.67	$p=0.90$	82.77±21.41	$p=0.32$
无辜知情者	无	36.50±26.23	$t(58)=1.32$,	50.47±34.45	$t(58)=2.49$,	66.97±22.28	$t(58)=0.79$,
	有	42.17±22.65	$p=0.19$	64.81±19.51	$p=0.02$	71.20±20.71	$p=0.43$
作案者	无	42.00±30.89	$t(58)=0.12$,	62.17±35.69	$t(58)=2.18$,	44.37±34.86	$t(58)=1.25$,
	有	41.17±26.32	$p=0.90$	74.33±22.81	$p=0.03$	54.67±32.88	$p=0.22$

（2）不同逃避检测动机条件下案件角色鉴别的有效性

测试过程中由CPS-510心理生理测试仪对被测人的生理指标图谱进行实时记录，测试结束后依据被试在关键项目题上的皮肤电（原始数据）反应强度及综合评分采用Lykken等级评分法算出每个被试的总得分，再判断每个被试的角色（判断结果见表7-27）。在低逃避动机条件下，CCT检测的总体准确率为84.44%（76/90）；在高逃避动机条件下，CCT检测的总体准确率为95.56%（86/90）。对两种逃避动机水平条件下总体的测试准确率采用卡方检验进行统计分析发现，低逃避动机条件下和高逃避动机条件下被试的判断结果之间不存在显著差异，χ^2（1）=0.62，p=0.43，说明在低逃避动机条件下和高逃避动机条件下，对无辜者、无辜知情者、作案者的正确识别率均不存在显著差异。

表7-27 实验案件角色判断结果（N=180）

动机水平	无辜者	无辜知情者	作案者
低逃避动机	（30/30）100%	（25/30）83.3%	（21/30）70%
高逃避动机	（30/30）100%	（28/30）93.3%	（28/30）93.3%

（3）对被试皮肤电反应Lykken评分的检验

为了进一步了解不同逃避动机水平的被试的皮肤电反应Lykken评分的差异，分别对无辜组、无辜知情组、作案组被试的Lykken评分进行显著性检验（被试Lykken评分描述性统计结果见表7-28）。对于无辜组被试，其在低逃避检测动机条件下的皮肤电反应的Lykken评分和高逃避检测动机条件下的皮肤电反应的Lykken评分上不存在显著差异［t（58）=0.21，$p > 0.05$］。对于无辜知情组被试，其在低逃避检测动机条件下和高逃避检测动机条件下的皮肤电反应的Lykken评分上不存在显著差异［t（58）=1.50，$p > 0.05$］。对于作案组被试，其在低逃避检测动机条件下和高逃避检测动机条件下的皮肤电反应的Lykken评分上存在显著差异［t（58）=5.85，$p < 0.001$］，高逃避动机组的皮肤电反应的Lykken评分（M=11.24）显著高于低逃避动机组的皮肤电反应的Lykken评分（M=8.28）。

表7-28 被试皮肤电反应Lykken评分描述性统计表（$M \pm SD$）

动机水平	无辜者		无辜知情者		作案者	
低逃避动机	2.23±1.84	t(58)=0.21,	4.50±2.25	t(58)=1.50,	8.28+2.37	t(58)=5.85,
高逃避动机	2.17±1.67	p=0.84	5.09±1.89	p=0.14	11.24±2.92	p=0.00

（4）对被试在目标题上皮肤电反应强度值的检验

为了进一步考察同一案件角色在不同逃避检测动机水平下目标题的皮肤电反应的差异，分别对无辜组、无辜知情组、作案组被试的目标题的皮肤电反应强度值进行显著性检验（被试目标题皮肤电反应强度值描述性统计结果见表7–29）。对于无辜组被试，其在高逃避检测动机条件下和低逃避检测动机条件下的目标题皮肤电反应强度上不存在显著差异［t（58）=1.59，$p>0.05$］；对于无辜知情组被试，其在高逃避检测动机条件下和低逃避检测动机条件下的目标题皮肤电反应强度上不存在显著差异［t（58）=0.14，$p>0.05$］；对于作案组被试，其在高逃避检测动机条件下和低逃避检测动机条件下的目标题皮肤电反应强度上存在显著差异［t（58）=3.51，$p<0.001$］，平均数的差异值为6.47，高逃避动机组的目标题皮肤电反应强度值（M=37.24）显著高于低逃避动机组的目标题皮肤电反应强度值（M=30.77）。

表7–29　被试目标题皮肤电反应强度值描述性统计表（$M\pm SD$）

动机水平	无辜者		无辜知情者		作案者	
低逃避动机	17.93±6.94	t(58)=1.59,	26.15±10.17	t(58)=0.14,	30.77±9.72	t(58)=3.51,
高逃避动机	20.33±9.46	p=0.12	25.91±8.05	p=0.89	37.24±9.51	p=0.00

（5）对被试在陪衬题上皮肤电反应强度均值的检验

为了进一步考察无辜组、无辜知情组、作案组被试在不同逃避检测动机水平下陪衬题皮肤电反应强度均值的差异，分别对无辜组、无辜知情组、作案组被试的陪衬题皮肤电反应强度均值进行显著性检验（被试陪衬题皮肤电反应强度均值描述性统计结果见表7–30）。对于无辜组被试，其在高逃避检测动机条件下和低逃避检测动机条件下的陪衬题皮肤电反应强度均值上不存在显著差异［t（58）=1.79，$p>0.05$］；对于无辜知情组被试，其在高逃避检测动机条件下和低逃避检测动机条件下的陪衬题皮肤电反应强度均值上不存在显著差异［t（58）=0.66，$p>0.05$］；对于作案组被试，其在高逃避检测动机条件下和低逃避检测动机条件下的陪衬题皮肤电反应强度均值上存在显著差异［t（58）=3.26，$p<0.001$］，平均数的差异值为4.29，高逃避动机组的陪衬题皮肤电反应强度均值（M=21.49）显著高于低逃避动机组的陪衬题

皮肤电反应强度均值（M=17.20）。

表7-30 被试陪衬题皮肤电反应强度均值描述性统计表（$M \pm SD$）

动机水平	无辜者		无辜知情者		作案者	
低逃避动机	18.74±7.80	$t(58)$=1.79,	22.48±9.36	$t(58)$=0.66,	17.20±6.52	$t(58)$=3.26,
高逃避动机	21.61±9.69	p=0.08	23.57±7.90	p=0.51	21.49±7.14	p=0.00

8. 讨论

典型的实验设计和实际刑事调查之间的一个重要区别是受试者的压力水平及他们逃避检测的动机。对于逃避检测动机，在测试中的作用有着不同的理论观点。一方面，可以推断，逃避检测的动机越高，实际上成功的可能性越大。这种推理与大量的研究结果一致，表明动机可以使人们投入更多的精力并有效地提高任务绩效。另一方面，动机损害假设认为，较高的欺骗动机可能会使测试的有效性产生矛盾的增长。本研究的目的在于通过操纵被试的逃避动机使其尽可能体验真实案件中不同案件角色在面对测试时的心态，评估逃避检测动机在实验室条件下是否影响CCT的测试效度，进而考察不同的逃避检测动机是否是造成实验室情境和实际案件环境下测试效度不同的因素之一。

本研究以180名在校大学生为被试，采用单因素被试间实验设计，在模拟盗窃范式中通过抽签将每名被试随机分配到6组实验条件中的一组，即低逃避动机条件下的无辜者、无辜知情者、作案者和高逃避动机条件下的无辜者、无辜知情者、作案者，每组30名被试。所有被试根据自己的角色对案件进行模拟，并通过心理测试判断其与模拟盗窃案件的关系及其在模拟盗窃案件中的角色。研究依据CPS-510多导心理生理测试仪采集记录的皮肤电反应强度值，采用Lykken等级评分法，评判被试在模拟盗窃案件中的角色并对不同逃避动机水平条件下的测试准确率进行了统计分析，考察了在模拟盗窃案件情境中不同逃避动机水平下CCT认定案件角色的测试效度。通过给被试钱和收回钱的奖罚措施来操纵被试的逃避检测动机强度，对所有被试的自我主观报告进行显著性检验，发现无辜知情组被试和作案组被试相比于不给钱奖赏，在给钱奖赏的情况下逃避检测动机显著增强了，而无辜组被试在给钱和不给钱情况下的逃避检测动机均不存在显著差异，这与实际情况相符，因为无论是在实验研究还是在实案测试中，无辜者确实与案件无任何牵连，其几乎不存在逃避检测动机；而无辜知情者和作案者因为与案件有关系，其在实际案件中的逃避检测动机必然会高于实验室条件。逃避检测动机强度的显著性检验结果保证了研究的可行性。

实验研究结果显示：CCT测试法在不同的逃避动机水平下均能够有效地区分无辜组被试、无辜知情组被试和作案组被试，在低逃避动机水平条件下，CCT对三种角色检测的准确率分别为100%、83.3%和70%；在高逃避动机水平条件下，CCT对三种角色检测的准确率分别为100%、93.3%和93.3%。CCT测试法在两个逃避检测动机水平下对案件角色的认定准确率虽然在统计学上并无显著差异，但与较低逃避动机水平相比，CCT测试法在高逃避动机条件下更能有效区分无辜知情者和作案者。

CCT在低逃避动机和高逃避动机条件下均能对无辜者进行有效检测，首先是由于无辜者无论在何种情况下对模拟盗窃案件均无相应的认知，无辜组被试确实不存在与案件相关的情境记忆和自传体记忆，给无辜被试金钱刺激操纵其测试动机以达到面对测试时会有利益得失的效果，使其尽可能接近真实案件中无辜者的心态。对于无辜被试，有奖励组在目标问题、陪衬问题上的皮肤电反应强度均高于无奖励组，反映了无辜被试在有利益得失条件时的心理活动，其想极力证明自己与案件无任何关系，与此同时又怕主测人将自己的角色测错失去利益（金钱），这种内心冲突和紧张感的增加激发了无辜被试的应激状态，导致其有奖励组在目标题和陪衬题上的皮肤电反应增强；而无奖励组在Lykken评分上高于有奖励组，这说明有奖励组无辜被试虽然在测试题上的皮肤电反应强度总体提升了，但在同一条件下，目标题和陪衬题间的反应差异减小了。其次本研究采用CCT编题，共8组测试题，足够多的测试题数量和CCT三个不同层面的测试，避免无辜被试假阳性错误发生。

CCT在低逃避动机和高逃避动机条件下均能有效地对无辜知情组被试进行检测，但在高逃避动机条件下，CCT对无辜知情组被试的检测效度更高。无辜知情组被试对模拟盗窃案件的部分情节有相应的认知，故而会在部分情节问题的刺激下出现一定的定向反应。同时，由于逃避测试动机的驱使，被试会在有认知的情节题上说谎产生情绪反应，但在高逃避动机条件下无辜知情组被试的注意力集中程度和心理压力更大，相比低逃避动机组，无辜知情组被试在奖赏利益的驱使下，对案件情节的认知加工程度更深，其联想加工程度减弱，且大脑中只保留模拟案件中的部分情境记忆，因此对其他没有认知的目标问题的联想反应减弱，无辜知情组被试目标题上的皮肤电得分印证了这一假设，所以在高逃避动机条件下对无辜知情组被试的测试效度提高了。高逃避检测动机比低逃避检测动机的Lykken评分高，说明在高逃避检测动机条件下无辜知情组被试的联想反应减弱了，但认知唤醒水平提高了，即较高的逃避检测动机使无辜知情组被试识别了更多的关键项目，且增强了关键项目的皮肤电反应。无辜知情组被试陪衬题上的皮肤电得分在高逃避检测动机条件下比低逃避检测动机条件下高，说明逃避动机的增强使无辜知情组被试更在意其当前面对的心理测试，利益得失的驱力使其紧张等情绪唤醒水平和应激状态提高了，因而在陪衬题上的皮肤电反应也随之增强。

CCT在低逃避动机和高逃避动机条件下均能有效地对作案组被试进行检测，但在高逃避动机条件下，CCT对作案被试的检测效度明显提升了，对作案被试的检测率由70%提高到93.3%。从实验设计来看，作案组被试参与了模拟盗窃案件的整个环节，对案件所有情节都有相应的认知加工，对案件情节进行了编码，两组作案被试都会对所有关键问题的刺激进行一定记忆提取并出现定向反应。从表7–27和表7–28中可看出，显然本研究中CCT对作案者的测试效度实验组（高逃避动机组）显著高于对照组（低逃避动机组），说明高逃避动机组的被试在大脑中留下的有关其进行盗窃活动的自传体记忆更为深刻，作案组被试认知加工程度更深、注意力更强；并且该组被试在对关键问题谎答时试图尽可能地抑制其在关键问题上的反应进而逃避测试，反而导致其心理压力、情绪唤醒水平和情绪体验进一步提高，产生更大程度的紧张感，将案件与自我建立起关联关系，进而识别了更多的关键项目，且较高的逃避检测动机增强了关键问题的皮肤电反应，使其更容易被检测出来。

研究结果基本符合假设预期，知情和作案被试在高逃避检测动机条件下的测试准确率更高，本研究支持了兹维等（2012）的研究结果，与伊拉德（2014）的研究结果也一致。具体来说，当作案被试在测试时采取合作态度时（低逃避动机），在关键问题上的皮肤电反应减弱，作案被试在测试时较高逃避检测的动机会增强其在关键问题上的皮肤电反应，且从Lykken评分的提高（低逃避动机组的Lykken评分平均值为M=8.28，高逃避动机组的Lykken评分平均值为M=11.24）可看出，逃避检测动机的提高使作案被试识别了更多的关键项目。无辜知情组被试目标问题和陪衬问题的皮肤电反应差异值在高逃避检测动机条件下降低了（在低逃避检测动机条件下，目标问题和陪衬问题的皮肤电反应差异值为3.67；在高逃避检测动机条件下，目标问题和陪衬问题的皮肤电反应差异值为2.34），说明在较高的逃避测试动机条件下，目标问题和陪衬问题刺激的意义性和差异性降低了，无辜知情组被试的联想反应减弱。无辜者在奖励条件下的Lykken评分降低，说明无辜被试更愿意持合作态度。因此，在实案测试时应尽可能通过测前谈话，对被测人进行动机安抚和激励，以使无辜者在测试时采取合作的态度，增强涉案人和知情者应对、逃避检测的动机，进而提高测试准确率。

综上所述，逃避检测动机确实是影响实验室和实案测试效度的因素之一。特别是实验室研究中被测人态度、逃避动机等影响心理压力的因素与实际案件不符，其对实验室条件下测试效度的影响是心理测试技术研究需解决的一个问题。因此，如何使实验研究更加接近实案测试，是心理测试技术研究必须考虑的问题，也是实践应用中主测人员应关注的重点，应通过掌握逃避检测动机对测试的影响，进一步提高CCT的测试效度。

9. 结论

（1）CCT在不同的逃避动机水平下均能够有效地区分无辜组被试、无辜知情组被试和作案组被试。

（2）在低逃避动机水平条件下，CCT对三种角色检测的准确率分别为100%、83.3%和70%；在高逃避动机水平条件下，CCT对三种角色检测的准确率分别为100%、93.3%和93.3%。CCT测试法在高逃避动机条件下更能有效区分无辜知情组被试和作案组被试。

二、不足与展望

（一）逃避动机强度不够

实验室研究中无论被试在测试中如何表现，对他们基本不会造成伤害。具体来说，面对测试的威胁，实验室研究中的被测人与实案测试中的犯罪嫌疑人面对的威胁不同。为了弥补这个缺点，本研究操纵了两个逃避动机水平使被试证明其无罪，期望更高的逃避动机水平尽可能接近实际案件测试。然而，奖励组被试都知道本研究赌注低，逃避动机强度虽然有所提高，但跟实际案件中被测人的逃避动机相比，其强度远远不够。建议后期的研究中进一步增强逃避动机的强度，将逃避动机强度分成多个水平进行研究。

（二）模拟案件情境设置

首先，被试在模拟案件时，所有的案件情节都是由实验设计者提前预设好的，被试都是按主试的指导语实施盗窃行为来完成任务，因而在模拟相关盗窃行为时被试缺少主动选择，紧张感、情感体验等与实际案件不相符。其次，所有被试都是在模拟盗窃案件相关行为实施结束后就进行测试，而实际案件中被测人都是在案件发生数天、数月乃至数年后才进行心理测试，测试与实施行为之间的时间间隔、被试对模拟案件的认知加工不符合实际情况。因此调整测试时间间隔，使模拟案件情境尽可能符合实际案情，增加被试的主动性和参与度是以后研究中应完善的方向。

第七节 认知综合测试法中皮肤电反应的实质内容探究①

一、概况

心理测试技术当前研究的重点已由心理测试技术是否科学，以及各种心理测试方法孰优孰劣等问题，转向探讨心理测试技术的内在机制，如测试中皮肤电反应的实质内容等。对心理生理测试技术的不同理论基础的研究可以将其大致分为两大类（Ben-Shakhar&Furedy，1990）：（1）强调动机和情感因素的理论（如与说谎有关的情绪，害怕测谎仪测试结果，欺骗动机）；（2）强调认知因素的理论（如犯罪信息和对某些案件信息的认知，以及在处理关键项目时的注意力机制）。有研究认为，与说谎有关的情绪动机因素不是心理测试的必要

① 本研究系笔者主持的国家自然科学基金项目《多导心理生理测试技术的认知综合测试法应用研究》（项目号：31560281）的实验研究之一。该文为删改稿。

条件，但它们可能提高了相关问题的辨别度。武伯欣教授认为，心理测试是对被测人认知即有无与案件相关的心理痕迹的测试，心理测试中皮肤电反应的变化所反映的内容就是被测人认知、情绪等心理生理活动的变化，与被测人是否说谎没有关系。笔者认为，心理测试所测和引发的应该是被测人有无与案/事件相关的行为活动及认知经历，以及相应的情绪体验、应对测试的态度动机、思维活动、即时心理状态等心理内容。

但迄今为止，还没有专门的研究来探讨心理生理测试技术中皮肤电反应的具体心理内容。为此，本研究借鉴以往研究，以认知综合测试法为测试方法，以模拟盗窃案件为范式，操纵回答方式，对CCT方法中皮肤电反应的实质内容进行实验研究，以对心理测试技术的理论基础进行更深入的研究，为心理测试技术的发展提供科学依据。

二、实验研究（杜佳燕，2018）

1. 实验假设

认知因素和与说谎有关的情绪动机因素均对皮肤电指标的变化有影响，且仅包含认知成分的“诚实回答”对案件角色的判定准确率最低，包含认知成分和说谎成分的“谎答”对案件角色的判定准确率最高，包含认知成分的“沉默”对案件角色判定的准确率居于两者之间。

2. 被试

该实验小组被试由来自兰州市安宁区多所高校的大学生和部分社会人士组成，共有180名符合测试条件的被试（视力及矫正视力均正常，无色盲、色弱情况）自愿参加实验。在实验结束后获得相应的实验报酬。

3. 实验设计

本实验采用3（沉默、诚实回答、谎答）×2（作案者、知情者）的被试间实验设计。因变量是被测人测试时的皮肤电反应强度及综合评分。

4. 实验设备

本次实验在甘肃政法学院犯罪心理测试技术中心进行，准备实验室三间，一间为被试接待室，一间为模拟盗窃案件的“失窃现场”会议室，一间为测试室；测试室安静、封闭，布置简单，墙面为白色，被试面向墙面而坐，其目光所及范围内无任何可分散注意的装饰物，自然光照，测试室安装空调可保证测试在适宜的温度（16℃—28℃）中进行，保证测试过程中无其他干扰因素。

实验使用CPS-510心理生理测试仪，测试仪记录皮肤电、呼吸、脉搏和动作指标，皮肤电传感器需佩戴在被试右手食指和中指的指腹处，呼吸传感器遵循胸呼吸（女）或腹呼吸（男）进行佩戴，同时在左手手腕桡动脉处戴好脉搏传感器，座位上放置动作传感垫；实时采集皮肤电、呼吸、脉搏、动作参数，用于记录整个测试过程中被试对于每一题的心理生理反应图谱及数据。

5. 实验材料

本实验采用模拟盗窃研究范式，根据被试实施的模拟盗窃行为进行认知综合测试法编题。在认知综合测试法编题中，以被试自传信息（年龄、家庭所在市、所在学校）、犯罪情节问题（5组）及其相应心理状态问题为主进行编题。

案件情节题每组题目包含1个导入题、1个目标选项，其余4个为陪衬选项。其中导入题的作用是让被试清楚接下来会涉及的问题是关于哪一方面的信息，目标选项是模拟盗窃案件的案件情节，陪衬选项是与目标选项类似的问题。对于知情者来说，在两组案件情节题中，各有一个目标问题对应的是他们了解到的盗窃案件细节；对于作案者来说，所有的犯罪情节题中都有一个目标问题对应的是他们实施了的盗窃案件的细节（表7-31）。测试的内容包括：作案者年龄、家庭所在市、学校、保险箱位置、信封里的钱数（即金额）、保险箱内另一个物品（表）、藏匿钱的位置、碰倒的物品。（√为被试已知信息，×为未知信息）

表7-31 不同案件角色可知的案件信息对应表

角色	作案者年龄	家庭所在市	学校	保险箱位置	金额	藏匿钱的位置	表	碰倒的物品
作案者	√	√	√	√	√	√	√	√
知情者	×	×	×	√	×	×	√	×

6. 实验程序

被试按时到达实验室后，由主试A按照实验指导语让被试了解本次实验的具体任务，并通过抽签来决定案件角色。随后，被试需要阅读一份知情同意书并签字，同时填写信息登记表；被试将通过抽签被随机分配为两个案件角色（作案者、知情者）中的任意一个。随后，主试A按照被试所抽取案件角色的指导语指导被试进行案件模拟。

（1）模拟犯罪情节阶段

实验模拟：要求作案被试进入会议室实施盗窃，进入会议室后先进行寻找，发现保险箱放置位置后，将保险箱打开进行盗窃，保险箱内放置一定数量的钱，并装有一个物品，作案被试先将保险箱里的物品观察后放下，将钱数清楚后藏于自己身上任意位置，准备离开，在临出门前由于紧张，踢翻了门口的垃圾桶，匆忙离开。在整个过程中，作案被试记清楚保险箱的位置、保险箱内的钱数、保险箱里的物品、钱藏匿的地方、碰倒的物品等关键信息，之后再一次进行抽签，确定回答方式（沉默、诚实回答、谎答）即可等待测试。

“沉默”是指被试进入测试室与主试B进行完测前谈话、戴好仪器正式开始测试后，对主试B所提的除个人信息以外的所有问题，都不回答。

“诚实回答”是指在正式开始测试后，根据自己所知的信息进行回答。

“谎答”是指正式开始测试后，对主试B所提的除个人信息以外的所有问题，都进行谎答。

知情被试则模拟在去办公室找老师的途中，发现会议室有人（实验助手）正在进行盗窃，通过门缝看见作案的人从会议室的某个位置取下一个保险箱，作案人打开保险箱后拿到了钱，还取出了一个物品，知情被试看清楚后因害怕被发现就立刻离开了。观察行为结束后，主试A确认知情被试看见保险箱放置的位置及保险箱里的物品后再一次进行抽签，确定知情被试的回答方式（沉默、诚实回答、谎答）即可等待测试。知情被试对实验助手（模拟盗窃者）的个人信息一无所知（即年龄、学校、家庭所在市等）。

在案件模拟过程中，主试A要求被试认真完成实验任务，要尽可能地进入角色，以所扮演角色应有的心理状态进行模拟盗窃行为和接受测试。

（2）心理测试阶段

被试结束犯罪情节阶段的模拟后，由主试A再次确认不同角色被试需要记住的关键信息后宣读指导语，并要求被试以其抽签决定的回答方式对待主试B所提出的所有与案件相关的问题，之后将被试带入测试室进行测试。主试B在对被试案件角色不知情的情况下主持测试阶段的工作。主试B首先要对每名被试进行测前谈话，说明被试某一时间段在会议室周围出现过，因此有盗窃保险箱的嫌疑，需要配合测试找到真正的作案者，其目的在于将被试的注意力吸引到测试的过程和内容上，对整个模拟案件更加投入，同时告知其在测试时的一些要求和注意事项。随后给被试佩戴传感器开始进行测试。每名被试的测试时间大约为30分钟。

（3）测后谈话阶段

测试结束后，主试B与被试进行测后谈话，向其说明实验目的，告知被试实验所得数据会严格保密，要求被试以个人真实的状态完善被试登记表，主试B以此得知被试所抽取到的案件角色，尤其是通过此表可以确定作案者和无辜知情者是否记得模拟情境中要求其识记的案件信息，并了解整个模拟案件的参与程度。

（4）事后主观报告问卷

测试结束后，主试A指导被试填写主观报告问卷，对整个过程进行自主评分，自主评分的内容包括：对于关键项目的紧张程度（1—100分，1分代表完全不紧张，100分代表非常紧张）、逃避检测的动机强度（1—100分，1分代表完全没有逃避检测的动机，100分代表动机非常强）、认为主测人可以正确认定其案件角色的概率（1—100分，1分代表认为主测没测出自己的真实角色，100分代表认为主测已测出自己的角色）。

7.数据采集

CPS-510心理生理测试系统程序自动采集及存储被试在所有问题上的皮肤电反应图谱，进行评分，测试结束后采集与测试问题相对应的皮肤电反应数据。数据采集的具体标准是：采集在提问开始后直至被测人回答后的15秒内的生理反应，取提问结束后首个波动的波谷与波峰之间的差值；如果波动由动作、说话或其他干扰引起，忽略；如果皮肤电反应在提问之前就开始波动，忽略；如果皮肤电反应从提问开始时就开始上升，所取数据就从提问开始时皮肤电在图谱中的最低点开始计算。本研究一共有70个问题，其中情节题共有5组，自我认知题3组，每组有1个导入问题，对该问题的反应舍去不计，从第二个问题开始采集数据。因此，实验中去掉8个导入问题，还有40个有效皮肤电反应数据。

数据采集完毕后，使用Lykken综合评分法进行评判：根据被试在目标选项上的皮肤电反应相对大小认定评分，综合判断其案件角色。评分方法为：

在同一组选项中，根据目标选项皮肤电波动值在所有选项波动值中的相对大小进行等级评分，若该反应为最强反应给2分，次强给1分，其他强度给0分，当5个问题反应中的4个问题均具有相同的反应强度时，则仅以1、0两个等级进行评分，若关键问题反应强于陪衬问题的反应值，那么给关键问题评1分，如果低于其他反映值，则给关键问题评0分。最后求出被试在这5个关键问题上的反应值的综合评分，如果被试的综合得分高于或等于总分的一半（总分=目标选项个数 ×2=16分），即8分，则认定该名被试为作案者；若小于8分则认定为无辜知情者。

8. 结果与分析

（1）不同回答方式下不同角色自我主观报告分析

采用SPSS22.0统计软件对实验数据进行统计分析，对不同回答方式（沉默、诚实回答、谎答）下不同角色（作案者、无辜知情者）的测试情况进行统计，首先对不同回答方式下被试事后主观报告进行描述统计分析（表7–32）。

表7–32　被试不同回答方式下事后主观报告描述统计表（$M \pm SD$）

回答方式	组别	个人信息紧张值	逃避检测的动机	案件信息紧张值	对成功通过测试的预期
沉默	作案者	49.43±22.60	61.47±28.82	49.83± 21.64	56.00±29.37
	无辜知情者	28.00±20.62	41.50±35.04	36.70±24.24	62.57±34.99
诚实回答	作案者	28.00±24.41	32.83±28.36	41.83±25.21	30.00±32.77
	无辜知情者	36.33±23.27	19.33±27.78	29.67±26.84	67.73±31.62
谎答	作案者	42.00 ±30.80	62.16±35.69	61.17± 28.76	44.37±34.86
	无辜知情者	36.50±26.23	50.46±34.45	45.00±28.25	66.97±22.28

为了检测不同回答方式对被试个人信息紧张值、逃避检测的动机、案件信息紧张值、成功通过测试的预期的影响，对同一角色在不同回答方式下个人信息紧张值、逃避检测的动机、案件信息紧张值、对成功通过测试的预期做单因素方差分析发现，对于作案组被试，不同回答方式条件下被试个人信息紧张值差异显著［$F(2, 87)=5.17$，$p<0.05$］。进一步进行事后多重比较发现，诚实回答与沉默、谎答之间均存在显著性差异（$p<0.05$），说明对于

作案者来说，在沉默、谎答和诚实回答三种回答方式下，其对个人信息的紧张值依次降低。对于无辜知情组被试，不同回答方式下被试个人信息紧张值不存在显著差异［$F(2, 87)=1.29$，$p>0.05$］。

对于作案组被试，不同回答方式条件下被试逃避检测的动机存在显著差异［$F(2, 87)=8.67$，$p<0.05$］。进一步进行事后多重比较发现，诚实回答与沉默、谎答均存在显著性差异（$p<0.05$），说明对于作案者来说，在谎答、沉默和诚实回答三种回答方式下，被测人逃避检测的动机依次降低。对于无辜知情组被试，在不同回答方式下被测人逃避检测的动机同样存在显著差异［$F(2, 87)=7.26$，$p<0.05$］。进一步进行事后多重比较发现，诚实回答与沉默、谎答同样存在显著性差异（$p<0.05$），在谎答、沉默和诚实回答三种回答方式下，被测人逃避检测的动机依次降低。

对于作案组被试，不同回答方式下被试对案件信息的紧张值差异不显著［$F(2, 87)=1.30$，$p>0.05$］。对于无辜知情组被试，不同回答方式下被试对案件信息的紧张值差异不显著［$F(2, 87)=2.52$，$p>0.05$］。

对于作案组被试，在不同回答方式下被试对自身成功通过检测的预期值存在显著差异［$F(2, 87)=4.84$，$p<0.05$］。进一步进行事后多重比较分析发现，被试在谎答、沉默、诚实回答三种回答方式下对自己能成功通过检测的预期值依次降低。对于无辜知情组被试，在不同回答方式下被试对自身成功通过检测的预期值差异不显著［$F(2, 87)=0.26$，$p>0.05$］。

（2）不同回答方式下对案件角色判定的准确率

测试过程中由CPS-510心理生理测试仪对被测人的生理指标进行实时记录，测试结束后，通过Lykken等级评分法对每个被试测试图谱中皮肤电反应得分及综合得分进行总评分，根据总评分判断被试的角色，同时与被试信息表的真实角色进行对比。在模拟盗窃案件中的三种回答方式下，沉默总体的测试准确率为75%（45/60），诚实回答总体的测试准确率为56.7%（34/60），谎答的测试准确率为78.33%（47/60），对三种回答方式总体的测试准确率进行卡方检验，三种回答方式的总体准确率不存在显著差异［$X^2(2)=2.33$，$p>0.05$］。

针对同一案件不同角色测试准确率进行统计分析。对于作案者被试，沉默、诚实回答、谎答测试准确率分别为53.3%（16/30）、33.3%（10/30）、

73.3%（22/30）。三种回答方式的测试准确率不存在显著差异［X^2（2）=4.50，$p>0.05$］。对于无辜知情者被试，沉默、诚实回答、谎答测试准确率分别为96.7%（29/30）、80%（24/30）、83.3%（25/30）。三种回答方式的测试准确率不存在显著差异［X^2（2）=0.54，$p>0.05$］（表7–33）。

表7–33　在模拟盗窃案件中不同回答方式和不同角色测试准确个数和百分比

组别	沉默	诚实回答	谎答
作案者	53.3%（16/30）	33.3%（10/30）	73.3%（22/30）
无辜知情者	96.7%（29/30）	80%（24/30）	83.3%（25/30）

（3）作案被试不同回答方式描述性统计

为了检测不同回答方式对被试在目标题、陪衬题以及Lykken综合评分上得分的影响，对同一角色在不同回答方式下所得目标题总分、陪衬题得分以及Lykken综合评分进行单因素方差分析发现，对于作案组被试，其在不同回答方式下的目标题得分差异显著［F（2，87）=3.81，$p<0.05$］。进一步进行事后多重比较分析发现，被试在谎答、诚实回答、沉默三种回答方式下目标题得分依次降低。在三种不同回答方式下所得陪衬题均值差异不显著［F（2，87）=1.98，$p>0.05$］。在三种不同回答方式下判定分数同样不存在显著差异［F（2，87）=1.77，$p>0.05$］（表7–34）。

表7–34　作案者角色中不同回答方式描述性统计（$M\pm SD$）

回答方式	目标项目		陪衬项目		判定分数	
沉默	25.80±8.10	F（2，87）=3.81	18.31±5.78	F（2，87）=1.98	7.10±2.98	F（2，87）=1.77
诚实回答	26.53±10.13		21.36±8.49		6.30±2.77	
谎答	32.17±10.90		18.18±6.43		7.67±2.72	

（4）无辜知情被试不同回答方式描述性统计

为了检测不同回答方式对被试在目标题、陪衬题以及Lykken综合评分上得分的影响，对同一角色在不同回答方式下所得目标题总分、陪衬题得分以及Lykken综合评分进行单因素方差分析发现，对于无辜知情组被试，其在不同回答方式下目标题得分存在显著差异［F（2，87）=8.34，$p<0.05$］。进

一步进行事后多重比较发现，被试在谎答、诚实回答及沉默条件下目标题得分依次降低。在不同回答方式下所得陪衬题均值差异不显著［$F(2, 87) = 2.96$，$p > 0.05$］。在不同回答方式下所得Lykken综合评分差异显著［$F(2, 87) = 7.78$，$p < 0.01$］。进行事后多重比较发现，无辜知情者在诚实回答、谎答及沉默条件下Lykken综合评分依次降低（表7–35）。

表7–35 无辜知情者角色不同回答方式描述性统计（$M \pm SD$）

回答方式	关键项目		陪衬项目		判定分数	
沉默	18.43±5.62	$F(2, 87)=8.334$	18.31±6.09	$F(2, 87)=2.96$	3.33±1.97	$F(2, 87)=7.78$
诚实回答	26.00±10.31		19.56±7.49		5.57±2.25	
谎答	27.93±11.59		23.10±9.47		4.90±2.50	

9.讨论

（1）认知综合测试法皮肤电反应的实质内容

本实验共有180名被试。采用模拟盗窃范式，抽签决定被测人的案件角色（作案者、无辜知情者）及回答方式（沉默、诚实回答、谎答），将其随机分为6组：沉默作案组、沉默无辜知情组、诚实回答作案组、诚实回答无辜知情组、谎答作案组、谎答无辜知情组。同时根据具体案情设置编制测试题目，经由测试仪器采集、记录被测人皮肤电反应，考察认知综合测试法中皮肤电指标的变化所反映的实质内容。结果表明：认知综合测试法皮肤电指标所反映的实质内容既包括被测人对案件的认知内容，也包括因对目标问题说谎而引起的情绪内容。

认知综合测试法皮肤电反应与被测人的认知状况有关，这与实验假设一致。作案组被试在与其个人信息有关以及与案件具体信息有关的目标项目上的皮肤电反应显著强于陪衬项目，且显著强于对作案和个人信息没有认知、对案件信息仅有部分认知的无辜知情组被试。实验结果表明：认知综合测试法编题中涉及自我认知及案件具体情节的问题对于作案被试来说具有特殊指向性，会唤醒作案被试对相关案件情境的认知，因此在测试中作案被试听到相关问题时会显示出比陪衬问题更强的特异心理生理反应。在实际案件测试中，作案被测人很清楚自己就是作案人，在对与个人信息有关的一系列问题进行回答时，会不自觉地关注与自身信息相对应的“正确”选项，同时，对于主测人顺时序提出的一系列与案件有关的情节问题，作案被试会不自主跟随问题刺激进入当时的情境中，准确识别出目标选项，忽略无关的陪衬选项。而作为无辜知情角色的被试，其虽然知道并记得案件的部分情节，但并没有实施作案的相关行为，同时缺少对整个盗窃活动情节的认知，且无辜知情者并不知道作案人的个人信息，因此，无辜知情者只会对自己认知过、有记忆的信息产生相应的心理生理反应。

从实验结果来看，在仅具有认知成分的诚实回答条件下对被试角色的判定准确率为56.7%（34/60），即仅包含认知成分的诚实回答方式，对案件角色的判定准确率并不高，但这并不代表被试皮肤电反应中无认知成分的存在。从实验数据的平均值来看，诚实回答组被试在关键项目与陪衬项目上的皮肤电反应仍存在差异，被试在目标项目上的皮肤电反应略高于陪衬项目，且诚实回答作案组被试在目标选项及陪衬选项上的皮肤电反应强度均略强于无辜知情者。而准确率不高的原因，推断为在诚实回答方式的条件下，被试只需对所有问题诚实回答，因此任何问题对于被试来说都意义相同，被试对案件关键信息的关注度、紧张度均不高，面对测试时心理压力较小，未能引发较强的定向反应，导致其在目标问题与陪衬问题上的皮肤电反应强度差别不大，判定案件角色准确率较低，这与傅根跃等人的研究结果一致（傅根跃，马艳，丁晓攀，2009）。

而在沉默回答方式下，对被试角色的判定准确率为75%（45/60）。在同样仅存在认知成分的沉默条件下，对被试案件角色的判定准确率比诚实回答显著提高。沉默组被试在接受问题刺激时保持沉默，并没有说谎，但在关键项目上仍有明显强于陪衬问题的皮肤电反应，表明认知成分确实存在于认知综合测试法中，被试在测试中有无言语反应，其认知状态都会对皮肤电反应产生影响。而从实验数据的平均值来看，在沉默回答条件下，作案组被试在关键项目上的皮肤电反应强度明显高于陪衬题项目，且显著强于无辜知情组被试。沉默组被试在测试环境中虽然对所有问题都不回答，但因对案件有具体认知所以始终对测试中提出的问题保持较高的关注度和紧张度；而无辜知情组被试因对案件信息认知较少，在长时间保持沉默的情况下，对相关问题刺激觉得无聊，其皮肤电反应强度在目标项目及陪衬项目上均有下降。

认知综合测试法皮肤电反应与说谎引起的情绪状态有关，符合实验假设。

三种不同回答方式对被试案件角色判定的总体准确率之间不存在显著差异，并不代表在认知综合测试法中皮肤电反应的实质内容不包括情绪因素。相比于仅存在认知成分的诚实回答及保持沉默两种回答方式，谎答条件下对被试案件角色的判定准确率最高，为78.33%（47/60），谎答组被试在与诚实回答和沉默组被试具有相同认知成分的情况下对问题进行谎答，说谎引起的情绪成分的加入，会提升判定准确率。实际案件测试中，出于本能，被测人预感到一旦罪行被揭露意味着即将面临法律的惩罚、财产的损失以及失去人身自由等后果时，会选择以说谎的方式来掩盖事实真相并因此而产生担心谎言被拆穿的紧张、害怕等情绪。因此在目标选项上会产生更强的皮肤电反应。

（2）有无言语反应对皮肤电反应的影响

由于认为检测效度会受到言语反应的影响，即任何言语反应都比保持沉默会引起更高的皮肤电反应强度，从而获得更高的判定准确率。因此在以往的测试方法中，通常要求被试对问题进行回答，尤其在准绳问题测试法中需要被试对准绳问题进行谎答。但本实验结果表明，在两种同样只具有认知成分的诚实回答和保持沉默的方式下，言语反应（诚实回答）并没有引起比保持沉默更强的皮肤电反应。相反，在保持沉默的条件下，对被试案件角色的判定准确率为75%（45/60），远高于诚实回答方式下对被试案件角色的判定准确率56.7%（34/60）。说明在心理测试中，皮肤电反应并不因是否具有言语反应而影响其在关键项目上的特异反应，这将在很大程度上拓展心理测试技术的适用范围。通常在实案中，对嫌疑人进行心理测试往往需要其在心理及行为上的高度配合，要求其自愿接受、配合心理测试并在测试过程中认真回答问题。但实际情况是：越是有嫌疑的被测人越是对测试存在抗拒心理，不愿意接受测试；勉强同意测试后，也经常对问题保持沉默，拒绝回答。而我们的研究结果表明，即使在拒绝回答问题的情况下，被试的皮肤电反应仍会出现相应的认知效应。

在保持沉默的条件下，无辜知情者在关键项目上的皮肤电反应强度低于诚实回答方式，这与总体趋势不同。原因在于在测试过程中，无辜知情者因为在模拟案件中参与度本身就不高，在测试过程中又被要求全程保持沉默，导致被试在测试过程中因觉得自身与案件关系不大而觉得无聊、注意力转移，皮肤电反应强度也随之降低。因此在实案测试中，对于拒绝回答问题的被试，应当在测试中随机增加一些对于被测人来说较为敏感的准绳问题，以保证被测人的注意力一直集中在测试问题上。

只有在谎答条件下，被试在关键项目、陪衬项目的皮肤电反应才优于任何回答方式。研究结果表明，在认知综合测试法中，虽然说谎或欺骗并不是检测的必要条件，因为相关项目和陪衬项目之间的显著差异是在受试者对相关项目完全没有口头回应的情况下实现的。然而，欺骗行为会增加被测人对目标问题回答的压力并引起相应的情绪反应，使其皮肤电反应更加强烈。

10. 结论

（1）在认知综合测试法中皮肤电反应的内容既包括被测人对案件情况的认知内容，也包括被测人因说谎而引起的情绪内容。

（2）被试在仅包含认知成分的沉默条件下，认知综合测试法同样可以准确判断案件角色，但情绪因素的加入使得测试准确率提高。

（3）认知综合测试法在诚实回答、沉默和谎答三种回答方式下对案件角色的判定准确率分别为56.7%、75%、78.33%。

Chapter eight

| 第八章 |

不同测试方法比较研究

心理测试技术领域存在不同测试理论及其方法科学性问题的争议。那么，有关测试理论及其方法的科学性、准确性究竟如何？需要进行实验室研究。

第一节 准绳问题测试法、系统测试法、认知综合测试法准确性比较研究①

心理测试技术无论在国内还是在国外都存在不同的测试方法。我国在该技术领域目前存在准绳问题测试法、系统测试法、认知综合测试法三种方法。实践中，三种测试方法的应用效果存在很大的差异，但目前尚缺乏对三种不同方法测试准确率的比较研究。因此，本研究采用模拟盗窃、模拟行受贿的实验范式，对三种测试方法总体测试准确率进行比较，而后分别对上述三种测试方法检测作案被试、知情被试、无辜被试的测试准确率进行比较，以验证上述三种不同测试方法的测试准确性，为心理测试技术的实案应用提供实验室研究的支持。具体实验如下（刘璐，2017）。

一、实验一：模拟盗窃情境下三种测试方法的测试准确率

1. 实验目的

本实验在模拟盗窃案件的情境下，以准绳问题测试法、系统测试法、认知综合测试法分别对被试的涉案情况进行心理生理测试，要求被试以案件角色相匹配的回答方式对案件目标问题进行否定回答，通过此实验研究，验证准绳问题测试法、系统测试法、认知综合测试法等不同测试方法测试准确率是否存在差异。并且，对于认定作案者、知情者、无辜者角色，三种测试方法的测试准确率是否同样存在差异。

2. 实验方法

（1）被试

选取西北师范大学、甘肃政法学院、兰州交通大学249名学生作为被试。被试通过抽签的方式随机抽取案件角色（作案者、知情者、无辜者），其中共

---

① 本研究系笔者主持的国家自然科学基金项目《多导心理生理测试技术的认知综合测试法应用研究》（项目号：31560281）的实验研究之一。该文为删改稿。

有24名被试，因色弱、身体状况不符合测试条件以及知晓所抽取的角色不应知晓的案件信息，其实验数据在后期的分析中被剔除。剩余的225名被试（男165名，女60名，年龄为17岁到26岁，*M*=20.55，*SD*=1.359）视力及矫正视力均正常，无色盲、色弱情况，身体条件符合测试要求，并在得知整个实验流程的各项要求之后，签署了被试信息登记表及知情同意书。每名被试均在实验结束后获得相应的实验报酬。

（2）实验设计

本实验采用3（准绳问题测试法编题、系统测试法编题、认知综合测试法编题）×3（作案者、知情者、无辜者）的被试间实验设计，因变量为皮肤电反应及综合评分。

（3）实验设备

三间实验室，分别为接待室、案件模拟室、测试室。在被试接待室中，由主试A接待实验被试，介绍整个实验流程，完成抽签以及被试信息登记表、知情同意书的填写；在案件模拟室，被试根据抽签的角色实施整个案件的模拟；无辜者只需要在会议室等待5分钟即可。在完成各自的角色模拟后进入测试室接受测试。被试所坐方向面对的是一面白墙，无任何分散注意力的装饰物，自然光照，测试室安装空调可保证测试在适宜的温度（16℃—28℃）中进行，保证测试过程中无其他干扰因素。实验使用由深圳东方新易公司生产的CPS-510心理生理测试仪，实时采集皮肤电、胸呼吸（女）或腹呼吸（男）、脉搏参数，用于记录整个测试过程中被试对于每一题的心理生理反应。

（4）实验材料

本实验采用模拟盗窃范式，根据被试实施的模拟盗窃犯罪行为分别进行准绳问题测试法、系统测试法以及认知综合测试法编题。

问题设计为：对于作案者来说，所有的犯罪情节题中都有一个选项对应的是他们实施了的盗窃案件的具体情节；对于知情者来说，让其知晓的其中两组案件情节题中，各有一个选项对应的是他们了解到的盗窃案件的具体情节；对于无辜者来说，其不知道任何案件信息（表8-1）。测试的内容包括：保险箱位置、装钱的信封颜色、信封里的钱数（金额）、藏匿钱的位置。

表8-1　不同案件角色知晓的案件信息

角色	保险箱位置	装钱的信封颜色	金额	藏匿钱的位置
作案者	√（已知）	√（已知）	√（已知）	√（已知）
知情者	√（已知）	√（已知）	×（未知）	×（未知）
无辜者	×（未知）	×（未知）	×（未知）	×（未知）

（5）实验程序

被试按照预先约定的时间来到被试接待室，由主试A接待，按照标准化指导语了解本次实验的流程，并抽签来决定案件角色，随后，阅读、签署一份知情同意书，并填写被试信息登记表。被试通过抽签被随机分配到3个案件角色（作案者、知情者、无辜者）中的任意一个。随后，主试A按照所抽取的案件角色向被试宣读该角色的指导语。

①模拟犯罪情节阶段：模拟作案被试与知情被试合谋对会议室保险箱进行盗窃，要求作案被试进入一间空闲的会议室内实施盗窃行为，即进入会议室之后，打开会议室的灯，推开挡在门口的椅子，在会议室的桌子上找到一把保险箱的钥匙，并在会议室特定位置找寻一个保险箱，找到保险箱之后向知情被试示意保险箱的位置，此外，保险箱内放置一个特定颜色的信封，并装有一定数目的钱，拿到该信封之后作案被试同样要向知情被试示意，并当面打开信封让知情被试看到信封里装的是钱，但具体是多少钱不能让知情被试知晓。模拟阶段作案被试的任务就是去偷这些钱，数清楚钱的数目之后将偷到的钱藏匿于指定的位置。在此过程中，作案被试要记住保险箱的位置、信封的颜色以及信封内的钱数。作案被试完成盗窃将钱藏好后，即可离开会议室，等待测试。

知情被试需站在门口为作案者望风，即与作案者合谋对会议室保险箱进行盗窃，与此同时注意观察作案者的盗窃行为，知情被试只能观察整个盗窃过程中保险箱的具体位置、信封的颜色，要求知情被试看到保险箱的位置及信封颜色之后就停止为作案者望风，因此知情被试不知道作案者所偷钱的具体数目以及钱藏匿的位置。在观察行为结束后，即可进行测试。

无辜被试需要在会议室独自等待5分钟，5分钟结束后，主试A和被试说明测试阶段的要求，即可进行测试。

在模拟过程中，主试A要求被试尽可能地去体验真实案件中所抽取角色对待测试的心态。

②心理测试阶段：被试结束犯罪情节阶段的模拟后，由主试A宣读指导语，要求被试模拟符合实际案件中各个角色对于测试题的回答方式，对主试B所提出的所有与案件相关的问题进行否定回答，然后将被试带入测试室接受测试。主试B在对被试案件角色不知情的情况下主持测试阶段的工作。主试B首先要对每名被试进行测前谈话，说明被试某一时间段在会议室周围出现过，因此有盗窃保险箱的嫌疑，需要配合测试找到真正的作案者，同时告知其在测试时的一些要求和注意事项，随后给被试佩戴传感器开始进行测试。准绳问题测试法和系统测试法分别测试三遍，每遍测试间隔3到5分钟，每遍测试都会调整相关问题的顺序，每名被试的测试时间大约为45分钟。认知综合测试法只测试一遍，每名被试的测试时间大约为30分钟。

③测后谈话阶段：测试过程结束后，主试B和被试进行测后谈话，告知实验目的并向其说明实验所得数据会严格保密，要求被试以个人真实的状态完善被试登记表，对整个过程进行事后评分，事后评分的内容包括：对于关键项目的紧张程度、逃避检测的动机强度、认为主测人可以正确认定其案件角色的概率。主试B以此得知被测人所抽取到的案件角色，尤其是通过此表可以确定作案者和知情者是否记得模拟情境中要求其识记的案件信息，并了解整个模拟案件的参与程度。

④评分阶段：主试B根据图谱反应进行实时同步评图，其中以皮肤电曲线的反应时、斜率、高度、持续时间等特征变化为主，并参考呼吸和脉搏波的特异反应。

使用准绳问题测试法时，将准绳问题得分与相关问题得分进行对比，对准绳问题的心理生理反应大于相关问题判定为无辜者，相反则判定为作案者，测试共进行三次，之后综合三次测试结果确定最终被测人的案件角色；使用系统测试法时，除对准绳问题及相关问题的反应进行上述判断之外，还要着重就模拟案件设置中的四个案件情节（a.保险箱位置，b.信封颜色，c.金额，d.藏匿地点）的对应情况进行判断，如果被试对所有案件情节题均无对应，则判别为无辜者，如果被试图谱反应的对应情节至少有a或b情节中的一个，则可以判别该被测人为知情角色；如果被试图谱反应的对应情节中只有c或d

情节，则可判别为作案角色；使用认知综合测试法时，要关注被测人在自我信息测试题、即时心态测试题、案件情节测试题上的对应情况，做出相应判断。根据以上判断方法，主试B做出被试是某一案件角色的结论，并与被试在被试信息登记表中填写的抽签结果进行核对，将判断结果进行记录，以便于进行之后的数据统计工作。

3. 结果与分析

研究采用SPSS19.0统计软件对实验所得数据进行整理分析，对不同测试方法（准绳问题测试法、系统测试法、认知综合测试法）的测试情况分别进行统计。首先，对三种测试方法中案件角色测试准确的个数及百分比进行统计（表8–2）。然后采用3（测试方法）×3（案件角色）的对数线性模型分析，发现测试方法和案件角色的交互作用显著，χ^2（4，225）=18.16，$p < 0.001$。

表8–2　在模拟盗窃案件中不同测试方法和不同案件角色测试准确个数及百分比

组别	准绳问题测试法	系统测试法	认知综合测试法
作案者	64%（16/25）	44%（11/25）	68%（17/25）
知情者	0%（0/25）	40%（10/25）	60%（15/25）
无辜者	24%（6/25）	56%（14/25）	80%（20/25）

跟踪分析发现，在模拟盗窃案件中，准绳问题测试法总体的测试准确率为29.33%（22/75），系统测试法总体的测试准确率为46.67%（35/75），认知综合测试法总体的测试准确率为69.33%（52/75），对三种测试方法总体的测试准确率进行卡方检验，三种测试方法的总体测试准确率存在显著差异，χ^2（2，75）=12.46，$p < 0.05$。进一步进行两两比较，发现准绳问题测试法与系统测试法的测试准确率差异不显著，χ^2（1，50）=2.97，$p > 0.05$；准绳问题测试法与认知综合测试法的测试准确率差异极其显著，χ^2（1，50）=12.16，$p < 0.001$；系统测试法与认知综合测试法的测试准确率差异边缘显著，χ^2（1，50）=3.32，p=0.068。

针对同一案件角色不同测试方法测试准确率进行统计分析。

对于作案者被试，准绳问题测试法、系统测试法、认知综合测试法的测试准确率分别为64%（16/25）、44%（11/25）、68%（17/25）。三种测试方法的测试准确率不存在显著差异，χ^2（2，75）=1.41，$p>0.05$。

对于知情者角色的被试，准绳问题测试法、系统测试法、认知综合测试法的测试准确率分别为0%（0/25）、40%（10/25）、60%（15/25）。准绳问题测试法不具备判断知情角色的作用，因此在此只对系统测试法与认知综合测试法的测试准确率进行比较，实验结果表明，系统测试法与认知综合测试法测试准确率不存在显著差异，χ^2（1，50）=1.00，$p>0.05$。

对于无辜者角色的被试，准绳问题测试法、系统测试法、认知综合测试法的测试准确率分别为24%（6/25）、56%（14/25）、80%（20/25）。三种测试方法的测试准确率存在显著差异，χ^2（2，75）=7.40，$p<0.05$。进一步对三种测试方法进行两两对比，发现准绳问题测试法与系统测试法的测试准确率差异边缘显著，χ^2（1，50）=3.20，p=0.074；准绳问题测试法与认知综合测试法的测试准确率差异显著，χ^2（1，50）=7.54，$p<0.05$；系统测试法与认知综合测试法的测试准确率差异不显著，χ^2（1，50）=1.06，$p>0.05$。

4.讨论

本实验使用模拟盗窃范式，通过随机抽签的方法决定被试的案件角色（作案者、知情者、无辜者），并分别使用准绳问题测试法、系统测试法、认知综合测试法编制测试题目对被试进行测试，考察了在模拟盗窃案件中，三种测试方法的测试准确率以及针对案件角色三种测试方法的测试准确率。实验结果表明：认知综合测试法与准绳问题测试法、系统测试法的测试准确率存在显著差异，准绳问题测试法与系统测试法的测试准确率不存在显著差异。在模拟盗窃案件中，准绳问题测试法与系统测试法之间的测试准确率不存在显著差异，这是由于系统测试法只是比传统的准绳问题测试法多了四组案件情节题，只能增加系统测试法对于知情角色的判断，并且案件情节题如果被泄露，那么就会增加主试判断错误的可能性，即将无辜知情者或者无辜者判定为作案者，因此两者在测试的准确率上没有显著差异。

认知综合测试法与准绳问题测试法的测试准确率存在显著差异，认知综合测试法的测试准确率要显著高于准绳问题测试法，这与陈梦（2015）的研究结果一致。准绳问题测试法仅仅是将相关问题与准绳问题进行比较，其题目编制中，问题的认知性及全面性很低。同时，由于准绳问题设置的困难，若准绳问题设置不当，很容易造成准绳问题的无效，导致无法与相关问题进行比较。而认知综合测试法的编题强调问题的客观性和认知性，并遵循心理活动的规律进行，其编题坚持客观性与认知性、顺时性与过渡性、情绪体验性与防止敏感性、唯一性与通俗易懂性、全面性与适宜性的原则和要求，从而保障了测试的科学性与准确性。因此，认知综合测试法比准绳问题测试法测试准确率高。

认知综合测试法与系统测试法的测试准确率差异边缘显著，认知综合测试法测试正确人数更多。说明认知综合测试法的测试准确率高于其余两种测试方法。这就又不得不回归到该测试方法的题目编制上来讲。遵循心理活动的规律设计编题是取得可靠测试结论的关键。认知综合测试法的测试编题考虑到了认知经历的客观性、事件发展以及心理活动的时序性、心理状态的变化以及防止被测人对问题的过敏等多个方面，从而能够有效地唤起作案人整体动态的心理过程。而系统测试法只是对案件情节进行编题提问，是一种封闭、静态的编题模式，因此，在测试准确率上系统测试法难以达到认知综合测试法的判断水平。

在区分具体案件角色方面，对于判别作案者角色被试，三种测试方法不存在显著差异，说明三种测试方法在判断作案者的角色上的测试准确率基本相同，即三种测试方法都可以准确地判断该角色。这与作案者与案件关系更为密切，测试造成的心理压力以及紧张感增强有关，从而使其生理反应强度高于知情者及无辜者，更易将其认定。

对于判别知情者角色被试，准绳问题测试法在编题结构上只有准绳问题与相关问题，仅仅将这两类问题做比较，测试的目的在于判断被测人是否说谎，因此在题目设置中缺少与案件情节有关的问题，从而不能对被测人涉案情况进行区分。也就是说，该测试方法不具备测试知情者角色的功能。系统测试法和认知综合测试法两者不存在显著差异，说明有效的案件情节可以帮助测试人员判断被测人的案件角色。

对于判别无辜者角色被试，准绳问题测试法与系统测试法差异边缘显著；准绳问题测试法与认知综合测试法差异显著，即准绳问题测试法对无辜者角色的判断准确率比其他两种方法低，这也反映了在使用该方法时的一个主要缺陷就是假阳性高，很容易将无辜者误判为作案者。判断无辜者角色被试，认知综合测试法的测试准确率显著高于准绳问题测试法，两种测试方法差异显著，这与陈梦（2015）的实验结果相一致。而系统测试法与认知综合测试法差异不显著，说明系统测试法中情节问题的应用改善了假阳性的发生率，有助于提高测试的准确性。

二、实验二：模拟行受贿情境下三种测试方法的测试准确率

1. 实验目的

实验一研究结果表明：在模拟盗窃案件中，认知综合测试法与准绳问题测试法、系统测试法的测试准确率存在显著差异，准绳问题测试法与系统测试法的测试准确率不存在显著差异。准绳问题测试法、系统测试法、认知综合测试法对作案被试的测试准确率不存在显著差异；系统测试法与认知综合测试法对知情被试的测试准确率不存在显著差异；对于无辜被试，准绳问题测试法与系统测试法、认知综合测试法的测试准确率存在显著差异，系统测试法与认知综合测试法的测试准确率不存在显著差异。那么对于不同类型的案件，尤其像职务犯罪中的行受贿案件，三种测试方法是否仍存在差异，需要进一步研究。

行受贿案件与盗窃案件存在以下方面的不同：一是行受贿案件较为隐蔽，嫌疑人往往是一对一进行交易，案件情况不容易掌握，犯罪事实无法直接查证，不像盗窃案件那样有作案现场、痕迹物证等案件信息。二是盗窃案件的侦查审理有较多痕迹物证的证据支撑，而行受贿案件的调查审理更多的是以口供为突破口，而涉案人之间事先会建立攻守同盟，在口供上往往难以得到有效的突破。三是行受贿案件的涉案人往往具有更强的反侦查意识，使得案件调查审理的难度较大。四是与盗窃案件相比，行受贿案件中作案的情节、过程较为简单，从而可供选择编制的目标题较少。

因此，实验二在模拟行受贿案件情境下，以准绳问题测试法、系统测试法、认知综合测试法分别对被试的涉案情况进行测试，以验证不同测试方法在行受贿案件测试中的准确率是否存在差异。

2. 实验方法

（1）被试

选取西北师范大学、甘肃政法学院、兰州交通大学本科生及研究生247名为被试。被试通过抽签的方式随机抽取案件角色（行贿者、知情者、无辜

者），其中共有22名被试，因身体状况不符合测试条件其实验数据在后期的分析中被剔除。剩余的225名被试（男性188名，女性37名，年龄为18岁到27岁，M=20.85，SD=1.50）均视力及矫正视力正常，无色盲、色弱情况，身体条件符合测试要求，并在得知整个实验流程的各项要求之后，签署了被试信息登记表及知情同意书。每名被试均在实验结束后获得相应的实验报酬。

（2）实验设计

本实验采用3（准绳问题测试法编题、系统测试法编题、认知综合测试法编题）×3（行贿者、知情者、无辜者）的被试间实验设计，因变量为皮肤电反应及综合评分。

（3）实验设备

研究工具与实验一相同。

（4）实验材料

本实验采用模拟行受贿案件。根据被试实施的模拟行受贿行为进行准绳问题测试法、系统测试法、认知综合测试法编题，除题目编制的内容以行受贿案件的模拟情况进行编制之外，其余编制方法及形式均与实验一相同，具体内容见表8-3。

表8-3 不同案件角色知晓的案件信息

角色	目的动机	行贿地点	钱数	方式
行贿者	√（已知）	√（已知）	√（已知）	√（已知）
知情者	√（已知）	√（已知）	×（未知）	×（未知）
无辜者	×（未知）	×（未知）	×（未知）	×（未知）

（5）实验程序

被试按照预先约定的时间来到被试接待室，由主试A接待，按照标准化指导语了解本次实验的流程，并抽签来决定案件角色，随后，阅读、签署一份知情同意书，并填写被试信息登记表。被试通过抽签被随机分配到3个案件角色（行贿者、知情者、无辜者）中的任意一个。随后，主试A按照所抽取的案件角色向被试宣读该角色的指导语。

①模拟犯罪情节阶段：实验要求抽到行贿者角色的被试以某种方式夹

带一定数量的现金进入一间空闲的会议室内，找中队长或者辅导员（实验助手扮演）说明此次来的目的，按照指导语要求的行贿目的完成整个行贿的过程。在模拟过程中，要求行贿人按照指导语的要求清楚地向受贿人说明行贿目的，并在模拟过程中对受贿人提出的问题自圆其说，极力说服对方帮助自己达成目的。行贿被试完成整个行贿过程后即可离开会议室等待测试。

知情被试按照指导语的要求，在进入会议室取东西时无意间听到了行受贿的过程，即知情被试只听到了行贿者的行贿目的，知道行贿所在地点，但不知道行贿者行贿的具体钱数以及是用何种方式给的现金。整个过程结束之后即可离开会议室等待测试。

无辜被试需要在会议室独自等待5分钟，5分钟结束后，即可进行测试。

在模拟过程中，主试A要求行贿被试极力去说服对方帮助自己达成目的，投入角色扮演中，尽可能地去体验所抽取角色对待测试的心态。

②心理测试阶段：被试模拟犯罪情节阶段结束后，由主试A宣读指导语，要求被试模拟实际案件中各个角色对于测试题的回答方式，对主试B所提出的所有与案件相关的问题进行否定回答，然后将被试带入测试室接受测试。与实验一相同，主试B在对被试案件角色不知情的情况下主持测试阶段的工作。主试B首先要向每名被试进行测前谈话，说明因为学校收到的匿名举报信中有人举报被试因个人利益向其中队长或辅导员行贿，因此被试有行贿的嫌疑，需要配合测试明确事情真相，同时告知其在测试时的一些要求和注意事项，随后给被试佩戴传感器开始进行测试。各测试方法的测试次数及程序同实验一。

③测后谈话阶段：测试结束后的谈话内容和目的与实验一相同。

④评分阶段：评分方法与实验一相同。

3. 结果与分析

研究采用SPSS19.0统计软件对实验所得数据进行整理分析，对不同测试方法（准绳问题测试法、系统测试法、认知综合测试法）的测试情况分别进行统计，首先，对三种测试方法中案件角色测试准确的个数及百分比进行统计（表8-4）。然后采用3（测试方法）×3（案件角色）的对数线性模型分析发现，测试方法和案件角色的交互作用显著，χ^2（4，225）=27.29，$p < 0.001$。

表8-4 在模拟行受贿案件中不同测试方法和不同案件角色测试准确个数及百分比

组别	准绳问题测试法	系统测试法	认知综合测试法
行贿者	96%（24/25）	68%（17/25）	72%（18/25）
知情者	0%（0/25）	24%（6/25）	72%（18/25）
无辜者	24%（6/25）	64%（16/25）	80%（20/25）

跟踪分析发现，在模拟行受贿案件中，准绳问题测试法总体的测试准确率为40%（30/75），系统测试法总体的测试准确率为52%（39/75），认知综合测试法总体的测试准确率为74.67%（56/75），对三种测试方法总体的测试准确率进行卡方检验，三种测试方法的总体测试准确率存在显著差异，χ^2（2，75）=8.37，$p<0.05$。其中，准绳问题测试法与系统测试法的测试准确率差异不显著，χ^2（1，50）=1.17，$p>0.05$；准绳问题测试法与认知综合测试法的测试准确率差异显著，χ^2（1，50）=7.86，$p<0.05$；系统测试法与认知综合测试法的测试准确率差异边缘显著，χ^2（1，50）=3.04，p=0.081。

针对同一案件角色不同测试方法的测试准确率进行统计分析。对于行贿者被试，准绳问题测试法、系统测试法、认知综合测试法的测试准确率分别为96%（24/25）、68%（17/25）、72%（18/25）。三种测试方法的测试准确率不存在显著差异，χ^2（2，75）=1.46，$p>0.05$。

对于知情者角色的被试，准绳问题测试法、系统测试法、认知综合测试法测试准确率分别为0%（0/25）、24%（6/25）、72%（18/25）。与实验一一样，准绳问题测试法不具备判定知情者这一功能，因此此处只比较系统测试法与认知综合测试法之间的差异。实验结果表明：系统测试法与认知综合测试法的测试准确率存在显著差异，χ^2（1，50）=6.00，$p<0.05$。

对于无辜者角色的被试，准绳问题测试法、系统测试法、认知综合测试法的测试准确率分别为24%（6/25）、64%（16/25）、80%（20/25），三种测试方法的测试准确率存在显著差异，χ^2（2，75）=7.43，$p<0.05$。其中，准绳问题测试法与系统测试法的测试准确率差异显著，χ^2（1，50）=4.55，$p<0.05$；准绳问题测试法与认知综合测试法的测试准确率差异显著，χ^2（1，50）=7.54，$p<0.05$；系统测试法与认知综合测试法的测试准确率差异不显著，χ^2（1，50）=0.44，$p>0.05$。

4. 讨论

本实验使用模拟行受贿范式，通过随机抽签的方法决定被试的案件角色（行贿者、知情者、无辜者），并用准绳问题测试法、系统测试法、认知综合测试法编制测试题目对被试进行测试，考察了与盗窃案件性质不同的行受贿案件中，三种测试方法以及案件角色的测试准确率。实验结果表明：在模拟行受贿案件中，准绳问题测试法与系统测试法之间的测试准确率不存在显著差异；而准绳问题测试法与认知综合测试法测试准确率存在显著差异；系统测试法与认知综合测试法的测试准确率差异边缘显著，这说明认知综合测试法的测试准确率高于其他两种测试方法。实验二所得结论与实验一一致，导致该结果的原因在实验一中已经进行了详细阐述，此处不再赘述。

在区分具体案件角色方面，对于判别行贿者角色被试，三种测试方法不存在显著差异，说明三种测试方法在判断行贿者角色上的测试准确率基本相同。对于判别知情者角色被试，与模拟盗窃案件一样，准绳问题测试法不具备测试知情者角色的功能。系统测试法的测试准确率比认知综合测试法低，且两者存在显著差异，说明认知综合测试法对于知情者的认定更为准确，可以有效地对不同涉案程度的被试进行区分。对于判别无辜者被试，准绳问题测试法测试准确率低，假阳性高，与系统测试法、认知综合测试法差异显著。而系统测试法与认知综合测试法差异不显著，说明系统测试法中情节问题的应用改善了假阳性的发生率，有助于提高测试的准确性。

三、总讨论

实验一采用模拟盗窃范式，使用准绳问题测试法、系统测试法、认知综合测试法编制测试题目对被试进行测试，实验结果表明：在测试总体准确率上，认知综合测试法与准绳问题测试法、系统测试法的测试准确率均存在显著差异，认知综合测试法的测试准确率最高，其次为系统测试法，而准绳问题测试法的测试准确率较低；准绳问题测试法与系统测试法的测试准确率不存在显著差异。在区分案件角色上，三种测试方法对作案被试的测试准确率不存在显著差异，均可对作案被试进行准确判定；而对于知情被试，准绳问题测试法不具备测试该角色的功能，其余两种测试方法不存在显著差异，均可有效鉴别知情者这一角色；对于无辜被试，准绳问题测试法存在准绳问题开发不到位，从而容易产生假阳性将无辜者错判为作案者的情况，其与系统测试法、认知综合测试法的测试准确率均存在显著差异，测试准确率最低。系统测试法与认知综合测试法差异不显著，其与准绳问题测试法相比能更好地保护无辜者。

实验二使用与模拟盗窃案件性质不同、隐蔽性较高的行受贿实验范式，在该实验范式下得出了总体测试准确率与实验一一致的结论：认知综合测试法与准绳问题测试法、系统测试法的测试准确率均存在显著差异，该方法的测试准确率最高；准绳问题测试法与系统测试法的测试准确率不存在显著差异。对于判别行贿被试及无辜被试，其结论与实验一一致。对于判别知情被试，系统测试法的测试准确率比认知综合测试法低，且两者存在显著差异，说明认知综合测试法对知情被试的认定更准确。这与实验一中在判别知情角色上，系统测试法与认知综合测试法的测试准确率不存在显著差异这一结论有所不同。因为在实验一的模拟案件过程中，要求知情者为作案者望风，合谋对会议室进行盗窃，对于该知情者的定义应该为涉案知情者。而在实验二模拟行受贿案件的情节中，知情者只是经过会议室时听到了某同学向其中队长（辅导员）行贿的过程，对于该知情者的定义应该为无辜知情者（与案件无关）。在两个模拟案件中知情者与案件的关系不一样（卷入程度不同），所以得到的实验结果不一致。本研究中不论是对于涉案知情者还是无辜知情者，认知综合测试法的测试均相对准确，即认知综合测试法可以有效地对涉案知情角色及无辜知情角色进行区分，这与杨丹（2016）的实验结果相一致。

准绳问题测试法、系统测试法、认知综合测试法的测试准确率之间之所以存在差异，首先，这与测试题目数量有关。从概率学的角度来说，适当增加有效题目的数量，可以增加判断的准确性。准绳问题测试法只是将相关问题与准绳问题相比较，仅以此判断被测人是否说谎，从而判定被测人与案件的关系。测试题一般由十多道问题组成，基本不涉及情节问题，这样不仅无法对知情角色进行甄别，而且还会因准绳问题设置不当，造成无法与相关问题进行有效的比较，影响主试对相关问题的反应而无法做出准确判断，从而容易造成对无辜者的误判（假阳性高）；而系统测试法只是在准绳问题测试法的基础上增加了几组有限的案件信息题，测试题目依然较少，测试准确性仍然受到影响；而认知综合测试法的题项较多，通常由六七十道问题组成，整套测试题是一个动态整体的结构，涵盖了案件的基本问题和主要问题，从而提高了测试的准确率。

其次，与测试题目类型有关。如上所述，准绳问题测试法只有准绳题与相关问题的比对，同时准绳问题开发难度大，从而导致准绳问题测试法假阳性过高；而系统测试法在此基础上只是增加了几组有限的案件信息题，与案件有关的信息仍然较少，且并未涉及被测人对自我（作案人）信息的认知，同时编题时缺乏对心理活动规律等问题的考虑，使得系统测试法总体测试准确率与准绳问题测试法不存在显著差异。而认知综合测试法采用自我（作案人）认知检测法、违法犯罪认知检测法、即时心理状态检测法，以及以案件相关要素问题、犯罪情节问题及相应心理状态问题为主进行编题，同时依据人的心理活动规律进行编题。其题目编制注重问题的客观性、认知性、多面性和心理活动的规律性等多个方面。其中自我（作案人）认知测试题，已有研究证明是认知综合测试法中有效的构成部分，可以有效地提高测试的准确率。即时心理状态测试题可以有效地唤起和检测涉案人在作案过程中及测试时的情绪状态等心理活动，有利于获得涉案人的相关心理信息。其题目编制严格遵循客观性与认知性、顺时性与过渡性、情绪体验性与防止过敏性、唯一性与通俗易懂性、全面性与适宜性等编题原则，从而使其测试准确率显著高于准绳问题测试法和系统测试法。

最后，准绳问题测试法与系统测试法的题目编制中，常常将人称代词“你”字放在问句之首，无视人称代词“你”字的明显指向和刺激作用，从而极易造成被测人的过敏反应和无辜者消极情绪的产生，将此情绪反应误以为是对于测试题目本身的反应，进而导致错误的评判。而认知综合测试法的题目编制中人称代词上很少使用“你”字，而用“作案人”“干这事的人”等代之，从而有效地避免了被测人的过敏反应和无辜者的消极情绪反应，提高且保证了测试的科学性和可靠性。

实验二中总体测试准确率相比于实验一高，这主要是由于模拟行受贿案件中，被试的参与程度更高，测试时心理压力及紧张感增强，尤其是行贿角色被试需要极力说服对方给予帮助，被试对于案件的参与感更强，不像模拟盗窃案件仅仅是按照指导语的内容完成动作即可，被试只是当作游戏来进行，参与程度没有实验二深。因此实验二表现出了更好的测试效果。

综上所述，认知综合测试法与准绳问题测试法、系统测试法的测试准确率存在显著差异，准绳问题测试法与系统测试法的测试准确率不存在显著差异，说明认知综合测试法的测试准确率高于准绳问题测试法和系统测试法，并可以准确地对不同案件角色进行区分。在模拟盗窃、模拟行受贿案件中针对同一案件角色，准绳问题测试法、系统测试法、认知综合测试法在作案者角色的测试准确率方面不存在显著差异；系统测试法与认知综合测试法在涉案知情者角色的测试准确率方面不存在显著差异，而在对无辜知情者角色的判断方面存在显著差异；对于无辜角色被试，准绳问题测试法的测试准确率与系统测试法、认知综合测试法相比存在显著差异，系统测试法与认知综合测试法的测试准确率不存在显著差异，即系统测试法与认知综合测试法均可对无辜角色进行有效区分。其中认知综合测试法在模拟盗窃及模拟行受贿案件的测试中，都表现出了较好的测试效果，测试准确率相比于其他两种测试方法更高，并且从实案测试应用的效果来看，认知综合测试法也取得了良好的测试效果和社会效应，应在今后的实案测试中进行推广。

但是本研究也存在一些不足：首先，本研究选取的实验被试均为在校大学生。研究表明，在校大学生和实际案件测试中的被测人在案件测试中的表现区别较大，多数大学生被试来参与实验，过程中多是对测试仪器的好奇，以游戏的态度参与其中，使得模拟案件很难达到实测案件所能达到的心理压力和情绪反应。其次，本研究所选取的被试多为甘肃政法学院公安分院的学生，部分学生通过对该技术的了解在测试过程中进行反测试，从而影响干扰了主测的判断准确率，这其中也包括无辜被试。而在实际案件中，无辜者是希望自己可以通过测试洗脱嫌疑，不会进行反测试，只有作案者才会利用反测试去逃避测试，避免受到惩罚。反测试的成功运用可降低主试的判断准确率。最后，本研究所选取的被试多为男生，男女比例差异过大，今后的研究可扩宽招募被试的范围，平衡性别比例，以获得更准确的贴合实际情况的结果。

四、总结论

1.准绳问题测试法、系统测试法、认知综合测试法在模拟盗窃及模拟行受贿情境下的测试准确率不同。

2. 认知综合测试法的测试准确率高且能够有效地区分不同的案件角色，优于准绳问题测试法和系统测试法。

3. 系统测试法与准绳问题测试法相比，具备鉴别知情角色作用的同时对于无辜角色的判断准确率有所提高。

第二节　认知综合测试法与犯罪情节测试法测试效度的比较研究①

犯罪情节测试法、认知综合测试法等“测真”的方法是当今心理测试技术研究和应用的方向。大量实案测试实践表明，认知综合测试法的编题较为全面地涵盖了案件的有关要素，并增加了自我认知题和即时心态题，对于甄别被测人与案件的关系有很大帮助，尤其在案件信息泄露的情况下，能够减少测试假阳性错误。同时，能够弥补犯罪情节测试法往往存在的编题困难的情况，有效地增加编题的数量，从而提高心理测试技术的应用效果。在犯罪情节测试法的基础上发展而来的认知综合测试法，虽然与犯罪情节测试法相比，在实案应用中表现出了更好的测试效度，但是缺乏实验室研究的验证。

因此，有必要在实验室条件下，考察模拟犯罪情境下认知综合测试法与犯罪情节测试法的测试效度，以提高和完善我国心理生理测试技术的应用水平。

具体实验（陈琛，2017）采用模拟盗窃范式，采用3（作案者、知情者、无辜者）×2（GKT编题、CCT编题）的被试间实验设计。以在校大学生120人为被试并平均分组。以抽签的形式随机抽取案件角色并进行案件模拟。模拟结束后，分别使用犯罪情节测试法和认知综合测试法对被试进行测试。将两种测试方法的测试准确率进行比较，考察两种不同测试方法的测试准确率是否存在差异。

测试仪器使用CPS-510多导心理生理测试系统。因变量为皮肤电反应强

① 本研究系笔者主持的国家自然科学基金项目《多导心理生理测试技术的认知综合测试法应用研究》（项目号：31560281）的实验研究之一。该文为删改稿。

度及综合评分。实验程序与上节实验相同。采用SPSS19.0统计软件对实验所得数据进行整理分析，对犯罪情节测试法与认知综合测试法的测试情况分别进行统计。

首先，对两种测试方法中不同案件角色的测试准确率进行统计，然后采用2（测试方法）×3（案件角色）的对数线性模型分析。结果表明：测试方法和案件角色的交互作用边缘显著，χ^2（5，120）=11.54，p=0.054。犯罪情节测试法的总体测试准确率为48.33%（29/60），认知综合测试法总体测试准确率为96.67%（58/60）。对两种测试方法的总体测试准确率进行卡方检验，两种测试方法的总体测试准确率存在显著差异，χ^2（1，60）=9.67，$p < 0.01$。

对于不同案件角色的测试准确率：对于作案者案件角色，认知综合测试法、犯罪情节测试法的测试准确率分别为95%、65%。认知综合测试法的准确率高于犯罪情节测试法。跟踪分析发现，两种测试方法的测试准确率不存在显著差异，χ^2（1，40）=1.125，$p < 0.05$。对于知情者案件角色，认知综合测试法、犯罪情节测试法的测试准确率分别为95%、40%。认知综合测试法的测试准确率显著高于犯罪情节测试法。跟踪分析发现，两种测试方法的测试准确率存在显著差异，χ^2（1，40）=4.48，$p < 0.05$。对于无辜者案件角色，认知综合测试法、犯罪情节测试法的测试准确率分别为100%、40%。认知综合测试法的准确率显著高于犯罪情节测试法。跟踪分析发现，两种测试方法的测试准确率存在显著差异，χ^2（1，40）=5.14，$p < 0.05$。

以上实验表明：两种测试方法具有不同测试效果，所得到的准确率不同。具体而言，对于认定作案组被试，两种测试方法虽不存在显著差异，但认知综合测试法的测试准确率明显高于犯罪情节测试法；对于判别知情组被试，认知综合测试法的测试准确率显著高于犯罪情节测试法；对于判别无辜组被试，认知综合测试法的测试准确率显著高于犯罪情节测试法。表明认知综合测试法增加了自我认知题等，使测试编题的数目增加，能显著提高测试的效度。

研究表明，认知综合测试法的总体测试准确率及区分不同案件角色的测试准确率，明显高于犯罪情节测试法。

第三节 不同测试方法测试效果的分析与总结

本章上述两个实验研究表明，认知综合测试法的总体准确率及区分不同案件角色的效度均高于准绳问题测试法、系统测试法和犯罪情节测试法，尤其在区分无辜知情者方面作用显著。这与张敏（2017）、唐风玉（2017）、杨丹（2016）、陈梦（2015）、马骏（2013）的相关实验研究结果相一致，为认知综合测试法在大量实案测试中已取得的成绩和应用效果提供了实验室研究的支持。认知综合测试法之所以比其他几种方法表现出更好的测试效度及准确率，有以下几点原因。

一、与认知综合测试法的测试理论及其所编制问题的性质、类型和特点有关

准绳问题测试法以被测人是否在主题（相关）问题上说谎为依据，进而评判被测人与案件的关系。虽然其在条件和操作良好的情况下，也能对被测人与案/事件的关系进行甄别。但CQT的核心缺陷是：欺骗可能与情绪唤醒有关，但这并不意味着情绪唤醒反映的就是被测人在说谎。因此，在实案测试中，说谎和说实话的嫌疑人均会在一些关键问题（相关问题）上（如“是你干的吗？”）引发较高的情绪唤醒，从而导致两者在这类题目上表现出相似的生理反应，进而造成假阳性的发生。与准绳问题测试法相比，认知综合测试法不在测谎，而在“测真”。其测试原理具有认知心理学、情绪心理学以及“再认”“定向反应”“抑制反应”等心理学科学的理论基础。尤其是其自我（作案人）认知测试题、犯罪情节测试题、即时心态测试题，都能有效地检测涉案人相应的心理活动及其与案件的关系，显著地增强了测试效果。

同时，认知综合测试法的重要构成——自我认知题、即时心态题，都是比准绳问题测试法、系统测试法和犯罪情节测试法取得更好测试效果的原因所在。认知综合测试法在编题中，不仅有犯罪情节测试题，而且在情节题之前增加了自我认知测试题，以检测被测人对作案人自传信息有无相应的认知，从而为判定被测人与案件的关系提供了新的条件。自我认知题的测试有效性不仅得到了大量实际案件的检验和肯定，而且王昊（2016）对自我认知题在

实验室条件下的评估与开发的研究结果也表明：自我认知题能够有效地区分作案者、知情者和无辜者，提高测试的准确率。上述研究在编题中适当地加入了自我认知测试题，有效地提高了测试的准确率。

再者，由于作案人在案件实施过程中，其行为会激发强烈的情绪体验，这种特殊的情绪会作为对案件认知的背景被存储在大脑中，在特定问题的刺激下它会被有效地唤醒。根据鲍尔记忆的情绪一致性和情绪依赖性理论①，个体在信息处理的过程中，对那些和处理信息时的情绪相一致的内容会表现出选择性的敏感化，从而引起情绪一致性处理。也就是说与个体处理信息时的情绪相一致的材料，能够更容易地被优先提取和深入加工。而当人们目前所处的情绪状态与事件录入记忆时的情绪背景相一致时，记忆信息更容易被个体提取。所以，认知综合测试法在编题中加入了探查涉案人作案过程中和测试时心理活动的即时心态测试题，它可以有效地唤起和检测涉案人在作案过程中及测试时的情绪状态等心理活动，有利于获得涉案人的相关心理信息，从而增强测试效果。认知综合测试法编题建立在对案情及涉案人心理活动动态分析和把握的基础上，适时加入即时心态题，目的就是通过题目信息调动涉案人当时的情绪体验，达到情绪一致性，从而更好地获得与案件有关的心理信息，增强测试效果。上述两个研究的题目编制中加入了对被测人即时心态探查的测试题目，对提高测试效果具有一定的作用。

二、与测试题目的数量有关

以色列的实案研究发现，编制的隐藏信息测试题目的平均数目相对较少时，容易造成测试结果的假阴性。在实验控制条件下增加目标问题（至少5个目标题组）可以提高测试效果。从概率学的角度来说，适当增加有效题目

① 鲍尔和他的学生首次提出并研究了情绪在信息加工过程中的作用。Bower的研究假设是：给定一种情绪在被试处于特定的情境中时让其体验，那么这种给定的情绪就能够像背景一样和事件一起被储存于被试的记忆中。这种记忆的表征模式分为情绪一致性处理和情绪依赖性记忆，当个体在信息处理的过程中，那些和处理信息时的情绪相一致的内容就会表现出选择性的敏感化，从而引起情绪一致性处理，也就是与个体处理信息时的情绪相一致的材料，能够更容易地被优先提取和深入加工。而情绪依赖性记忆则是指当人们目前所处的情绪状态和事件录入记忆时的情绪背景相一致时，记忆信息更容易被个体提取。

的数量，可以增加其判断准确性。认知综合测试法在实案应用中通过前期对案情及作案者心理与行为活动的研究分析，加深了对案情的全面认知和把握，为准确有效地编题奠定了基础，并在编题中加入自我认知题和即时心态题，不仅保证了所编制题目的全面性、针对性和有效性，并且有效地扩充了目标问题的数量，从而显著提高了测试的效度及准确性。在上述两个研究中，通过合理设计实验程序并根据模拟案件的情节和被试属性，分别编制了10组左右的测试题目，对提高测试的准确率发挥了重要的作用。说明认知综合测试法数量较多的编题，有利于提高测试的准确性和可靠性。而准绳问题测试法的测试题一般只有10多道问题，只是将笼统的相关问题与准绳问题相比较，仅以此判断被测人是否说谎，从而判定被测人与案件的关系。这样不仅无法对知情角色进行甄别，而且还会因准绳问题设置不当，造成无法与相关问题进行有效的比较，影响主试对相关问题的反应而做出准确判断，从而容易造成对无辜者的误判（假阳性高）。而系统测试法只是在准绳问题测试法的基础上增加了几组有限的紧张峰题，不仅测试题目依然较少，而且往往会出现准绳问题测试结果与情节问题测试结果相互矛盾的情况，使得其测试准确性仍然受到影响。犯罪情节测试法较之认知综合测试法，所编制的问题依然较少，这也是其固有的短板。而认知综合测试法的题项较多，一套测试题通常由10组左右的目标项及七八十道问题组成，并且整套测试题是一个动态整体的结构，由多项与犯罪人心理及行为和案情发展有着逻辑联系及递进关系的符合人的心理活动特点与规律的问题组成，分别分组涉及和涵盖了案件的基本要素及案犯心理及行为活动的过程，而且问题连贯，前后衔接，侦测兼顾、相互印证。其不仅能使涉案人不自觉地进入当时的案件情境及心理状态，有利于对涉案人相关心理信息的唤醒，而且由于题项数量较多，使其图谱评判保证了有较大概率的支持，同时，也能够更多地获得涉案人与案件相关的心理信息，从而有效地提高了测试的效度及其准确率。

三、与是否遵循心理活动的规律有关

认知综合测试法的编题严格遵循客观性与认知性、顺时性与过渡性、情绪体验性与防止过敏性、唯一性与通俗易懂性、全面性与适宜性等符合人的心理活动规律的编题原则，不仅保证了问题刺激的有效性（即自变量的效度），使其能够有效地引发涉案被测人的相关反应，而且有效地避免了被测人的过敏反应和无辜者的消极情绪反应，从而保证并提高了测试的效度。这是认知综合测试法测试准确率显著高于其他方法的又一原因。

四、与编题的工作基础有关

在编题应做的前期工作方面，准绳问题测试法注重的是准绳问题的开发，将更多的时间和精力放在了挖掘被测人可能说谎的问题方面，而忽视对案情及作案人心理活动的分析研究。这样，自然会因缺乏对案件有关问题的深入认识，从而影响编题的针对性和有效性，难以使编题做到准确、到位。

而认知综合测试法的编题，特别重视编题前对案件情况和作案人心理活动进行全面、深入的了解掌握和分析研究，尤其注重对现场勘查及物证鉴定等客观性较强材料的了解和研究，将更多的精力和时间放在对案件有关问题的认识和研究上，从而为编题奠定了重要的认知基础，保证了编题的客观性、全面性、准确性和有效性。

正是基于这种原因，认知综合测试法才将犯罪心理动态分析技术作为必需的环节和前提，从而使认知综合测试法的编题具有了对案情及案犯心理活动深入认识的科学而有效的方法和途径，为科学编题提供了条件和可能。

而准绳问题测试法则忽视和缺乏犯罪心理动态分析技术的应用，无法对案情及案犯心理活动进行深入的认识，使得编题缺乏对案情科学认识的支持，自然影响编题的科学性、准确性和有效性。

综上所述，认知综合测试法以自我认知题、犯罪情节题、即时心态题为编题要素，并注重在编题前全面研究和把握案情及作案人心理活动，将犯罪心理动态分析作为编题的重要基础，并在编题中严格遵循案件发生发展的逻辑顺序和涉案人心理活动的规律，从而保证了所编制的目标问题系涉案人认知清晰、体验深刻、记忆良好的问题，确保了编制的测试题能够有效地唤醒涉案人对案件相关信息的记忆等心理活动，并且扩充了目标题目的数量，改善了犯罪情节测试法目标题数量不足的问题，从而提高了编题的质量和效度及其测试的准确性和有效性，是心理测试技术的创新和发展，也是认知综合测试法在实案应用及实验室研究中展现出良好测试效果的原因所在。

通过以上分析比较，不难看出不同测试方法的科学性程度及其问题所在。

准绳问题测试法、系统测试法以及犯罪情节测试法在科学性方面，是存在不同的缺陷和局限性的。

所以，我国心理测试技术领域，必须坚持科学的理论与方法，遵循并依据心理科学的原理和心理活动的规律，对心理测试技术进行科学的研究和应用，尤其要对源自美国的测谎技术进行科学的借鉴和扬弃，绝不能盲目照搬或简单模仿。

Chapter nine

第九章

心理测试技术的相关问题研究

在心理测试技术的研究与应用中，气质类型、人格特质等个体差异的图谱特征及其对测试的影响，有关生理指标及图谱特征与心理活动的关系，隐藏信息测试应用情况及其存在的问题，神经影像学等中枢神经活动指标的应用与效果，心理测试机制的进一步研究等问题，都是心理测试技术应用与发展需要研究和解决的问题。

第一节 心理测试中气质类型与皮肤电反应差异的实验研究①

相关研究及实案测试表明，多导心理生理测试的皮肤电反应会受到受测者人格因素的影响，其中，气质类型是影响皮肤电反应的人格因素之一。皮肤电作为多导心理生理测试的主要指标，其变化及图谱特征与气质等人格因素关系密切，而气质类型与皮肤电反应差异性的相关研究很少。那么，心理测试中气质类型对皮肤电反应有什么样的影响，不同气质类型和特点的人皮肤电反应具有什么样的特点，是心理测试技术应用中必须解决的问题，而心理测试技术领域之前对此研究较少。为了科学揭示气质类型与皮肤电反应之间的关系及不同气质类型被测人皮肤电反应的差异及图谱特征，本实验对其做了专门研究（王红娟，2015）。

一、被试

被试是来自西北师范大学、甘肃政法学院、兰州交通大学等高校的本科生和硕士研究生，年龄范围为20—30岁，男、女各60人，共120人。所有被试无犯罪记录和精神病史，无严重的心脏病、高血压、哮喘、咳嗽、发烧等症状，测试前未喝酒，未服用镇定抑制类药物；精神、智力和体能正常。

二、研究工具

1. CPS-2060心理测试仪。
2. 根据模拟现场具体情节编制认知综合测试法题目一套。
3. 采用《陈会昌气质量表》。

① 本研究系笔者主持的国家自然科学基金项目《多导心理生理测试技术的认知综合测试法应用研究》（项目号：31560281）的前期基础研究之一。该文为删改稿。

三、实验设计

本实验为3（案件角色：作案者、知情者和无辜者）×4（气质类型：胆汁质、多血质、黏液质和抑郁质）的被试间实验设计。因变量为皮肤电反应强度。

案件角色分为作案者、知情者和无辜者。实施者是指实际进行了现场盗窃犯罪行为的人；知情者是指目击了解案件现场若干情节，但对“被盗”现金数额、“赃款”藏匿地点并不知情的人；无辜者是指没有进行盗窃，也不知道任何情节的人。

要求所有被试除在自我信息题上做肯定回答外，其余问题都做否定回答。

四、实验程序

第一步：首先让每个被试测试前填写一份气质量表，划分气质类型。

第二步：主试一按照标准化的指导语让被试了解本次实验的具体过程和大致内容（不透露有关案情的具体情节）。随后，让被试随机抽签决定自己的案件角色。

第三步：案件角色选定后，让无辜者在休息室等候，其只知道实验室中发生了模拟的盗窃案件，但对具体的案件情节一概不知。

第四步：主试一让作案者进入实验室中实施模拟盗窃行为，并让知情者从旁仔细观察。当作案者完成第一个模拟盗窃情节后，主试一提示知情者迅速离开现场，作案者继续完成其他情节。模拟盗窃完成后，主试一要告知实施者对其行为保密，禁止将具体的细节泄露给其他的被试。

第五步：模拟盗窃结束后，让3名被试抽签决定进行测试的顺序。主试二按抽签次序对3名被试进行单盲测试，避免主观效应对测试结果造成影响。

五、评图方法

认知综合测试法采用Lykken判定法对图谱进行评分。由于主试二只知道在测试情节中含有真实情节，但并不知道每名被测人的具体角色和其所经历的真实情节，所以只能根据被试的图谱反应判定其是“作案”“知情”或“无辜”。其主要收集皮肤电的反应指标进行评判。判定标准为：将测试题目按案情阶段顺序分组，每一组由3—5个测试情节组成，在同一组测试题目中，比较每道题目的反应值的相对大小进行等级评定，对反应最强的题目评5分，其他题目的反应值按照强度大小依次递减，无反应为0分。将反应得分在3分以上的测试情节定义为反应情节。

六、结果及分析

首先对每组案件角色在关键项和无关项上的得分分别进行独立样本t检验，结果发现：作案组在关键项上的得分（M=2.05，SD=0.89）显著高于在无关项上的得分（M=1.67，SD=0.77），t（38）=4.61，$p < 0.01$。知情组在关键项上的得分（M=1.33，SD=0.67）显著高于在无关项上的得分（M=0.84，SD=0.49），t（39）=7.10，$p < 0.01$。无辜组在关键项上的得分（M=0.15，SD=0.32）显著低于在无关项上的得分（M=0.19，SD=0.37），t（40）=–2.88，$p < 0.01$。该结果表明，作案组、知情组、无辜组组内采用的问题设计及回答方式对关键项和无关项具有较强的区分性。

采用3（案件角色：作案者、知情者和无辜者）×4（气质类型：胆汁质、多血质、黏液质和抑郁质）的多因素方差分析发现，气质类型的主效应显著，F（3，108）=47.36，$p < 0.01$；案件角色的主效应显著，F（2，108）=171.12，$p < 0.01$；气质类型与案件角色的交互作用显著，F（6，108）=8.97，$p < 0.01$。

对作案者来说，胆汁质被试的皮肤电得分（M=2.88，SD=0.45）要显著高于黏液质被试（M=1.53，SD=0.52，$p < 0.01$）和抑郁质被试（M=0.77，SD=0.56，$p < 0.01$），但和多血质被试的皮肤电得分差异不显著（M=2.55，SD=0.34，$p > 0.05$）；多血质被试的皮肤电得分要显著高于黏液质被试和抑郁质被试（$p < 0.01$）；黏液质被试的皮肤电得分要显著高于抑郁质被试（$p < 0.05$）。

对知情者来说，胆汁质被试的皮肤电得分（M=1.91，SD=0.61）要显著高于黏液质被试（M=1.16，SD=0.45，$p < 0.05$）和抑郁质被试（M=0.53，SD=0.28，$p < 0.01$），但和多血质被试的皮肤电得分差异不显著（M=1.55，SD=0.52，$p > 0.05$）；多血质被试的皮肤电得分要显著高于抑郁质被试（$p < 0.01$），但和黏液质被试的皮肤电得分差异不显著（$p > 0.05$）；黏液质被试和抑郁质被试的皮肤电得分没有显著差异（$p > 0.05$）。

对无辜者来说，胆汁质被试（M=0.29，SD=0.51）、多血质被试（M=0.28，

SD=0.38）、黏液质被试（*M*=0.07，*SD*=0.10）和抑郁质被试（*M*=0，*SD*=0）之间的皮肤电得分差异都不显著（$p > 0.05$）。

七、讨论

总体而言，实验两个部分有机结合：第一部分完成了我们最初的假设，在犯罪心理模拟测试中不同的案件角色在皮肤电反应强度上存在显著性差异。第二部分对不同气质类型的被试在皮肤电反应强度上存在的差异性进行了分析和讨论。

实验数据分析显示：不同的案件角色在皮肤电反应强度上存在显著性差异；不同气质类型在皮肤电反应上存在显著性差异。说明此项技术在实验室条件下取得了较好的效标效度。

实验数据显示：作案组和知情组中，不同气质类型的被试在皮肤电反应上存在显著性差异。通过量表和综合实验数据，可以推断如下结论。

（1）由于胆汁质的人神经活动的类型为强而不平衡的兴奋型，从而在实验中表现出皮肤电反应强度大，反应及时迅速，并且持续时间较长。

（2）由于多血质的人神经活动类型为强而平衡的灵活型，从而在实验中表现出皮肤电反应强度也较大，反应较为迅速，但是持续时间较短。

（3）由于黏液质的人神经活动的类型为强而平衡的迟缓型，从而在实验中表现出皮肤电反应强度也较大，但是没有胆汁质和多血质反应强度明显，反应特点没有多血质那么迅速，反应较为迟缓。

（4）由于抑郁质的人神经活动的类型为弱型，从而在实验中表现出皮肤电反应强度较弱，反应较为迟缓。

在无辜组中，不同气质类型的量表和综合实验数据分析发现，虽然不同气质类型依然在皮肤电反应上有所差异，但在目标题上差异不显著。

另外，研究发现，实验室条件下被试的心理生理反应强度明显低于实案测试的强度。说明在实验室条件下，被试与主试的社会关系、被试与主试的相处经验，以及被试对主试的心理预期（觉得主试水平一般，测不出来或者想戏弄主试，故意反测试）和模拟情境所导致的心理压力过小等问题还是影响了实验的效果，这也是心理测试技术实验室研究的弊端。所以，在今后的相关实验室研究中还应该对被试的卷入度和心理压力等问题做进一步的设计处理。

八、结论

1.不同气质类型的被测人在皮肤电反应强度上存在显著性差异，且胆汁质气质类型反应强度高于多血质气质类型，多血质气质类型反应强度显著高于黏液质气质类型，黏液质气质类型反应强度显著高于抑郁质气质类型。

2.不同的案件角色在皮肤电反应强度上存在显著性差异，且作案者的反应强度显著高于知情者的反应强度，知情者的反应强度显著高于无辜者的反应强度。

3.心理测试技术的科学正确应用，需注意气质等相关人格因素的影响及个体差异，实践应用中应根据不同气质类型和特点对被测人的皮肤电反应规律和特征，予以科学评判。

第二节　人格特质对心理生理测试效度的影响研究①

心理生理测试的准确性会因各种因素的影响而失真。而测试结果的准确性与人格特质之间存在何种关系，人格的差异性是否会对测试结果产生影响，应是当下心理生理测试研究需要解决的问题之一。因此，本研究在文献分析的基础上，通过实验研究探讨人格特质对心理生理测试效度的影响。

该实验选用模拟盗窃范式，选取在校大学生和研究生为实验被试，以随机抽签的形式抽取案件角色（作案者、无辜者），模拟结束后，使用认知综合测试法对被试进行测试，筛选出虚报和漏报被试。然后结合艾森克人格问卷简式量表中文版（EPQ-RSC）对测试结果正确的被试和测试结果错误的被试（虚报、漏报被试）在人格维度上的得分进行独立样本t检验，并为了验证人格特质能预测心理生理测试结果，在t检验的基础上进行逻辑斯回归分析和测试图谱分析，对人格特质和心理生理测试效度的关系进行深度分析，找出

---

① 本研究系笔者主持的国家自然科学基金项目《多导心理生理测试技术的认知综合测试法应用研究》（项目号：31560281）的实验研究之一。该文为删改稿。

可能导致测试结果不准确的人格因素。研究结果发现：（1）在作案组被试中，测对的被试在E维度上的得分显著高于漏报被试；在N维度上的得分显著低于漏报被试；N维度能显著预测漏报被试。（2）在无辜组被试中，测对的被试在P维度上的得分显著低于虚报被试，并且P维度能显著预测虚报被试。

研究结果表明，人格特质会对心理生理测试效度产生影响。具体实验如下（张丽娜，2018）。

一、研究假设

本实验假设，虚报、漏报被试和测试结果正确的被试，在人格问卷上的得分存在差异，并且EPQ-RSC的某个维度能显著预测虚报、漏报结果。

二、研究方法

1. 被试

本研究采用随机抽样方式，选取西北师范大学、甘肃政法学院的大学生共200名为被试，其中有28名被试因身体状况不符合测试条件，实验数据被剔除。剩余的172名被试（男132名，女40名，年龄为21.47±1.19岁），视力正常，无色盲、色弱情况，身体条件符合测试要求，并在得知整个实验流程的各项要求之后，签署了被试信息登记表及知情同意书。每名被试均在实验结束后获得相应的实验报酬。

2. 设备

实验使用CPS-510心理生理测试仪，实时采集皮肤电、胸呼吸（女）或腹呼吸（男）、脉搏参数，用于记录整个测试过程中被试对于每一题的心理生理反应。整个测试室无任何分散注意力的装饰物，并且将室温控制在16℃—28℃，保证测试过程中无其他干扰因素。

3. 研究工具

本研究中被试的人格特质数据是采用EPQ-RSC获得的。1998年，钱怡铭、武国城等人修订形成了4个量表（E、N、P、L）各12个项目，共48个项目的艾森克人格问卷简式量表中文版，即EPQ-RSC，并制定了各年龄段的中国常模，该问卷E、N、L量表信度均在0.70以上，有较高的信效度，P量表信度也达到了心理测量学标准。

4. 测试题的编制

本研究采用模拟盗窃范式，根据被试实施的模拟盗窃犯罪行为进行认知综合测试法编题。以被试自我认知信息（年龄、家庭所在市）、犯罪情节问题（5组）及相应即时心态问题为主进行编题。案件情节题每组题目包含1个导入问题、1个关键问题和4个陪衬问题。其中导入问题的作用是让被试清楚接下来会涉及的问题是关于哪一方面的信息，关键问题是模拟盗窃案件的具体情节问题，陪衬问题是与目标问题类似但与案件无关的问题。这些题目对于无辜者来说都是类似的，没有明显区别。

问题设计为：对于作案者来说，所有的犯罪情节题中都有一个选项对应的是他们实施了的盗窃案件的具体情节；对于无辜者来说其不知道任何案件信息（表9–1）。测试的内容包括：保险箱位置、保险箱里的物品、保险箱里的钱数（金额）、藏匿钱的位置、离开时踢倒的物品。

表9–1 不同案件角色知晓的案件信息

组别	保险箱位置	保险箱里的物品	金额	藏匿钱的位置	离开时踢倒的物品
作案者	√（已知）	√（已知）	√（已知）	√（已知）	√（已知）
无辜者	×（未知）	×（未知）	×（未知）	×（未知）	×（未知）

5. 实验程序

由主试A接待被试，按照标准化指导语让被试了解本次实验的流程，让其抽签来决定其案件角色，随后，阅读、签署一份知情同意书，填写被试信息登记表。被试通过抽签被随机分配到两个案件角色（作案者、无辜者）中的任意一个，主试A按照所抽取的案件角色向被试宣读该角色的指导语。

（1）模拟盗窃阶段：模拟作案被试对会议室保险箱进行盗窃。要求作案被试进入会议室内实施盗窃行为，作案被试进入会议室之后，打开会议室的灯，在会议室的桌子上找到一把保险箱的钥匙，并在会议室特定位置找寻一个保险箱，保险箱内放置一定数目的钱和一块手表，作案被试需要在数清楚钱的数目之后将偷到的钱藏匿于指定的位置，由于紧张，出门时踢翻一个红色水壶。任务完成后，即可离开会议室，等待测试。

无辜被试需要在另一接待室独自等待5分钟，5分钟结束后，主试A向被试说明测试阶段的要求即可进行测试。

在模拟过程中，主试A要求被试尽可能地去体验真实案件中所抽取角色对待测试的心态。

（2）心理测试阶段：被试结束模拟盗窃后，由主试A宣读指导语，要求被试模拟符合实际案件中各个角色对于测试题的回答方式，对主试B所提出的所有与案件相关的问题进行否定回答。然后将被试带入测试室，之后主试B进行双盲测试，即在对被试案件角色不知情的情况下主持测试阶段的工作，主试B首先要对被试进行测前谈话，对被试要进行询问，确保案件关键信息没有被泄露，也能将被试的注意力吸引到测试的过程和内容上，使被试更加投入。同时提醒被试在测试时的一些要求和注意事项，保证测试过程中没有其他干扰因素。随后给被试佩戴传感器进行测试，每名被试的测试时间大约为30分钟。最后，测试结束后主试B要对被试进行测后谈话，告知实验目的并向其说明实验所得数据会严格保密，并要求被试对此次实验也要严格保密，以防实验情节泄露。

（3）评分阶段：由于心理生理测试的皮肤电指标最为灵敏，是分析评判的重要指标（Lykken），有研究表明在心理生理测试中，对于发现隐藏信息皮肤电要优于其他测试指标。因此，我们主要收集每个问题的皮肤电反应数据。数据采集完毕后，剔除无效数据，再使用Lykken综合评分法对案件角色进行判断，该评分方法是：对同一组问题中的关键问题和陪衬问题的皮肤电反应值的相对大小进行等级评分，最强反应、次强反应、其他强度分别评2分、1分、0分；最后对关键问题的皮肤电反应值综合评分，如果关键问题的综合分大于或等于总分的一半则被判断为作案者；反之则被认定为无辜者。

（4）填写EPQ人格问卷阶段：主试A给测试结束的被试宣读填写EPQ-RSC的指导语，然后对回收的问卷统一编号，以备后面计算各人格维度的原始分数。将收集到的实验数据和问卷数据利用SPSS 19.0统计软件进行统计分析。

三、结果与分析

本研究在独立样本t检验的基础上，再使用逻辑斯回归分析和测试图谱分析，对人格特质和测试结果的关系进行研究。

1. 不同案件角色在关键问题、陪衬问题、中性问题上的分析

为了验证这套认知综合测试题是否能有效地区分案件角色，首先，计算两组被试在关键问题、陪衬问题、中性问题上的皮肤电反应得分，两组被试在三类问题上的平均分和标准差，见表9-2。

表9-2　在三类问题上两组被试的皮肤电反应得分（$M \pm SD$）

	作案组（N=104）	无辜组（N=68）
关键问题	23.06±11.39	12.18±9.72
陪衬问题	54.99±21.32	47.76±21.98
中性问题	152.82±47.16	150.84±47.21

其次，以皮肤电反应指标作为因变量，对两组被试在关键问题、陪衬问题、中性问题上的皮肤电反应进行2（案件角色：作案组、无辜组）×3（刺激类型：关键问题、陪衬问题、中性问题）的方差分析。结果显示，案件角色和刺激类型的交互作用显著，F（3，172）=14.65，$p < 0.01$。进一步进行比较显示，案件角色在关键问题上主效应显著，F（1，172）=42.02，$p < 0.01$；在陪衬问题上主效应显著，F（1，172）=4.61，$p < 0.05$；在中性问题上的主效应不显著，F（1，172）=0.46，$p > 0.05$。对案件角色的主效应进行事后多重比较表明，作案组与无辜组在关键问题与陪衬问题上的皮肤电反应存在显著差异；作案组与无辜组在中性问题上的皮肤电反应不存在显著差异。

2. 不同案件角色测试图谱的分析

然后，进一步分析作案组被试和无辜组被试的心理生理测试图谱发现，作案组被试在关键问题上的皮肤电反应要高于其他问题。在关键问题上，被试皮肤电反应迅速上升，并且斜率大，达到最高值，持续时间长，一直持续了2.5秒左右才开始回落；但在陪衬问题和中性问题上，其皮肤电基本没有反应，呼吸、血压、脉搏正常。说明被试对关键问题的敏感程度较高，易感性更强，在关键问题上有很高的认知程度和情绪反应。

对无辜组被试在关键问题和陪衬问题上的图谱反应进行对比发现，无辜组被试在关键问题和陪衬问题上的皮肤电反应、呼吸、血压和脉搏差异不显著。从提问完成经过15秒到下一个问题的开始，被测人的皮肤电没有上升，

持续走直线，呼吸和脉搏正常。这说明被测人对这一问题没有特殊认知和情绪，因而没有特异性反应。

由上述分析可知，两组被试在关键问题和陪衬问题上的皮肤电反应存在显著差异，且作案组显著高于无辜组；在中性问题上两组被试的皮肤电反应没有差异。由此表明，这套认知综合测试题具有区分作案者和无辜者的有效性。

3. 筛选虚报、漏报被试

为了筛选出测试结果不准确的被试，即虚报、漏报被试，对案件角色测试准确的个数及百分比进行统计，认知综合测试法总体的测试准确率为69.2%（119/172），对作案案件角色的认定准确率为67.3%（70/104），对无辜案件角色的测试准确率为72.1%（49/68），见表9–3。

表9–3　不同案件角色测试准确个数及百分比

组别	认知综合测试法
作案者	67.3%（70/104）
无辜者	72.1%（49/68）

4. 对作案组测试结果在人格维度得分的t检验

剔除无效问卷1份，以作案组被试的判断结果的分组（测对组、漏报组）为自变量、EPQ–RSC的四个维度的原始得分为因变量，进行独立样本t检验分析，结果显示：两组被试在N维度上有显著差异（t=–2.62，$p < 0.05$），漏报组显著高于测对组；两组被试在E维度上有显著差异（t=2.36，$p < 0.05$），漏报组被试显著低于测对组；在其他维度上的差异不显著，见表9–4。

表9–4　作案组判断结果在人格维度上的分析表（$M \pm SD$）

	测对组（N=68）	漏报组（N=35）
P	2.38±1.25	2.49±1.40
E	8.79±2.32	7.60±2.63
N	4.10±2.37	5.80±3.43
L	4.63±2.13	4.89±2.15

5. 对作案组测试结果的逻辑斯回归分析

人格特质是否能对作案组的测试结果进行预测，在进行逻辑斯回归分析之前，需要对变量进行赋值，测试结果是一个二分变量，本研究把“结果正确”赋值为0，“漏报”赋值为1。将测试结果（漏报、结果正确）作为因变量，EPQ–RSC的四个人格维度作为自变量，进行逻辑斯回归，回归分析结果见表9–5。

表9–5　作案组测试结果的逻辑斯回归分析表

	B	*S.E.*	*Wals*	*df*	*E×p(B)*
P	0.04	0.18	0.05	1	1.04
E	–0.15	0.10	2.28	1	0.87
N	0.21	0.09	5.74*	1	1.23
L	0.16	0.11	2.12	1	1.18
常量	–1.38	1.24	1.23	1	0.25
整体模型适配度	χ^2=12.58*				
检验	Hosmer Lemeshow	检验值 =18.76*			

注：*代表$p<0.05$。

N维度对测试结果预测的回归模型的整体模型显著性检验的χ^2=8.27，$p<0.05$，达到显著性水平；再从个别参数的显著性指标来看，*Wals*=5.74，$p<0.05$，达到显著水平，表示人格特质的N维度与作案组的测试结果有关联，可以有效预测作案组的测试结果。模型还显示了OR值，OR值大于1，表示在N维度上得分高，漏报的可能性大。

但Hosmer Lemeshow的检验值为18.76，$p<0.05$，达到显著水平，表示逻辑斯回归模型的适配度不佳，并且与上述t检验结果对比发现，E维度对测试结果不显著。我们分析了造成这一结果的原因，可能是本研究的样本容量小，对实验控制不严密，测试信息泄露等。此外，人格问卷的数据存在不真实等因素，也可能是造成这一结果的原因。但是，人格特质的确会对测试结果产生影响，并且在N维度可以显著预测心理生理测试结果。在今后的研究中，需要加大样本容量，对实验严格控制，并且让被试更认真地对待人格问

卷的填写，对其进一步考察研究。

6.低E和高N人格特征被试的测试图谱分析

进一步对低E人格特征被试和高N人格特征被试进行图谱分析发现，低E人格特征的被试整体的皮肤电反应强度比较弱，在所有问题上皮肤电都会出现延迟反应的情况，并且不会达到高值，持续时间较短，迅速回落，呼吸、血压、脉搏正常。

高N人格特征的被试整体的皮肤电反应强度较强，皮肤电在所有问题上都会迅速上升，在有些问题上还会出现"超前反应"，并达到高峰，持续几秒钟才缓慢回落，并且伴有多峰出现，呼吸、血压、脉搏正常。

从上述数据和图谱分析中可知，对于作案组被试来说，测试结果正确的被试和漏报被试在E和N维度上存在差异，低E人格特征和高N人格特征的被试容易被误认成无辜者而逃脱，漏报被试的图谱特征不明显，没有特异的心理生理反应，从而导致主测人在其关键问题和陪衬问题上无法进行比较，出现假阴性结果。

7.对无辜组测试结果在人格维度上得分的t检验

剔除无效问卷16份，以无辜组被试的判断结果的分组（测对组、虚报组）为自变量，EPQ-RSC的四个维度上的原始得分为因变量，对两组被试进行独立样本t检验分析，结果显示：测对组和虚报组在P维度上有显著差异（t=–2.62，$p < 0.05$），虚报组显著高于测对组；在其他维度上差异不显著（$p > 0.05$），见表9–6。

表9–6 无辜组判断结果在人格维度上的分析表（$M \pm SD$）

	测对组（N=38）	虚报组（N=14）
P	2.08±1.50	3.43±2.03
E	8.08±2.25	7.71±2.81
N	4.84±2.66	3.86±2.35
L	4.16±1.81	5.64±3.18

8.对无辜组测试结果的逻辑斯回归分析

人格特质是否能对无辜组的测试结果进行预测，在进行逻辑斯回归分析之前，需要对变量进行赋值，测试结果是一个二分变量，本研究把“结果正确”赋值为0，“虚报”赋值为1。我们以EPQ–RSC的四个维度为自变量，以测试结果（虚报、结果正确）为因变量，进行逻辑斯回归，回归分析结果见表9–7。

表9–7　无辜组测试结果的逻辑斯回归分析表

	B	*S.E.*	*Wals*	*df*	*E×p(B)*
P	0.50	0.23	4.72*	1	1.65
E	0.01	0.15	0.00	1	1.01
N	–0.16	0.15	1.07	1	0.86
L	0.24	0.16	0.00	1	1.01
常量	–2.88	1.95	2.19	1	0.06
整体模型适配度	χ^2=10.80*				
检验	Hosmer Lemeshow	检验值 =13.07			

注：*代表$p < 0.05$。

根据表9–7，P维度对测试结果预测的回归模型的整体模型显著性检验的χ^2=10.80，$p < 0.05$，达到显著性水平，Hosmer Lemeshow的检验值为13.07，$p > 0.05$，表示回归模型适配度非常理想。再从个别参数的显著性指标来看，*Wals*=4.72，$p < 0.05$，达到显著水平，表示人格特质的P维度与无辜组的测试结果有关联，可以有效预测无辜组的测试结果。模型还显示了OR值，OR值大于1，表示在P维度上得分高，虚报的可能性大。这与上述t检验结果吻合。

9. 对高P测试图谱分析

通过分析高P人格特征被试的心理生理测试图谱发现，其皮肤电反应整体较为凌乱，在某些关键问题上皮肤电反应迅速上升，斜率较大，并且达到高峰，持续几秒钟再回落，然而在某些陪衬问题和中性问题上也会出现相同的反应，呼吸、血压、脉搏正常，整个图谱反应显得较为凌乱。

从上述数据和图谱分析中可知，对于无辜组被试来说，测试结果正确的被试和虚报被试在P维度上存在差异，高P人格特征的被试容易被认定为作案者而造成虚报情况发生，虚报被试的图谱反应较凌乱，导致主测人在其关键问题和陪衬问题上无法进行比较，出现假阳性结果。

四、讨论

本研究使用模拟盗窃范式，通过认知综合测试法对被试进行心理生理测试，筛选出测试结果不准确的被试（虚报漏报被试），然后结合EPQ–RSC考察人格特质对心理生理测试结果准确性的影响。

对漏报被试和测试结果正确的被试，首先，经过独立样本t检验，结果发现，相比测试结果正确的被试，漏报被试在E维度上得分显著低，在N维度上得分显著高，即在E维度上得分低的被试更容易被认定为无辜者而漏掉，在N维度上得分高的被试容易被漏掉，造成假阴性结果。其次，对低E人格特征的被试和高N人格特征被试的测试图谱分析发现，低E人格特征和高N人格特征的被试图谱特征不明显，没有特异的心理生理反应，从而导致主测人在关键问题和陪衬问题上无法进行比较，造成漏报。最后，进行逻辑斯回归分析发现，人格特质的N维度与作案组的测试结果有关联，可以有效预测作案组的测试结果。在N维度上得分高，漏报的可能性大，这与兹维和伊拉德（2016）的研究结果一致。但是逻辑斯回归模型的适配度不佳，并且E维度对测试结果不显著，可能是由于本研究的样本容量小，实验控制不严密，测试信息泄露，人格问卷的数据存在不真实等，在今后的研究中，需要加大样本容量，对实验严格控制，并且让被试更认真地对待人格问卷的填写，对其进一步考察研究。

对虚报被试和测试结果正确的被试，首先，经过独立样本t检验，结果发现，虚报被试在P维度上的得分显著高于测试结果正确的被试，即在P维度上得分高的被试容易被认定为作案者，造成假阳性结果。其次，对高P人格特质被试的测试图谱分析发现，其测试图谱过于凌乱，导致主测人在关键问题和陪衬问题上无法进行比较，造成虚报。最后，进行逻辑斯回归分析发现，人格特质的P维度与无辜组的测试结果有关联，可以有效预测无辜组的测试结果。在P维度上得分高，虚报的可能性大，这与上述t检验的结果一致。

五、总讨论

本研究将人格特质对心理生理测试效度是否会造成影响这一问题置于实验室条件下进行研究。研究发现，人格特质会对心理生理测试的皮肤电反应造成影响，而皮肤电指标是对测试结果进行判断的主要依据，因此，人格特质会对测试效度产生影响，这与之前的研究结果一致。

针对之前研究的不足，本研究采用模拟盗窃范式，使用认知综合测试法对被试进行测试，然后结合EPQ–RSC分析人格特质与心理生理测试效度的关系，结果发现：首先，认知综合测试法的总体测试准确率高，能够有效地区分案件角色。在关键问题和陪衬问题上，作案组被试的皮肤电反应显著高于无辜组被试；在中性问题上，作案组和无辜组被试没有显著性差异。说明在关键问题上，由于作案组被试经历过盗窃过程，对盗窃的相关细节有清晰的认知，所以相较于无辜组被试来说表现出了更高的认知水平和情绪反应。

其次，人格特质对心理生理测试效度会产生影响。对漏报被试和测试结果正确的被试在人格维度上的得分进行独立样本t检验，结果发现，漏报被试在内外倾（E）维度上得分显著低于测试结果正确的被试，在神经质（N）维度上，漏报被试的得分显著高于测对被试，这表明内向的人和高神经质的人更容易被漏报，造成测试结果的假阴性。并且对低E人格特征的被试和高N人格特征的被试进行测试图谱分析发现，低E人格特征和高N人格特征的被试图谱特征不明显，从而导致主测人在关键问题和陪衬问题上无法进行比较，造成漏报。然后通过逻辑斯回归分析发现，人格特质的N维度与作案组的测试结果有关联，可以有效预测作案组的测试结果。在N维度上得分高，漏报的可能性大，这与兹维和伊拉德（2016）的研究结果一致。但是逻辑斯回归模型的适配度不佳，并且E维度对测试结果不显著，可能是由于本研究的样本容量小，实验控制不严密，测试信息泄露，人格问卷的数据存在不真实等，在今后的研究中，需要加大样本容量，对实验严格控制，并且让被试更认真地对待人格问卷的填写，对其进一步考察研究。

最后，对虚报被试和测试结果正确的被试在人格维度上的得分进行独立样本t检验，结果发现，虚报被试在精神质（P）维度上的得分显著高于测对的被试，这表明高精神质的人更容易被错认为作案者，造成测试结果的假阳性。又对高P人格特质被试进行测试图谱分析发现，其测试图谱过于凌乱，导致主测人在关键问题和陪衬问题上无法进行比较，造成虚报。然后进行逻辑斯回归分析发现，人格特质的P维度与无辜组的测试结果有关联，可以有效预测无辜组的测试结果。在P维度上得分高，虚报的可能性大，这与上述t检验的结果相吻合。

综上所述，人格特质的确会对测试的结果造成影响，使测试结果出现一定的偏差，这与我们的研究假设一致。并且我们可以分析出造成上述结果的原因：

对于漏报被试来说，具有低E的人格特征，说明漏报被试相对于测试正确的被试而言，较为内向，情感比较沉稳、内敛，能很冷静地应对困难，在测试过程中，虽然能根据主测人的问题，再现出犯罪现场的情境，但由于其情感波动较小，沉稳冷静，易感性和兴奋性弱，生理反应较弱，图谱反应不明显，致使主试无法准确地作出判断，造成漏报。因此，内向的人不容易被发现（Steller，Haenert&Eiselt，1987）。漏报被试还具有高N的人格特征，情绪波动大，容易焦虑、易怒，对各种刺激的反应过于强烈。在测试受到言语刺激时，情绪被激发后很难平复下来，兴奋性强，从而导致图谱凌乱，主测人员无法准确地对其作出判断，因此高神经质的人不容易被发现。

对于虚报被试来说，他们具有高P的人格特征，说明虚报被试相对于测试结果正确的被试而言，不关心他人、难以适应外部环境、不近人情、不友好。在测试中，虽然虚报被试关于犯罪细节和情境并没有相应的认知，但由于高精神质的人常常自以为是，喜欢对听过的案件有关情况和主测人的问题进行猜测，所以在关键问题上会出现强反应，造成与案件有关的假象，造成最终被认定成作案者的错误结果。目前，在已有的研究中并没有发现精神质人格维度与虚报被试关系的研究数据，这也有待在今后的相关研究中得到验证。

但是，本研究也有不足之处：首先，本研究所选取的被试均为在校大学生，而且年龄在20—25岁，并且男性被试多于女性被试，男女比例差异较大，造成被试的性别比例失调。所以，今后的研究可扩宽招募被试的范围，以获得更准确的贴合实际情况的结果。其次，虽然模拟盗窃测试最为接近真实场景的实验范式，但是它毕竟不是真实场景，所设置的模拟场景和所要承担的责任对被试而言，都不能与真正的作案者相提并论。并且多数被试来参与实验多是出于对测试仪器的好奇，以游戏的态度参与其中，使得被试在模拟案件中很难达到实测案件所能达到的心理压力和情绪反应。

六、总结论

1. 人格特质对心理生理测试效度会造成影响。
2. 内向的人和高神经质的人更容易被漏报，造成测试结果的假阴性。
3. 高精神质的人更容易被虚报，造成测试结果的假阳性。

七、启示

目前，国内外对于心理生理测试技术的实际应用存在着大量的问题，影响着该技术的科学应用和健康发展，而研究总结人格特质对心理生理测试技术实际应用的影响，是心理生理测试技术科学应用的重要问题，对心理生理测试技术的科学应用具有重要的理论意义和实践价值。在实际测试中，若不结合人格特质进行图谱评判，仅以测试数据进行测试结论，就可能会对测试结论造成偏差，影响心理生理测试技术的正确应用，甚至导致冤错案件发生。因此，实际测试中应注意人格特质对图谱的影响，以提高评判和结论的科学性与准确性。

第三节　自主神经指标在隐藏信息测试（CIT）中的应用研究①

隐藏信息测试（CIT），又称犯罪情节测试（GKT），是通过编制多组多选项的情节问题，每组情节题包含一个关键项目题和多个无关项目题，以检测被测人是否拥有与案/事件相关的隐藏信息，从而对被测人与案/事件的关系进行认定的测试方法。1959年，莱克肯首次在实验研究中考察皮肤电指标

① 本文作者王昊、范刚，系笔者主持的国家自然科学基金项目《多导心理生理测试技术的认知综合测试法应用研究》（项目号：31560281）的系列研究之一。该文为删改稿。

能否有效地检测隐藏信息（Lykken& David，1959）。莱克肯在此研究中共设置了四个实验组，其中第一组被测人接连执行两个不同的模拟犯罪（模拟谋杀和模拟盗窃），第二组被测人只执行模拟谋杀犯罪，第三组被测人只执行模拟盗窃犯罪，而第四组被测人则作为对照组对所有的模拟犯罪一无所知。而后，对所有的被测人就这两个模拟犯罪案件进行隐藏信息测试，仅使用皮肤电反应作为唯一的测试指标。研究表明，测试对无辜被测人的认定准确率高达100%，对“犯罪”被测人的认定准确率也达到了88%。“犯罪”被测人在面对关键项目题刺激时，相比于无关项目，会产生较强的皮肤电反应，而无辜被测人则不会。莱克肯进一步验证隐藏信息测试的效度不会受到反测试的影响（Lykken& David，1960）。

随后，大部分的研究开始致力于考察皮肤电指标在CIT中的效度问题，但从20世纪60年代后期开始，研究者们逐步转向使用其他能够反映自主神经系统活动的生理指标用于检测隐藏信息（Podlesny&Raskin，2010；Thackray& Orne，1968）。从文献调研的结果来看，除一开始报告了一些不稳定的结果外，目前已经确定的是犯罪被测人在面对关键项目题刺激时，相比于无关项目题，会出现较强的皮肤电反应、呼吸抑制、心率下降以及脉搏振幅减小。因此，本研究首先回顾了各自主神经指标效度的研究，同时探讨哪些生理心理机制会对被测人的反应造成影响，由此提出一个综合这些不同自主神经指标的逻辑回归方程，提高CIT的效度。最后，对此领域未来的应用研究提出进一步的研究展望。

一、皮肤电指标

CIT从实验室研究中得出的第一个结论就是试图隐藏信息的被测人在接受关键项目题刺激时，相比于无关项目题，会产生较强的皮肤电反应（skin conductance responses）（Horneman&O’Gorman，1985；Waid，Orne & Wilson，2010）。而这一结论不仅适用于与实案测试情境相近的模拟犯罪范式，还在其他如卡片或数字范式、自传信息范式等一系列研究范式中同样有效（Ben-Shakhar，1994；Elaad，1994）。同时，以色列的两项实案测试研究也得出了相同的结论（Elaad，1990；Elaad，Ginton&Jungman，1992）。

麦克拉伦（MacLaren）对于皮肤电指标测试效度的元分析研究表明，CIT

对犯罪被测人的认定准确率在25%—100%，加权平均准确率为76%；而对无辜者的认定准确率则为59%—100%，加权平均准确率为83%（MacLaren，Vance，2001）。如果对被测人模拟犯罪的方式做进一步控制，若在被测人执行模拟犯罪后对其进行测试，则测试的认定准确率（82%，*N*=666）显著高于被测人通过其他形式获得隐藏信息的情况（MacLaren，Vance，2001）。而沙哈尔和伊拉德则在他们的元分析研究中利用信号检测论来确定CIT中皮肤电指标的效度：在信号检测论的理论框架下，皮肤电指标的检测效力非常高（*d*=1.55，*A*=0.82）（Ben-Shakhar，Elaad，2003；KeithMuller，1988）。与麦克拉伦的研究相一致，沙哈尔和伊拉德也认为皮肤电指标对于实际执行模拟犯罪的被测人的效度更高（Ben-Shakhar，Elaad，2003）。随着CIT题目组数的增加，被测人逃避测试动机的增强，皮肤电指标的效度也随之提高。而当被测人逃避测试的动机很低时，皮肤电指标的效度才会受到显著的影响。在这种情况下，只有犯罪被测人在目标题上谎答才会增强其与无关项目之间的皮肤电差异。因此，若仅对达到最佳实验条件的10个研究进行分析（*N*=222），则皮肤电指标的检测效力提高到*d*等于1.15，*A*等于0.95。

从神经生理学角度来说，个体皮肤电的变化与交感神经的激活联系密切（Wallin，1981），而这一点表明犯罪被测人在识别关键项目和无关项目时所产生的皮肤电差异是由不同交感神经激活造成的。通过众多的实验研究，研究者发现测试中被测人的皮肤电变化反映出很多定向反应的典型特征（Sokolov，1963）。具体来说，如果将同一关键项目题对被测人进行重复刺激，被测人的皮肤电反应会出现习惯化的现象，而随着重复刺激的解除，被测人的皮肤电反应又会逐步恢复到正常状态（Barry，1996）。此外，被测人皮肤电反应的强度会随着项目刺激强度和意义性的增强而增强（Siddle，O'Gorman，Wood，2010）。由此，皮肤电指标和定向反应之间的此种特殊联系可导出一项研究假设，即定向反应理论对于隐藏信息测试的研究与应用具有重要意义。对于犯罪被测人来说，关键项目题相比于无关项目题，具有一种独特的意义性或信号价值，会诱发被测人产生更强的定向反应，同时也更加难以抑制（Lykken，David，1974）。尽管最近一些研究者开始质疑定向反应理论能否作为唯一的理论来解释测试中被测人所有的皮肤电反应模式，但就目前来说，这一理论框架仍然可以有效地用于解释和预测各类相关因素将会如何对皮肤电指标产生影响（Ben-Shakhar，Furedy，1990）。

二、呼吸指标

在CIT的研究中，呼吸指标主要指的是被测人胸部和腹部体积的变化。早期对于呼吸指标效度的研究普遍表明，无论是被测人的呼吸速率还是呼吸振幅都难以有效地对被测人的案件角色进行认定（Bradley，Ainsworth，2010；Podlesny，Raskin，2010）。然而，蒂姆（Timm）在1982年提出的全新的呼吸指标量化方法彻底改变了这一研究现状。相对于分别记录被测人在测试中的呼吸速率和振幅，蒂姆认为应当测量被测人在刺激呈现后固定时间内呼吸线的总长度（10秒或15秒内），作为被测人在刺激呈现后呼吸活动的综合评价，蒂姆称其为呼吸线长度（respiration line length，RLL）。一旦被测人在测试中表现出呼吸速率变慢或呼吸振幅减小，呼吸线长度就会相应减小。因此，使用呼吸线长度可以反映出被测人在呼吸指标上的个体内与个体间差异，而这种差异恰恰就是造成早期呼吸指标研究出现负面结果的原因。现如今，数个实验室研究和实案测试研究表明，当被测人试图隐藏目标信息时，其呼吸线长度显著小于其在无关目标题上的呼吸线长度（Gamer et al.，2006；Verschuere et al.，2007；Elaad，Ginton，Jungman，1992）。

迄今为止，还没有研究者系统地检验那些影响皮肤电指标的因素是否同样对呼吸指标造成影响。日本所做的一项实案研究表明，若提问的关键项目题涉及的内容与犯罪行为直接相关，被测人的屏息时间会大幅度地延长；而在问及一些案件边缘性的目标问题时，如案发的精确时间，被测人屏息的时间则相对较短（Suzuki，Nakayama，Furedy，2004）。相比之下，皮肤电指标只在目标和无关项目题上表现出主效应。这些研究结果表明，呼吸指标（呼吸抑制）可能比皮肤电指标对情绪因素更加敏感。这就说明，已有研究所发现的影响皮肤电指标的因素并不能简单直接地套用在呼吸指标之上。同时，实案测试中发现有些犯罪被测人会在一些关键项目题上进行长时间的屏息（10—15秒），在此期间，其皮肤电指标未出现任何增强反应。而在被测人屏息结束后，随着一次深呼吸，被测人的皮肤电反应显著增强。由此可见，被测人此种特异性的皮肤电反应是由长时间的屏息与深呼吸造成的，被测人的呼吸会在一定程度上影响皮肤电指标的变化，今后的研究应当注意探讨呼吸指标与皮肤电指标之间的联系。

从神经生理学角度来说，人的呼吸主要受到中枢神经系统和自主神经系统（主要是副交感神经），以及与外周反馈回路的复杂交互作用的调节（Lorig，2007），这一点与皮肤电指标有所不同，呼吸还会受到被测人的自主控制。这也就导致犯罪被测人在测试过程中可能会试图控制自己的呼吸模式，以逃避检测。虽然已有一些研究表明呼吸指标与皮肤电指标一样不会受到心理反测试的影响（Ben-Shakhar，Dolev，1996），但生理反测试是否会对呼吸指标造成影响的研究目前还处于一个较大的争论之中（Honts et al.，2010）。而且，在这些有关反测试的研究中，主测人并未在测前指导语中明确告知被测人在测试中可以自行改变自己的呼吸模式，这也就表明就目前的研究结论来说，我们还无法确定被测人在测试过程中通过改变自己呼吸模式的方法进行反测试是否会降低呼吸指标的测试效度。

三、心血管指标

传统测谎方法CQT经常将血压作为测试指标，主要测量被测人上臂收缩压和舒张压的变化。在CIT的研究中，研究者反复验证使用血压指标无法有效地对犯罪被测人和无辜被测人进行鉴别（Gamer et al.，2006）。还有研究表明在测试时，被测人由于较长时间佩戴充气式血压测量仪而产生的不适感反而会降低皮肤电指标的效度（Horvath，1978）。正因为这些原因，现今的CIT研究已不再使用此类血压测量设备，但今后的研究仍需探明的是，使用更为先进的非侵入式的血压测量设备测量被测人的血压能否有效地检测隐藏信息（Podlesny，Kircher，1999）。

心血管指标体系中第二个引起研究者重视的指标是通过光体积描记技术测量的手指脉搏（指脉）。通过光体积描记技术测量手指脉搏，一方面，可以记录被测人的脉搏速率（Verschuere et al.，2009）；另一方面，所测量的指脉振幅还可以反映被测人外周血管的收缩程度。使用CIT研究范式，波德斯尼（Podlesny）和拉斯金（Raskin）的研究表明大约在关键项目题呈现8秒后，犯罪被测人会产生较强的外周血管收缩反应（Podlesny，Raskin，2010）。伊拉德和沙哈尔在此基础上进一步提出计算手指脉搏信号的总长度将脉搏振幅和变化速率整合到一起（Elaad，Ben-Shakhar，2006）。这种计算方式与上文提到的呼吸线长度的计算方式非常相似，研究者们将其称为手指脉搏波形长度（finger pulse waveform length，FPWL）。随后开展的有关研究表明，犯罪被测人在关键项目题上产生的FPWL显著小于无关项目题；但综观这些研究报告不难发现，手指脉搏波形长度这一指标的测试效度要略低于皮肤电指标（Verschuere et al.，2009；Elaad，Ben-Shakhar，2008）。实案测试中发现，被测人的手指脉搏指标与呼吸指标联系密切，有些犯罪被测人在面对关键项目题时，手指脉搏和呼吸同时出现特异性反应，而皮肤电指标则没有表现出增强反应。

当前，CIT研究中使用最频繁的是心血管指标体系中的阶段性心跳速率（phasic heart rate）。除了最开始的研究出现了一些不稳定的结果外（Ambach et al.，2008），目前研究者们普遍认为犯罪被测人在面对关键项目题时，相比于无关项目，其心跳速率显著降低（Podlesny，Raskin，2010）。

在谈到自主神经系统对于个体心跳速率的调节问题时，必须要注意区分心跳速率变化与外周血管收缩之间的差别：前者主要受制于自主神经系统中交感神经和副交感神经以及迷走神经的共同作用（Berntson，Quigley，Lozano，2007）；而对于引发外周血管收缩的外周血管平滑肌来说，其主要受交感神经系统的控制。因此，犯罪被测人在测试时面对关键项目题所表现出的心跳速率降低原则上可以归结于交感神经活性的降低或迷走神经活性的增强。又由于被测人的这些生理变化都是在刺激呈现后立即表现出来的，且已有的一些研究也证实迷走神经系统对行为相关事件的反应时间要快于交感神经系统（Berntson，Cacioppo，QuigleyS，1991），在此基础上可以推断被测人所产生的心血管反应更可能是受到了体内迷走神经的调节。与皮肤电指标类似，有研究者提出定向反应就是影响被测人心血管指标，尤其是心率变化的内在心理生理机制（Koster，2010）。针对这一观点目前存在两种反对意见：一是认为无论是同一次测试被试内还是不同被试间的心率反应都与作为定向反应核心指标的皮肤电反应无显著相关（Gamer et al.，2008；Gamer，Verschuere，Crombez，Vossel，2008）；二是犯罪被测人的心率反应并未随着关键项目刺激重复次数的增加而出现习惯化的现象，皮肤电反应会随着测试的进行逐渐下降，而心率反应则相对保持稳定（Gamer et al.，2008）。这也就表明，单一的定向反应理论并不能完全解释CIT测试过程中所有的心率反应模式，这就要求研究者们在今后的研究中发展出一个更为广泛的能够囊括定向反应理论和其他生理心理机制的认知信息加工理论，以解释犯罪被测人在CIT测试中面对关键项目题时出现的心率降低现象。

总体来说，犯罪被测人在识别关键项目时会表现出相应的皮肤电增强、心率降低和血管强烈收缩，这些研究证据共同表明自主神经系统的两个分支神经系统都在CIT的测试过程中得到了有效的激活。

四、自主神经指标的综合

正如前文所述，使用标准的心理测试仪同步记录被测人在测试时的皮肤电、呼吸和心血管反应数据能够有效地对他们的案件角色进行认定。尽管这三个指标分别使用时的效度都相对较高，但均未能达到司法实践对于鉴定、测试准确率的高要求。这就给研究者们指出了一个全新的研究方向，即将这三类自主神经指标综合使用、计算能否进一步提高CIT的测试效度？在此基础上，增加其他生理指标能否帮助我们更好地进行认定？应当建立何种方差模型综合这些不同指标的数据从而最大化认定结论的效度？

最早的一些研究采用的方法比较简单，即将被测人各个生理反应通道上关键项目题和无关项目题的反应差求平均值。当求得的这个平均数的绝对值很高时，就认为该被测人能够对测试中的关键项目和无关项目进行区分；相反，当这个数值接近0时，就表明被测人无法识别这些项目之间的差别，偏向认定其为无辜（Ben-Shakhar，Elaad，2002）。研究者通过实验室研究和实案研究证实在测试中将皮肤电和呼吸两个指标进行综合的效度要高于单一指标的效度。同时，综合皮肤电、呼吸和心血管三个自主神经指标的研究也得到了相同的结论（Elaad，2009）。然而此种简单平均的方法却存在着一个巨大的缺陷，即它没能充分考虑到不同生理指标对测试效度的贡献是截然不同的。因为有研究表明，在CQT测试中皮肤电指标的效度比呼吸和心血管指标要高（Kircher，Raskin，1988），实践领域的测试专家在实案测试中也倾向于给予各个生理指标不同的权重。

加默尔（2003）等人通过研究发现，当给予皮肤电和呼吸指标的权重大于心血管指标时，CIT的测试效度就得到了显著的提高。在他们的这项研究中，研究者构建了一个逐层逻辑回归方程模型，具体来说，就是通过计算每个被测人i在目标和无关项目上的反应差异X的矢量，以确定被测人隐藏信息的概率P（Y=1）：

$$P(Y_i=1|X_{\mathrm{i}}=x_{\mathrm{i}})=\frac{e^{\beta_0+\sum_j \beta_j x_{ij}}}{1+e^{\beta_0+\sum_j \beta_j x_{ij}}}$$

回归系数β_0和β_j分别代表的是总共j个生理通道的不同权重，结果P值对应的就是每个被测人隐藏目标信息的概率。在整个分析的过程中，通过不断地对每个权重参数进行调整，确保方程结果最大限度地区分犯罪被测人和无辜者。其研究表明，通过对皮肤电、呼吸和心率反应三个指标进行加权综合，所得到的效度显著高于单一指标所能达到的最高效度（表9–8）。

表9–8 逻辑回归方程模型权重参数

指标	量化	持续时间	β	SE	Wald 检验
皮肤电	最大的皮肤电导增加	0 秒—10.5 秒	4.24	1.38	9.51
呼吸	呼吸线长度	0 秒—10 秒	–6.31	2.18	8.37
（常数）			–3.92	1.11	12.52

注：随着将呼吸线长度和平均心率加入回归模型，模型的拟合优度值（Nagelkerke’s R^2 values）从0.58增加到0.80，再增加到0.85。

总体来说，将多个自主神经指标综合评判能够有效提高CIT的效度。如上所述，皮肤电、呼吸和心血管指标反映着不同的交感神经和副交感神经外流，并且它们所涵盖的心理过程也不完全一致。例如，皮肤电指标显得比其他指标更容易出现反应习惯化的现象（Gamer et al.，2008）。同时，各个生理指标之间也表现出很强的个体差异（Foerster，Friedrich，1985），格鲁泽利尔（Gruzelier）等人就发现人群中存在5%左右的人对任何非厌恶性外部刺激都不会产生皮肤电反应（Eves et al.，1981）。因此，CIT中皮肤电、呼吸和心血管三个指标间的相关很少超过0.3（Gamer，Verschuere，Crombez，Vossel，2008）。因此，将这些指标进行综合评判能够较好地涵盖犯罪被测人隐藏信息的各个方面，同时有效消除个体间生理反应差异带来的影响。然而，这些在实验室情境下获得的研究结论，能否适用于被测人动机、压力、情绪显著不同的实际案件测试，仍有待进一步研究。

五、小结与展望

综上所述，对比被测人在测试中面对关键项目题和无关项目题时产生的生理心理反应的变化，能够有效地将试图隐藏信息的犯罪被测人从嫌疑人中鉴别出来。运用逻辑回归方程将皮肤电反应振幅、呼吸线长度和心率变化三种指标进行综合评判可以进一步提高CIT的效度。就目前来说研究者普遍使用定向反应理论来解释CIT的心理机制，缺点在于无法涵盖测试中出现的所有反应现象。

未来的研究可以从以下两个方面展开：从研究的角度来看，当前研究者对于可能影响各指标效度的相关因素的研究还比较忽视。到目前为止，研究者只对皮肤电指标的影响因素进行了相关的元分析研究（Ben–Shakhar，Elaad，2003），还无法确定这些影响皮肤电指标的有关因素是否会对呼吸和心血管指标造成同样的影响。从已有的研究结果来看，各自主神经指标在CIT测试过程中的表现并不一致。有研究就在实案测试中发现了实验室情境中从未出现过的呼吸模式，而皮肤电指标则未在这两种条件下表现出显著差异（Suzuki，Nakayama，Furedy，2004）。而且，皮肤电和心率这两个指标在测试中也表现出了不同的习惯化特征（Gamer et al.，2008）。为了更加深入地对这些问题有所了解，今后的研究应当在更大的样本容量中对已有的研究结论进行检验，同时对可能影响各个指标测试效度的相关因素展开探讨。

从应用的角度看，除了进一步对前文所述的逻辑回归方程进行开发、验证外，今后的研究应集中验证在测试中加入不与自主神经直接相关的指标能否再次提高测试效度。已有研究表明将行为、事件相关电位和功能性磁共振成像三个指标综合评判比皮肤电指标更能反映犯罪被测人在隐藏信息时的多个心理过程（Gamer，Berti，2010）。然而，首先的一个研究难点在于行为、事件相关电位或者脑神经成像技术等指标的施测程序与标准CIT有着较大不同。以基于反应时指标的CIT为例，反应时测试过程中需在电脑屏幕上呈现文字刺激，要求被测人对刺激的性质进行按键判断，从而记录被测人识别刺激的反应时间。整个测试要求被测人将注意力集中于屏幕上呈现出的文字刺激，尽快进行反应，完成测试任务。而标准CIT则要求被测人在测试时平稳地坐在测试仪上，佩戴多通道传感器，倾听主测人的提问，对问题做出言语回答。同时，两种施测程序在刺激的呈现次数和时间间隔上也有所不同。如何将这些测试指标的采集纳入同一个测试程序，是今后研究的一个重点。

第四节 隐藏信息测试法在日本的应用研究①

一、日本心理测试技术简史

在1953年今村（Imamura）发表的文章中，我们可以看到日本首次将心理测试技术应用于实案（Imamura，1953）。当时，一名嫌疑人假装是聋哑人，主测人员通过气肺造影仪记录被测人的呼吸，试图检测他是否与一宗谋杀案有关。然而，尽管心理测试技术潜在的重要性和应用前景得到了科学家们和司法实践部门的高度认可，但由于缺乏学术理论的支持，日本心理生理学家对心理测试技术开展的基础研究很少，之前的测试员没有受过良好的教育，而且日本的心理生理学研究人员将各种心理生理学方法主要用于研究人类行为。总的来说，当时日本的心理测试技术发展得还是比较缓慢的。

随后，日本国家科学调查研究所（NISI）（现称为国家警察科学研究所，NIPS）对心理测试技术的发展产生了积极影响。20世纪50年代以来，日本的心理测试技术仅在警察执法机关中使用，其目的在于获取罪犯的口供以作为证据。为了改进心理测试技术，今村博士（1960）进行了大量的研究，他是第一位在远东刑事实验室接受过培训的心理测试专家（1951），之后他担任过NIPS心理科主任和东海大学心理学教授。1953年7月，经过对心理生理测试技术几年的试探应用（Kimura，1950；Togawa，1954），国家警察总局（NPA）的国家警察科学研究所开办了心理测试培训学校，并在1956年4月首次对13名学员进行了培训。

随着NPA在1957年4月颁布了心理测试规定，日本心理测试技术得到了进一步发展。规定指出，只有合格的测试员才能使用适当的程序和手段来进

① 本文作者余军、范刚，系笔者主持的国家自然科学基金项目《多导心理生理测试技术的认知综合测试法应用研究》（项目号：31560281）的系列研究之一。该文为删改稿。

行谎言测试。1958年，他们积极将心理测试技术应用于刑事调查。1970年10月，日本出版了测谎技术指导手册，并且在NPA刑事侦查局局长的监督下，于1971年6月正式对心理测试技术检测犯罪分子的基本条款立法。通过NPA对心理测试技术的严格规定，心理测试的功能已被广泛接受并认可，更符合刑事诉讼程序的精神和要求，日本已将心理测试技术广泛应用于案件调查，且将测试结果作为法庭证据使用。

二、日本CIT简述

CIT是通过利用作案人努力掩盖、无辜者无从知晓的犯罪情节，编制多组多选项问题（每组测试题包括一个过渡问题、一个关键问题和多个陪衬问题）对被测人进行心理生理测试，间接地检测被测人有无相关事件的记忆痕迹，从而推断被测人是不是真正作案者的一种方法，亦被称为犯罪情节测试法，即GKT（Lykken，1959）。其理论假设是：只有涉案的人才能区分关键项目和陪衬项目，如果被测人对关键项目和陪衬项目的生理反应没有差异，主测人就可以推断被测人对关键项目没有认知；如果关键项目的生理反应显著强于陪衬项目，主测人则推断被测人对关键项目有相应的认知。因此，CIT能够区分出具有犯罪关键信息的被测人，可以为警察和司法系统提供重要的案件信息和线索。

CIT被认为具有坚实的科学基础，许多实验室研究已证明了其有效性（Ben-Shakhar，Elaad，2003）。虽然公开的实案数据相对较少（Osugi，2010），但是CIT在实案中检测到的各种生理反应模式与在实验室观察到的相似，即与陪衬项目相比，被测人对关键项目的认知会导致被测人皮肤电增加、心率下降、呼吸抑制和指脉波下降（Osugi，2010；Verschuere et al.，2011）。当前，日本已不再使用CQT，CIT是目前日本心理测试中唯一使用的方法。

（一）日本的CIT测试人员

日本约有100名专业心理测试员，所有测试人员都被分配到县警察总部的法医科学实验室。通常，心理测试员属于法医科学实验室的心理证据科，实验室工作人员不是警官，而是技术人员，主要从事研究工作。大多数县警察总部只有一两名心理测试员，他们负责辖区内案件的测试。主测人员需至少具备学士学位，大约40%的人拥有大学或研究生院心理学或行为科学的硕士学位，一些主测人员还有博士学位。其中，大约有40%的主测员具有超过十年的心理测试经验，获得硕士学位的趋势有所上升。

近几年来，随着大量测试人员的退休，日本在近十年招聘了许多年轻的测试人员。新招募来的人有一定的研究经验，他们都参加了心理学或心理生理学有关的国内会议，70%的人在这些会议上呈现了自己的研究成果。他们的学术背景比较广泛，主要来自认知心理学、心理生理学、社会心理学或临床心理学领域。约有20%的新测试员拥有心理生理学的背景，在招聘时，如果他们没有心理生理学方面的知识，聘用后就要进行相关知识的学习和培训。

（二）日本的CIT测试培训体系

日本有一套完善的心理测试培训体系，心理测试员需要具备专门的技能及心理学和心理生理学的知识，并由国家警察科学研究所（NRIPS）附属的法医科学培训中心提供培训。该中心为新的测试员提供必要的法医学培训，并为经验丰富的主测人员提供新的物证分析技术培训。

主测人员在职业生涯的不同阶段需接受不同类型的培训：基础课程、专业技术课程、高级课程、研究课程和管理课程。在入职后的第一年，测试员要严格地学习基础课程。基础课程为期三个月，是面向日本所有县警察总部新招聘的测试员开设的。基础课程除提供警察必备的知识（如法律）外，还提供心理学、生理学、心理生理学和统计学方面的基础知识。当然，关于CIT专业知识的学习是必不可少的，即学习CIT的测试原则、如何进行测试、心理生理指标的分析和练习编制CIT问题，还要学习成为一名合格的研究人员具备的条件：如何设计一个实验，如何进行实验，如何撰写研究报告和文章等。

专业技术课程持续七至十天，主测人员可以在基础课程学习完后自愿参加，这门课程每年都开设，重点学习最新的技术和熟练操作不同的设备，也对测试中存在的亟待解决的问题进行讨论。该课程帮助主测人员更新和完善CIT知识和操作，除了为参加培训的人提供心理学、心理生理学和生理学相关的最新知识，还为测试员提供了信息交流的机会，帮助他们提高测试技能。

基础课程学习完成约三年后，测试人员必须强制接受高级课程。该课程持续20天，每隔一年举行一次，旨在确保主测人员将他们学到的基础知识应用于实践操作，检验他们知识的巩固情况。在此期间，他们将讨论CIT在实际刑事案件调查中存在的问题，以及如何在不同情况下有效地测量所有的生理指标。

参加研究课程至少需要六年的工作经验。在研究课程中，主测人员有机会在国内或者去海外研究所学习。国内课程为期六个月，国外学习为期三个月。本课程的重点是进行研究，课程结束时，参加培训的人必须在NRIPS的会议上介绍他们的研究成果，并撰写科学论文。

主测人员要成为县警察总部心理测试科的科长，必须参加管理课程的学习。该课程持续七天，为管理人员提供必要的知识：如何提高下属的测试技术，以及如何对警务人员进行心理测试原理的教导。为了成功地应用CIT，该学习阶段的培训是非常重要的，参加培训的人要交流、分享他们的测试案件和测试准确率等。通过这五个培训课程，日本心理测试员会变得更加训练有素。除了官方培训之外，各地心理测试员还自愿举办研讨会、读书会和案例研讨会，以此来提高测试的水平。

三、CIT在日本的具体应用

（一）日本应用CIT的具体要求

警方调查人员要查明犯罪嫌疑人是否知悉刑事案件的某些细节、是否隐瞒了信息，或者在核实嫌疑人否认犯有犯罪行为或信息时，就使用CIT协助侦查。几乎所有的刑事事务司、社区安全司和交通科的所有警官都要接受心理测试教育和培训，因为CIT要在各种各样的犯罪侦查中使用，包括谋杀、盗窃、抢劫、纵火、袭击、骚扰、少年犯罪和肇事逃逸等犯罪。所以日本的CIT着重解决和查明以下问题：（1）CIT不是检测被测人是否说谎，而是检测某人是否具有关于案件某些细节的信息。（2）CIT的假设是，只有熟悉犯罪的人才能区分关键项目和陪衬项目；CIT是基于对犯罪相关细节认知的区分原则，说谎不是心理测试的必要先决条件。（3）如果被测人通过媒体、传言、警察讯问或其他方式知道了犯罪关键项目，则该问题不能被CIT采用。（4）CIT在调查的早期介入是最有效的，因为案件信息没有被暴露，主测人员能编制区分度良好的CIT问题。

主测人在正式测试之前要查明以下事项，若测试前发现存在以下任何一个问题都不能进行测试：第一，当被测人有严重的健康问题时，禁止对他们进行测试；第二，考虑到母亲和孩子的健康，不对孕妇进行测试；第三，缺乏基本沟通能力的人不能进行测试，因为被测人必须清楚理解CIT问题所包含的内容。在实际测试中，测试只能在被测人签署书面同意书的前提下进行，并需要向其提供CIT的简要说明，如果被测人拒绝测试，则不能对其进行CIT测试。在CIT测前访谈期间，测试员要向被测人解释测试的细节和再次确认被测人是否同意测试。有些案件中部分嫌疑人会拒绝进行CIT测试，但这种情况很少，已经被羁押的人可以和他们的律师商量是否进行测试，不管律师的意见如何，被测人必须自行决定是否接受测试。因此，在未经律师同意的情况下，CIT测试照样可以进行。

任何一个案件，只要存在只有罪犯知道的犯罪信息，CIT就可以使用。如果不存在任何只有罪犯知道的犯罪信息，CIT就不能进行。此外，对无辜知情被测人进行CIT测试可能会导致假阳性错误，所以在CIT测试中一般不使用与犯罪意图和动机有关的问题。大多数被测人都是嫌疑犯，但对没有嫌疑的人也可以进行测试，因为CIT在防止虚假指控方面也发挥着重要作用。如在某工作场所发生一个盗窃案，可以对在那里工作的所有员工进行CIT测试，即使有一个员工被怀疑，通常也会对其他员工实施测试，以涵盖所有可能性。CIT很少对声称自己是受害者的人进行测试，除非调查员怀疑受害者的投诉是假的。此外，日本警方的侦查员经常使用CIT获得的信息来协助审讯和寻找更多的证据，如违反刑法案件、系列盗窃案件、抢劫案件、伤害案件、谋杀案件、纵火案件和绑架案件等。其中，违反了《大麻和刺激性交易法》《大麻管制法》《枪支火器管理法》《道路交通法》《公害法》等法律，在日本都能申请进行CIT测试。

（二）日本CIT测试题的编制

日本CIT测试编题必须根据以下原则来选择核心的关键项目：（1）排除已泄露给被测人的项目。（2）挑选数量更多的关键项目。为了达到这个目的，主测人员必须从经验上考虑到以下几种情况：第一，自己实施的行为比看到或听到的事物更容易记住；第二，故意实施的行为比意外实施的行为有更强的记忆编码；第三，罪犯为了完成犯罪需要处理的突发事件的记忆更深刻；

第四，用强烈情绪编码的项目是最难忘记的；第五，较小的细节（如数字）不太可能被记住；第六，个体对颜色的记忆是比较模糊的，尤其当犯罪发生在夜间时。（3）选择能提供证据的关键项目。

按照上述三个原则，CIT就可以选定几个有效的关键项目。然后，测试员为每个CIT关键项选定几个适当的陪衬项目（每组CIT问题通常由一个关键项目和三四个陪衬项目组成）。在选定陪衬项目时，必须注意以下几点：（1）为了防止测试出现假阳性结果（即无辜被测人不能正确区分关键项目与陪衬项目），在编制测试题时开发的关键项目和陪衬项目应属于同一类别。（2）不能将容易使被测人产生困惑的项目编制在测试题中。

（三）CIT在日本实案中的应用

日本的CIT实案应用有两种方式：已知解决方案的CIT测试和探索性CIT测试。已知解决方案的CIT测试就是指被测人是否知道执法机构已经知道具体犯罪细节，假设执法部门已经确定了领带是用来扼杀受害者的作案工具，而且这个细节还没有向公众透露，则关于作案工具的一个已知解决方案的问题编制就是："谋杀工具是什么？是（1）一条绳子吗？（2）一条围巾吗？（3）一条领带吗？（4）一根电线吗？（5）一个项链吗？（6）一条长袜吗？"这组具体的CIT测试题用来评估被测人是否知道领带是作案工具。

在编制CIT测试题时，不能超出基本事实，即所有犯罪相关项目都是基于犯罪情节来设置的。探索性CIT测试用于检测被测人是否将某个问题认知为与犯罪有关的关键项目，但其问题设定与已知解决方案的CIT相反。在探索性CIT测试编题中，执法部门并不知道哪个是正确的答案（相关项目）。在这种情况下，主测人员将选择几个合理的项目，期望选择的项目中能够包含与犯罪有关的关键项目。主测人通常会确定一个模糊而笼统的项目（即"是别的东西吗？"），以避免选择的具体项目都不正确。探索性CIT测试可以给执法机关提供其尚未掌握的犯罪细节和线索。在实案应用中，通常在某一案件中将已知解决方案的CIT测试和探索性CIT测试结合使用（Ogawa et al.，2015）。

具体来说，在日本的CIT测题中，每组题通常包括四到六个问题（Kobayashi，Yoshimoto，Fujihara，2009），每个问题以不同的顺序重复提问三到五次。测试的生理指标包括皮肤电、呼吸、心率、脉搏等（Hirota et al.，

2003；Sawada，Tanaka，Yamakoshi，2001）。主测人员判断某个关键项目是否始终比其他项目的生理反应更强（Osugi，2011），就需要判断基于观察生理记录仪导出的图谱和描述性统计的分析结果。如果被测人在所有项目上的生理反应相似，主测人则认定被测人没有对犯罪有关的项目产生相应的认知，反之亦然。为了形成最终确定的结论，主测人还会考虑其他因素，如被测人的生理反应特征、环境因素（如噪声）、人为因素（如移动身体或深呼吸），以及对某些项目强反应的其他合理解释。

（四）CIT在日本实案应用中的有效性

一篇文章报道了使用当前的心理测试系统收集的CIT实案测试数据集。研究（Kobayashi et al.，2009）分析了来自38名被测人（33名男性和5名女性，平均年龄为36.4岁，*SD*=12.5）的113个CIT问题的数据。随后的调查证实，所有这些被测者都再认了这些CIT问题的关键项目。对于每个CIT问题，通过t检验比较关键和非关键项目之间的反应，如果p值小于0.10，则将被测者判断为再认了关键项目。结果表明：皮肤电反应的正确检测率为52.5%，心率的检测率为49.5%（项目开始后17—20秒的平均值），呼吸线长度平均值的检测率为38.1%（0—15秒的平均值），脉搏的检测率为26.2%（7—10秒的平均值）。应当注意，这些值是针对单个CIT问题单一指标的正确检测率（即灵敏度），研究人员并未报告结合各种生理指标时其总的检测率是否会提高。但在实际案件测试中，主测者使用CIT结合所有可用的生理指标来得出结论。

（五）日本法庭认可的条件

日本最高法院1968年首次将测谎结论作为可接受的证据，这是一个划时代的决定（NPA，1970）。在日本，心理测试获得的结果满足以下条件可作为证据使用：

（1）仪器性能及其测试技术足够可靠；

（2）主测人在经验和技术方面有足够的资格；

（3）被测人在测试前签署了知情同意书；

（4）主测人如实填写证明文件，包括对整个测试过程和测试结果的适当描述；

（5）确保被测人在测试时的生理和心理状态是正常的。

（六）日本CIT实验室研究与实践的差异

基于实验室研究的CIT和日本刑事案件调查中使用的CIT存在明显不同。首先，在日本的刑事调查中，CIT每个项目至少重复三次，这种重复有助于提高测试的可靠性，并且可以评估被测人对犯罪相关项目的更强反应是否归因于系统化的重复。相比之下，实验室研究中CIT通常不重复或少量重复单个项目。沙哈尔和伊拉德（2003）的一项大数据分析中包含了80项研究成果，其中约有一半的研究中每个项目仅呈现了一次，从而可看出这些研究并没有将重复作为控制因素加以要求。相反，实验室研究人员认为重复同一项目更容易出错，他们更喜欢使用多个项目，而不是重复单个项目（Meijer et al., 2014）。若某一被测人对某个相关项目比较敏感、熟悉，则对该项目的生理反应总是比其他项目的反应更强。

其次，日本从事实际刑事案件调查工作的心理测试员倾向于对单一项目进行重复提问，中间不穿插其他项目（Matsuda et al., 2012）。而实验室研究人员集中对不同项目的生理反应进行评分。事实上，莱克肯（1959）通过汇总各个问题的分数来获取CIT的总得分，这种方法依然是现今实验室研究的标准做法。

最后，实验室研究中的测试结论与日本实案测试中CIT的测试结论不同。根据被测人对不同项目的综合反应，实验室研究会得出“有罪”或“不知情（无辜）”的单一结论。因此，实验室研究的结论是根据被测人对所有项目的总体反应来评判其是否犯罪的。相比之下，CIT实案测试则为每个单独的项目提供结论。比如，针对日本的一起盗窃案编制了三组CIT测试题，即案发时间、地点以及被偷的东西，做出的结论可能是被测人知道案件发生的时间和地点，但不知道被偷的东西是什么，而不是简单地给出被测人拥有犯罪知识（有罪）的结论。

因此，CIT在日本实案应用中被看作一种信息收集的方法，甚至在知道罪犯的情况下应用CIT也是有意义的。比如，在一个盗窃案中，执法部门将抓捕的一名男子作为嫌疑人，而该男子也承认是自己一个人实施了盗窃行为，侦查员怀疑该案可能有同伙。在这种情形下，编制一组询问作案人数的CIT测题是大有裨益的。比如：“你是与（1）一名同伙一起实施的盗窃吗？

（2）是与两名同伙……吗？（3）是与三名同伙……吗？（4）是与三个以上的同伙……吗？”这种探索性CIT测题的目的不是确定被测人是否真的作案，而是为了获得更多的案件信息和线索。

四、CIT在实案应用中的潜在问题及日本实案应用中的应对措施

到目前为止，除日本外，其他国家尚未将CIT广泛应用于实案测试，这反映了CIT由于存在问题而难以应用于实案环境（Krapohl，2011）。

（一）CIT在实案应用中的潜在问题

1.CIT会产生假阳性

只有有罪的人知道的关键项目有时很难找到；一些无辜的被测者可以通过媒体报道或谣言等（Bradley et al.，2011）知晓犯罪细节；也有无辜者可能通过重复询问或重复犯罪细节，对与犯罪相关的项目有错误的记忆（Allen，Mertens，2009）。如果这些无辜的被测者参加CIT测试，他们很容易对关键和陪衬项目表现出差异反应，因而导致假阳性结果。

2.CIT易受假阴性结果的影响

在CIT测试中，如果选择的关键项目是那些犯罪者没有记住的信息，则信息不会被犯罪者识别，即使被测者具有犯罪相关的记忆，并识别了与犯罪相关的项目，有时也可能观察不到特异心理生理反应。例如，虽然在CIT中通常测量被测人的皮肤电反应强度，但一项研究报告指出，大约有1/4的人对定向刺激无明显的皮肤电反应（Venables，Mitchell，1996）。此外，犯罪嫌疑人的认知很有可能会被他人的谣言、媒体传播的错误信息、审讯期间传达的部分信息所歪曲。审讯人员在不了解全部案情的情况下，很有可能会对犯罪嫌疑人灌输错误的信息。这都会导致假阴性结果产生。

3.CIT易受反测试的影响

一些研究表明，CIT容易受到物理（如被试在呈现陪衬项目时将脚趾压在地板上）和心理等因素的影响（如每次出现关键项目时心里默默计数，转移注意力；在陪衬项目上故意假装紧张）（Ben-Shakhar，2011）。这些反测试的行为或多或少都会干扰测试，测试获得的数据并非被测人真实的反应（刘洪广，周琳，2016）。

（二）日本在实案应用中的应对措施

尽管存在上述三个问题，但日本已经正式且系统地使用了CIT 50余年，大约100名受过训练的主测者每年执行约5000次的CIT测试（Osugi，2011）。

1. 防止假阳性案件

日本CIT主测者通过从测前准备到实际执行CIT过程中的每个步骤努力防止假阳性案件发生。在常规的基础上，主测者建议在刑事调查的早期阶段实施CIT，以便使与犯罪相关的信息不随时间的推移而逐渐被大量观众知晓。当主测者实施CIT时，不仅要咨询侦查员，也要核查媒体报道的犯罪相关信息和警方的讯问笔录。此外，在实施每个CIT之前，主测者将CIT中的所有项目呈现给被测者，并且询问被测者是否见过有些项目或感觉与其他项目不同。如果被测者指出与犯罪相关的项目，则主测者不会再对该问题进行测试。

2. 防止假阴性案件

日本CIT主测者尽量选择犯罪人记忆深刻的关键项目。他们尽可能避免使用犯罪项目的外围特征，而是使用关键项目的中心特征（Carmel et al.，2003；Gamer et al.，2010；Nahari，Ben-Shakhar，2011）。另外，在CIT之前，主测者向被测者解释每个问题的含义，以便被测者理解主测者问的是什么。

然而，即使被测者识别了关键项目，有时也可能在关键项目和陪衬项目之间不会显示出不同的生理反应。避免这种类型的假阴性案例的一种方法，即同时测量多个指标。在日本，自2003年以来一直使用新的测试系统，其同时记录皮肤电、心率、脉搏量和呼吸，这些指标反映了生理反应的不同方面。实验室研究表明，结合多种指标的测量可以降低假阴性的发生率，同时保持低假阳性（Gamer et al.，2008）。

3. 反测试

为了防止身体反测试，主测者在CIT测试期间应仔细地观察被测者的行为和生理反应。当主测者认为被测者有意地使用反测试（如频繁移动身体、叹息或嗅闻）时，须要求被测者不能进行这样的活动（Osugi，2011）。使用特定传感器来检测身体反测试效果很明显，基于压力测试椅和地板垫组合在一起的传感器在某些国家已经使用。虽然日本还没有使用检测身体反测试的特定传感器，但有人呼吁引入该传感器来应对身体反测试。

以前的研究表明，心理反测试影响皮肤电，但不影响呼吸（Ben-Shakhar，Dolev，1996；Honts et al.，1996）。在日本，主测者测量多个自主神经指标，包括呼吸，可以减少反测试对CIT测试的影响。因此，通过测量被测人的多种生理指标有助于减少观察不到的心理反测试。

五、总结

综上所述，日本不再使用CQT，CIT是其唯一使用的心理测试技术。日本在CIT的应用中，对主测人的要求较高，主测人要接受专门的、定期的培训并具备一定的实践经验；对编题、测试过程及CIT测试结果作为证据的条件都有严格的要求。虽然CIT在日本的实案应用中取得了很好的效果，但仍有局限性，有些案件很难编制足够的测试题，使得其在某些案件中难以适用。另外，尚缺乏对实案应用的系统研究。因而日本的CIT有待进一步改善。

第五节　案情泄露对隐藏信息测试法的影响及其解决措施①

CIT是目前心理测试技术发展的方向，是以检测被测人对案件相关信息有无认知为基础的，而案情泄露是对被测人认知产生干扰的一个重要因素，影响着隐藏信息测试法的应用。无辜被测人如果由于某种原因得知了案件的有关信息，或者其个人的经历与案件经过相似，那么，其在一些目标问题上就会较为敏感，从而产生与涉案者相似的皮肤电反应，如果此时编题缺乏足够多的关键项目，就会使测试效果受到影响，易将无辜者误判为涉案人。根据美国学者威诺格拉德（Michael R. Winograd）和罗森菲尔德（J. Peter Rosenfeld）（2014）的实验室研究，在模拟犯罪中使用CIT测试时，参与者对犯罪细节的预先了解会导致无辜的人被误判，而这一比例高达69%，并且暴露犯罪相关细节尤其会减弱P300区分有罪的能力。另外，在沙哈尔等人的实

① 本文作者范刚、朱丹妮，系笔者主持的国家自然科学基金项目《多导心理生理测试技术的认知综合测试法应用研究》（项目号：31560281）的系列研究之一。该文为删改稿。

验室研究中，隐藏信息测试法将无辜知情者误判为作案者的假阳性率也达到了42%。

一、案情泄露的途径及其对测试的影响

（一）社会传播中的被动扩散

这种情况在实践中较为常见，被称作心理信息的被动污染。主要基于网络传播、媒体报道、公众讨论等渠道泄露案情，在社会信息快速流通的背景下，被测人能够通过电子设备、报刊、聊天等途径获知案件的相关信息。例如发生在某地的“张××被杀案”中，某被测人实际上没有实施相关犯罪，但在问及作案人的作案动机、工具、手段等某些问题时其皮肤电均有较强反应，原因就在于案发后被测人身边的居民常讨论该案件，而该被测人也时常参与讨论，因此对于案件情况有一定了解，加之自己的联想猜测，最后导致在目标问题上产生了知情反应。

（二）侦查及测试中的信息暴露

这种情况一般出现在案件侦查阶段，被称作心理信息的主动污染。当侦查人员向有关嫌疑人调查其与案件相关的情况时，对话中难免会透露出案件的某些信息点，尤其是经历了连续且高强度审讯的嫌疑人，对案件的整体到细节都会有更深层次的了解。测试时，无辜且知情的被测人在已知项目的问题上会表现出和作案者相似的皮肤电反应。由于在通常情况下，只有当侦查工作陷入僵局时才会寻求心理测试技术的帮助，而此时介入心理测试，面对的被测人往往都已被不同程度“污染”，所以测试时在诸如作案的时间、地点、工具、手段等有关情节问题上，被测人的皮肤电往往会有较强的反应。

此外，主动污染还包括测试人员对被测人造成的污染，即在测前谈话中暴露案件情节或测试时相关问题被反复提问，被测人由于被多次重复提问可能会对案件情况进行猜测推想，致使在相关问题上产生较强的反应。

除上述两种污染情况外，还包括案发时无辜者恰好在现场附近，偶然目睹了犯罪经过；或者作案人在事后出于某种原因主动向被测人透露有关情况等。这些情节外露的情况都会影响某些测试项目的有效性。

案情泄露对隐藏信息测试法造成的直接影响就是易将无辜者误判为涉案

人。如果被测人受到上述各种情况的“污染”，或在被长期羁押，历经多次审讯后才进行心理测试，此时被测人对案件情况的认知及心理状态已有了很大的改变，在此情况下应用隐藏信息测试法进行测试，会同准绳问题测试法一样，易造成假阳性结果。

二、如何避免案情泄露造成的影响

案情泄露并非代表不具有测试条件。大量实案应用和实验室研究证明，运用认知综合测试法进行测试，能够有效降低案情泄露对无辜被测人认知造成的干扰，有效提高心理测试技术的应用效果。

认知综合测试法，即CCT，是经过改良和发展了的隐藏信息测试法，其在原先只对情节信息检测的基础上，增加了对作案人的自我认知和即时心态的检测。具体而言，该方法着重把握作案人的心理动态过程，以自我认知、犯罪过程认知和即时心态认知三个方面为编题要素，检测被测人有无相关事实认知经历的心理痕迹，以及由此引起的认知、情绪、应对等心理活动。虽然就情节测试部分而言，同样会受到案情泄露的影响，但该方法以案件发生的逻辑顺序为轴编题测试，整套测试题是一个动态整体的结构，由多项与犯罪人心理及行为和案情发展有着逻辑联系及递进关系的符合人心理活动特点与规律的问题组成，分别分组涉及和涵盖了案件的基本要素以及案犯心理及行为活动的过程，而且问题连贯，前后衔接，侦测兼顾，相互印证。其不仅能使涉案人不自觉中进入当时的案件情境及心理状态，有利于对涉案人相关心理信息的唤醒，而且能够全面、深入地调动涉案被测人在作案不同阶段的情绪状态，从多个方面、多个角度来唤醒涉案人对相关犯罪信息的记忆及当时的心理活动，有效激发涉案被测人在不同检测目标上的心理活动及生理反应，从而从多方面弥补了犯罪情节测试法等隐藏信息测试因信息泄露导致测试效度低的缺陷。

据此，通过应用认知综合测试法，从编题、测前谈话、评图等多个方面综合考虑并采取措施，进行科学规范的操作，能够有效提高测试的准确率，避免误判发生。

（一）关于编题

要细化、深化测试题目。通常来讲，问题编制宜粗不宜细，以避免测试过于冗长而降低测试质量，但是对于犯罪情节泄露的案件，则需要细化、深化测试题目，寻找未被泄露的信息作为测试内容，以设计出有效的关键项目。为此，测试人员务必要深入研究案情，走访现场，获取更多的犯罪细节，扩大寻找只有作案人知道的多重信息点。在此基础上，要着重进行犯罪心理的动态分析，对犯罪因素动机、行为准备、犯罪实施过程及其作案后的行为等的认知、情绪体验、即时心态等进行分析把握。这样，尤其在案件信息点较少的情况下，能够弥补目标问题编题的不足，找出更多有效的目标项进行测试编题。

其具体方法为：一是遵循人心理活动的规律，根据心理活动的规律进行编题。要根据作案人心理及行为活动以及案件发生、发展的过程，顺时序地提出有关问题。同时，有关问题要根据记忆、联想、思维等认知活动的规律及心理状态发展变化的规律，待某一心理活动和状态可能出现时，适时地提出。二是在“宜粗不宜细”的原则下，根据具体情况，对某些作案人认知清晰、体验深刻、记忆良好的情节问题“当细则细”，以加强对涉案知情与无辜知情者的区分度。三是加强被测人对作案人自身属性即自我认知的检测。根据大量实案测试及王昊（2016）对“自我认知测试题评估与开发”以及杨丹（2016）、唐风玉（2017）、张敏（2017）、刘璐（2017）等的相关实验室研究，自我认知题的恰当使用能够有效区分作案者、知情者和无辜者的案件角色。作案组在指向其自传信息的目标问题上的反应会尤为强烈，而无辜知情者则恰恰相反。因此，增加被测人对作案人自传信息的认知检测，对提高测试准确性具有显著作用。四是根据作案人心理活动的规律，适时加入即时心态题，以有效唤醒作案被测人相应的情绪反应。同时，鲍尔的情绪依赖性记忆理论表明，当人们目前所处的情绪状态和事件录入记忆时的情绪相一致时，记忆信息更容易被个体提取。因此即时心态题在测试过程中能唤起作案被测人作案当时的情绪状态，并使作案被测人在这种情绪中更容易提取有关案件情节的信息。而知情无辜者即使知道案件情节，但没有相应的情绪体验，因此会在图谱上与作案者表现出较大的差异，从而增强了区分涉案知情者与无辜知情者的测试效果。

（二）关于测前谈话

要通过测前谈话做好被测人对案情认知的预先评估。案情泄露的影响在于无辜被测人事先知道了案件的某些信息，使得其在测试中对涉及的相关问题产生了特异反应。因此，在测试前首先要了解被测人知道哪些信息，不知道哪些信息，以便对其而后的图谱反应进行评估和甄别。同时，需注意防止在谈话中给被测人透露有关案件信息，或对被测人造成暗示，以避免对被测人造成“污染”。

因此，科学、适度、有效的测前谈话，不仅有助于对被测人相关情况的了解，对相关反应做好预先评估，而且有利于在必要时调整和完善测试题目。

（三）关于评图

要整体动态地综合评图。测试中案情泄露对无辜知情被测人认知的影响主要表现在在相关问题上引起图谱异常反应。但是综合大量案件的实测情况来看，相比作案者，无辜知情者的整体反应没有前者表现得强烈，整体反应较为平稳，图谱波动变化不大，在测试后期由于放松，图谱反应会逐渐减弱。在目标项上，无辜知情者的皮肤电图谱较少出现切顶反应，或者反应并不持续；而作案者则恰恰相反，其图谱反应会随着问题的深入而持续变化，不断增强。例如麦克尔（Michael）和罗森菲尔德（2014）的实验室研究就表明，作案者的反应较之无辜知情者会有更显著的差异。因此，测试人员在评图时不仅要比较组内目标项与陪衬项的差异，也要关注整体图谱反应的走势。并且测试人员应在所有测试项目都完成后再作综合判断，避免被测人被非认知因素所干扰，如由于在测试前期未进入状态等因素，导致图谱反应微弱，而到后期才逐步变化明显；或者前期被测人因紧张、害怕等情绪致使图谱反应强烈，而到后期才趋于稳定。如果不整体评图，仅通过局部反应就作出认定或者排除，就极有可能造成误判。因此，要整体动态地进行综合评图。

（四）关于被测人

要充分考虑被测人的个体差异。心理测试是对具有不同身心特点的、心理处于不断变化着的个体的测试，所以，每场测试都应是被测人个体反应的相互比较。由于被测人存在个体差异，其在认知、情感、意志、态度、焦虑程度、易感性、气质类型以及生理等方面存在差异，具有各自独特的反应基线、反应规律和图谱特征。因此，必须体现测试的个别化。例如，第一次接触心理测试时，有些被测人会本能地对测试产生紧张、害怕的心理，这些因素都会引起被测人强烈的生理或心理反应。举个例子，在某地发生的一起杀人案的测试中，有一被测人由于文化水平不高，对测试仪器产生畏惧心理，在测试开始时表现出紧张、呆滞等异样情绪反应，并且在前半部分的问题上皮肤电出现部分特异反应，最后经过综合评判予以排除。如果忽略了这种因素的干扰，就可能会造成误判。

再者，主测人还要注意被测人的体能及体温是否正常，手指指腹是否有老茧影响皮肤电传感器的正常采集，要考虑被测人是否有特殊经历而具有特殊的心理素质等，测试人员应当充分考虑多方面因素对图谱反应造成的影响，以确保测试的信度和效度。

（五）关于主测人

主测人的专业素质和能力水平是保证测试取得成功的关键。如果主测人的能力和经验未达到要求，在测试时没有进行科学规范的操作，对于干扰因素未能充分考虑并排除，就很可能会做出错误的评判。同时，主测人还应避免先入为主的判定，保证客观中立的评判标准，不因被测人的身份、经历而具有倾向性，避免误导自身评判。一个合格的主测人不仅要熟练掌握心理测试技术，还要具有侦查学、物证技术、法医等多学科领域的知识储备，以便科学地进行案件调查工作，获取编题信息。因此，要严格测试人员的考核及准入制度，避免以短训速成的方式培养测试人员，造成心理测试技术领域门槛过低而随意乱入的局面。就我国目前的情况而言，要普遍提高测试人员的业务能力和专业素质，使其系统掌握心理测试技术的科学理论和方法，并通过不断的实案测试实践总结经验和教训，掌握心理测试技术的科学规律，才能最大限度地减少误判的发生。

三、总结

在以“测真”为目标的隐藏信息测试中，案件相关信息的泄露使无辜知情者与涉案者在有关目标项上表现出相似的皮肤电反应，对于区分真正涉案者与无辜知情者的确会产生一定的干扰。但整体来看，涉案者的皮肤电反应差异会更大，而无辜知情者只会在有关目标问题上的皮肤电有较强反应，并且整体反应小于涉案者。通过先验被测人知道的相关信息及其来源，尤其是应用认知综合测试法，通过增加检测作案人有关属性的自我认知题、未暴露犯罪信息的情节题和能够有效唤醒作案人情绪体验的即时心态题等，来扩大被测人图谱反应的差异，是可以有效检测出涉案者和排除无辜者的。已有大量实案测试实践和相关实验室研究证明：认知综合测试法及其编题具有重要的科学价值，能够从多方面检测被测人对案件相关信息认知的情况，从而取得准确、可靠的测试结论。因此，科学推广认知综合测试法，并提高测试人员的专业素质和水平，是解决案情信息泄露的根本措施和途径。

第六节　基于神经影像学方法对谎言检测的研究及其对心理测试技术科学应用的启示①

一、神经影像学方法对谎言检测研究的现状

近十多年来，国外使用神经影像学的方法就准绳问题测试法与隐藏信息测试法的效果进行了大量的实验室研究。其目的是要通过不同的研究设计来揭示说谎的神经认知机制及有关测试理论和假说的科学性程度，并对准绳问题测试法与隐藏信息测试法的测试效度及其存在的问题进行研究。目前，将神经影像学方法引入谎言检测的研究已成为主流趋势，研究者认为，无论使用的是哪种测试方法，采用有潜在用途的脑成像技术来检测谎言，都具有很好的发展前景，新方法的探索和应用势必会对心理测试技术的科学应用带来新的启示。

在美国发生“9·11”恐怖袭击事件及随后在阿富汗和伊拉克开展军事

① 本文作者范刚、王永红，系笔者主持的国家自然科学基金项目《多导心理生理测试技术的认知综合测试法应用研究》（项目号：31560281）的系列研究之一。该文为删改稿。

行动的推动下，人们越来越注重谎言的检测。随着测谎研究的发展，现代神经影像技术的应用研究也随之增多，研究者将与中枢神经系统活动联系的神经影像学方法引入测谎研究，如PET、fMRI和ERP等技术。对大脑功能的研究是否有助于谎言检测，成为越来越多神经学科专家关注的问题（Gamer，2014；Ganis，2014）。国外科学界也密切关注着该领域的发展情况，而且在各类网站上发表大量文章，对基于神经影像学谎言检测的法律和伦理意义进行了讨论（Farah et al.，2014；Miller，2010）。

许多研究者强调将神经影像学谎言检测与传统的测谎仪测试进行比较，并提出对大脑激活的测量可以克服传统测试方法的缺陷（Bles，Haynes，2008；Kozel et al.，2004；Langleben et al.，2005）。法拉赫（Farah）和同事（2014）在一项研究中指出，“相比起之前的心理测试技术都是检测谎言引起的情绪唤醒而言，这种基于大脑机制的测谎方法的吸引点在于，它在原则上揭示的是欺骗的过程本身”。也有研究者认为，虽然神经影像学技术为谎言脑机制的研究提供了特殊的通道，这种观点无疑具有直观的吸引力，但是这种观点忽略了谎言检测中一个重要的方面：谎言检测总是过度依赖于提问的方式（即不同的测试范式），而欺骗行为有可能正是由于不同的提问方式本身所导致的。因此，从原则上来讲，神经影像学的研究可以发掘欺骗行为的重要信息，但是这种研究忽略了范式研究的目的，从而不能很好地对研究的准确性进行评估。

因此，选择一个恰当的测试范式是非常重要的。神经影像学谎言检测研究中的实验假设，不能完全等同于真正说谎的心理过程；一种基于假设的实验或者测量可以产生很多不同的状态，当然这也取决于采用的是何种范式。例如，当与图片观看范式结合使用时，皮肤电不仅可以作为情绪唤醒的指标（Lang，Greenwald，Bradley，Hamm，2010），而且与习惯研究范式相结合的时候还能用于注意定向的研究（Frith，1983）。因此，测试范式决定了任何独立的测量所可能反映出的心理状态。举例来说，传统的测谎仪测试没有与自主神经系统（ANS）（如皮肤电、呼吸、心率等）的信度和准确性建立相应的联系，这使得测试所依赖的判定标准产生了缺陷，而且这种缺陷与所采用测试范式也没有多大关系。大多数测试范式都不能成功区分谎言，是因为范式本身过度依赖于不恰当的控制问题或者刺激（即编制的测题）。目前，许多已经发表的神经影像学研究成果在介绍谎言检测的优势时忽略了这种不足，并且未能对各种谎言测试范式和可用于挖掘欺骗行为的因变量（即用于检测的指标）进行明确的区分。

由此可以得出这样一个结论：明确测试范式和依赖的检测指标之间的区别是非常必要的。原因有三点：第一，测试范式不同，证明效力不同。每种范式都是有局限性的，其准确性可能会受到来自方方面面因素的影响。第二，不同范式在检测内容上也存在很大的不同，有的检测欺骗行为（即是否说谎），如CQT，而有的则是旨在识别和检测犯罪相关信息，如CIT。第三，测试范式和检测指标可能会相互作用，即前面说到的生理测量的准确性可能取决于采用的是何种测试范式。因此，绝大多数神经影像学研究存在的问题，就是在进行谎言检测的时候缺乏清晰的概念和相应理论方法上的支持，这主要是因为忽视了检测指标与测试范式之间的区别造成的。

二、欺骗研究的主要范式及相关指标

（一）CQT

CQT通过直接设定相关问题（如“银行被盗这件事是你做的吗？”），对被测人在相关问题和准绳问题上的反应进行比较，进而达到谎言甄别的目的。CQT范式的假设是：被测人在准绳问题上一定会说谎。说谎的被测人通常会认为相关问题比准绳问题更具威胁性，因此在相关问题上会引发较明显的ANS反应。相反，无辜被测人会认为准绳问题比相关问题更具威胁性。CQT研究范式通常与ANS测量结合使用（Raskin，Honts，Kircher，2014；Reid，Inbau，1968），并被各国的执法机构广泛使用（Meijer，Koppen，2008）。

（二）CIT

CIT范式本身不是用来检测被测人是否说谎的，而是用于检测被测人是否具有案/事件过程的相关心理信息。当测试结果表明被测人对犯罪细节有认知，如对杀人案中使用凶器等信息有相应特异心理生理反应的时候，我们就可以推断被测人与案件是有关系的。CIT范式的研究假设是：对于犯罪参与度很高的嫌疑人来说，如何编制关键问题是至关重要的。与陪衬问题相比，涉案人在关键问题上的生理和行为反应是具有显著差异的，而无辜被测人在关键问题和陪衬问题上的反应则没有显著差异。

CIT已经引入了各种不同的检测指标，包括ANS（Gamer，2011）、ERP（Rosenfeld，2011）和反应时（Verschuere，Houwer，2011），一些采用fMRI作为检测指标的CIT研究成果也相继发表。各国执法机构对CIT的使用也是有明确规定和限制的，除日本外，国际警察在刑事调查中使用的是以ANS为指标的CIT标准范式，新指标的相关实验室研究也正在进行，而相关实案研究较少。

（三）区分谎言测试法（DoD）

DoD（Differentiation of Deception,）范式最初由弗雷迪及同事开发（Furedy，Davis，Gurevich，1988），通过区分欺骗的相关反应和控制其他额外因素来研究欺骗。DoD范式在通常情况下，需要被测人回答一系列（自传）问题，并要求被测人对其中一半问题做真实回答，其他一半做欺骗回答。随后有人对DoD范式做了改进，称为谢菲尔德谎言测验的DoD变式（Spence et al.，2001），被测人通常被要求对问题回答两遍，一遍做诚实回答，另一遍做欺骗回答。

DoD范式在最初的研究中主要采用的就是ANS指标，近些年DoD范式研究中采用了fMRI和反应时作为检测指标，也有一些DoD范式研究中引入了ERPs作为检测指标。DoD范式的相关研究发现，基于fMRI的研究会受到其理论数据的影响，并且发现欺骗反应（特别是抑制反应）与认知的增强是密切相关的。现在数量有限的法律案件中，普遍使用的就是以fMRI为检测指标的改良版DoD范式。

三、谎言检测各范式与检测指标的讨论

CQT和CIT范式是不适合用来研究欺骗（谎言）机制的。前者是因为它没有满足对标准控制的基本要求；后者是因为概率混淆了欺骗反应（即只有少数实验中才能引起欺骗反应）和记忆效应（即只有存贮在记忆中的信息才能引起欺骗反应）。对于DoD范式来说，它试图在控制混杂因素的基础上研究欺骗行为，但有人认为被测人是因为遵循了主测人的指示，而

不是引发了真实的欺骗性反应，该范式研究的关键问题是研究结果是否能够有效应用到实案测试。一些研究通过让被测人自己选择是否进行欺骗，试图借助这样的改变来解决这个问题（Kozel et al.，2005），但是到目前为止，DoD范式的结构效度（即这种范式是否能够捕捉到欺骗行为的能力）仍然有待商榷。

所以，由于CQT缺乏适当的控制，所以不适合用来区分有罪者和无辜者。DoD范式在区分谎言的时候，仍然没有充分的证据证明用此范式区分欺骗和诚实被测人的准确性。而CIT范式对区分具有犯罪情节信息的被测人和没有这种信息的人是相对有效的，即只要无辜嫌疑人不能区分关键项目和无关项目，就不会对关键项目表现出特异的行为或心理生理反应，引起的任何潜在的混杂心理机制（如紧张等）就都是与欺骗无关的。其中，阻碍CIT广泛应用的主要因素是其关键项目的局限性（Krapohl，2011），因为CQT和DoD范式几乎可以将任何特定的事件编制成测试题，而CIT则只有在已知犯罪人有大量犯罪情节信息的情况下才能适用。虽然采用P300或fMRI作为检测指标优于采用ANS指标，但是由于调查得到的信息不足，也不能很好地解决CIT关键项目不足的问题。

从检测指标的采用和测试准确性的实际情况出发，CIT和DoD范式都可以与ANS、反应时等易简单操作、效度高的检测指标结合起来。fMRI的检测准确率与用ERPs和ANS指标（Meijer et al.，2014）获得的检测准确率大致相似。因此，鉴于ANS、ERPs和反应时的数据比fMRI的数据更容易获得，不能接受fMRI测试（如患有幽闭恐惧症和身体植入金属的人）的被测人还可以通过上述其他的测试指标获得数据，所以fMRI在将来能否作为一个具有实际效用的检测指标有待商榷。

四、神经影像学方法对谎言检测作用的评估

目前，对神经影像学方法在谎言检测中作用的研究，得出的一致结论是，采用有潜在用途的脑成像技术来检测谎言，具有很好的应用前景，新方法的探索和应用势必会对心理测试技术的科学应用带来新的启示。但当前谎言检测研究的主要问题，是去发现可以用于检测谎言相关认知因素的测试范式，而不是去研究与谎言相联系的唯一机制——大脑。相关研究表明：积极

引入新的指标（如P300和fMRI等）绝不是解决基于ANS的CQT谎言测试存在问题的根本方法，CQT范式受到广泛批评的地方还在于其测试缺乏适当的控制和判定的规范标准，用fMRI、ERP等神经影像学指标代替ANS指标也不能实现对谎言的甄别。CQT范式依据定向反应或者抑制反应所检测出来的情绪反应，无论其采用的指标是ANS、反应时、ERP还是fMRI，都不能作为检测谎言的直接证据。虽然CQT是目前很多国家都在采用的测试方法，但是CQT的科学准确性即理论基础还较薄弱，使用神经影像学的手段也不能对其予以完善；CIT具有很好的发展前景，然而尚缺乏大量实案研究及应用的检验。目前，心理测试技术面临的重要问题，是应该从测试范式方面去解决存在的问题，而不能仅仅依赖引入新的检测指标。但是无论使用的是哪种测试方法，采用有潜在用途的脑成像技术来检测谎言，仍然具有很好的发展前景。

五、神经影像学方法对心理测试技术科学应用的启示

心理测试技术，无论是检测指标还是测试理论和方法，都经历了一个不断探索、研究、发展的过程。而发现和揭示人身心活动的规律及心理测试技术的科学规律与方法，是心理测试技术科学应用与发展首先要解决的问题。鉴于国内外心理测试技术的研究与应用情况，我国对于该技术的应用与发展应注意并解决以下问题。

第一，测试方法是决定测试效度及其准确性的关键。通过对各种范式的讨论，心理测试技术的测试方法，从司法学应用前景来看，只有CIT表现出了科学方法的潜力。我国心理测试技术的研究应用，应该科学求是，与时俱进，不能抱残守缺，故步自封，继续盲目坚持传统的准绳问题测试法。当然，对CQT也应该持科学分析和实事求是的态度。对其在一定范围、一定条件和一定测试任务下是否仍然可用，应进行相应的研究。另外，准绳问题本身，无论是实案测试还是实验室研究，都表明了它仍具有一定的效用，其也经常在认知综合测试法（CCT）中予以应用。研究者及实践工作者应该在摈弃其短的同时吸取其长，发挥它的应有作用。而CCT作为一种进一步发展完善了的CIT方法，已被大量实案测试及实验室研究证明了更具科学性和准确性，我们应当进一步学习研究，并进一步加强对其理论基础和方法的研究与

完善。

第二，关于测试指标问题。虽然ERP、fMRI、EEG等神经影像学指标的开发对心理测试技术的研究具有重要的意义，并且其中某些指标有可能成为未来心理测试技术发展的重要指标。但是，由于神经影像学方法尚处于研究开发阶段，将其引入实案应用还需相当长的时间，就目前心理测试技术应用的现实需要而言，依然是远水不解近渴，不能对其抱有太多的期望。何况现有研究表明，对脑生理指标的应用，测试方法仍具重要作用。就目前心理测试技术存在的不足和问题而言，“重要的是，这些不足反映出的是所使用研究范式的不足，而不是所依赖的指标，新的范式至少在一定程度上可能能够克服这些缺陷。……得考虑范式的效度和效度的各种威胁，而不是一味地依赖技术的相关指标”（Ben-Shakhar et al.，2016）。我们应该立足现实，脚踏实地地搞好目前基于自主神经（ANS）的多导心理生理测试技术，在选用科学方法的前提下，首先对现有检测指标的机理，其与心理活动的关系，图谱特征与心理过程、心理状态的关系，图谱特征所反映的心理内容、心理意义，图谱特征与人格的关系，以及影响生理指标及其图谱反应变化的相关因素等进行深入的研究，认识和把握相关规律，并对可能影响测试准确性的各技术环节存在的问题加以研究解决。譬如，如何保证编题质量，编题前应做哪些工作，如何深入认识案情和把握涉案人的心理活动，编题时应注意哪些问题，如何依据心理活动的规律进行编题，如何进行测前、测中和测后谈话，如何科学有效地进行图谱评判，如何进一步研发出符合科学方法要求的更为灵敏、有效、稳定、可靠和实用的多导心理生理测试系统，等等。这些都是提高心理测试技术科学性及其效度的重要方面，是目前该技术需要解决的重要现实问题。而解决好这些问题，心理测试技术必然能够显著地提高效度及测试准确性，更好地发挥其应有的作用，并有望早日进入证据领域。研究者及实践工作者应该集中精力解决好上述问题。当然，同时也应注意具有应用价值和前景的、能够与现有技术有效结合的新技术、新指标的开发、研究和应用。

第七节　PPT理论：关于心理测试机制的讨论与研究[①]

目前，国内外具有代表性的两种心理测试范式——CQT和CIT，前者以检测被测人有无说谎为目标，后者则以检测被测人有无犯罪相关信息为目标。这两种检测范式被认为存在本质上的差异。帕尔玛蒂（Palmatier）和罗夫纳（Rovner）（2015）认为这种差异主要表现在三个方面（Palmatier，Rovner，2015）：①CQT与CIT在刺激（编制的测试题）引发的认知活动上有显著差异，在考虑到有意识参与的认知与情绪相互作用的同时，这种差异是被测人回答CIT问题引起的，还是回答CQT问题引起的？②CQT与CIT哪个拥有更高的效标效度[②]，或者说两者的本质区别是什么？③是否存在一个共同的、合理的、科学的理论来解释CIT或CQT引起的差异性反应的机制？

在心理测试技术领域，CQT和CIT通常都是试图巩固自己的主张，甚至可能去攻击其他方法，并试图解释为什么这两种测试方法存在本质的不同。CQT和CIT各自的拥护者为了说明自己支持范式的优势和功能，也从不同角度讨论着两种范式的区别与优劣，但对测试范式是否拥有共同机制的讨论较少。然而，通过查阅已经发表了的研究成果可以发现，心理测试理论研究主要集中在说谎引起的特异心理生理反应上（主要集中在对大脑皮质层活动的解释上），特别是对谎言定向反应的研究。帕尔玛蒂和罗夫纳（2015）发表了一篇针对心理测试理论基础的文章，从记忆、情绪、定向反应等几个方面对巴里（Barry）的初级过程理论（preliminary process theory，PPT）进行了介绍与讨论。他们认为可以用PPT理论来解释不同测试方法（CQT和CIT）引起的特异心理生理反应，并且认为在当前社会背景下，心理测试实践研究者进一步研究的方向也应该是在PPT理论的指导下开展的。由此，对于巴里提出的PPT理论，我们有必要进行介绍与讨论。

---

① 本文作者范刚、王永红、吴倩。系笔者主持的国家自然科学基金项目《多导心理生理测试技术的认知综合测试法应用研究》（项目号：31560281）的系列研究之一。该文为删改稿。

② 又叫实证效度，即测验对感兴趣的行为预测得如何。

一、PPT理论的研究背景

2003年，美国国家科学委员会（NRC）的一项针对测谎的报告得出这样一个结论：测谎的理论基础仍然比较薄弱，特别是相关（关键）问题或陪衬问题引起不同的恐惧、唤醒或其他情绪状态的这种推测过程本身就存在逻辑推理上的问题。然而相关文献表明，心理测试研究中使用的CQT和CIT范式通常达到的准确率[①]是远远超过机会概率的（Ben-Shakhar，2002）。从逻辑上讲，一种潜在的解决心理测试理论基础薄弱的方案就是缩小不同范式理论上的差距，也就是努力探索CQT和CIT主张的合力，并且尽可能地解释范式间的差异、优势和不足，其中需要特别考虑的是范围广泛的现实世界的情境和问题，这可能更容易控制测试范式的区分率（准确率）。然而，将CQT和CIT的主张进行整合是不容易实现的，这可能是由于存在较多显著的哲学和概念层面上的差异（Raskin et al.，1999）。实际上，在CIT和CQT实验室研究中，无论对于比较问题或陪衬问题还是在检测中需要得到解决的问题（即CQT中的相关问题或CIT中的关键问题），当被测人对一个问题的言语回答与他所知道的或所认为的事实不符时，那他就是说谎了（即出现了欺骗行为）（Palmatier，2010）。

采用模拟犯罪范式对CQT和CIT进行的实验室研究及实案应用，已有近60年的经验和历史。研究者们已经证实了被测人对CQT或CIT问题的回答而引起的特异心理生理反应具有一致性的特点。并且随着更多无创性成像技术的加入，相关研究已经开始展示各种不同的大脑皮质解剖区的相互依存性和人类神经网络的复杂性，并认为“说谎是存在着千丝万缕联系的机制，包括一些认知、情绪和动机的成分等”（Heimer et al.，2008）。利用外部刺激对前额叶皮层的研究及脑神经影像学的研究表明：人类大脑的默认状态是诚实，当欺骗时（即说谎）则被认为是对诚实认知的抑制（Langleben et al.，2005）。这种抑制过程是大脑额叶区激活的证明，如前扣带回皮质和其他皮质区。大脑影像技术对于欺骗的研究表明：①说谎与前额叶脑区的活动有关（前扣带回、背外侧前额叶和下颚叶区），它们选择性地参与认知控制；②诚实回答相

① 即相对于实际判定标准来说，对个体诚实或说谎进行准确区分的概率。

比欺骗来说，没有激活大脑的相关区域（Christ et al.，2009）。这些研究成果表明诚实回答是大脑的默认状态，说谎主要是对诚实反应的有意抑制。更重要的是，各类脑影像研究成果表明无论是用CIT还是CQT检测得到的诚实或者说谎反应，刺激引起的有关功能区和皮质结构的生理反应都明显出现了相似的结果。因此，我们可以得出一个既恰当又合乎逻辑的结论：当面临刺激（回答问题）时，无论主测人想得到准确的诚实反应还是说谎反应，无论出于什么原因，被测人大脑皮层的结构和功能本身并没有发生实质性的改变。

这个结论的重要性不言而喻。首先，对大脑皮质的研究结果或者基于对其他生理参数及其相关反应的讨论，都应该考虑到CQT或CIT是否能够用于谎言研究。其次，不同情境下的谎言研究是同时进行的，无论是实验室研究还是现实情境的研究都是同样重要的。到目前为止，还没有研究显示大脑、皮质层或者其他相关的生理指标，在一种情境与另一种情境比较时，其结构或功能发生了实质性的改变。事实上，从生理学的角度来看，谎言研究在实验室和现实环境之间唯一实质性的差异就是使用的测试方法不同。研究者也意识到，现实情境和实验室情境相比较时，还没有研究能得出一个整体性的生理反应模型，这将产生不同于预期的、倾向于个体诚实或说谎的反应结果。

巴里（2006）从哲学角度和现实主义的角度出发，对弗雷迪等（1979）提出的定向反应理论进行了讨论，并总结形成了PPT理论。他认为心理测试必须得考虑对记录的数据提供适当的理论支撑，也就是所谓的“工具论”。巴里（2006）的研究中也支持了这种观点：“一个关键之处就是现实主义和工具主义方法之间的区别，而不是盲目排斥一个依据不足的理论，这种工具主义理论可能在讨论或‘理解’数据时才可以发挥它的作用，尽管它是不被大多数人接纳的，甚至是忽略用它去预测、描述、容纳其他数据的错误的。”由此可以得出PPT理论就是基于工具性心理测试来对不同测试方法引起的相似的、整体性的生理反应模型的讨论。

二、PPT理论的主要内容——定向反应

采用CQT进行的谎言研究可以追溯到19世纪晚期和20世纪早期科学家的研究成果中，如芒斯特伯格（Munsterberg）（1908）讨论了记录下来的“出庭作证人”的呼吸、心率及皮肤电反应。上述的这些检测指标都是现代心理

生理实验室心理测试中常见的生理指标，它们被用来研究如谎言的定向反应等，并且研究者用这些指标来描述刺激引起的情绪反应。如今，情绪反应或认知激活仍然是CQT研究观察的核心内容。

然而，当代关于谎言的研究已经开始采用神经影像学技术等更加科学、先进的技术，改变了许多研究者长期以来坚持的思路，甚至是那些关于情绪的普遍说法。科学研究证明，人们有一些基本的情绪，如恐惧、生气、悲伤、吃惊、快乐、鄙夷及厌恶，每种情绪都有不同的情绪反应系统。此外，研究表明诚实是一种非常初级的核心情绪表现，它是在检测过程中产生的（被测人判断某事有益或有害），并表现了个体与周围环境的关系。因此无论采用哪种检测范式（CQT或CIT），这种推断都是合乎逻辑的。越来越多的科学研究也表明了情绪和认知在一定程度上是相互联系的（Duncan，Barrett，2007），这样就排除了任何一种单一导向的推论，即“情绪反应”或“边缘神经系统产生了焦虑”这样的说法。此外，个体还会面临一个更为复杂、相互作用的刺激输入过程，与个人相关的属性就被用于个体的评估当中，包括但不仅限于语义和情境（即自传体）记忆，再加上如环境、相互作用、客观条件等其他的影响因素，就可以对个人进行心理测试了。起到决定作用的这些因素似乎也是合乎逻辑的，可能还有其他尚未被考虑到的因素，所有这些因素都有助于促进人体产生一系列的先天内脏反应，这就是定向反应。

定向反应最早是在1910年由巴甫洛夫（Pavlov）提出的，该理论认为：如果花一些时间去观察别人或者宠物，就可以从他（它）们的活动中看到一些反射，还可能会观察到一些频率很高的行为，如从简单扫视周围的无害环境变为逃跑，或者采取一些积极的行动来应对突然出现的刺激等。定向反应的基本概念可以理解为一种更加重要的刺激，其诱发的反应也更强烈，它的观念在20世纪60年代由俄国科学家索科洛夫（Sokolov）在西方国家进行推广，他的思想已然成为主流OR理论的主要内容。目前，索科洛夫的定向理论和巴里的PPT理论作为解释CIT和CQT产生的本质差异反应的理论基础已经得到了广泛的认可，并被大多数研究者所接受。

根据PPT理论，定向反应也可以看作一个单一的现象，而且应该通过反应模式相似的生理参数得以证实，这包括三种主要的操作性刺激特点（Barry，1990）：①新异性（即刺激可否重复）；②强烈性；③意义性（取决于刺激的属性，并被认为是影响OR反应最重要的因素）。目前的研究中，PPT理论与CQT在同一情境中是很少被同时提及的，将PPT理论与CQT或CIT建立良好的相关也是非常困难的，澳大利亚研究人员巴里进行的几项研究也证实了这点。

随后，巴里在1979年提出了PPT理论的假设：当刺激的特点被操作时，就可以记录反应引起的生理指标，尤其是不同范式在心理测试中使用的是相同的生理参数（如呼吸、心率、皮肤电、P300等相关指标）。有一项研究发现“OR理论中那些单一指标并没有得到经验上的支持”，也就是说，单一指标不如系统的多项指标对特异心理生理反应有说服力（Macdonald，Barry，Rushby，2012）。此外，巴里和詹姆斯（James）在1981年的研究发现：作为被操作的刺激特征，呼吸、心血管和末梢血管收缩反应得到的结果与巴里（1979）的多重暂存器理论早期的预测是相似的，并形成了现在“PPT”的雏形（Barry，James，1981）。

就实际测试来说，CQT测试的基本原理是：与相关问题相比，控制（比较）问题能更为明确和一致地引起真实的生理反应，相关问题引起的强烈反应则被认为是欺骗反应。因此，如果一个人宣称自己说的是实话，PPT理论会认为相关问题的意义更大。此外，PPT理论认为向被测人呈现刺激的时候，无论其使用的是哪种范式（CQT或CIT），如用CIT的方法提问中性问题或关键问题，或者用CQT的方法提问比较问题、相关问题或无关问题，整个过程中反复引起的OR反应都可归因于刺激的意义。因此，如果使用的是CIT范式，则通常引起较大特异心理生理反应的就是“关键问题”，就可以推断被测人具有犯罪相关的信息（即隐藏信息），而刺激引起的非特异心理生理反应模式（其他随机出现的某种心理生理反应模式）则认为被测人不具有想要检测的相关信息。此外，如果测试使用CQT范式，那么引起较为强烈心理生理反应的就是“相关问题”，就可以推测被测人没有说真话（即发生了欺骗行为），而如果被测人对所有问题的心理生理反应并没有显著差异，那么这种反应通常被认为是诚实的表现（Horvath，Palmatier，2008）。

三、讨论与总结

从上文关于CQT和CIT拥有相似的心理生理反应模式和相同的检测指标的观点来看，探索出一个整体的、一致性的理论基础是具有可行性与现实意义的。对于心理测试这门应用科学和技术来说，用统一的理论来解释心理测试的特异心理生理反应也是很有必要的，这就为PPT理论的形成与推广提供了逻辑和概念上的支撑。巴里对发展中的PPT理论做了详细的解释，即在进行心理测试过程中，用测试仪检测到的皮肤电反应、呼吸抑制和心血管活动（通常是增强的心率）经常被用作日常情境中工具性心理测试的指标（Barry, James, 1981）。以心率举例来说，可以基于PPT理论来使用CIT或CQT范式，并利用现代计算机测试仪器对心率减速/加速和外周血管收缩相关联的特异反应进行更深层次的理解。相关研究及一直不断改进的PPT理论从理论基础的角度给所有对心理测试感兴趣的人们提供了一个独特的研究视角。当然，巴里的PPT理论是一种包容和自由的姿态，因此经常比其他倾向于使用某种特定心理测试方法的主张受到更多的讨论。弗里吉（Vrij）在2015年也发表了一篇讨论PPT理论的文章，从保护无辜嫌疑人的角度提出PPT理论在这方面还存在不足（Vrij, Alder, 2015），尽管PPT理论还存在缺陷并需要进一步完善，但PPT理论还是为使用任何一种范式时引起的特异反应提供了一种更加简洁的解释。更重要的是，PPT理论有助于对心理测试技术心理生理机制的科学揭示。它不仅有可能尽早解释心理测试的根本原理和相关问题，而且还能通过创新和假设来实质性地改善测试方法。

总之，巴里的PPT理论是针对心理测试主流测试方法提出的具有整合作用的理论。从目前心理测试理论研究和实践应用现状来看，CQT、CIT、DoD等不同测试方法的侧重点虽各有不同，但是不可否认的是，心理测试的理论研究和实践应用都在不断完善和发展。例如，我国在大量实案测试中取得良好测试效果的认知综合测试法CCT就是在吸收整合各种测试方法优点的基础上，通过科学理论总结创新形成的。其不仅通过了大量实案测试的检验，而且得到了实验室研究的进一步验证。无论是实案测试还是实验室研究都表明与其他测试方法具有一致性特点的特异心理生理反应变化是由多种心理因素共同作用的结果。心理活动的整体统一性和复杂多样性决定了心理测试的心理生理机制的整体性和复杂性，难以也不能用某种简单单一的理论或假设完全解释和说明。因此，对特异心理生理反应的解释也离不开基于对人心理活动整体、统一认识的心理科学理论的指导。所以在现有研究还没有对不同的测试范式存在的显著差异作出更为科学的解释之前，PPT理论也许可以作为重新认识心理测试技术机制和原理的理论思路。

鉴于此，作为研究和应用者，有必要对PPT理论进行客观的认识和研究，以此为复杂的生理反应模式提供长期观察的新视角。总之，对于心理测试技术这种应用型科学来说，研究人员还需继续对测试理论和方法进行深入的研究并予以发展和完善，而实际应用者在使用某种方法的同时，应坚持客观科学的态度，尽可能全面了解所使用方法的优缺点，不断改进测试方法，提高测试水平。

Chapter ten

第十章

心理测试技术研究与应用应注意和解决的问题

目前，心理测试技术从测试理论、方法到指标都有了新的发展，并且日益受到有关领域的广泛关注和应用，使心理测试技术处于一个新的发展时期。但是，对心理测试技术的不同理论、方法的科学性及效度，无论在国内还是国外都仍存在不同的认识、评价和争议，其新指标的开发也有待于进一步研究、应用和验证。那么，如何科学研究和正确应用心理测试技术，如何从根本上提高心理测试技术的科学性和准确性，是心理测试技术当前应用和未来发展须解决的关键问题。

第一节　坚持科学态度对心理测试技术予以正确的研究与应用

一、以心理科学理论为指导，选择科学方法

任何技术的根本是其赖以进行的存在其中的科学原理，而科学原理是对事物间因果关系及其规律的科学揭示，只有依据因果关系及规律，才能科学地应用和发展该技术。心理测试技术是建立在人的认知经历及心理活动与生理活动之间相互关系的基础上的，对人心理活动的状况及心理生理反应的测试，是有关心理科学理论、方法和技术的具体应用，心理科学理论及心理活动规律是其科学应用的基础和依据。因此，依据人身心活动的规律并发现和揭示心理测试技术的科学规律与方法，是心理测试技术科学应用与发展所要解决的根本问题。而选择和应用符合心理科学理论及心理活动规律的测试方法，是决定其测试效度及准确性的关键。否则，心理测试技术就不会有科学的应用与根本的发展，这是由科学与技术的关系所决定的，也是心理测试技术研究、应用与发展须解决的关键问题。心理测试技术近百年的发展历史，其实是一个不断探索和发现更为科学有效的测试方法的过程。大量的实案测试实践和国内外研究表明，以检测被测人有无相应认知信息的CIT及CCT具有坚实的科学基础，是心理测试技术发展的方向。正如泉（Izumi）（2012）等人所言："通过对各种范式的讨论，得出了这样一个结论：从司法学应用前景来看，只有CIT表现出了科学方法的潜力。"而认知综合测试法作为一种进一步发展完善了的CIT，已为大量实案测试及实验室研究证明更具科学性和准确性，我们应当学习研究和大力推广，并进一步加强对其理论和方法的研究与完善，使心理测试技术的科学水平在理论和方法层面得到根本的提高。

为此，此项技术领域，要在提倡学术争鸣的同时，注意保证其研究与应用的严肃性。应在加强科学研究的基础上，正本清源，拨乱反正，尽快跳出测谎的误区。要勇于承认和尊重并大力倡导和宣讲已被大量实案测试实践证

明具有更强科学性和准确性的CCT。对此，我们不反对不同学术观点的存在及其争鸣。但是，由于心理测试技术尤其是犯罪心理测试技术，是一项严肃的司法鉴定技术，任何缺乏科学理论依据的理论观点和做法，都会危害此项技术的科学应用与发展。在大量实案测试和实验室研究的基础上总结和创新形成的符合我国国情的CCT，已得到广大实际部门和业内许多人士肯定、赞同的今天，仍然坚持测谎理论及其方法的人员，应科学求是，与时俱进，以科学的态度，选择正确的测试方法，绝不能抱残守缺，故步自封，继续盲目坚持CQT，以减少错误，少走弯路，形成合力，共同把我国此项技术的研究与应用推向深入，提高我国心理测试技术的科学应用水平，推动其科学健康发展。

二、充分认识影响测试因素的复杂性和多样性

心理测试，是对动态的处于不断变化中的具有不同身心特点和个体差异的心理活动及其生物反应的检测，同时，存在着可能影响和干扰测试的众多因素，使对其规律性的把握较为困难。这就给评图及其结论带来了许多困难。因此，稍有不慎或因经验不足，就可能导致错误的评判结论。所以，在心理测试技术的理论研究和实际应用中，必须充分考虑人心理活动的复杂性和测试对象的差异性，以及影响测试因素的多样性。这就要求我们，要在科学的心理学理论的指导下，对被测人的心理活动，做系统的动态分析研究，充分考虑可能影响其图谱变化的各种因素，科学地认识和把握测试中自变量与因变量以及额外变量与因变量等变量系统的关系，使心理测试这一诸方面紧密联系、相互影响的人—机—环境的系统技术，严格按照实验心理学以及相关心理科学的理论、原则、方法和要求进行研究与应用。具体来讲，需要注意以下几个方面的问题：一是注意研究和把握各心理现象之间的相互关系和影响，从而科学认识某一心理生理反应的图谱变化和外显行为，可能由何种心理因素所引起，进而对其做出正确的区分和评判。二是注意研究和把握不同气质与性格类型，不同人格特质及心理素质，以及不同年龄、不同生理特点的人其心理生理反应的不同特点及其差异，并研究和把握其图谱变化的特点与规律，从而提高对不同特点与类型人的心理生理反应特点、规律及其差异性的认识。三是注意研究和把握可能影响测试的有关因素，并研究和把握各

因素与心理生理反应及其图谱变化之间的关系，从而防止、控制和排除有关因素的干扰，并在图谱评判中考虑到各种可能存在的影响与干扰，从而剔除其对图谱评判的影响。

以上诸方面的问题，是影响测试准确性的基本问题。它是由人心理活动的复杂性以及影响心理活动因素的复杂多样性所决定的，因而是检测人心理活动有关内容的心理测试技术科学应用，必须充分注意解决和把握的问题。

三、尊重科学技术发展规律，承认心理测试技术发展的阶段性及其存在的问题

任何科学技术发展的过程，都有一个认识—实践—再认识，从而逐步得到提高和发展的过程。心理测试技术亦同。心理测试技术的研究与应用现状，无论是国内还是国外，都仍处于需要继续研究探索的阶段。

就该项技术研究与应用较早的美国而言，一直存在对该技术不同的认识及其理论观点与方法体系，即检测所谓“谎言”的CQT与检测有无相关事件认知经历的GKT两种不同的理论观点及其方法体系，以及两种不同理论观点和方法的争论。而日本则在引进美国测谎技术后，很快抛弃了美国的测谎理论及其方法，明确主张并坚持应用CIT。这也从一个侧面反映了此项技术研究的复杂性和人们对其认识的阶段性。

我国在美国测谎技术的基础上，经过对此项技术30多年的研究与应用，武伯欣教授等人针对测谎技术的缺陷和不足，研究总结和创立形成了以犯罪心理动态分析和认知综合测试法为主要特征的犯罪心理测试技术，科学地还原、重建、凸显和创新了此项技术与心理科学的关系，运用科学的心理学理论与方法，对犯罪心理测试技术予以了科学理论的研究、阐释和实际应用的指导，从而从理论与方法上，使此项技术有了重大的突破与发展。但是，我们仍然承认，由于人心理活动的复杂性，由于目前对人心理活动及其与生理活动关系认识的局限性，由于影响、制约测试及其图谱变化因素的多样性，也由于此项技术的理论基础心理科学研究水平的制约，在此项技术的研究与应用中，还存在一定的问题，需要通过不断地深入研究和实践，逐步认识和把握其大量的规律，逐一解决有关问题，才能使此项技术达到较为完善的程度和较高的应用水平。因此，毋庸讳言，此项技术，目前仍处于研究及应用

的尚不十分成熟的阶段，仍存在许多需要进一步研究解决的问题。特别是此项技术需要人机结合、三分仪器七分人，需要主测人员具备较高的心理学等相关学科的知识素养及能力，以及大量丰富的实测经验。因此，从实际应用的现状而言，尤其存在较多的问题。这些都影响和制约着此项技术的实际应用水平，使此项技术客观上仍处在一个尚存在一定问题需要不断解决完善的阶段。

目前，此项技术存在的问题主要有以下几个方面：一是由于人心理活动的复杂性，相同的图谱反应，有时会由不同的心理活动所引起，从而使评图中存在一定的或然性，使得对图谱的分析判断有时较为困难，需要大量丰富的经验，才能做出正确的评判。二是受被测人个体心理、生理差异的影响，使得图谱反应及其评判的规律性较难把握，同样需要大量丰富的经验，才能做出正确的分析评判。三是受目前测试仪器研制水平及其性能的限制，对被测人身体条件和测试环境温度的要求较高。因此，有时由于案件侦破工作的需要，在难以达到相应条件要求时进行测试，涉案人的心理生理反应往往不能表现出相应的图谱反应，易使涉案人因此而逃脱。

上述问题，是目前心理测试技术实际应用中存在的主要问题，需要进一步加以研究解决。因此，虽然目前我国的心理测试技术较之所谓检测谎言的测谎技术，有了突破性的进展，但是，由于上述问题的存在，使得其仍然处于发展的一定阶段。这也是科学技术发展的必然过程。

四、慎重应用，全面评判，客观结论

心理测试是一项严肃的案/事件调查和科学鉴定工作，是相互衔接、环环相扣的多阶段技术的系统应用。在应用过程中，有着多方面的条件要求。其性质和技术构成，决定了必须严格按照有关要求慎重地予以应用。加之由于测试对象的差异性和心理活动的复杂性、影响测试因素的多样性，以及目前测试仪设计及其性能存在的问题，对心理测试技术的实案应用，必须慎之又慎。实测中，不仅要遵循心理科学理论和心理活动规律，还要在对案件进行深入认识和全面把握的基础上，遵循科学的编题原则和要求，精心编制测试题，以保证编题的正确有效性，为测试的科学有效实施提供保障。此外，在测试前，要按照测试环境条件要求和当地具体条件，合理选择测试地点和测试室，且在实测阶段有效控制测试条件和正确施测。而且要整体、动态、多因素综合参考地进行评判。评判及作出结论时，不仅要根据皮肤电、呼吸、脉压等各项指标的图谱特征及数据情况，还要考虑被测人的身心状况，气质、性格类型，人格特质及焦虑水平、易感性，以及外显情绪行为特征、案件情况等。既要防止教条主义，又要克服经验主义，避免其对评判和结论造成影响，导致错误的测试结论。同时，要坚持科学态度，根据测试条件、测试实际和主测人本人的测试水平及经验，客观地予以测试结论。在测试结论的表述上，应该力求具体明确，以使其为案件的侦查审理工作提供具有较大参考价值的指导意见。

为此，心理测试技术的从业者应通过积极的主观努力，钻研掌握心理测试技术的科学理论、方法和技巧，以及被测人心理活动与图谱变化及其外显情绪行为特征之间的大量规律，不断精进专业知识技能，提高应用水平，以推进我国心理测试技术的科学应用与发展。

第二节　科学求是推进理论与应用水平的整体提高

测谎技术的引进，由测谎到“测真”的转变，将测谎更名为“心理测试”，“认知综合测试法”的创立，相关研究机构的成立和研究生教育的开办以及心理学界的介入，是我国心理测试技术发展史上具有里程碑意义的几件大事，反映了我国有关专家及心理测试技术领域思想解放、追求科学、勇于创新的科学态度和精神；反映了我国对该技术，由当初的完全照搬盲从，发展创新形成了具有自身特色的更具科学性和有效性技术的历程；标志着我国心理测试技术的研究与应用发生了质的飞跃和根本性的变化，步入了科学的正途，开启了科学健康发展的历程。目前，心理测试技术日益受到有关领域的广泛关注和应用，处在了一个新的发展时期。然而，由于长期缺乏心理学界的科学指导和有效的组织管理，我国心理测试技术领域的理论、方法、应用和人员培训及管理，仍处于混乱状态，影响着该技术在我国的科学应用与健康发展。为此，我国心理测试技术领域亟须做好以下几方面的工作。

一、深入研究，揭示和把握心理测试技术的科学规律

心理测试，存在着题目编制、被测对象、测试实施过程、测试环境、仪器灵敏可靠性等方面诸多因素影响及控制的问题。其实质是一项存在多因素影响而必须予以合理设计、严格控制和科学评判的心理学实验。所以，科学严格的设计编题、测试控制、测试实施和整体、动态的多因素综合参考的评判及其结论，是其正确和有效应用的保障。否则，会由于各种原因造成测试和评判误差，导致错误的结论。这就需要在科学心理学理论的指导下，对被测人的心理活动，做系统的动态分析研究，充分考虑可能影响测试及图谱变化的各种因素，科学地认识和把握测试中自变量与因变量以及额外变量与因变量等变量系统的关系，使心理测试这一诸方面紧密联系、相互影响的人—机—环境系统技术，严格按照心理科学理论、方法和要求进行。因此，心理测试技术的应用除选择科学的方法外，还必须对各种因素的影响及其因果关系和规律予以认识和把握。

所以，心理测试技术的研究和应用，必须充分考虑个体心理活动的复杂性和测试对象的差异性，以及影响测试因素的多样性。必须对各项指标的机理，相关指标与心理活动的关系，图谱特征与心理过程、心理状态的关系，图谱特征所反映的心理内容、心理意义，图谱特征与人格的关系，以及影响生理指标及图谱变化的相关因素等进行深入的研究，认识和把握其中大量的规律，并对可能影响测试效果的各技术环节的问题加以研究解决。同时，要进一步研发出符合科学方法要求的更为灵敏、有效、稳定、可靠、实用的心理生理测试设备[①]和有应用价值与前景的能够与现有技术有效结合的新技术、新指标。这些都是提高心理测试技术科学性及效度的重要方面，是目前该技术需要解决的重要现实问题。而解决好这些问题，心理测试技术必然能够显著地提高效度，更好地发挥其应有的作用，并将早日进入证据领域。我们应该集中精力解决好上述问题。

---

① 譬如基于AI的非接触式情绪检测仪、热成像、微表情等，这些易于发现和检测的心理生理指标，对提高心理测试技术的应用效果都有着重要的补充和完善作用。

二、加强心理学的研究和指导

由于心理测试技术是基于心理与生理、各心理现象之间关系及大量心理活动规律的基础进行的一项技术，因此，其科学应用，离不开心理学科学理论、方法与知识的指导，否则，心理测试技术就不会有科学正确的应用，这是由科学与技术的关系所决定的，也是心理测试技术研究、应用与发展须解决的关键问题。回顾美国心理测试技术的应用与发展，虽然其于20世纪20年代即将心理测试技术应用于案件调查，但至今仍然没有大的发展，究其原因，应该是缺乏心理学界的参与和心理科学的指导。所以，当前我国心理测试技术的研究与应用，必须坚持科学态度，回归心理科学的正途，在心理科学理论、方法与知识的指导下进行科学的研究与应用。那些无视心理科学理论、方法与知识，盲目照搬国外存在诸多缺陷的测试理论与方法，随意自创理论与方法的所谓测试技术及其应用，都是会影响和妨碍我国心理测试技术的科学应用与健康发展的。

为此，我国心理测试技术领域，须进行心理学知识的补课，重视和加强有关心理科学基础的学习、研究与训练，尤其要加强对普通心理学、实验心理学、认知心理学、犯罪心理学和心理生理学等学科的学习，以普遍提高人们的心理学知识素养，并形成科学共识，为该项技术的研究、应用奠定科学理论基础和认识基础。同时，心理学界尤其是犯罪心理学界应该对心理测试技术予以更多的关注和研究，以加强其力量，提高该技术队伍的整体素质和水平，改变目前由于缺乏心理科学理论、方法与知识指导而导致的研究与应用的混乱局面，从而使我国此项技术研究与应用的整体水平得到尽快提高，以更好地为司法实践发挥应有的作用。

三、做好从业人员的学习培训以及该技术使用的规范管理工作

技术的应用效果不仅在于技术本身的科学性，还取决于技术使用者的素质、能力和水平，以及规范有效的管理。我国心理测试技术发展30多年来，虽然先后有中国人民公安大学和甘肃政法大学开办了研究生教育，但办学规模小、培养人数少，而且毕业研究生由于现有体制的原因，大多又从事了其他工作。而大量从事心理测试技术工作的人员均系各种为期数天的短训班学

习培训，对心理测试技术的掌握主要靠个人实践摸索。此种状况，显然难以满足和适应心理测试技术工作的要求，影响着心理测试技术科学、有效地应用。因此，如何建立符合实际的科学规范的心理测试技术人员的正规培训制度，并有效地组织实施，是当前亟待解决的又一问题。而此培训制度的建立和实施，又是以相关部门应制定相应技术标准和专业技术人员的资质条件为依据的。所以，心理测试技术的技术标准和人员资质条件以及该技术应用的有关规定，是我国心理测试技术应用与发展所要解决的又一现实问题。期望在推进司法改革，追求公平正义，而证据获取技术水平与手段却滞后，同时社会许多领域都需要心理测试技术的形势下，有关部门能够做好相应的工作。

四、重视和加强心理测试技术的专门研究工作，并坚持研究与应用、理论与实践的结合

任何技术的科学应用与发展，都离不开对其的深入研究和不断的实践总结。作为检测人复杂心理活动的心理测试技术，其绝不是简单的“一个刺激引发一个反映”，其中存在着诸多因素与复杂关系的影响和制约，需要进行专门的研究。与其他技术相比，其尤其需要在心理科学理论、方法与知识的指导下，进行不断深入研究探索和实践总结，才可能逐步认识和把握复杂的身心关系及大量的规律，从而提高其应用水平。纵观心理测试技术的发展史，无论是测试指标还是测试理论和方法，都是在不断的实验研究、实践应用、理论总结以及往复的研究探索中逐步发展的。而能否将理论研究与实际应用有效结合，能否用心理科学理论指导研究与应用，决定着该技术的发展进程和水平。反思心理测试技术在美国长期停顿在准绳问题测试法的应用水平上而未能得到发展的原因，应该归结于其重应用、轻理论以及科学研究力量不足，缺乏心理科学理论、方法与知识指导的缺陷。因此，作为仍在发展中的一项典型的心理学技术，必须进行专门研究和在心理科学理论、方法与知识的指导下应用，这样才能保证它的科学正确性，使其少走弯路。同时，由于心理测试技术的科学性及应用水平，不仅有待对其自身特点与规律的揭示和把握，也受心理科学发展水平的制约，加之心理活动的复杂多样性，其应用中的许多问题没有现成的答案，仍然存在大量的理论和实践问题，需要在深入的理论研究和实践应用中不断探索解决，才能揭示和把握其中大量的规律，

并提炼、总结上升为理论，从而指导应用的具体实践，解释和解决应用中的大量具体问题。同时，已有的理论仍需不断经受实践的检验和验证。而这些，都需要理论研究与实践应用的密切结合和相互支撑。也只有这样，心理测试技术在科学的道路上才能健康发展。

我国的心理测试技术，经过了30多年松散的民间式的研究与应用，目前已经到了应该由国家有关部门规范、管理并加大投入的时候了。虽然，2004年7月，中国刑事科学技术协会成立了心理测试专业委员会，为当时我国心理测试技术的发展发挥了积极的作用。但是，而后此项技术的研究与应用中存在的问题及混乱状态，并没有得到应有的解决；有关方面尤其是心理学界尚缺乏对心理测试技术应有的重视和投入，专门的研究机构至今寥寥无几，心理测试技术仍处于无专门机构管理与指导的混乱状态，影响和制约着该技术在我国的科学研究与应用，影响着其在我国的健康发展。

为此，有关部门应重视和加强对此项技术研究的组织、投入和应用的规范与管理。应重视专门研究机构的建设，选调和组织专门人员，建立权威性的专门研究机构，并给予相应的经费支持，使我国心理测试技术像其他科学技术一样，具有相应的研究机构和条件，对我国此项技术进行深入研究、科学总结。在此基础上，建立和形成一套权威的符合中国国情的具有较强科学性和准确性的理论、方法与技术体系及应用规范，以规范和指导我国此项技术的应用，确保此项技术在科学的轨道上健康地发展，从而为各类疑难案件的调查审理发挥更大的作用。这是目前亟待解决的问题，应该引起有关部门的重视。

同时，我国心理测试技术的研究与应用，须在心理科学的指导下，做好研究与应用、理论与实践的结合。既要按照实验心理学的要求进行实验室研究，又要将实验室研究结论，置于现实情境之中以检验其外部效度；既要在实际应用中总结经验，发现规律，提炼理论，又要将其带回实验室中进行验证，并经受实践的检验。要在研究与应用、理论与实践的结合中，推动心理测试技术的发展。这就要求我国心理测试技术的研究和应用须坚持理论、实验、实践并重的原则，并做好三者的结合和统一。其中，既要防止重应用、轻理论的实用主义倾向，又要防止纸上谈兵的不切实际的理论化倾向。这样，才能保证心理测试技术在我国科学健康地发展。

加强心理测试技术的科学研究，发现和揭示心理测试技术的科学规律，应用科学的方法，加强心理科学的指导，并做好从业人员的正规培训，同时，加强其应用的管理工作，从而提高其科学应用水平，是我国心理测试技术科学应用与发展所要解决的问题。在心理测试技术日益为越来越多的研究者和社会所关注，社会各界尤其是司法领域亟须心理测试技术发挥作用的今天，心理测试技术领域以及有关方面应当有所作为。

中国的心理测试技术，经过30多年的研究探索和大量疑难案件的实案测试检验，已在前人的基础上去伪存真、推陈出新，创新形成了符合心理科学原理和心理活动规律，具有更强的科学性和更高准确性的系统科学体系——认知综合测试法，并在我国公安、检察、法院、部队保卫和国家安全、纪检监察等部门各类重特大疑难案件的侦查审理中发挥了重要的辅助作用，为我国司法实践做出了重要贡献，并日益为社会许多领域所需要。相信随着实践的不断检验和研究的不断深入，尤其是在有关方面应有的重视及科学管理、正规培训下，我国的心理测试技术会逐步走上科学化、规范化的道路，从而使理论与应用水平得到整体提高，并将最终进入证据体系，同时，在人员审查等领域发挥应有的作用。

Chapter eleven

第十一章

犯罪心理测试技术主测人应具备的条件及主测人的培养

心理测试是一项三分仪器七分人的工作，在应用科学方法的前提下，主测人的能力、水平决定着测试的效果和成败，尤其是用于犯罪案件调查的犯罪心理测试对主测人有着更高的要求。因此，培养合格的主测人是心理测试技术得以有效应用的关键。

第一节　犯罪心理测试技术主测人应具备的素质

素质是胜任某种职业和工作的基本条件。犯罪心理测试技术的犯罪心理动态分析技术，认知综合测试法编题技术，测前访谈技术，实测操作、观察与同步评图技术，图谱综合评判技术，测后谈话与讯问技术六大阶段技术在具体操作过程中，要求主测人具备良好的智力、能力、情绪情感、意志品质等综合素质和知识技能。良好的智力、能力、情绪情感、意志品质等综合素质，是胜任上述工作的基本条件。而上述素质又与适宜的气质、性格类型等人格特点，良好的智力水平及思维能力、洞察力、敏捷性以及相应的情商、掌控能力和职业道德素质等紧密相关。

就气质与性格而言，每一种气质与性格类型的个体都有其优缺点。而犯罪心理测试的主测人的气质与性格应该具有沉稳镇定、敏捷机智、善于沟通、独立有主见、对他人有较强的影响力等特点与品质。研究发现，黏液质气质类型的人情绪平稳、内敛，安静稳重，自然平和，具有较强的自制力和耐受力，能够更好地调控自己的情绪。其在测试过程中不易受各种情况的影响而造成情绪波动，有较少的表情变化，减少了对被测人的额外刺激和影响；平和的态度易于平稳被测人的情绪。而性格偏外向的人较为灵活，善于沟通和应对；场独立性的人则有主见，不易附和从众，对他人有较强的影响力。因此，黏液质气质类型与性格偏外向的场独立性的人更适宜做犯罪心理测试的主测人。当然，其他气质与性格类型的人通过专业训练，在注意克服不利因素的条件下，仍然可以胜任犯罪心理测试主测人的工作。

智力包含很多内容，主要有分析综合能力、抽象概括能力、逻辑思维能力，创造力和想象力，思维的全面性、深刻性、灵活性、敏捷性，以及注意力，观察力，记忆力，言语的组织、表达、理解能力，感知与反应的敏捷性等。而良好的智力水平及思维能力、洞察力等是犯罪心理测试主测人最重要的素质。

犯罪心理测试技术的运用过程中对主测人的智力水平要求更高，不仅要求主测人运用相关知识，在犯罪心理动态分析阶段能对作案人在案件发生过程中的各个阶段的心理活动和行为进行全面、动态的分析，对案情予以全面的认识和把握，并使其科学合理地落实、体现在测试题的编制之中，而且在测前访谈阶段能灵活、有效地与被测人进行交流访谈，同时敏捷地观察、捕捉和分析被测人的心理活动及有关信息；在测试阶段能很好地分配注意，有效地同步完成仪器的操作、读题、观察、图谱的解读评判等；在图谱综合评判阶段能综合各种信息，对测试情况予以全面的考虑，及时做出准确的测试结论；在测后谈话与讯问阶段充分发挥测试后效的作用，能准确、有效地对涉案被测人进行谈话与讯问，为攻克涉案被测人的心理防线发挥重要的作用。此外，还要能够根据测试和案件情况，为而后的侦查及审讯工作提供指导意见。这些，都需要主测人具备良好的智力水平及思维能力、洞察力、记忆力、表达能力和感知与反应的敏捷性等品质。

情商通常是指情绪商数，简称EQ，主要是指人在情绪、意志、耐受挫折等方面的品质，亦即情绪情感的成熟程度。研究者认为，情商是由自我意识、控制情绪、自我激励、认知他人情绪和处理相互关系的能力等特征构成的。在犯罪心理测试技术的应用过程中，主测人需要与办案人员、与案件有关的各类人员及被测人相处沟通，而积极成熟的情绪情感是与他们相处沟通，尤其是与被测人相处沟通的重要心理品质，同时，也是对被测人发挥有效影响和保证测试工作不受干扰、顺利进行的基本条件。它不仅能使主测人在与被测人的测前、测间、测后谈话中保持情绪平静温和，与之和平相处，并发挥有效的心理影响，而且在测试中无论顺利与否和出现何种情况，不喜形于色和保持沉稳镇定，也保证了主测人不因情绪波动而暴露测试情况和影响测试工作的顺利进行。因此，积极成熟的情绪情感是犯罪心理测试主测人应具备的又一重要品质。

而职业道德素质是从事特定工作的基本要求，它是犯罪心理测试主测人保持客观公正，细致认真、科学独立地完成测试工作，做出测试结论的又一基本品质。

总之，如上所述，犯罪心理测试技术应用的特殊要求，需要一名合格的主测人具备上述综合素质，它们是犯罪心理测试技术主测人应该具备的基本条件。

第二节　犯罪心理测试技术主测人应具备的资质

一、主测人学历、培训经历与专业知识技能要求

无论美国国防部心理测试技术学院、美国商业测谎学院还是日本对心理测试人员的要求，都明确规定测试人员必须具有本科及以上学历，才能进行心理测试技术的学习，并在接受规定的心理测试技术专业学习训练且经过一定数量的实际案件测试后，方能担任心理测试技术鉴定主测人的工作。要求硬性规定了测试人员的学历及应接受心理测试技术专业学习训练的内容、时间等。

由于我国心理测试技术在使用之初没有建立相应的培养机制，测试人员大多是改行从事心理测试技术或者兼职做测试技术工作的，只接受过为期数天的短期培训，对心理测试技术的掌握主要靠个人实践摸索。而专门接受过心理测试技术及犯罪心理测试技术学历教育培养的，只有中国人民公安大学和甘肃政法大学十多年来培养的数十位犯罪心理测试技术硕士研究生，而且由于现有体制的原因，研究生毕业后大多从事了其他工作。此种状况，显然难以满足和适应心理测试技术工作的要求，影响着心理测试技术科学、有效地应用。因此，建立符合实际的科学规范的心理测试技术人员的正规培训制度，规定主测人的学历及所应接受的心理测试技术学习培训经历与专业知识技能等资质标准，并有效地组织实施，是当前亟待解决的问题。

鉴于此，应该从实际出发，尽快建立制定我国心理测试技术以及犯罪心理测试技术从业人员的正规培训制度和主测人应具备的学历及心理测试技术学习培训经历与专业知识技能等资质标准。学历和培训经历与专业知识技能等资质，拟可规定为：大学本科毕业，接受了具有相应资质的心理测试技术正规培训机构按规定的教学计划和教学内容的专门培训，并经考核成绩合格，获得毕业证书者。同时，区别不同情况，分别予以要求。对已接受了一定时间短期培训并从事过一定时间和一定数量实际案件测试的人员，可以心理测试技术或犯罪心理测试技术主测人须具备的专业知识技能要求为标准，进行相应的补课，并对其学历不再加以要求。而对刚从事或新从事心理测试技术

工作的人员，应该严格按照心理测试技术或犯罪心理测试技术主测人学历、培训经历与专业知识技能等资质标准，加以要求。从而使我国心理测试技术领域建立起正规的人员培养制度和资质标准，以适应和满足社会不同领域心理测试技术工作对主测人的要求。

二、主测人应具备的专业知识技能

主测人的专业知识从形式上可以分为描述性知识和操作性知识（彭聃龄，2004）。描述性知识是指概念性的知识，如心理活动的规律等；操作性知识是指对具体事件的实施步骤，如犯罪心理测试技术的六大阶段技术及其测试仪器的操作程序和方法等。而主测人的技能是指与心理测试技术相关的操作能力。如果将犯罪心理测试技术比喻成一棵大树，描述性知识就是大树的根，操作性知识及其技能则是大树的枝干，二者缺一不可。主测人只有熟练掌握犯罪心理测试技术的描述性知识和操作性知识及其技能，才能使犯罪心理测试技术这棵大树开枝散叶，开花结果。

鉴于犯罪心理测试技术的多学科性质，主测人应具备以下相应的专业知识技能：

（一）心理学知识

由于心理测试技术是典型的心理学技术，心理学是犯罪心理测试技术这棵大树最主要的根，犯罪心理测试技术的每个阶段都有关于心理学知识的应用，所以主测人首先应有普通心理学、实验心理学、生理心理学、犯罪与司法心理学、认知心理学、情绪心理学、人格心理学、变态心理学、社会心理学以及心理生理学等学习经历，最好能够获得相应的心理学学位。以便为犯罪心理测试技术的学习和应用提供基本的基础知识条件。

（二）心理测试技术的历史、有关理论、方法及犯罪心理测试技术六大阶段技术的知识技能

心理测试技术的发展历史、原理和先后出现的有关学说及其测试方法，是学习心理测试技术需要了解的方面。而犯罪心理测试技术相关理论及六大阶段技术的专业知识技能，是犯罪心理测试技术最核心的专业知识技能，是犯罪心理测试技术主测人必须切实掌握和能够熟练应用与操作的专业知识技能。

（三）刑事侦查、物证技术、法医学及电子信息技术等专业知识

犯罪心理测试技术是心理测试技术在犯罪案件侦查审理中的应用。所以，刑事侦查、物证技术、法医学及电子信息技术等与犯罪案件侦查审理密切相关的专业知识，都是犯罪心理测试技术主测人应该了解和掌握的专业知识。这样，主测人在听取侦查人员的案情介绍，勘查现场，查看现场勘验报告、法医鉴定报告及一些技术报告时，才能以专业的视角和知识理解领会其内容并吸收对测试有价值的信息。这对全面了解和把握案情及对犯罪心理动态分析技术、认知综合测试法编题技术，以及测后谈话与讯问技术而言，都是重要的专业知识基础。因此，犯罪心理测试技术的主测人应该懂得侦查，掌握刑事侦查的基本程序和措施手段，具备侦查人员的基本业务知识和素养。

（四）生物电子技术、计算机应用等知识技能

心理测试技术是生物电子技术、计算机技术等的应用。因此，生物电子技术、计算机应用等知识技能，也是心理测试技术主测人需要了解和掌握的知识技能。

（五）相关的法律、法规

犯罪心理测试技术是在犯罪案件调查审理中的应用，是一项技术调查手段，它的应用主体主要是公、检、法及纪检监察机关。在其应用过程中，必然存在与相关法律、法规等的关系。同时主测人在与被测人的谈话过程中需要运用相关的法律知识对其进行解释和规劝，令其接受、配合测试和争取宽大处理等。所以犯罪心理测试技术与有关法律、法规存在必不可少的交集。因此，主测人必须掌握有关法律、法规知识，如刑法、刑事诉讼法以及公安机关办理刑事案件程序规定等。

第三节　犯罪心理测试技术主测人的培养

教学内容与课程设置是实现培养目标的基本保障。对于犯罪心理测试技

术主测人的培养，教学内容与课程设置需根据培养目标科学设置。

一、教学内容

首先，心理测试技术是一项典型的心理学技术，是心理学理论、知识、方法、技术的应用。因此，心理学有关学科是心理测试技术的基础理论学科，是心理测试技术研究和应用的基石。同时，心理测试技术是建立在心理与生理相互关系基础之上的，生理学相关知识同样是心理测试技术教学的重要内容。而刑事案件侦查、物证技术、法医学、电子信息技术等专业知识，是心理测试技术在犯罪案件调查审理应用中不可或缺的知识体系。另外，生物电子技术、计算机应用等知识也是心理测试技术的重要组成部分。它们共同构成了犯罪心理测试技术的学科基础，是学习、研究和应用犯罪心理测试技术必须了解和掌握的方面。

因此，犯罪心理测试技术的主测人，必须学习和掌握心理学的有关理论、知识和方法以及生理学相关知识；学习和了解刑事案件侦查、物证技术、法医学、电子信息技术等专业知识；学习和了解生物电子技术并学会计算机应用等。除此之外，心理测试的原理，心理测试技术的历史与现状，心理测试的有关理论与编题方法及其科学性分析与比较，心理测试仪器设备的操作与调适，图谱评判，编题训练及上机操作和图谱评判的训练，不同个体的图谱特征及其评判，各种异常情况的判断与处理，不同类型案件的分析与编题，测前、测中、测后谈话，心理测试鉴定分析报告的制作等，更是犯罪心理测试技术教学的重要内容。另外，刑法、刑事诉讼法以及公安机关办理刑事案件程序规定等有关法律、法规，也是必要的教学内容。

除上述课堂教学内容外，大量的课外模拟测试练习和训练，以老带新参与实案测试的教学培养，以及相应课程的考核，也是教学的重要内容和环节。

二、课程设置

根据犯罪心理测试技术专业人员培养目标与要求，以培训班形式进行的教学培养，需结合学员的工作实际情况，在精简课堂教学，以自学为主的模式下，可开设以下课程与内容并安排相应课时：

（一）基础课程

1.普通心理学（54学时）

就心理学发展概况、心理的实质、人基本的心理现象及其一般规律等心理学基础知识予以讲授。

2.实验心理学（8学时）

结合心理测试技术，主要讲授心理实验的变量及其关系，以及心理实验的条件、心理实验的设计、心理实验的方法、主试与被试的相互影响等与心理测试技术相关的实验心理学基本问题。

3.生理心理学（16学时）

主要讲授神经系统及心理现象与行为产生的生理机制。

4.心理生理学（16学时）

主要讲授心理和行为如何与生理的变化相互作用，心理刺激条件下人体生理功能的变化过程，以及有关的身心指标及其机制等。

5.生理学相关知识（8学时）

主要讲授心血管系统、呼吸系统、神经系统、皮肤和骨骼肌系统以及药理学等与心理测试相关的内容。

6.犯罪与司法心理学（40学时）

主要讲授犯罪心理构成因素及其相互关系，犯罪心理产生形成的原因，犯罪心理形成及其发展变化的规律和特点，犯罪动机的相关问题，犯罪心理与犯罪行为的关系及其外化规律，犯罪人在犯罪的不同阶段、不同情境条件下以及犯罪嫌疑人在诉讼活动的不同阶段的心理活动特点与规律，不同类型犯罪人的心理及行为特点，变态心理与犯罪，犯罪心理分析的理论与方法，侦查、审讯中的心理学问题及其理论与方法，证人证言及辨认中的心理学问题等与犯罪心理测试技术实案应用相关的内容。

7.审讯心理学（16学时）

在审讯过程、审讯方法及审讯心理学基本问题讲授的基础上，就各类犯罪嫌疑人的心理与审讯进行专门讲授。

8.认知心理学（8学时）

主要讲授人的认知过程及注意、感知觉、表象、记忆、思维和语言等的内部机制与过程和特点等内容。

9. 情绪心理学（8学时）

主要讲授情绪现象的产生、过程、表现、特征、功能及其特点和规律，以及情绪与生理的关系，情绪与认知的关系，情绪与态度、动机的关系，情绪与人格的关系等问题。

10. 人格心理学（12学时）

主要讲授人格的形成、人格特点和身心差异以及影响心理测试效度的人格类型及其原因等问题。

11. 变态心理学（12学时）

主要讲授变态心理的类型、特点与成因，以及可能会影响心理测试效度的变态心理类型与原因。

12. 社会心理学（8学时）

主要讲授人际知觉、人际吸引、社会促进和社会抑制、顺从，以及群体凝聚力、社会心理气氛、群体决策等内容。

13. 刑事侦查、物证技术、法医学及电子信息技术等专业知识（共24学时）

主要讲授各类刑事案件侦查的程序、措施、方法和技术，以及痕检、文检、毒物化验、DNA检验和死亡原因、死亡时间等内容。

14. 生物电子技术、计算机应用（共8学时）

就与心理测试技术有关的生物电子技术、计算机应用等知识技能进行讲授。

15. 刑法、刑事诉讼法等相关法律、法规（共12学时）

就与犯罪心理测试技术实案应用有关的条文、内容进行讲授。

共计：250学时。

（二）专业课程

1.心理测试技术概述（24学时）

2.心理测试技术有关理论与方法比较研究（12学时）

3.心理测试技术影响因素研究（8学时）

4.犯罪心理测试技术的六大阶段技术（24学时）

5.心理测试技术仪器与软件操作（4学时）

6.模拟测试实验（20学时）

7.实测案件分析研究（24学时）

8.不同类型案件测试编题（24学时）

9.心理测试技术不同领域应用编题（16学时）

10.图谱评判与数据统计（24学时）

11.心理测试鉴定分析报告（意见）制作（4学时）

12.反测试及其识别（8学时）

13.心理测试有关法律、法规（2学时）

共计：194学时。

14.上机操作模拟测试练习（100人次以上）

15.实测案件实习（以助手身份参与30起以上案件）

以上是犯罪心理测试技术主测人培养的基本课程及教学内容。如是只从事人员审查及民事调查的测试人员，可不开设与犯罪和刑事案件调查审理有关的课程内容。总之，我国心理测试技术的培训课程应该科学设置，合理实施，使培训课程内容与实际应用紧密结合，以通过培训切实提高我国心理测试技术的应用水平。

另外，关于主测人岗位职级的评定与晋升问题，应将培训经历与从事测试工作时间、测试案/事件数量、测试效果和业绩结合起来，并参照国家现行职称评定与晋升的有关规定，综合考虑。拟可考虑以下方案：

（1）培训期满，通过笔试和实验室模拟测试考试，并具有一定数量实际案/事件辅助测试经历，可取得“心测实习技术员”资格，方可作为主测人进行实际案/事件测试。

（2）实习测试案/事件1年，有一定数量实测成功案例，可授予“心测技术员”资格。

（3）取得“心测技术员”资格后，每2年考核一次，4年共2次考核合格，并有一定数量实测成功案例，可晋升“心测工程师”。

（4）取得“心测工程师”资格后，连续5年考核合格，并有一定数量的实测成功案例，可晋升“心测副高级工程师”。

（5）取得“心测副高级工程师”资格后，连续5年考核合格，并在实测案件中成绩显著，同时取得一定的科研成果，可晋升“心测高级工程师”。

根据我国目前心理测试技术的专业教育和培训实际，该专业毕业硕士研究生，在继续从事本专业工作的情况下，可参照相关专业毕业硕士研究生职级评定与晋升规定执行。对已实际从事心理测试技术工作多年，且接受和完成了相应培训课程学习的人员，可根据有关条件和参照相关规定，予以职级评定。

心理测试技术人员的培养工作，是提高我国心理测试技术应用水平，切实保证测试效果的重要方面，期望国家有关方面予以高度重视，设立专门机构组织实施。

参考资料

一、日本CIT主测人员的学历和知识背景

主测人员需至少具备学士学位，大约40%的人拥有大学或研究生院心理学或行为科学的硕士学位，一些主测人员还有博士学位。其中，大约有40%的主测人员具有超过十年的心理测试经验，获得硕士学位的趋势有所上升。

随着大量测试人员的退休，日本在近十年招聘了许多年轻的测试人员。新招募来的人有一定的研究经验，他们都参加了心理学或心理生理学有关的国内会议，70%的人在这些会议上呈现了自己的研究成果。他们的学术背景比较广泛，主要来自认知心理学、心理生理学、社会心理学或临床心理学领域。约有20%的新测试人员拥有心理生理学的背景，在招聘时，如果他们没有心理生理学方面的知识，聘用后就要进行相关知识的学习和培训。

二、日本的CIT测试培训体系

日本有一套完善的心理测试培训体系，心理测试员需要具备专门的技能及心理学和心理生理学的知识，并由国家警察科学研究所（NRIPS）附属的法医科学培训中心提供培训。该中心为新的测试员提供必要的法医学（即刑事鉴识技术）培训，并为经验丰富的主测人员提供新的物证分析技术培训。

主测人员在职业生涯的不同阶段需接受不同类型的培训：基础课程、专业技术课程、高级课程、研究课程和管理课程。在入职后的第一年，测试员要严格地学习基础课程。基础课程为期三个月，是面向日本所有县警察总部新招聘的测试员开设的。基础课程除提供警察必备的知识（如法律）外，还提供心理学、生理学、心理生理学和统计学方面的基础知识。当然，关于CIT专业知识的学习是必不可少的，即学习CIT的测试原则、如何进行测试、心理生理指标的分析和练习编制CIT问题，还要学习成为一名合格的研究人员要具备的条件：如何设计一个实验、如何进行实验、如何撰写研究报告和文章等。

专业技术课程持续七至十天，主测人员可以在基础课程学习完后自愿参加，这门课程每年都开设，重点学习最新的技术和熟练操作不同的设备，也对测试中存在的亟待解决的问题进行讨论。该课程帮助主测人员更新和完善CIT知识和操作，参加培训的人除了获得心理学、心理生理学和生理学相关的最新知识外，还能够获得信息交流的机会，提高测试技能。

基础课程学习完成约三年后，测试人员必须强制接受高级课程。该课程持续20天，每隔一年举行一次，旨在确保主测人员将他们学到的基础知识应用于实践操作，检验他们知识的巩固情况。在此期间，他们将讨论CIT在实际刑事案件调查中存在的问题，以及如何在不同情况下有效地测量所有的生理指标。

参加研究课程至少需要六年的工作经验。在研究课程中，主测人员有机会在国内或者去海外研究所学习。国内课程为期六个月，国外学习为期三个月。本课程的重点是进行研究，课程结束时，参加培训的人必须在NRIPS的会议上介绍他们的研究成果，并撰写科学论文。

主测人员要成为县警察总部心理测试科的科长，必须参加管理课程的学习。该课程持续七天，为管理人员提供必要的知识，以及如何提高下属的测试技术，如何对警务人员进行心理测试原理的教导。

为了成功地应用CIT，该学习阶段的培训是非常重要的，参加培训的人要交流、分享他们的测试案件和测试准确率等。通过以上培训课程，心理测试员会变得更加训练有素。除了官方培训外，各地心理测试员还自愿举办研讨会、读书会和案例研讨会，以此来提高测试水平。

三、美国心理测试技术学院课程介绍

在美国要想取得心理测试技术人员的资格，需要通过美国心理测试技术协会（APA）的课程认证，同时具有美国警察心理测试技术人员协会（AAPP）的课程认证将会更加权威。美国心理测试技术协会的认证包括一些最低要求，例如，培训课程至少为400学时并且培训时间为10周到17周；必须在合格的教育或培训机构进行培训；一周的学习时间至少为连续的4天，但不得超过6天；每天的学习时间不得少于6小时但不得超过9小时（不包括午餐和休息时间）；每周至少95%的教学时间应由有培训资格的教师在场完成等。同时，美国心理测试技术协会不认可在400个学时中包含在线学习或者远程学习。

本文选取美国国际心理测试技术学院（American International Institute of Polygraph）和弗吉尼亚心理测试技术学院（Virginia School of Polygraph）两所培训学校的培训课程。该两所培训学校都通过了美国心理测试技术协会和美国警察心理测试技术人员协会的课程认证。在此对两所培训学校的共同课程进行筛选，并对其进行介绍。

（1）心理测试技术的历史和演变（8学时）。学员将学习和了解心理测试技术的历史和对心理测试技术事业做出杰出贡献的人。

（2）法律和人权的学习（8学时）。学员将学习心理测试技术相关法律和人权，包括宪法问题、联邦法规、法院判决、员工心理测试技术保护法以及美国残疾人法案。

（3）有关测试的心理学和生理学的学习（80学时）。学员将学习心理学的基本原理，包括反应理论、情绪、压力、人类正常和异常行为。生理学的相关知识包括心血管系统、呼吸系统、中枢神经系统、外周神经系统、皮肤和骨骼肌系统以及药理学。

（4）学员将学习如何正确地完成心理测试技术仪器的检查和使用，并且了解仪器的内部结构（16学时）。例如，正确的元器件位置、心理测试技术仪器的软件操作、正确的数据收集方法以及如何在心理测试技术过程中规范地使用仪器。

（5）测试问题的编制（40学时）。学员将学习如何对案件进行分析，编制适当的测试题目，以及如何确定目标问题。

（6）心理测试技术编题方法的学习（40学时）。学员将学习多种编题技术。重点放在联邦区域比较测试法（federal zone comparison technique）、空军改进的犯罪情节测试法（the air force modified general question technique）、相关/不相关问题测试法（R/IT）、执法就业前测试（the law enforcement pre-employment test）、犹他州准绳问题测试法（the Utah comparison question technique）、紧张峰测试法（peak of tension）以及CIT①。同时还将学习心理测试试题的基本组成结构，如测试题目的数量、测试的次数、测试问题的排列顺序等。

（1）测前谈话的学习（25学时）。学员将学习测试前与被测人的谈话内容及其原理，并能进行符合测试要求的测前谈话。

（2）测后谈话的学习（25学时）。学员将学习测试后与被测人的谈话内容及其原理，并能开展符合测试主体的测后谈话。

（3）测试数据和测试图谱分析（50学时）。学员将学习如何处理测试数据，辨别图谱、数据是否正常，并且对测试图谱进行打分。

（4）测试的数据处理（8学时）。学员将学习测试时的特异性反应、敏感性反应、假阳性错误、假阴性错误和与测试有关的统计学知识。

（5）反测试的学习（8学时）。学员将学习常见的反测试行为和表现，并能够识别反测试人员采取反测试措施时的非典型生理表现。

（6）考试（80学时）。学员将在实验室条件下完成至少10次实验，在实案条件下完成3次完整的测试。并且只有顺利完成400学时学习的学员才可以进行实案测试。

同时，心理测试技术人员培训课程还包括一些选修课：

（1）有关证词的学习。学员将学习如何在法庭或者听证会上准备和提供专家证人证词。

（2）有关心理测试技术协会的了解②。学员将了解美国心理测试技术协会

---

① 在美国通过认证的20家测谎学校中，只有5所正式教授CIT。

② Basic Polygraph Training Course Catalog［EB/OL］. https://polygraphschool.com/catalog/，最后访问时间为2018年8月5日。

和美国警察心理测试技术人员协会的组织与会员的要求[①]。

四、美国心理测试技术人员培养模式

（一）发展现状

美国非常重视对测谎专业人才的培养，有很多测谎培训专业学校，其中最著名也最权威的是“可信性评估国防学院”（Defense Academy Of Credibility Assessment），隶属于国防部。同时，也有很多测谎方法，比较著名的有“ZCT区域比较测试”（Zone Comparison Test），“唯你测试”（you phase），“犹他州准绳问题测试”（Utah CQT）等。美国联邦政府有测谎认证机构，各州测谎许可证要求也有很大不同（李永清，2010）。有16个州必须持测谎营业执照，而且持证规定很严格，通过培训学习后，还必须在测谎专业机构实习一年方允许持证上岗，而且要求测谎员每两年接受20—40小时的短期专业培训，并且每年要有足够的测谎案例测试分析报告，才能通过每年的资格审查。为了加强测谎的行业管理，美国还成立了测谎协会。协会对每个会员，甚至就开办培训学校、测谎员的招收标准及测试规范等，都有严格的要求和规定。测谎协会还主办了《测谎》刊物。美国测谎协会通过制定测谎规范来管理整个国家的测谎工作。目前，它承认近20所测谎学校。未经这些测谎学校培养的学生是得不到测谎执照的。

（二）招生对象

招收的学生一般是大学生，但也接收有多年办案经验的警员。

（三）人员资质

在美国，心理测试技术员都必须进专门学校进行培训。参加培训的人员必须具备大学相关专业学士学位，才能进“测谎学校”进行6个月到1年时间的培训学习。课程包括心理测试仪科学基础、心理学、生理学和相关学科内容。学员培训合格，需要陪伴检测一定数量的案件，才有资格对案件独立进行“实习测谎”（武伯欣，2017）。在美国的一些州中，为了保证测谎结论的

---

① Training Curriculum［EB/OL］. http://virginiaschoolofpolygraph.com/curriculum/，最后访问时间为2018年8月5日。

准确性，明确要求测谎人员必须具备很高的专业素养：10年以上充当测试人的从业经验；或者必须年满25岁、高等学校毕业两年以上，已经获得美国测谎协会授予的测谎资格，并且已实际从事过1000次以上的测谎实验（张泽涛，2003）。亚拉巴马州有关法律规定："测谎人员必须年满21周岁，美国公民，没有被判过重罪，拥有学士学位或者连续从事侦查工作5年，完成了测谎课程并获得亚拉巴马州测谎人员协会的资格认证，有6个月的实习经历并通过考试。"此外，测谎人员还应该"每年接受12小时的培训"（张君周，2009）。

（四）教学内容

基础理论课（包括生理学和心理学，以及和测谎有关的基础知识，如测谎发展史、各种测谎方法理论基础、各种犯罪类型的特点、测谎技术的有效性、可测试的范围、反测谎的措施及有关法律等），约300学时的实际测谎技术的讲解和训练是整个学习的核心。重点是CQT和它的近十几种变种，而POT和GKT测试法只占很少学时。上述课程时间为10周。

马里兰刑事司法研究所的培训课程要求上课10周，共400学时，周一到周五授课，每周40学时，其中占比重最大的是学习心理测试的方法和技巧（占90学时），其次是心理测试技术操作（占74学时），图谱分析和试题编制分别占45学时和30学时。

美国测谎协会官网上规定的培训学时为：至少400学时，在10—17周之内完成，一周连续上课4—6天。对于1天的定义：至少6个小时，最多9个小时（除了午饭和休息）。

（五）教学方法

1.情境再现——为开发准绳问题：老师在班上来回举出案例，轮流让学生上去当测试人，开发准绳问题，他在旁边扮演受测人，用他碰到过的难对付的受测人的话来刁难扮演主测人的学生。

2.实操评图——为了让学员熟练掌握图谱分析：老师用投影仪把大量的不同人图谱投到屏幕上，让学生上去评分。下面的同学也要说出自己的意见。以上两种练习每天都要用相当时间反复进行。

3.训练测前谈话——每个人都要按老师的要求，自己（同学a）设计一套测试前谈话，请另一个同学（同学b）扮演受测人，a扮演测试人和b谈话，b

可以提出一个受测人可能提的任何问题，a必须满意地回答。整个过程用录像机录下，a自己不满意可以重来。a的姿态和表情必须是和谐的，同时又能驾驭整个局面。最后，老师和全班同学根据a的录像进行评议。

4.一部分白天和多数晚上是同学们互相练习测试的时间。每周有两个晚上是正式课外实习时间，由学校找来被试让学员们做模拟测试，或给被怀疑犯有小罪的受测人做实际测试。在学习过程中除心理学科目外都有若干次考试。最后每个学员必须留下10份合格的评分图谱。

参考文献

安鹏飞、王新建、王洪沙：《浅析我国恐怖主义犯罪的现状、特点及防控机制建设》，载《湖南警察学院学报》2018年第2期。

蔡任燕：《视觉刺激对听觉响度判断影响的研究》，上海交通大学2008年硕士学位论文。

常青山、苏剑君：《我国犯罪心理测试技术的历史沿革与发展综述》，载《铁道警官高等专科学校学报》2004年第1期。

陈琛：《认知综合测试法与犯罪情节测试法测试效度的比较研究》，甘肃政法学院2017年硕士学位论文。

陈梦：《中文认知综合测试法（CCT）与准绳问题测试法（CQT）的比较研究》，甘肃政法学院2015年硕士学位论文。

陈云林、孙力斌：《心证之义：多道仪测试技术高级教程》，中国人民公安大学出版社2015年版。

崔茜、雷旭、杨文静等：《有无反馈对欺骗过程的神经机制的调控作用》，载《中国科学：生命科学》2014年第9期。

杜亚男：《GMT测谎模式的有效性及其改进》，浙江师范大学2009年硕士学位论文。

范刚：《从连破六起疑难命案谈犯罪心理测试技术的价值与应用》，载《甘肃政法学院学报》2010年第1期。

范刚：《再论犯罪心理测试技术的科学编题——心理活动规律与编题》，载《中国人民公安大学学报（社会科学版）》2010年第1期。

傅根跃、马艳、丁晓攀：《GKT原理的卡片测试范式实验研究》，载《心理科学》2009年第1期。

何家弘：《美国测谎业一瞥》，载《法学杂志》1984年第3期。

黄兰友：《亲历美国测谎员的培养》，载《人民公安》1999年第11期。

李永清：《中美测谎制度之比较》，载《湖南社会科学》2010年第4期。

梁燕：《模拟犯罪测试中漏报、虚报被试及其人格特质研究》，新疆师范大学2012年硕士学位论文。

刘洪广、周琳：《科学测谎技术》，中国人民大学出版社2016年版。

刘璐：《准绳问题测试法、系统测试法、认知综合测试法的准确性比较》，西北师范大学2017年硕士学位论文。

马际：《图片刺激在心理测试技术中运用的实验研究》，西北师范大学2013年硕士学位论文。

马艳：《GKT测谎模式的有效性及其改进》，浙江师范大学2004年硕士学位论文。

孟昭兰：《情绪心理学》，北京大学出版社2005年版。

彭聃龄：《普通心理学》，北京师范大学出版社2003年版。

王补：《犯罪情景测试》，中国人民公安大学出版社1997年版。

王昊：《从心理实验看心理测试技术——被测人测试动机对心理测试的影响》，载《心理技术与应用》2014年第12期。

王昊：《自我认知测试题评估与开发》，甘肃政法学院2016年硕士学位论文。

邬奇杰、屠斌斌、章俊龙、宋佳：《眼动测谎指标的新探究》，载《科教导刊》2011年第3期。

武伯欣、张泽民：《心证：心理学家武教授疑案测真纪实》，群众出版社2004年版。

武伯欣：《中国犯罪心理测试技术研究应用现状与展望》，载《江西公安专科学校学报》2006年第4期。

武伯欣：《心理检测技术概论》，中国人民公安大学出版社2017年版。

杨丹：《认知综合测试法区分涉案及无辜知情者的效度》，甘肃政法学院2016年硕士学位论文。

杨治良：《实验心理学》，浙江教育出版社2010年版。

余军:《逃避检测动机对认知综合测试法效度影响的研究》,甘肃政法学院2018年硕士学位论文。

张君周:《美国测谎结论证据资格审查标准的新发展》,载《人民检察》2009年第1期。

张敏:《认知综合测试法区分与案件不同关系者测试效度的研究》,甘肃政法学院2017年硕士学位论文。

张泽涛:《美国测谎制度的发展过程对我国的启示》,载《法商研究》2003年第6期。

Allen J. J. B., Mertens R, "Limitations to the Detection of Deception: True and False Recollections are Poorly Distinguished Using An Event-Related Potential Procedure" , *Social Neuroscience*, 2009, 4(6).

Ambach W., Stark R., Peper M., et al., "An Interfering Go/No-Go Task Does Not Affect Accuracy in A Concealed Information Test" , *International Journal of Psychophysiology*, 2008, 68(1).

Balloun K. D., Holmes D. S., "Effects of Repeated Examinations on The Ability to Detect Guilt with A Polygraphic Examination: A Laboratory Experiment with A Real Crime" , *Journal of Applied Psychology*, 1979, 64(3).

Barry R. J., "Preliminary Process Theory: Towards An Integrated Account of The Psychophysiology of Cognitive Processes" , *Acta Neurobiologiae Experimentalis*, 1996, 56(1).

Barry R. J., James A. L., "Fractionation of Phasic Responses in A Dishabituation Paradigm" , *Physiology and Behavior*, 1981, 26(1).

Barry R. J., "The Orienting Response: Stimulus Factors and Response Measures" , *Integrative Psychological and Behavioral Science*, 1990, 25(3).

Barry R. J., "Promise Versus Reality in Relation to The Unitary Orienting Reflex: A Case Study Examining The Role of Theory in Psychophysiology" , *International Journal of Psychophysiology*, 2006, 62(3).

Ben G., "Theories and Applications in The Detection of Deception: A Psychophysiological and International Perspective" , *Poder Judicial*, 1990, 164(2).

Ben-Shakhar G., "The Roles of Stimulus Novelty and Significance in

Determining The Electrodermal Orienting Response: Interactive Versus Additive Approaches" , *Psychophysiology*, 1994, 31(4).

Ben–Shakhar G., Dolev K., "Psychophysiological Detection through The Guilty Knowledge Technique: Effect of Mental Countermeasures" , *Journal of Applied Psychology*, 1996, 81(3).

Ben–Shakhar G., *A Critical Review of The Control Questions Test (CQT)// Kleiner M.Handbook of Polygraph Testing,* San Diego: Academic Press, 2002.

Ben–Shakhar G., Elaad E., "Effects of Questions Repetition and Variation on The Efficiency of The Guilty Knowledge Test: A Reexamination" , *Journal of Applied Psychology*, 2002, 87(5).

Ben–Shakhar G., Elaad E., "The Validity of Psychophysiological Detection of Information with The Guilty Knowledge Test: A Meta–Analytic Review" , *J Appl Psychol*, 2003, 88(1).

Berntson G. G., Cacioppo J. T. & Quigley, K. S., "Autonomic Determinism: The Modes of Autonomic Control, The Doctrine of Autonomic Space, and The Laws of Autonomic Constraint" , *Psychological Review*, 1991, 98(4).

Bles M., Haynes J. D., "Detecting Concealed Information Using Brain–Imaging Technology" , *Neurocase*, 2008, 14(1).

Bradley M. T., Ainsworth D., "Alcohol and The Psychophysiological Detection of Deception" , *Psychophysiology*, 2010, 21(1).

Christ S. E., Van Essen D. C., Watson J. M., et al., "The Contributions of Prefrontal Cortex and Executive Control to Deception: Evidence from Activation Likelihood Estimate Meta–Analyses" , *Cerebral Cortex*, 2009, 19(7).

Duncan S., Barrett L. F., "Affect Is A Form of Cognition: A Neurobiological Analysis" , *Cognition & Emotion*, 2007, 21(6).

Elaad E., Ben–Shakhar G., "Effects of Item Repetitions and Variations on The Efficiency of The Guilty Knowledge Test" , *Journal of Applied Psychology*, 1997, 34(5).

Elaad E., Ben–Shakhar G., "Finger Pulse Waveform Length in The Detection of Concealed Information" , *International Journal of Psychophysiology*, 2006,

61(2).

Elaad E., Ben-Shakhar G., "Covert Respiration Measures for The Detection of Concealed Information", *Biological Psychology*, 2008, 77(3).

Elaad E., Ginton A. & Jungman, N., "Detection Measures in Real-Life Criminal Guilty Knowledge Tests", *Journal of Applied Psychology*, 1992, 77(5).

Elaad E., "Detection of Guilty Knowledge in Real-Life Criminal Investigations", *Journal of Applied Psychology*, 1990, 75(5).

Elaad E., "The Accuracy of Human Decisions and Objective Measurements in Psychophysiological Detection of Knowledge", *Journal of Psychology*, 1994, 128(3).

Elaad E., "Effects of Context and State of Guilt on The Detection of Concealed Crime Information", *International Journal of Psychophysiology*, 2009, 71(3).

Elaad E., "Differences in The Readiness of Guilty and Informed Innocent Examinees to Cooperate on The Guilty Action Test", *Psychophysiology*, 2014, 51(1).

Eves F., Connoll J., Hirsch S., et al., "Orienting, Habituation, Sensitisation, and Dishabituation in The Electrodermal System of Consecutive, Drug Free, Admissions for Schizophrenia", *Biological Psychology*, 1981, 12(2).

Farah M. J., Hutchinson J. B., Phelps, E. A., et al., "Functional Mri-Based Lie Detection: Scientific and Societal Challenges", *Nature Reviews Neuroscience*, 2014, 15(2).

Frith C. D., "The Skin Conductance Orienting Response as An Index of Attention", *Biological Psychology*, 1983, 17(1).

Furedy J. J., Davis C., Gurevich M., "Differentiation of Deception as A Psychological Process: A Psychophysiological Approach", *Psychophysiology*, 1988, 25(6).

Gamer M., Rill H. G., Vossel G., et al., "Psychophysiological and Vocal Measures in The Detection of Guilty Knowledge", *International Journal of Psychophysiology*, 2006, 60(1).

Gamer M., Verschuere B., Crombez G., et al., "Combining Physiological

Measures in The Detection of Concealed Information", *Physiology & Behavior*, 2008, 95(3).

Gamer M., Berti S., "Task Relevance and Recognition of Concealed Information Have Different Influences on Electrodermal Activity and Event-Related Brain Potentials", *Psychophysiology*, 2010, 47(2).

Gamer M., Kosiol D., Vossel, G., "Strength of Memory Encoding Affects Physiological Responses in The Guilty Actions Test", *Biological Psychology*, 2010, 83(2).

Hirota A., Sawada Y., Tanaka G., et al., "A New Index for Psychophysiological Detection of Deception: Applicabilityof Normalized Pulse Volume", *Japanese Journal of Physiological Psychology and Psychophysiology*, 2003, 21(3).

Honts C. R., Devitt M. K., Winbush M., et al., "Mental and Physical Countermeasures Reduce The Accuracy of The Concealed Knowledge Test", *Psychophysiology*, 2010, 33(1).

Horvath F., Palmatier J. J., "Effect of Two Types of Control Questions and Two Question Formats on The Outcomes of Polygraph Examinations", *Journal of Forensic Sciences*, 2008(4).

Horvath F., "An Experimental Comparison of The Psychological Stress Evaluator and The Galvanic Skin Response", *Journal of Applied Psychology*, 1978, 63(3).

Izumi Matsuda, Hiroshi, Nittono, et al., "The Current and Future Status of The Concealed Information Test for Field Use", *Fronitiers in Psychology*, 2012, 3.

Keeler L., "A Method for Detecting Deception", *Am. J. Police Sci.,* 1930, 1.

Kircher J. C., Raski D. C., "Human Versus Computerized Evaluations of Polygraph Data in A Laboratory Setting", *Journal of Applied Psychology*, 1988, 73(2).

Kobayashi T., Yoshimoto K., Fujihara S., "The Contemporary Situation of Field Polygraph Tests", *Japanese Journal of Physioogical Psychoogy and Psychophysiology*, 2009, 27(1).

Koster E. H. W., "Autonomic and Behavioral Responding to Concealed

Information: Differentiating Orienting and Defensive Responses", *Psychophysiology*, 2014, 41(3).

Kozel F. A., Johnson K. A., Mu Q., et al., "Detecting Deception Using Functional Magnetic Resonance Imaging", *Biological Psychiatry*, 2005, 58(8).

Kozel F. A., Revell L. J., Lorberbaum J. P., et al., "A Pilot Study of Functional Magnetic Resonance Imaging Brain Correlates of Deception in Healthy Young Men", *Journal of Neuropsychiatry & Clinical Neurosciences*, 2004, 16(3).

Krugman, Harbert E., "The Measurement of Advertising Involvement", *Public Opinion Quarterly,* 1996, 67.

Lang P. J., Greenwald M. K., Bradley M., et al., "Looking at Pictures: Affective, Facial, Visceral, and Behavioral Reactions", *Psychophysiology*, 2010, 30(3).

Langleben D. D., Loughead J. W., Bilker W. B., et al., "Telling Truth from Lie in Individual Subjects with Fast Event–Related fMRI", *Human Brain Mapping*, 2005, 26(4).

Lykken, David T., "The Validity of The Guilty Knowledge Technique: The Effects of Faking", *Journal of Applied Psychology*, 1960, 44(4).

Lykken, David T., "Psychology and The Lie Detector Industry", *American Psychologist*, 1974, 29(10).

Macdonald B., Barry R. J., Rushby J. A., "Single–Trial Event–Related Potentials and Autonomic Measures of The Orienting Reflex", *International Journal of Psychophysiology*, 2012, 83(1).

Meijer E. H., Selle N. K., Elber L., et al., "Memory Detection with The Concealed Information Test: A Meta Analysis of Skin Conductance, Respiration, Heart Rate, and P300 Data", *Psychophysiology*, 2014, 51(9).

Meixner J. B., Rosenfeld J. P., "Countermeasure Mechanisms in A P300–Based Concealed Information Test", *Psychophysiology,* 2010, 47(1).

Michael R., Winograd J., Peter Rosenfeld., "The Impact of Prior Knowledge from Participant Instructions in A Mock Crime P300 Concealed Information Test", *International Journal of Psychophysiology*, 2014, 94.

Miller G., "fMRI Lie Detection Fails A Legal Test" , *Science*, 2010, 328.

Nahari G., Ben-Shakhar G., "Psychophysiological and Behavioral Measures for Detecting Concealed Information: The Role of Memory for Crime Details" , *Psychophysiology,* 2011, 48(6).

Nahari G., Ben-Shakhar G., "Psychophysiological and Behavioral Measures for Detecting Concealed Information: The Role of Memory for Crime Details" , *Psychophysiology*, 2011, 48.

Osugi A., "Gap and Connection between Laboratory Research and Field Application of The Cit in Japan" , *International Journal of Psychophysiology*, 2010, 77(3).

Palmatier J. J., Rovner L., "Credibility Assessment: Preliminary Process Theory, The Polygraph Process, and Construct Validity" , *International Journal of Psychophysiology*, 2013, 95(1).

Palmatier J. J., Rovner L., "Rejoinder to Commentary on Palmatier and Rovner (2015): Credibility Assessment: Preliminary Process Theory, The Polygraph Process, And Construct Validity" , *International Journal of Psychophysiology*, 2015, 95(1).

Pape R. A., "Soft Balancing against The United States" , *International Security,* 2005, 30(1).

Podlesny J. A., Kircher J. C., "The Finapres (Volume Clamp) Recording Method in Psychophysiological Detection of Deception Examinations: Experimental Comparison with The Cardiograph Method" , *Forensic Science Communications*, 1999, 1(3).

Podlesny J. A., Raskin D. C., "Effectiveness of Techniques and Physiological Measures in The Detection of Deception" , *Psychophysiology*, 2010, 15(4).

Raskin D. C., Honts C. R., Kircher J. C., "Credibility Assessment: Scientific Research and Applications" , *Journal of Forensic & Legal Medicine*, 2014, 27.

Reid J. E., Inbau F. E., "Truth and Deception: The Polygraph ('Lie-Detector') Technique" , *Psyccritiques*, 1968, 69(2).

Rosenfeld J. P., Biroschak J. R., Furedy, J. J., "P300-Based Detection of Concealed Autobiographical Versus Incidentally Acquired Information in Target and Non-Target Paradigms" , *International Journal of Psychophysiology,* 2006, 60(3).

Sawada Y., Tanaka G., Yamakoshi K., “Normalized Pulse Volume (NPV) Derived Photo-Plethysmographically as A More Valid Measure of The Ngervasculartone” , *International Journal of Psychophysiology*, 2001, 41(1).

Siddle D. A. T., O’Gorman J. G., Wood L., “Effects of Electrodermal Lability and Stimulus Significance on Electrodermal Response Amplitude to Stimulus Change” , *Psychophysiology*, 2010, 16(6).

Sokolov E. N., *Perception and The Conditioned Reflex*, Oxford: Pergamon Press .

Steller M., Haenert P., Eiselt W., “Extraversion and The Detection of Information” , *Journal of Research in Personality,* 1987, 21(3).

Thackray R. I., Orne M. T., “A comparison of Physiological Indices in Detection of Deception” , *Psychophysiology*, 1968, 4(3).

Timm H. W., “Analyzing Deception from Respiration Patterns” , *Journal of Policeence & Administration*, 1982, 10(1).

Verschuere B., Crombez G., Koster E. H. W., et al., “Antisociality, Underarousal and The Validity of The Concealed Information Polygraph Test” , *Biological Psychology*, 2007, 74(3).

Verschuere B., Crombez G., Koster E. H. W., et al., “Startling Secrets: Startle Eye Blink Modulation by Concealed Crime Information” , *Biological Psychology*, 2007, 76(1-2).

Verschuere B., Crombez G., Smolders L., et al., “Differentiating Orienting and Defensive Responses to Concealed Information: The Role of Verbalization” , *Applied Psychophysiology & Biofeedback*, 2009, 34(3).

Waid W. M., Orn, M. T., Wilson S. K., “Effects of Level of Socialization on Electrodermal Detection of Deception” , *Psychophysiology*, 2010, 16(1).

Wallin B. G., “Sympathetic Nerve Activity Underlying Electrodermal and Cardiovascular Reactions in Man” , *Psychophysiology*, 1981, 18(4).

Zvi L., Nachson I., Elaad E., “Effects of Perceived Efficacy and Prospect of Success on Detection in The Guilty Actions Test” , *International Journal of Psychophysiology,* 2015, 95(1).

后　记

酝酿落笔、写写停停近八年但依然意犹未尽的书稿终于止笔了。对心理测试技术的认识，正如该书稿的形成过程一样，既信心满满，又常常踟蹰不前，其间有着太多的思考与感悟、焦急与等待。古人曰“学止于行”，而行中又有许多要学的东西。作为一门不很成熟的科学——心理学的一项技术，实在有着太多需要不断学习钻研、不断认识提高的东西。这样，就只好耐下心来，学中做，做中学，实践实验，实验实践，写了停，停了写，细琢磨，慢思量，心想等到能令自己满意时，再拿出一本有价值的著作出版面世。然而，时不我待。作为国家自然科学基金项目，四年的研究周期即将到期；作为执着于心理测试技术又身为教学、研究和实践者，难忍心理测试技术领域的乱象；作为中国心理学会法律心理学专业委员会副主任，亦有责任科学宣讲和推广心理测试技术及其科学方法，推进我国心理测试技术的科学应用与健康发展。出于此，才在很不满意的情况下收笔拙作，交付出版。因此，本书必然存在不尽如人意和需要正误之处，还望大家批评指正和谅解。

在此书稿付梓出版之际，深切怀念将我领入犯罪心理学领域并始终给予倾力支持和关心的罗大华教授；由衷感谢将心理测试技术引进我国并至今关注该技术健康发展的刘文局长；由衷感谢带我参与大量疑难案件分析、测试，引领我真正走上心理测试技术之路并共事多年的武伯欣教授；由衷感谢鼎力推进我国心理测试技术研究与应用及理论与实践融合的同学、同仁加兄弟的中国心理学会法律心理学专业委员会主任马皑教授；同时，也由衷感谢给我以心理测试技术启蒙的王补先生和对心理测试技术高度重视并给予我们工作大力支持的甘肃政法学院（现甘肃政法大学）的历任领导。

在本书的撰写、编辑、出版过程中，本人的研究生王永红等同学付出了大量的辛勤劳动，中国法制出版社吕静云编辑等给予了大力支持和精心编辑，在此一并表示衷心感谢。

图书在版编目 (CIP) 数据

心理测试技术研究与应用：认知综合测试法的理论及实践 / 范刚著. —北京：中国法制出版社，2021.7（2025.9 重印）
ISBN 978-7-5216-1844-0

Ⅰ. ①心… Ⅱ. ①范… Ⅲ. ①心理测验—研究 Ⅳ. ① B841.7

中国版本图书馆 CIP 数据核字（2021）第 076100 号

策划编辑 / 责任编辑：吕静云（lvjingyun0328@sina.com）　　封面设计：杨泽江

心理测试技术研究与应用：认知综合测试法的理论及实践

XINLI CESHI JISHU YANJIU YU YINGYONG: RENZHI ZONGHE CESHIFA DE LILUN JI SHIJIAN

著者 / 范刚

经销 / 新华书店

印刷 / 北京虎彩文化传播有限公司

开本 / 710 毫米 ×1000 毫米　16 开　　印张 / 34.25　字数 / 451 千

版次 / 2021 年 7 月第 1 版　　2025 年 9 月第 3 次印刷

中国法制出版社出版

书号 ISBN 978-7-5216-1844-0　　定价：128.00 元

北京西单横二条 2 号　邮政编码 100031　　传真：010-66031119

网址：http://www.zgfzs.com　　**编辑部电话：010-66054911**

市场营销部电话：010-66033393　　**邮购部电话：010-66033288**

（如有印装质量问题，请与本社印务部联系调换。电话：010-66032926）